中外建筑简史

ZHONGWAI JIANZHU JIANSHI

李 震 刘志勇 曹梓煜 编著

课书房
新/形/态/教/材

高等院校设计类专业新形态系列教材
GAODENG YUANXIAO SHEJILEI ZHUANYE
XINXINGTAI XILIE JIAOCAI

重庆大学出版社

图书在版编目（CIP）数据

中外建筑简史 / 李震，刘志勇，曹梓煜编著. -- 重庆：重庆大学出版社，2023.10
高等院校设计类专业新形态系列教材
ISBN 978-7-5689-4154-9

Ⅰ. ①中… Ⅱ. ①李… ②刘… ③曹… Ⅲ. ①建筑史—世界—高等学校—教材 Ⅳ. ①TU-091

中国国家版本馆CIP数据核字（2023）第162897号

高等院校设计类专业新形态系列教材

中外建筑简史
ZHONGWAI JIANZHU JIANSHI

李 震 刘志勇 曹梓煜 编著
策划编辑：周 晓 席远航 蹇 佳
责任编辑：周 晓 装帧设计：张 毅
责任校对：王 倩 责任印制：赵 晟

....

重庆大学出版社出版发行
出版人：陈晓阳
社 址：重庆市沙坪坝区大学城西路21号
邮 编：401331
电 话：（023）88617190 88617185（中小学）
传 真：（023）88617186 88617166
网 址：http://www.cqup.com.cn
邮 箱：fxk@cqup.com.cn（营销中心）
全国新华书店经销
重庆升光电力印务有限公司印刷

....

开本：787mm×1092mm 1/16 印张：29.75 字数：584千
2023年10月第1版 2023年10月第1次印刷
印数：1—3000
ISBN 978-7-5689-4154-9 定价：78.00元

....

前言
FOREWORD

　　时光匆匆，转瞬之间，拙作《中外建筑简史》已出版八年有余。在此期间，该教材受到业界广大读者的支持与厚爱，数次售罄，数次加印，对此既感高兴，又感惶恐。高兴的是教材受到广大读者与学生的认可，给了编者鼓励和温暖。惶恐的是建筑史学教育蓬勃兴盛，出现许多新的趋向与变化，新时代的大学生们也呈现全新的面貌和精神状态，对教材的编著提出更高的要求与挑战。经长期建筑史一线教学积累，持续关注教育动向和学生学习需求变化，编者主要从以下几个方面凝练完成了本次改版。

　　一是贴合教学实践新发现，优化完善教材知识结构体系。

　　教材是促进课程教与学融合衔接的桥梁纽带。好的教材不仅逻辑清晰、知识点准确，易读、易学，而且更有益于学生在自主学习的过程中形成相对完善的知识体系。建构教材完善的知识体系是编者编著该教材的重要初衷，也是进行该教材修订的重要关注。在多年中外建筑史一线教学实践中，编者发现有些知识点跨越多个历史时空阶段，具有重要线索价值，需要重点补充完善；同时，也有些重要历史时期的经典作品，在人类建筑观念演进中具有承前启后的过渡作用。这些具有重要线索价值的知识点与过渡环节经典作品对建筑史知识体系的完善建构有重要的价值意义，尤需多加关注。遗憾的是，在本教材第一版中，未给予上述有关知识点应有的关注与阐释，此次修订中着重补充完善。

　　如古罗马时期的会堂建筑，又名巴西利卡会堂建筑，既是古罗马时期重要的建筑类型，又在中世纪与文艺复兴时期多次演进，甚至在近现代宗教建筑创作中仍有较大影响，可谓跨越多个历史时空，具有重要时序线索价值。在本教材第一版中未引起太多重视，而在多年的教学实践中，学生多次反映会堂建筑知识点模糊不清，难以掌握其演进逻辑。故在此次修订中编者对该知识点进行优化调整，辟设专节重点介绍古罗马会堂建筑基本概念，并结合经典案例阐释其流变演进趋向。

　　又如，意大利文艺复兴末期出现的巴洛克建筑创作倾向，在城市设计、旧城更新、园林和教区小教堂设计等领域均精彩纷呈，涌现出诸如圣彼得大教堂广场、西班牙大台阶广场、波波洛广场、阿尔多布兰迪尼庄园、加尔佐尼庄园、圣卡罗教堂等许多经典作品。这些经典作品中呈现出的系统性、动态性等空间理念，极富时代前瞻性价值，对现代城市规划与建筑学的萌生有深远的影响与启迪价值。在多年教学实践中，编者深感该阶段相关介绍较为薄弱。因此，在此次修订中，对意大利巴洛克时期经典作品进行补充，以优化完善由古代向现代建筑理念变迁部分的知识体系建构。

　　二是关注学习需求新变化，精心配置新形态数字教学资源。

自主学习是信息化时代教育的基本趋势。培养与唤醒学生自主学习意识，提升学生高水平自主学习能力是信息化时代大学教育的核心使命之一。新时代中国大学生网络信息素养普遍有较大提升，自主搜寻学习资源进行自主学习的意识与能力显著提高，对高水平自主学习资源的需求更为浓烈与迫切。

面对新时代中国大学生自主学习需求的新变化与新特征，编者在教材的修订过程中与团队成员多次研讨，发现常规而普通的建筑图片数字资源较为饱和且易得，学生对该类资源的兴趣与需求相对较低。目前公开的网络资源中，对能结合知识体系重难点进行深入浅出讲解和动画分析演示的数字化资源较为稀缺，学生对该类自主学习数字资源兴趣更为浓厚。鉴于上述认识，编者团队成员挑选中外建筑史课程体系的系列重难点，精心录制系列讲解视频，并将团队多年精心打磨的动画分析与演示资源进一步优化，与系列重难点讲解视频互为补充，希望对学生自主学习能力提升有所助益。

三是响应阅读意见新趋向，认真修订与编辑。

本教材在近十年的使用过程中，陆续收到一些热心读者与业界友人的积极反馈意见，有指正错误的，有指示不足的，也有提出优化建议的。编者团队对这些反馈意见极为重视，认真记录、归类，虚心反省自查。在教材的修订过程中，认真对照反馈意见记录，对错漏之处进行认真修改订正，对不足之处及时补充完善，对优化建议尽量积极落实，以感恩读者与诤友的关注和厚爱。

除此之外，教材编写团队与编辑团队多次共同研讨，对文中易混淆误读的建筑师人名和建筑地名、城市路名的翻译进行细致厘定，力求准确与达义兼顾。同时，受时代网络大众文化的影响，一些地名出现丰富多样的变化。编者尊重时代网络大众语言习俗变化新趋向，同时也尊重建筑业界多年传承的语言习俗，力求包容多元趋向与选择。

本教材的此次修订由李震负责整体统筹与组织。中国建筑简史部分由李震、曹梓煜完成修订；外国建筑简史部分由刘志勇完成修订。同时李震还带领教学团队成员（侯博、刘宁波、黄帅、张超、胡亚锟等）完成自主学习教学视频的录制与名作解析动画模型的制作。在教材修订过程中参阅了建筑界王瑞珠、傅熹年、陈志华、潘谷西、罗小未、张似赞、吴庆洲、张十庆、杨豪中、刘临安、张兴国、杜春兰、陈蔚等专家学者的研究成果，特此一并致谢。

在教材的修订过程中，重庆大学出版社的领导和编辑给予了大力支持和帮助，尤其是本教材的责任编辑周晓老师，认真审读修订文稿，并提出许多有益的编辑建议，其精益求精的敬业精神令人钦佩，其为该教材修订版的顺利出版付出良多，特此表达感谢！

编　者

2023 年 8 月于重庆

目录
CONTENTS

下篇 外国建筑简史

上篇　中国建筑简史

1| 土木相生——中国古代建筑的主要特征

1.1　以木构建筑为主流的多样性并存

1.1.1　木构建筑为主流的表现

中国古代的建筑以木材为主要结构材料，以木构架为主要结构形式，辅以土、砖、石、瓦等，形成了独特而稳定的建筑形式，木构建筑贯穿了整个古代中国建筑的发展历程，普遍存在于大江南北，成为中国古代建筑的主流。

（1）时代的延续性

中国古代建筑的历史从距今六七千年前的原始社会开始，一直到1840年第一次鸦片战争为止，前后延续了六千余年。尽管经历了原始社会、奴隶社会和封建社会，木构建筑始终占主流，只是在一些局部做法和形式上发生了微小的演变，总体发展态势基本稳定。并置比较原始社会黄河流域母系氏族公社时期西安半坡村的建筑复原图、奴隶社会的河南安阳小屯村殷墟的建筑复原图、封建社会早期东汉时期仿照建筑而建的明器图片、封建社会中期唐代大明宫含元殿的建筑复原图、封建社会晚期明清北京紫禁城的太和殿透视图，可以清晰地看到中国古代建筑发展以木构架为主，并不断得到改良与修正。

（2）地域的广泛性

中国古代的疆域以黄河流域和长江流域为中心，涵盖了亚洲东部的大陆和一些岛屿、海域，地理面积在历史上虽有所变迁，但始终广袤辽阔，以木构为主流的建筑形式覆盖了整个疆域。以封建社会晚期的建筑为例，明清时期的内蒙古呼和浩特的席力图召、广州的陈氏书院、西藏的大昭寺和山东泰山脚下的岱庙等，建筑主体采用的都是木构架。

1.1.2　多样性的表现

中国古代的建筑在保持以木构建筑为主流的前提下，为了适应时代、地域、民族和宗教的不同而呈现出多样性，表现在建筑结构、建筑材料、建筑构造、建筑体量和建筑装饰等多个方面。

（1）时代演变带来的多样性

木构架建筑技术在长期的演变过程中不断得到改进。同时在中国"道""器"文化的影响下，形成了较为明显的时代特征。以延续时间最长的封建社会为例，汉代作为汉文化的发展期，建筑雄浑、古朴；唐代作为汉文化的成熟期，建筑大气、疏朗；明清作为汉文化的稳定期，建筑规矩、稳重。将汉长乐宫复原图、唐大明宫复原图与明清北京故宫比较可见，其在主体建筑屋顶的形态、建筑的体量和装饰细部上均呈现出了不同特点。

汉代建筑的屋顶戗脊呈斜直线，歇山顶还不成熟，分成上下两截；唐代建筑的屋顶出檐深远，坡度平缓；清代建筑的屋顶凹曲面明显，坡度较大，出檐缩短。另外，清代建筑的装饰构件较汉、唐建筑增加了许多。

（2）地域、民族、宗教等因素带来的多样性

不同地区的自然条件对建筑提出了不同的要求，民族与宗教的差异性也促使建筑在功能设置、空间处理和外观装饰上的不同。建筑所处的自然及人文环境影响了建筑，带来了建筑的多样性。例如，藏式的碉楼、四川的吊脚楼、云南傣家的竹楼为适应不同地理和气候条件，呈现了不同的形态。

同样是清真寺，新疆喀什的艾提卡尔礼拜寺和陕西西安的化觉巷清真寺的建筑形象完全不同，后者在建造中已经完全汉化，而前者由于其独特的地理位置——靠近中亚，还带有强烈的伊斯兰建筑特征。

1.1.3 木构架建筑长期占主导的原因

（1）从技术的角度看

木构架建筑与砖、石建筑相比，取材方便、适应性强、抗震能力强、施工速度快，便于修缮、搬迁。

木构架建筑的结构属于框架结构形式，室内空间的大小及空间的分隔十分灵活，可以适应宫殿、寺庙、衙署、祠堂、住宅等各种空间需求。墙体不承重，可以根据保暖、通风、隔热等需求任意开窗，适应了各种气候条件和景观效果。

中国古代的木构架采用榫卯节点连接，受到外力时能够转动、变形。梁、柱节点的位置使用由小木块插接在一起的斗栱，同样具有较强的延展性，这些都增强了木构架建筑的抗震能力。天津蓟州区独乐寺的观音阁和山西应县佛宫寺释迦塔都已建成千年以上，在当地经历了多次地震仍屹立不倒，足以为证。

木材的加工速度远比砖石快，而中国古代木构架建筑在长期的发展过程中形成的一整套模数制度，更提高了其设计和施工速度。因此，西方石制建筑经常需要上百年的建造周期，这在中国是罕见的。例如北京故宫，总建筑面积达15.5万平方米，明永乐四年（1406）始建，永乐十八年（1420）建成，仅仅用了15年的时间。

木构架建筑的建造采用浅基础，除屋顶的椽子等局部用到钉子外，全部采用榫卯连接，可拆卸后再组装，便于搬迁。山西芮城永乐宫、重庆云阳张飞庙都曾因为原址受到水利工程兴建的影响而整体搬迁。

（2）从政治和经济的角度看

中国古代长期以统一的帝国形式存在，王朝之间的更迭，表现为一种政治、经济和文化上的继承、延续与改良。这种稳定的社会结构促成了木构建筑体系的稳定发展。新的王朝在建立之初，要迅速地建立起一整套代表新的皇权的制度体系，要在短时间内建设好作为权力象征的都城与皇家建筑，木构建筑与砖石建筑相比具有明显的优势。此外，由农耕文化衍生出的对"木"的偏爱，也促使木构架建筑长期在中国古代占据了主导地位。

1.2　木构架建筑的特色

中国古代的木构架建筑在长期发展中，形成了自身独特的建筑结构体系和节点构造做法，特色鲜明。

1.2.1　两种结构体系

中国古代的木构架建筑以框架式作为结构的基本形式，其特点是柱梁承重，墙不承重，故民间有"墙倒屋不塌"的说法。由于所处的地域、适用空间大小的不同，出现了穿斗式和抬梁式两种主要的木构架结构体系。

（1）穿斗式

穿斗式又称穿逗式，由于穿枋（或称穿梁）在柱子之间"逗"成而得名（图1-1）。

（2）抬梁式

抬梁式又称叠梁式，其构架的主要特征为柱抬梁、梁抬柱，柱与梁上下相互叠合（图1-2）。

两种木构架结构体系从做法、用材、空间特点和适用范围来看，具有明显的不同（表1-1）。

另外，在中国南方常见一种穿斗与抬梁的混合结构形式。为了适应建筑对大空间的需求，除边贴的柱子按照穿斗式一般的做法"隔柱"落地外，中间的柱子搁置在下层的梁上而不落地。梁的截面由

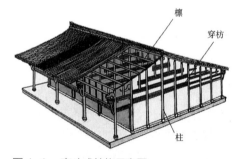

图1-1　穿斗式结构示意图

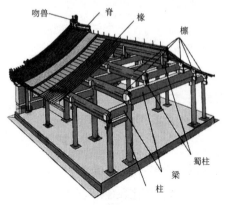

图1-2　抬梁式结构示意图

此变大，建筑中部的空间变得宽敞。这种木构架的做法是在穿斗式的基础上演变而来的，檩仍由柱子承托，还具有穿斗式建筑的特点。

表 1-1　穿斗式和抬梁式比较

	做　法	用　材	空间特点	适用范围
穿斗式	穿在柱间，檩在柱头	柱、檩细，梁、墙、屋顶薄	落地柱密，空间较狭窄	南方，温暖、炎热地区，小空间建筑
抬梁式	梁在柱上，檩在梁头	柱、檩粗，梁、墙、屋顶厚	落地柱少，空间较宽敞	北方，寒冷地区，大空间建筑

1.2.2　斗栱

斗栱是中国古代木构建筑特有的一种构件，由早期支撑屋顶出挑的悬臂梁演变而来。早期主要起到承托屋檐出挑或支撑上部梁、檩的作用，后期逐渐演变为一种装饰性的构件。

（1）斗栱的常用位置及类型

根据所处位置的不同，斗栱可分为外檐和内檐两种。其中外檐斗栱较为常见，位于檐柱上端，承托屋檐的出挑，这也是封建社会晚期常见的斗栱类型。位于建筑内部梁、枋之上的斗栱即为内檐斗栱。随着建筑节点做法的逐渐简化，明清时期内檐斗栱的数量和种类都减少了。外檐斗栱根据其所处的位置可以分成三种，即位于柱头之上的柱头铺作、柱与柱之间的补间铺作和角部的转角铺作，这是宋代的称谓。清代将斗栱分别称为柱头科、平身科和角科（图 1-3）。

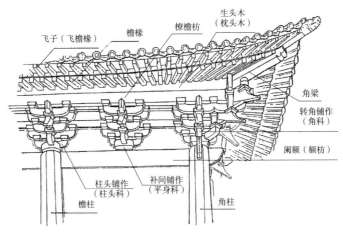

图 1-3　斗栱位置及名称

（2）斗栱的基本构成

斗栱由斗、栱、昂等组件构成。斗和栱是斗栱的基本组件。由于位置的不同，斗和栱的大小不同，名称也不一样。其中放置在柱头之上，位于一朵（清称一攒）斗栱最下方的为栌斗（清称坐斗或大斗）。其上方开一字形或十字形的槽口，嵌入栱，层层出挑。栱本为长方形木块，因其两端底部作卷杀（即由折线组成的弧线轮廓，形成柔美而有弹性的外观。"卷"有圆弧之意，"杀"有砍削之意）成弧线，故称为栱。昂早期为斗栱中斜置的构件，后期也有将栱头刻为昂头的做法。昂从形式上来看，出挑的部分呈扁长的尖嘴状。斗栱就是由一层层的斗、栱和昂及木枋相互穿插、叠合而成。

1.3　单体建筑构成

1.3.1　简明、直观与有机的构成

由于采用木构架，中国古代的单体建筑在结构、空间和形式构成上逻辑清晰，建筑形式直观反映结构和构造做法，建筑空间限定手法丰富，各空间通透有机。

（1）单体建筑的基本构成单位——间

中国古代的单体建筑以木构架的一个基本组成单元——间为基本构成单位，根据建筑物等级及功能不同，可以在开间及进深方向上增加或减少间数，适应性强。中国古代建筑的基本平面形式为长方形，正房多坐北朝南，以长边为入口，面阔为1、3、5、7、9、11奇数开间。由中间向两边分别称为明间、次间、稍间和尽间，其中面阔7间以上的建筑，次间会重复出现（图1-4）。

（2）形式、结构及构造的统一

中国古代木构架建筑的直观性体现在其形式、结构及构造的统一。木构架建筑的立面分为屋顶、屋身和台基三部分，每一部分的建筑形式都和其结构与构造的关系密切。不同形式的屋顶对应不同的结构和构造做法，屋身的形式与柱网的开间、进深数相对应，不同类型的台基对应不同的材料与建造方法。梁、枋（方形木条，两根柱之间的水平联系构件）和柱不仅作为结构的主要部分，还常常作为装饰，如月梁、盘龙柱等。枋与柱穿插出头之处呈霸王拳的形式，同样具有装饰性。斗栱层叠交错，富于节奏与韵律。屋顶正脊两端的吻兽以及戗脊、垂脊端部的仙人、走兽等看似装饰性构件，其实具有加强屋脊防水性能的作用。

（3）建筑空间的有机交融

中国古代木构架建筑的室内与室内、室内与室外空间相互渗透，建筑与环

境有机交融。室内隔墙材料多样、形式丰富，常用形式优美的博古架、屏风或木花格墙隔断。建筑的外围护墙体及其开洞的形式，完全根据其功能与美学需求自由选择。江南园林中的厅堂馆榭常用整面的木槅扇门窗，天气晴好时，门窗洞开，将室外的美景纳入房中。这种由木构架结构体系带来的空间处理上的自由，与现代建筑中的流动空间有异曲同工之处（图1-5）。

1.3.2　屋顶是造型的重要组成

（1）屋顶在建筑造型中的重要性

屋顶是中国古代单体建筑造型的重要组成部分，这当然来源于其在建筑中的重要功能——遮雨、避风和防晒。中国古代的屋顶也被赋予了一定象征意义，代表着建筑主人的地位与权力。例如在汉代，已经出现了多种屋顶形式，用于不同等级的建筑。

屋顶的重要性还表现在其尺度上。屋顶的高度经常占了建筑高度的一半甚至更多，挑檐远远地伸出墙面以外。屋顶成为建筑立面形式中最重要的部分（图1-6）。

（2）屋顶为凹曲面

与欧洲或西亚古代的屋顶用凸曲面不同（图1-7），中国古代的屋顶用凹曲面，从中间到两边、从正脊到檐部都逐渐升高，形成向上弯的双曲面，称为"反宇向阳"。

为实现排水的便利和接纳更为充足的阳光，古人将屋顶建成独特的凹曲面，同时富有"如鸟斯革，如翼斯飞"的飘逸美。

（3）屋顶的类型

中国古代单体建筑的屋顶常见的有庑殿顶、重檐庑殿顶、歇山顶、重檐歇山顶、悬山顶、硬山顶和攒尖顶。其中，歇山顶、悬山顶及硬山顶又可做成卷棚顶（图1-8）。

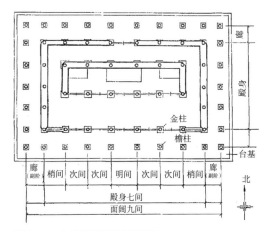

图1-4　木构建筑平面示意图

图1-5　江南园林中的落地罩

图1-6　太和殿立面图

图1-7　佛罗伦萨主教堂

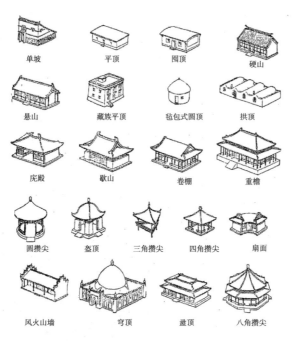

图 1-8　各种屋顶示意图

（图中标注：单坡、平顶、囤顶、硬山、悬山、藏族平顶、毡包式圆顶、拱顶、庑殿、歇山、卷棚、重檐、圆攒尖、盔顶、三角攒尖、四角攒尖、扇面、风火山墙、穹顶、盝顶、八角攒尖）

庑殿顶，四面坡，有正脊和四根戗脊，又称四阿顶或五脊殿，是明清时期级别最高的屋顶，用在宫殿正殿或非常重要的建筑之上。天津蓟州区辽代建的独乐寺山门采用庑殿顶，表明了早期庑殿顶的适用范围更为广泛。

歇山顶的形式较为复杂，上段为悬山，下段为四坡，故名歇山。有正脊、垂脊及戗脊，又名九脊殿、厦两头造。级别仅次于庑殿顶，用在宫殿的辅殿或配殿以及宗教、衙署等建筑中。

悬山顶与硬山顶均为前后两面坡，不同之处在于：悬山屋顶悬出山墙之外，而硬山屋顶与山墙面直接相交。悬山顶常用于南方的民居，遮雨、遮阳效果较好。北方民居常用硬山顶。有些民居将山墙建得远高于屋顶，并将墙顶部做成马头墙的形式，富于装饰性，成为风火山墙式屋顶，能够提高建筑的防火性。

攒尖顶用于正多边形或圆形建筑，其特点为各戗脊汇于一点，上覆宝顶。常见的有圆攒尖、四角攒尖、八角攒尖等。三角攒尖顶是其中较为特殊的一种。

在较为重要的建筑中，会用到重檐庑殿、重檐歇山、重檐攒尖等屋顶，其特点是在原有屋顶的下面再用一层四向坡檐。

歇山、悬山及硬山屋顶用在园林环境中时一般不用正脊，前后两面坡以弧面相连接，称为卷棚顶。

另外，中国古代单体建筑的屋顶还有其他较为独特的形式，如圆顶、囤顶、平顶、盝顶、盔顶等。宋画中反映出当时曾出现多种复合屋顶，形式丰富，而这种做法至明清后较为少见。

1.4　建筑群组合与环境关系

1.4.1　建筑群组合

中国古代的建筑不追求单体的高大，除塔与楼阁之外，多为 1~3 层，其中又以 1 层为主。建筑的规模体现在建筑群的平面组合中，由单体建筑围合成院落，院落再组合成建筑群。

（1）基本单位——庭院

①庭院的基本构成

庭院是建筑群组合的基本单位，由单体建筑围合而成。民居中常见的有四合院与三合院，由正房、厢房、倒座、回廊、围墙及大门构成。官式建筑中则冠以主殿或配殿等名称。

②庭院的意义

院落的内向性布局适应了中国传统的家庭结构以及文化特征。庭院式的布局拉开了建筑之间的距离，使每座单体都获得了采光和通风。为适应不同的自然环境，院落的形态有所差异。北方的庭院较为开敞，日照充足；南方的庭院多以天井的形式出现，遮阳、通风效果好。

（2）两种基本模式

①轴线式——庭院深深

轴线式是庭院组合的基本模式。在大多数的官式建筑和民居中，主殿或正房的中心线延伸形成轴线，两侧对称布置配殿或厢房。这条中轴线会向两端延伸，形成多进院落。在更大的建筑群中，会用到多条纵轴线，形成多路建筑。有些建筑中还会用到横轴线。轴线式的建筑群组合，庭院深深，庄重威严，体现了中国古代尊卑有序的礼制精神。

②自由式——因地制宜

山区、水乡或园林建筑中，建筑群的布局呈现出较为自由的形式。建筑的轴线、庭院的轴线常常发生偏移或扭转，建筑群整体呈现不规则的形态。这种方式适应了自然地形，同时获得了更活泼的空间效果。

1.4.2　建筑与环境的关系

中国古代以农业为本，而优良的自然环境正是农业生产的基本条件，因此，古人很早就建立了一整套顺应天时的哲学思想。城市与建筑作为人工环境，其建设的基本理念就是与自然环境和谐相处，即天人合一。

（1）善选基址

中国古人非常重视将城市与建筑选在适宜的地点，由此产生的风水理论，大部分内容论述的都是有关选址的内容。通过对地形、地貌、水文、植被、小气候以及环境容量等自然条件的观察和体验，即"相地"或"卜宅"来选择基址。"相土尝水"的做法体现在历史上多个城市或重大建筑群的选址工作中。郭璞建温州城、伍子胥建阖闾大城、宇文恺建大兴城以及刘基建明南京宫殿都是实例。

（2）因地制宜

中国古人依据地理环境和气候的不同，来布置、规划与设计城市和建筑。平原地区常见的方格网形道路格局不适用于山区、水乡，所以出现了依山就势的盘山路或滨水道，如重庆城、苏州城的道路格局。明清时期的民居呈现出百花齐放的各种形式，均是因地制宜的产物。

（3）整治环境

在生产条件允许的情况下，古人会对环境进行适当的改造。历史上多个著名的水利工程，如都江堰、京杭大运河等，为社会经济的繁荣创造了基本条件，也为成都城、长安城和北京城的发展奠定了基础。人们也对村落周围的水系进行适当改造，如安徽棠樾村引水绕村，在保持环境基本状况的同时，扩大水体的适用范围，促进了村落的长期稳定发展。

（4）心理补偿

古人还常通过艺术或风水对环境进行美化，以满足心理需求。例如，许多村子的东南角建有风水塔类的高大建筑物，以弥补东南方向地势较低的不足。一些建筑的朝向、开门不希望正对道路或河流，如果实在避不开，会挂一面镜子或摆上两块"泰山石敢当"以辟邪。这些做法虽带有迷信思想，但在一定程度上却丰富了建筑环境。

1.5 工官制度与等级制度

1.5.1 工官制度的演变及历史上著名的工官

（1）形成与演变

在中央的权力机构中设置官员专门负责城市建设和建筑营造工作，是中国古代的工官制度，其中具体的掌管者和实施者称为工官。

周至汉，国家的最高工官称为"司空"，取"主司空土以居民"之意。汉之后，司空成为不做具体工作的高级空职，代之以"将作"。西汉，称为"将作少府"，东汉之后改称"将作大匠"，唐宋称"将作监"。大匠和监的副手称"少匠""少监"。

隋代开始在中央设立职权更为广泛的"工部"，仍由"将作监"负责皇室工程和京城官府衙署的建造。明清两代均不设"将作监"，而在工部设"营缮司"，负责朝廷各项工程的营建。清康熙之后，在内务府另设"内工部"，后改称"营造司"，承担清代大规模行宫和苑囿的建造。

（2）历史上著名的工官

①隋代宇文恺

宇文恺曾任将作少匠、将作大匠、工部尚书等职，主持了隋代东西两都的规划与建造以及宫室和宗庙的兴建。在他主持下的隋大兴城（唐长安城）和隋洛阳城（唐洛阳城）的规划和建设成为中国古代的经典范例。据文献记载，当时已用到了比例尺和模型辅助设计，这些工程促进了城市和建筑设计工具的发展。

②宋代李诫

李诫长期在将作监任职，曾任主簿、丞（中层官员）、少监和监。经手的工程有王府、辟雍、太庙、朱雀门等，富有实践经验。他突出的贡献在于编修了《营造法式》一书，详细记录了当时的官式建筑做法共3 272条，可操作性强，并附有大量的精致图样，为后人了解和研究宋代的建筑技术与艺术提供了宝贵的资料。

③明代蒯祥、徐杲

蒯祥和徐杲是明初迁都北京时众多优秀工官的代表，他们出身工匠，大部分来自江南。蒯祥是木匠，永乐时曾参与了北京故宫及长陵的修建，后被提升为工部侍郎，三品。徐杲也是木匠，嘉靖年间曾参与了北京故宫前三殿和西苑永寿宫的重建，后被提升为工部尚书，二品，他是明代匠人中官位最高的一位。

④清代样式雷

这是对清代自康熙年间起200多年来执掌"样式房"的雷姓家族的总称。"样式房"是清代皇家建筑样式的专门设计机构，所有的皇家建筑和大型建筑都要经过他们的设计与监管，它在清代皇家建筑体系中具有举足轻重的地位。自始祖雷发达起，雷氏六代传人主持了北京故宫、皇家园林、皇家陵园等重要工程的设计。建筑设计时，样式雷先绘制1：100或1：200的图纸（图1-9）或"烫样"（即建筑模型）呈入内廷，以供审定（图1-10）。这些珍贵的资料有一部分还保存在北京故宫博物院，代表了那一时期中国古代建筑设计的高超技艺。

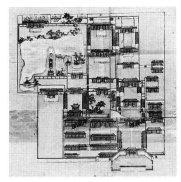
图1-9　样式雷绘制的图纸

图1-10　"烫样"

1.5.2 等级制度的内涵与基本表现

（1）基本内涵

礼制是中国古代社会的文化核心。在以皇帝为首的中央集权统治下，中国建立了一整套层级分明的等级制度。等级制度经过了奴隶社会和封建社会的长期发展，至清代达到最高峰。在这一制度的统治下，人被分成了各种等级，体现在与人的社会生活相关的衣食住行等各个方面。

（2）建筑等级的基本表现

建筑是权力的重要象征，其形式与做法同样被划分成了各种等级。大到城市的规模，小到梁、枋上的彩画图案，都遵从着较为严格的规定。例如，《周礼》规定王城高九雉（每雉为一丈，共高九丈），诸侯城高七雉。清代只有皇家建筑和高级别的寺庙、衙署才可以用红色或金色，普通百姓的住宅只能用灰瓦青砖，装饰的雕刻、壁画中更不能出现龙或凤的图案。同时，建筑的间数、屋顶的种类和台基的材料、样式等，都有着严格的等级划分。这一等级制度贯穿古代建筑发展的始终，是其主要特征之一。

本章知识点

1.掌握中国建筑的主流，了解其多样性的表现；了解木构建筑在中国长期占据主流的原因。

2.掌握穿斗式和抬梁式两种木构架的基本特征。

3.掌握外檐斗栱的不同称谓，了解斗栱的基本组成构件。

4.了解单体建筑的基本特征；掌握建筑的基本构成单位——"间"在面阔方向不同位置的名称。

5.掌握中国古代木构建筑屋顶的基本特征——大、凹曲面；掌握"反宇向阳"的概念；掌握庑殿顶、歇山顶、悬山顶、硬山顶、攒尖顶和卷棚顶的基本特征与等级划分。

6.掌握建筑群组织的基本单位——庭院；了解庭院的意义；掌握建筑群的两种组织方式。

7.了解中国古代建筑与环境的关系。

8.了解中国古代工官制度的演变；掌握历史上著名的工官及其主要贡献。

9.了解中国古代建筑等级的基本表现。

衣钵递传——中国古代建筑的时代特征

- -

萌芽期——原始社会（夏之前）建筑

初生期——奴隶社会（夏—春秋）建筑

成长期——封建社会早期（战国—南北朝）建筑

成熟期——封建社会中期（隋—宋）建筑

稳定期——封建社会后期（元—清）建筑

2.1 萌芽期——原始社会（夏之前）建筑

在距今六七千年前，中国境内已有了原始人活动的迹象。原始社会前后经历了原始人群与氏族公社两个阶段。氏族公社又可分为母系氏族和父系氏族，二者的区别就在于后者出现了家庭私有制。

在原始社会时期，人类的生产力低下，处于新石器时代，即磨制石器时代的晚期。

2.1.1 原始人群的建筑

这一时期的建筑主要用于居住，主要有穴居（图 2-1）和巢居（图 2-2）两种形式。

《孟子·滕文公》中讲到"下者为巢，上者为营窟"，即在地势较高的地方用穴居，而在地势较低的地方用巢居。《韩非子·五蠹》中讲道"上古之世，人民少而禽兽众，人民不胜禽兽虫蛇，有圣人作，构木为巢，以避群害"。现在还能看到的窑洞和干栏式住宅（底层架空的竹、木构住宅），就是由穴居和巢居演变而来的。

2.1.2 氏族公社时期的建筑

这一阶段的建筑以居住为主，且出现了最早的用于祭祀的建筑。黄河流域以仰韶文化和龙山文化为代表，长江流域以河姆渡文化为代表。

（1）黄河流域

①母系氏族公社时期——仰韶文化

黄河流域此时以木骨泥墙式房屋为主。人们将支撑坡屋顶的木条绑扎在一起，上覆以茅草。房屋平面呈圆形或方形。代表性实例有陕西西安半坡村建筑遗址（图 2-3）和陕西临潼姜寨遗址。

陕西临潼姜寨遗址（图 2-4）是目前我国发现最早的聚落遗址，建筑呈"口"字形，整个建筑群围绕着中央空地分布。建筑共分 5 组，每组都有一座大房子。这种布局反映了母系氏族公社的社会生活特征。

②父系氏族公社时期——龙山文化

陕西西安客省庄遗址（图 2-5）反映了黄河流域父系氏族公社的建筑特征，建筑呈"吕"字形，房屋分前、后室。前室为接待和公共活动空间，后室为私密空间。这种布局反映了家庭和私有制的出现，具有明显的时代特点。

（2）长江流域

浙江余姚河姆渡文化遗址的建筑遗存，反映出距今 7 000 年左右长江下游的建筑已发展到较高的水平。建筑采用木构架干栏式，最有特色的是建筑构件用榫卯连接，这是我国目前发现最早的榫卯构件（图2-6）。

图2-1　山顶洞人穴居遗址

图2-2　巢居

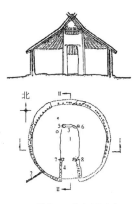

1.灶炕　2.墙壁支柱炭痕
3、4.隔壁　5～8.屋内支柱

图2-3　陕西西安半坡村建筑
遗址图

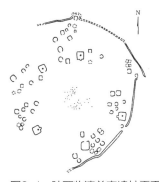

图2-4　陕西临潼姜寨遗址平面图

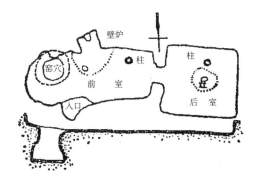

图2-5　陕西西安客省庄遗址平面图

图2-6　浙江余姚河姆渡文化
遗址榫卯构件

2.2 初生期——奴隶社会（夏—春秋）建筑

公元前21世纪，中国进入奴隶社会，包括夏代、商代、西周和春秋四个时期。

2.2.1 夏代建筑

夏代处于新石器时代的晚期和青铜时代的早期。

据推测，河南偃师二里头是夏末都城斟鄩所在的位置，其中1号宫殿的遗址被确认为夏代的宫殿建筑遗址，这是目前我国发现的最早的规模较大的木架夯土建筑和庭院遗址（图2-7）。庭院平面呈缺角方形，由门、廊围合而成。殿位于庭院靠北的位置，平面呈长方形。殿与门的轴线不重合。殿用偶数开间及永定柱（大柱子两侧的小柱子，用来支撑架空的木地板，反映了早期席居的生活方式）。

2.2.2 商代建筑

商代出现了我国最早的文字——甲骨文，有了被记载下来的历史。

在商代的墓葬中出土了尺度巨大和数量较多的青铜器。例如我国目前发现最大的青铜器——后母戊大方鼎，反映了这一时期青铜加工技艺已达到相当高的水平。

商代曾多次迁都，早期的有河南偃师商城遗址（图2-8）、湖北黄陂宫殿建筑遗址（图2-9）、河南郑州商城遗址（图3-2）。

晚期的有河南安阳小屯村的殷墟。此处有商代最后的宫殿及陵墓群，位于洹河岸边的"汭位"，有利于建筑群体的防洪安全（图2-10）。

2.2.3 西周建筑

西周达到了中国历史上奴隶制的最高峰，政治制度更加完善，经济和文化更加繁荣，奠定了礼制制度的基础。

西周的建筑空间组合及建筑技术进步非常明显。陕西岐山凤雏村的宗庙建筑是目前发现最早的布局严整的四合院遗址。建筑群中轴对称，各建筑对位关系明确。遗址中还出现了铺地的方砖和屋顶用的多种陶瓦，这表明西周的建筑已经开始摆脱茅茨土阶（用茅草作屋顶，用土作台阶）的阶段（图2-11）。

2.2.4 春秋建筑

春秋时期奴隶制开始向封建制过渡。周天子被架空，各地诸侯的势力此消彼长。

铁器逐步取代青铜器，劳动效率得到了提高。手工业的技术随之进步，催生了一批技艺高超的工匠，公输班（即鲁班）就是其中的一位杰出代表。

春秋时期出土了质地坚硬的空心砖，证明此时中国已开始了用砖的历史。

秦国宗庙建筑遗址即是这一时期高台宫室的代表建筑。院落式布局位于高台之上，正面的两侧，即东、西各有一部台阶，称为"东阼西宾"，东侧的台阶主人走，西侧的台阶客人走，这是为适应偶数开间的建筑而出现的一种做法（图2-12）。

文献记载此时的建筑已有丰富的装饰，如"丹楹刻桷"（柱子刷成红色，椽子上进行雕刻）、"山节藻棁"（斗上画山纹，梁上的短柱画藻纹）。

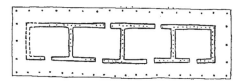

图2-9　湖北黄陂宫殿建筑遗址平面图

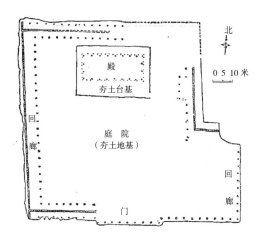

图2-7　河南偃师二里头1号宫殿遗址平面图

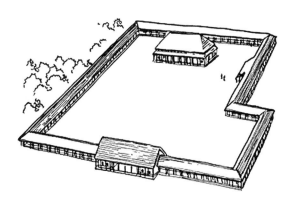

图2-8　河南偃师二里头1号宫殿遗址复原图

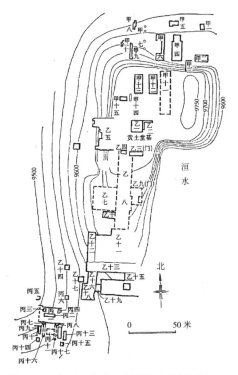

图2-10　河南安阳小屯村殷墟遗址平面图

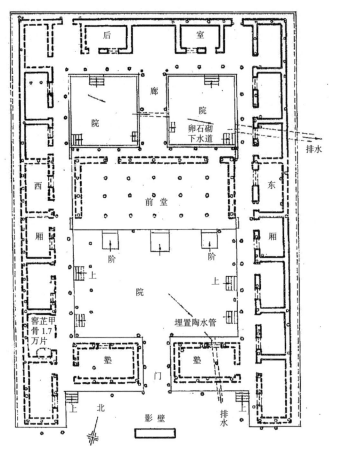

图2-11　陕西岐山凤雏村宗庙建筑遗址平面图

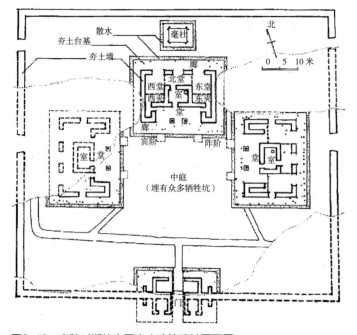

图2-12　春秋时期的秦国宗庙建筑遗址平面图

2.3 成长期——封建社会早期（战国—南北朝）建筑

战国、秦、汉、南北朝是中国封建社会的早期。这一阶段是中国古代建筑体系的成长期。

2.3.1 战国建筑

战国时期，奴隶社会结束，封建社会开始。封建经济以及手工业、商业进一步发展。

战国时城市发展达到一个高潮。诸侯国势力强大，各国纷纷大力建设都城，出现了一批规模和人口密度较大的都城，如赵邯郸城、齐临淄城等。

高台宫室也得到了大力发展。在早期高台建筑的基础上，各诸侯国建设了规模更大的高台宫室，即在高达几米的夯土台上用木构架建造宫殿。这是木构架尚未解决大体量的建造技术时，想要获得高大建筑的一种常用方法。如战国时秦国陕西咸阳 1 号宫殿遗址（图 2-13）。虽然唐以后木构建筑解决了大体量的技术问题，但建筑底部用高基座的做法被一直保留到明清时期。

制砖技术也得到了发展，出现空心砖墓，但普遍仍采用木椁。木构榫卯技术也较为发达。战国墓中出土的木构榫卯构件，形式多样，加工已较为精致（图 2-14）。

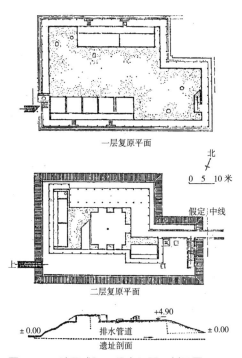

图 2-13　陕西咸阳 1 号宫殿平、剖面图

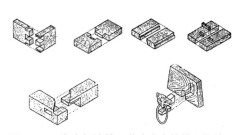

图 2-14　湖南长沙战国墓中出土的榫卯构件

2.3.2　秦代建筑

秦代建立了中国历史上第一个统一的封建帝国，以军事强大著称。

秦代虽然时间较短，但留下了一些庞大的建筑工程。

秦代首先将战国时期秦、燕、赵国的长城连起来，加以扩建，建成了中国历史上第一座万里长城。

另外在首都咸阳附近，沿渭河两岸建起了包括阿房宫在内的大量的离宫别馆。这些木构建筑目前都已不存。

秦代目前保留下来规模最大的建筑是位于陕西临潼的秦始皇陵，其附近有大量的陪葬兵马俑坑。

2.3.3　汉代建筑

汉代是中国封建社会的上升时期，社会生产力水平有了较大的提高。

（1）木构架建筑渐趋成熟

穿斗式和抬梁式构架已基本成熟。从汉代的画像砖、画像石及陪葬明器的雕刻表明，穿斗式（图2-15）和抬梁式（图2-16）两种木构架此时均已有了较为固定的做法，干栏式建筑也较为常见（图2-17）。

多层建筑发展。各地出土的望楼及碉楼明器表明汉代的多层建筑已较常见，木构多层建筑的技术已较为成熟。这为汉末、南北朝之后多层楼阁式塔的大量出现奠定了技术基础（图2-18）。

斗栱开始使用。汉代石质墓阙及明器中反映出当时的木构建筑已开始使用斗栱，但形态尚不统一（图2-19）。

屋顶的形式多样。悬山、庑殿和攒尖等这些中国古代常用的屋顶形式在汉代都已出现，并大量使用。但歇山顶的做法尚不成熟，分成上下两段，还没有解决上段歇山顶和下段庑殿的构造过渡问题（图2-20）。

（2）砖石建筑发展

大型的砖墓已较为常见，有板架式、斜撑板架式和筒形式。其中筒形墓又有进深较小的并联拱和进深较大的纵联拱（图2-21）。

汉代已出现了大型的石拱券墓和石制梁板墓。其中，山东沂南发现的东汉石墓由石制梁板结构建成，规模宏大，雕刻精美，代表了汉代高超的石制建筑技术（图2-22）。

汉代保留下了一些石质的墓阙、墓表，为研究当时的建筑发展提供了直观的资料。其中，位于四川雅安的东汉益州太守高颐墓石阙较为著名。川、渝两地是全国现存石阙最多的地区。

图2-15 穿斗式房屋明器

图2-16 抬梁式房屋明器

图2-17 干栏式房屋明器

图2-18 碉楼明器

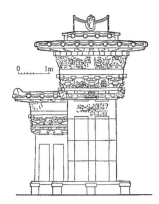

图2-19 汉高颐墓西阙正立面

图2-20 歇山屋顶分为两段

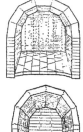

图2-21 筒形拱墓

图2-22 沂南东汉石墓构件

（3）城市建设发展

西汉长安城规模宏大，面积大约为公元 4 世纪罗马城的 4 倍，并建有大规模的宫殿、坛庙、陵墓和苑囿。

2.3.4　三国、晋、南北朝建筑

三国至南北朝是中国历史上一个大分裂、大融合的时期，这一时期政治动荡不安，战争频繁爆发。佛教自东汉传入中国后，经魏、晋至南北朝发展到了高潮。由于国家政权的分裂，士大夫阶层兴起，产生了山水诗、山水散文和山水画。北方少数民族南侵与汉文化相碰撞、融合，为隋、唐文化的繁盛打下了基础。

（1）佛塔、佛寺和石窟大量兴建

佛教的繁荣带来了佛教建筑的发展，人们大量兴建了佛塔、佛寺和石窟。建于北魏时期的河南登封嵩岳寺砖塔是我国现存最古老的佛塔。此塔用密檐式，仅供礼拜而不能登临，与当时大量建造的楼阁式塔不同。河南安阳宝山寺双石塔是目前发现最早的单层塔。

两晋、南北朝时期的佛寺建筑多使用木构，现已不存，但北方建造的石窟寺还保留多处。其中，著名的甘肃敦煌鸣沙山石窟、甘肃天水麦积山石窟、山西大同云冈石窟和河南洛阳龙门石窟并称为中国四大石窟。另外较为著名的还有山西太原天龙山石窟。石窟寺分为佛殿型、塔院型和僧院型三种。

（2）私家园林的产生

与早期皇家所建的以狩猎和豢养珍禽野兽的苑囿不同，魏晋、南北朝时期产生了以追求精神享受为主要目的的私家园林，奠定了中国古典园林文人园、自然山水园的基础。这一现象的出现与当时士大夫阶层所推崇的山水诗、山水散文和山水画一脉相承。园林的建造者同时又是诗人或散文家，如陶渊明、谢灵运等。园林反映的正是诗画的朴雅意境。

（3）高坐具出现，室内空间提高

北方少数民族的南侵，给中原地区带来了新的生活习惯，如垂足而坐等。胡凳、胡床的使用提高了室内空间。席居与床居同时存在。

（4）石刻技艺水平提高

南北方文化的交融提升了石刻技艺水平。实例有江苏南京南朝梁萧景墓辟邪与墓表（图 2-23）以及河北定兴的北齐石柱（图 2-24）。

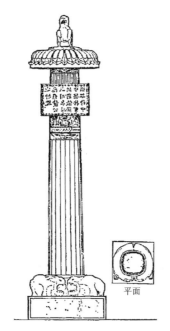

图2-23 江苏南京南朝梁萧景墓表

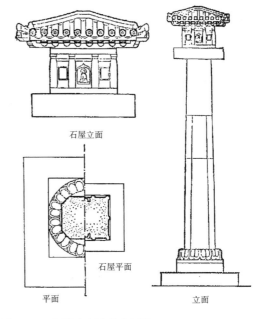

图2-24 河北定兴的北齐石柱

2.4 成熟期——封建社会中期（隋—宋）建筑

2.4.1 隋代建筑

隋代重新统一中国，结束了两汉以来300余年的战乱，为社会、经济的进一步发展创造了条件。

（1）城市建设

隋代在宇文恺的主持下，规划建设了都城大兴城和东都洛阳城，这些工程成为中国历史上宏伟、严整的方格网道路系统城市规划的典范。这两座城市为后来的唐代所沿袭，并发展为东、西二京。

（2）砖石建筑

现遗存的有两座隋代的砖石建筑，即河北赵县的安济桥，俗称赵州桥（图2-25），以及山东历城的神通寺四门塔。赵县安济桥由工匠李春负责建造，是世界上出现最早的敞肩拱桥（或称空腹拱桥），大拱由28道石券并列而成，跨度达37米。大拱上面，两边各用两个小拱，既减轻了桥的自重，又能够减轻洪水对桥身的冲击力，该桥技术水平高，艺术效果好。山东历城神通寺四门塔是隋唐时期四边形单层墓塔的典型代表，形式简洁（图6-43）。

2.4.2 唐代建筑

唐代达到了中国古代封建社会的鼎盛时期，表现在：政治上建立了较为成熟的封建集权统一制度，气势恢宏大度；经济上在唐中期开元、天宝年间繁荣昌盛；文化上思想活跃，以唐诗为代表，涌现了一批伟大的诗人，如唐初四杰之一的王勃、诗仙李白、诗圣杜甫等。唐代的建筑体现出恢宏、大度、明朗的艺术风格。

（1）规模宏大，规划严整

唐代的城市与建筑群规模宏大，规划严整。唐代都城长安城的规模为 84.1平方千米，是当时世界上最大的城市。城内采用方格网的道路系统，规划十分严整。单体建筑的规模也十分宏大。唐大明宫的规模是明清北京故宫的 3 倍多，其宫苑主要建筑麟德殿的遗址面积是故宫太和殿的 3 倍。

（2）建筑群处理日趋成熟

唐代建筑群的处理日趋成熟，表现在两个方面。

其一，在宫殿、陵墓等大型建筑群中用纵轴线组织空间，强调主体建筑。例如大明宫中从丹凤门到紫宸殿的轴线长 1 200 米，略长于北京故宫从天安门到保和殿的距离。

其二，陵墓依山造势。唐代的陵墓不用人工堆土的方式，而是利用自然的山体作为陵体，并通过突出陵墓南边神道轴线的方法突出陵体，既降低了陵墓被盗的概率，又节约了成本。

（3）木建筑解决了大面积、大体量的技术问题

唐代的木构建筑遗址表明此时木构建筑已经解决了大面积、大体量的问题，并已定型。例如大明宫麟德殿，面积约 5 000 平方米，面阔 11 间，规模是明清太和殿的 3 倍左右，表明唐代中国的木结构技术已经完全成熟。

（4）设计施工水平提高

唐代出现了专门掌管设计与施工的民间技术人员——都料，都料专门负责公私建筑的设计和现场施工指挥，并以此为生。著名文学家柳宗元《梓人传》中所述的梓人即相当于都料，其"画宫于堵"的做法表明当时已有按比例绘制的建筑图纸，且按图施工的做法已普及。在一些重要的建筑工程，如都城的规划与建筑设计中，已采用模型与图纸相结合的设计方法。

（5）砖石建筑进一步发展

由于早期木塔易遭火灾，唐以后砖石塔的数量逐渐增多。现存的唐塔全部为砖石塔，包括楼阁式塔、密檐式塔和单层塔等多种类型。代表实例有西安慈恩寺大雁塔、西安荐福寺小雁塔和山西平顺海会院明惠塔（图 2-26）。

（6）建筑艺术加工直观、成熟

从目前遗存唐代的建筑及相关图像资料上可以看到，唐代建筑体现出其功能、结构和构造的直观与成熟，表现在屋顶用青黑色琉璃瓦而少用装饰，用直

棂窗，建筑多用朱白二色等方面。梁思成先生将唐代木构建筑的特征概括为"斗栱雄大，出檐深远，屋顶平缓，朴素疏朗"。

2.4.3 五代十国建筑

唐安史之乱后，又经黄巢起义。整个国家陷入政治混乱，朝代更迭频繁，战争不时爆发。北方先后经历了后梁、后唐、后晋、后汉、后周五个朝代，南方先后建立了南唐、南平、吴越、北汉、南汉、前蜀、后蜀、吴、楚、闽 10 个小国。国家的分裂遏制了建筑的发展。

此时的建筑以继承唐代的技术与风格为主，只有吴越、南唐地区的砖石塔或砖木混合塔有所发展。现存的石塔有南京栖霞山舍利塔（图 2-27）、杭州闸口白塔（图 2-28）与灵隐寺双石塔（图 2-29），砖木混合的如苏州虎丘云岩寺塔、杭州保俶塔（图 2-30）。另外，广州南汉光寺内还铸有东、西两座铁塔，其中西铁塔是目前我国发现的建造最早的铁塔（图 2-31）。

2.4.4 宋代建筑

宋初建国时制定的"强本弱枝"政策导致国家政治腐败，军事衰弱，但宋代的经济、农业、手工业、商业和科技相比战乱时期有了较大的发展，资本主义经济开始萌芽。由于南宋迁都临安，中国的政治、经济中心南移，南方端庄、秀美的文化审美风格逐渐占据主导地位。

（1）城市取消里坊制

宋代的城市结构和布局发生了根本变化，取消了里坊制，促进了商业发展。里坊制虽然便于城市统治，但过于严格的管理阻碍了日益繁荣的商业需求，因此唐晚期，在南方一些经济较为发达的城市，里坊制已经名存

图2-25 河北赵县的安济桥

图2-26 山西平顺海会院明惠塔

图2-27 南京栖霞山舍利塔

图 2-28　杭州闸口白塔

图 2-29　杭州灵隐寺双石塔

图 2-30　杭州保俶塔

图 2-31　广州南汉光寺西铁塔

实亡了，宋代彻底取消了里坊制。从张择端所绘的《清明上河图》（图 2-32）中可见，北宋东京汴梁城内街道已成为街市。

（2）木构架采用古典模数制

《营造法式》是北宋政府颁布的城市与建筑的基本设计、施工规范，包括释名、各作制度、功限、料例和图样 5 个部分。其中明确规定"以材为祖"，即以材作为木构建筑各部分尺寸的基本模数单位。

（3）建筑群、建筑单体组合复杂

宋代发展了唐以来用轴线组织建筑群的基本方法，体现在其陵墓、寺庙等建筑群中。建筑单体的平面常用十字形、L形等组合形式，现存的宋代建筑及相关绘画、雕刻作品中常见歇山、庑殿、悬山屋顶的多种组合，形式丰富而复杂，后世少见（图 2-33）。如河北正定隆兴寺的摩尼殿就采用了十字形交叉的歇山屋顶（图 2-34）。

（4）建筑装修与色彩发展

宋代建筑的木构、屋顶和基座部分的装修趋向端庄秀丽。屋顶的坡度变大，正脊两端取消了之前鸱尾的做法，代之以正吻的形象，戗脊的端部用仙人走兽，并被后世建筑继承。屋顶多用琉璃瓦，并出现了绿、蓝、金等多种颜色。斗栱尺度较唐有所缩小，数量逐渐增多。出现了格子门窗，形式多样。彩画的颜色丰富，有五彩遍装、碾玉装、解绿装等多种形式。

（5）砖石建筑水平提高

宋代保留下来了较多的砖石塔，塔的类型丰富，多采用八边形平面，较唐代常见的四边形平面结构整体性更好。例如河北定县开元寺料敌塔高 84 米，是中国现存最高的佛塔（图 2-35）；河南开封祐国寺塔（图 2-36）是我国现存最早的琉璃塔；福建泉州开元寺东西两座石塔（图 6-37），高度均为 40 余米，是我国现存规模最大的石塔。

宋代的石桥数量众多，其中泉州万安桥，长 540 米，体现中国古代高超的桥梁技术（图 2-37）。

（6）园林兴盛

宋代山水画兴盛，意境深远，奠定了山水园林兴盛的文化基础。北宋徽宗喜爱奇石，在汴梁宫中修建皇家园林艮岳，派人到江南搜寻名石，引起"花石纲"事件。南宋都城临安及其周边的平江府、松江府，官宦、富商集中，文人众多，成为皇家与私家园林发展奠定了基础。宋代园林的数量众多，但大多已毁，只有苏州沧浪亭还存有遗迹（图 2-38）。

图 2-32 《清明上河图》局部

图 2-33 宋画滕王阁

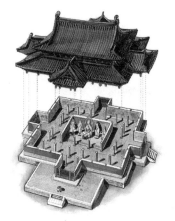

图 2-34 河北正定隆兴寺的摩尼殿

图 2-35 河北定县开元寺料敌塔

图 2-36 河南开封祐国寺塔

图 2-37 泉州万安桥

图 2-38 苏州沧浪亭

2.4.5 辽、金、西夏建筑

辽、金、西夏都为北方少数民族,分别为契丹族、女真族、党羌族。

辽代吸收唐代建筑特征较多,实例有位于山西应县的佛宫寺释迦塔。

金代吸收宋、辽文化,既有唐代建筑特征,又有宋代建筑特征。黄河以北地区尚保留有一定数量的金代建筑。

西夏在北宋时开始强大,受到宋代建筑影响,同时受吐蕃文化影响,具有汉、藏建筑特征。位于宁夏境内的西夏王陵,是这一王朝的重要建筑遗存。

2.5 稳定期——封建社会后期(元—清)建筑

2.5.1 元代建筑

蒙古族能骑善射,建立了军事强大、疆域广袤的元朝。元朝对汉人的压迫较为严重,经济发展缓慢。汉文化受到摧残。

(1)元大都城建设

元代在原金中都的基础上建设了元大都,规模较宏大,延续了唐以来平原城市的方格网布局,同时开凿积水潭、太液池,加强城市漕运建设,为明、清北京城的发展奠定了基础。

(2)宗教建筑的发展

元朝统治者崇信宗教,并利用宗教加强统治,汉传佛教、藏传佛教、道教和伊斯兰教都有了较大的发展。各地建设了大量的宗教建筑,现存的有多处,汉传佛教如山西洪洞广胜下寺的主要建筑(图2-39),道教如山西永济永乐宫的主要建筑。

图2-39 山西洪洞广胜下寺鸟瞰图

元代时，喇嘛教，即藏传佛教，首次在汉族地区出现，现存的代表建筑如位于北京西四的妙应寺白塔（图6-44）。元代之后，喇嘛塔成为中国佛塔的一种重要类型。

（3）木构建筑趋于简化

元代将两宋以来渐趋华丽的木构建筑进行了一定的简化，出现了用弯梁等较为粗糙的做法。为节约木材或适应建筑内部空间的需求，出现了减柱造（减去殿宇正常柱网中的柱子）和移柱造（将殿宇正常柱网中的柱子移位）的做法。梁柱檩相交的节点开始简化，简化了唐宋时期用襻间（相邻两个梁架蜀柱与蜀柱之间起联系与拉结作用的斗栱）和隔架斗栱（承重梁与随梁枋之间的斗栱）的做法。其中一些简化是可取的，为明清建筑进一步简化打下了基础。

2.5.2　明代建筑

明初采取了一系列恢复经济的政策，实行各种扶植措施，使两宋以来受到破坏的经济得到了一定的恢复。商品、手工业和贸易逐渐繁荣，促进了资本主义经济的发展。北方多年来受战争影响较大，而南方经济发展相对稳定，中国的经济中心已转移到长江中下游地区。

（1）砖墙普及

中国在西周甚至更早的时候已经掌握了制砖的技术，但主要用在建筑的地下部分。明代制砖的工艺要求严格，制砖业利润较好，砖的质量和数量都有了很大提高。

长城、都城和重要地方的城市的城墙都采用砖包砌，大大提高了城防能力。部分民间的建筑也用砖墙，提高了墙面的防水能力，屋顶在山墙部分不出檐，形成了明、清时期北方民居常用的硬山屋顶。另外，出现了一种完全用砖砌拱券建造的建筑类型，称为无梁殿（或无量殿），大大提高了建筑的防火性能。如北京天坛的斋宫、江苏省南京灵谷寺（图2-40）、山西省五台山显通寺、北京皇史宬（图2-41）、颐和园智慧海等就是这类建筑的代表。

（2）琉璃面砖、琉璃瓦的质量提高

由于采用高岭土做原料，琉璃瓦的质量得到提高，建筑屋顶琉璃瓦运用更为普遍，颜色更加丰富。

建筑上大量采用琉璃砖贴面，色彩鲜艳。砖石塔表面极力模仿木构件，并用琉璃砖贴面，装饰性很强。例如南京大报恩寺琉璃塔（已毁）是其中杰出的代表（图2-42），山西洪洞广胜上寺飞虹塔（图2-43）尺度略小，但仍是当时琉璃烧制技术的杰出代表。

（3）简化木结构进一步定型

木构建筑的斗栱尺度减小，数量增多，如现存太庙前大殿的斗栱仍为明嘉靖重建时的原物，明间已用7攒斗栱（图2-44）。立面取消了生起的做法，建筑的檐口从宋元时期由中间向两边逐渐升高的曲线，演变为一条直线，只是在翼角的部分通过特殊的构造起翘，建筑的形象更为稳重。各层梁架之间的联系多用梁上的短柱，节点进一步简化。

（4）建筑群的布置更加成熟

建筑群的成熟主要表现在两个方面：一是山地建筑群更加善于利用地形，因地制宜，创造出理想的景观环境气氛，如南京明孝陵、北京明十三陵等，就是此类建筑的典范。二是更加醇熟地运用轴线组织建筑群，用空间层次序列的开合变化，强调建筑的庄重与威严，如明代始建的北京故宫。

（5）园林走向繁荣期

明代中晚期，园林走向兴盛，尤其是在江南豪商大户云集的苏、锡、杭地区，园林数量众多，造园的手法更加成熟与精致，还出现了计成所作的专门论述造园的书籍《园冶》，将两晋南北朝以来山水园、文人园的风格推向新的发展阶段。江南现存的著名园林如拙政园、留园等均始建于这一时期。

（6）建筑装修、彩画有所发展

明代建筑装修的形式、手法比较丰富，但总体清新。郑和下西洋带来的热带硬木，如花梨、紫檀，非常适合制作家具。经济、文化的繁荣进一步促使明代形成了制作工艺精湛、简洁明快的家具审美取向，达到了中国历史上家具制作的一个高峰。

彩画以旋子为主，用金量小，花心由莲瓣、如意等吉祥图案构成，构图明快大方，如现存北京太庙前大殿的彩画就是其中的代表（图2-45）。

2.5.3 清代建筑

清朝是中国历史上最后一个封建王朝，继续推行封建专制制度。清代中后期闭关守旧，文化上压制自由思想，阻碍了学术进步。而此时西方国家在文艺复兴运动后，又经工业革命和资产阶级革命，资产阶级已成为社会的主导，大大促进了科学、文化的发展，在明末至清的这段时间，中国落后于世界先进文明。

清代建筑基本沿袭明代传统，但更加烦琐与华丽。

（1）园林建设繁盛

清中后期兴建了大量的园林，现存的绝大多数园林均为这一时期建造。北京及其周边兴建了大量的皇家园林，如北、中、南三海，颐和园、圆明园、承德避暑山庄等，这些园林的规模宏大，建筑及装饰十分奢侈。江南的私家园林

图 2-40　江苏省南京灵谷寺

图 2-41　北京皇史宬

图 2-42　南京大报恩寺琉璃塔复原图

图 2-43　山西洪洞广胜上寺飞虹塔

图 2-44　太庙前大殿的斗栱

图2-45 北京太庙前大殿的彩画

建设同样走向高潮，在继承明代园林的基础上又加以扩建、新建，现存苏州、扬州、无锡等地的园林就是其代表。清代的园林总体上呈现出繁密有余而疏朗不足的特点。

（2）藏传佛教建筑兴盛

由于统治者崇信藏传佛教，也为了加强对北方少数民族的文化统治，清朝修缮、新建了多处藏传佛教寺庙，其中位于拉萨的布达拉宫，作为最重要的一座藏传佛教建筑，重修于顺治二年。皇家园林的附近或内部也建有藏传佛教建筑，如在河北承德避暑山庄的北侧建设了外八庙，形成了一组按照藏、蒙建筑形式建设的建筑群。

（3）住宅建筑百花齐放

清代，在幅员辽阔的中国大地上，南北东西自然、历史、宗教差别较大，各地区、各民族产生了形式丰富、地域性强的住宅建筑。现存的北京四合院、山陕大院、川渝吊脚楼、窑洞、土楼、竹楼、碉楼等都是传统乡土建筑的重要组成部分。

（4）单体建筑设计简化，群体与装修设计水平提高

清雍正十二年颁布的《工程做法》，促使建筑设计、施工进一步规范化。其中规定的"斗口制"：即有斗栱的大式木作一律以斗口为标准确定其他大木构件的尺寸，提高了单体建筑的工作效率。建筑装修趋向华丽、烦琐。

（5）建筑技艺有所创新

木料加工技术，用对接或包镶法将小木料拼接成大构件；出现"水湿压弯法"，将木料弯成弧形。中后期门窗使用玻璃，并与简化的槅扇结合，建筑的采光有所改善，门窗形式更为丰富。砖、石雕刻更加精致。

本章知识点

1. 原始社会建筑

（1）掌握原始人群的两种居住方式：穴居、巢居。

（2）掌握长江流域、黄河流域氏族公社时期的重要居住建筑遗址及其主要特征。

（3）掌握原始社会时期的代表性祭祀建筑及其主要特征。

2. 奴隶社会建筑

（1）掌握河南偃师二里头夏代 1 号宫殿遗址的主要特征。

（2）掌握商代多处城址的名称；掌握殷墟的选址特征。

（3）了解"僭越"的内涵，掌握陕西岐山凤雏村宗庙建筑遗址的主要特征。

（4）掌握春秋时期空心砖和高台宫室的发展。

3. 封建社会早期建筑

（1）了解战国时期城市的发展、榫卯技术的发展和空心砖技术的发展。

（2）了解秦长城、始皇陵及宫殿的发展。

（3）掌握汉代木构架建筑和砖石建筑发展的主要表现，掌握代表建筑的主要特征；了解汉代都城与陵墓的发展。

（4）掌握三国、两晋、南北朝时期佛教建筑和私家园林的发展，掌握这一阶段室内空间和石刻技艺的变化。

4. 封建社会中期建筑

（1）掌握隋代在城市建设和砖石建筑上的主要成就。

（2）掌握唐代建筑的主要特征（规模宏大、规划严整；建筑群处理日趋成熟；木建筑解决了大面积、大体量的技术问题；设计施工水平提高；砖石建筑进一步发展；建筑工艺直观、成熟）。

（3）了解五代十国时期塔的发展及代表实例。

（4）掌握宋代城市布局的特征：取消里坊制、木构架采用古典模数制、建筑组合复杂、建筑装修色彩更加丰富、砖石建筑水平提高、园林建设兴盛等。

（5）了解辽、金、西夏各朝的建筑总体特征，掌握辽代木塔的代表实例及特征。

5. 封建社会后期建筑

（1）掌握元代在都城建设、宗教建筑兴盛、木构架建筑简化方面的表现特征。

（2）掌握明代在砖墙普及、琉璃质量提高、木构架建筑进一步简化、建筑群布置成熟、园林发达以及建筑装修、装饰和彩画等方面的表现特征。

（3）掌握清代在园林与藏传佛教建筑兴盛、住宅建筑种类繁多、单体简化而群体与装修设计水平提高、建筑技艺创新等方面的表现特征。

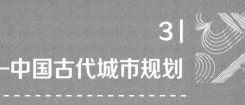

3 | 象天法地——中国古代城市规划

3.1　中国古代城市规划概述

3.1.1　中国古代城市发展概况

中国古代的城市是国家或地区的政治、军事、经济中心，一般由统治机构、手工业和商业区、居民区三部分构成。城市的内部格局先后经历了四个发展阶段。

（1）初生期（原始社会晚期和夏、商、西周）

随着私有制的出现，原始社会晚期氏族间战争加剧，筑城活动逐渐兴起。现存于湖南澧县车溪乡的城头山遗址（图3-1）始建于公元前4 000年左右，是我国目前发现最早的古城遗址。

河南偃师二里头发现了大规模宫殿、手工业作坊和居民区遗址，被普遍认为是夏代的都城斟鄩所在。河南郑州商城（图3-2）、河南偃师商城、湖北盘龙商城和河南安阳殷墟是目前发现的几处商代都城遗址。今陕西省长安县内发现了西周的都城丰京、镐京的遗址。这些都城内都有成片的宫殿区、手工业区和居民区，但布局无序，处于城市的初生阶段。

（2）里坊制确立期（春秋—汉）

春秋、战国时期出现了中国历史上城市建设的第一个高潮。各诸侯国的都城建设兴盛，已发现的有山东曲阜鲁国都城、山东临淄齐国都城、赵邯郸城、燕下都、郑国新郑城、楚国郢城等多处遗址。成书于战国时期的《周礼·考工记》中"匠人营国"篇中描述的都城规模与内部格局为"匠人营国，方九里，旁三门，国中九经九纬，经涂九轨，左祖右社，面朝后市，市朝一夫"。表明此时城市内部已有了方格网道路系统。随着城市规模的扩大和城市人口的增加，城市内部的管理愈加重要，汉代城邑始置"里"作为城市管理的基层单位，标志着中国古代里坊制的开始（图3-3）：全城由较为规则的道路网格划分为若干个封闭的"里"（北魏以后又称"坊"）作为居住区，商业与手工业则限制在一些定时开闭的"市"中，宫殿、衙署占有全城最有利的地位，各区建筑均环以高墙，"里"与"市"设里门与市门，由吏卒和市令管理，全城实行宵禁，只有大官僚的宅院和寺庙才可以朝向大街开门。

这一时期"里"与"市"的形态、划分以及城市的整体轮廓都还比较自由。

（3）里坊制极盛期（三国—唐）

三国时曹魏的邺城（图3-4）是第一个严格按照里坊制进行布局的城市，

其内部被垂直的道路网格分为宫殿区、衙署区与多个居住区——里。城内设有三个市和多处手工作坊，各区外围设高大的围墙。城市外轮廓呈规则的长方形，内有南北、东西两条轴线相交于宫城前，城市的形态已非常规整。

唐长安城是这种里坊制布局达到最高峰时的代表。但随着社会的发展，严格的宵禁制度制约了经济的发展，唐晚期长安城内夜市屡禁不止，江南的一些商业城市已是"十里长街市井连"了。

（4）开放式街市期（宋—清）

北宋东京汴梁城开创了一种新的城市内部布局方式，取消"里坊制"，沿街设市，满足了市场贸易的需求，大大促进了城市经济的发展，标志着中国城市的发展进入一个新阶段，这种模式一直延续到了明清。虽然有些城市中还有"里"或"坊"的称谓，但已名存实亡了。

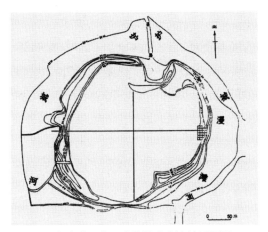

图 3-1 湖南澧县车溪乡的城头山遗址平面图

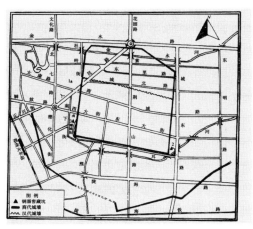

图 3-2 河南郑州商城遗址平面图

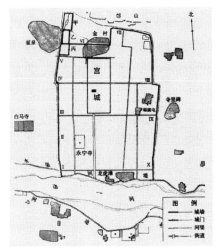

图 3-3 汉魏洛阳城平面图

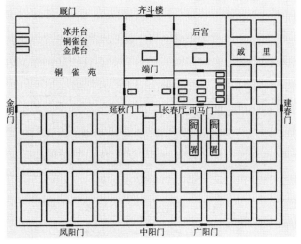

图 3-4 曹魏邺城平面复原图

3.1.2　城市选址与礼制观念

（1）城市选址

中国古代的城市非常重视选址。自然环境、军事地理、经济与交通状况等方面是城市选址时首要考虑的因素。春秋时吴都阖闾大城是由伍子胥"相土尝水"而选定的基址，东晋郭璞建温州城时曾用"称土重"的方法选择地质条件好的城址，汉高祖是在综合分析了政治、军事、经济等多方面因素后选择长安作为都城的。

（2）城市规划的礼制观念

中国古代封建社会强烈的礼制观念直接影响城市规划，主要表现在规模与形态两个方面。

城市的规模直接对应城市的等级，都城、诸侯王城以及封建社会中后期的府、州、县城均应按照所处的政治层级确定城市的规模，不然即为"僭越"，将受到处罚。

城市的形态"象天法地"。中国古代天分十二星宿，地分十二区域，按照都、府、州、县所处方位，对应不同的星宿，即为分野（战国之后也有用二十八星宿分野的做法），将天与城市的方位联系起来。城市的形态也对应星宿的形态，如西汉长安城，即仿照北斗七星的形式，建为斗城，以附会北辰崇拜。另外，多数城市在规划时充分考虑自然地形、地貌，呈现不规则形态，即为"法地"。

礼制观念虽具有一定的时代局限性，但其重视城市与天文、地理等自然环境和谐相处的理念有效地指导了中国古代的城市规划。

3.1.3　中国古代城市规划的基本内容

（1）城市防御

一是设多道城墙防御。"筑城以卫君，造郭以守民"（《吴越春秋》，成书于东汉），中国古代城市建设的首要目的在于保卫国君，看管民众。郭早期有附于城一侧的，如春秋、战国时期的齐临淄城（图3-5）、赵邯郸城、新郑韩、郑故都。而大部分都城采用"内之为城，城外为之郭"（《管子·度地》）的方式布局。曲阜鲁国都城（图3-6）、常州武进的吴国阖闾城是较早的实例。而春秋时始建的淹城（位于现常州武进区）采用了三重城墙与护城河的布局方式（图3-7），充分体现了层层相套的布局特点。不同时期对城与郭的称谓不一，或称"子城与罗城"，或称"内城与外城"，或称"阙城与国城"。唐之后，一般府城设两道城墙，都城设三道城墙。而明南京与北京城设三道城墙：宫城、皇城、都城（或称京城）和外郭。

二是建设防御设施完备、坚固的城墙。城墙外侧设护城河。筑城材料早期用夯土，东晋之后逐渐出现砖包砌的做法，明代起城墙普遍用砖。城墙防御重点部位采取加强措施。如城门外设一重或多重瓮城，城墙每隔一段距离设马面（突出于城墙的墩台）等。南宋之后，城墙转角多处理成弧线，城门上陆续出现砖拱结构的箭楼，以应对火炮的攻击。城墙上设雉堞（或称垛口、女墙）、战棚等设施。

（2）城市功能结构

里坊制时期，城内一般围绕着政府机构（衙署或宫殿）布置居民区与商业区。宋以后的城市虽然取消了坊墙，但基本的分区并没有实质变化。城内还有大量的宗教、礼制建筑，如寺庙、文庙武庙、城隍庙等，这些建筑中附属的戏台，往往成为城市公共生活的中心。手工作坊杂处在居民区与商业区中，同一行当的多聚集在一起。

（3）市政建设

①城市水系

古代城市的水系是城市生存的命脉，城市的供水、排水、漕运、防洪等均依赖于城市的水系建设。城市规划充分利用自然水系，并加以适当的改造，以适应城市生活和生产的需求。浙江杭州城内的西湖原来直通大海，对城市防洪构成隐患，东汉时开始筑堤坝将西湖与东海隔开，逐渐形成内湖，有利于城市的蓄水、调水、排水。

各代都城均十分重视漕运的建设。春秋时期开始疏浚部分河道，隋唐时期运渠（今大运河）以洛阳为中心，南起杭州，西达长安，北到涿郡（今北京），元朝开通济渠、洛州河和会通河，把北京城同江苏、浙江的自然水系直接联系在一起，促进了大运河沿岸北方城市的经济发展。

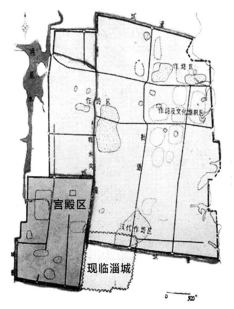

图3-5 春秋、战国时期齐临淄城平面图

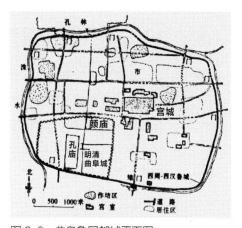

图3-6 曲阜鲁国都城平面图

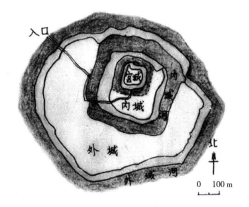

图3-7 春秋时始建的淹城遗址平面图

②城市交通

中国古代的城市都非常重视外部与内部交通的顺畅。外部交通保障了城市政治、经济和军事与周边乃至全国的相互支援，内部交通则保障了城市功能的正常运转。这一做法在都城的规划上表现得尤为明显，如秦汉长安城修驰道通至北方重要关隘，唐长安城内的道路呈现规则的方格网布局等。

唐宋之前的道路多为土路，一下雨泥泞不堪。明清之后，大部分城市的道路铺以砖、石，方便行走。

③城市绿化

城市中皇家园林、私家园林及唐以后出现的公共园林，是城市绿化的重要组成部分。另外，行道树也是城市绿化的重要组成部分，如唐长安城道路两边多种槐树，至今槐树成为西安的市树。

④城市消防

城市中心建钟楼、鼓楼，平时报时，灾时报警。城内设有军巡铺，配专门人员负责城内的消防。

3.2 汉至明清的都城规划

汉至明清的都城按照建城的原有基础可以分为新建城市、依靠旧城建设新城和在旧城基础上扩建三种类型。其中后两种是较为常见的类型，如隋大兴城是在西汉和后周旧城的东南侧建设，明北京城是在元大都的基础上向南而建。

按照城市形态可以分为规则形和因地制宜形两种。平原城市多采用第一种形式，如隋唐长安。滨江、山地城市多采用第二种形式，如明南京城。

3.2.1 西汉长安城的规划

西汉长安城所在的关中地区是西周统治的中心地带，曾建有丰、镐两座都城。战国及秦朝统一中国后又建都咸阳，在渭河北岸建了咸阳宫，渭河南岸建上林苑，上林苑中建宗庙、兴乐宫、阿房宫等。西汉在秦兴乐宫的基础上建设长乐宫，其西侧建未央宫，之后陆续建造了宫殿、苑囿、明堂、坛庙等建筑，形成了长安城的基本规模。

（1）城市功能结构

汉长安城内为城，外为郭。内城（图 3-8）周长 25.1 千米，其中 80% 左右被宫殿占据，另外建有大臣甲第、市场和手工作坊区。每座宫殿的外围设城墙，形成宫城，并通过阁道互相联系。城内有 8 条主要街道，推测是史书所载的"八街九陌"中的八街。街道垂直相交，每条街道宽约 8 米，可容 4 轨。东北侧通往洛阳的城门——宣平门附近居民较为稠密，西北侧通往渭河北岸的城门——横门附近设有东、西市，是商业繁华区。

内城西侧汉武帝时建有建章宫，遗址周长7千米多。建章宫向东通过跨越城墙的阁道与未央宫相连，向东修复了秦始皇上林苑，并向西南开挖了周长20千米的昆明池，以蓄南山之水，满足城市供水与漕运，同时在其中操练舟船、水军。

内城南侧建有明堂、辟雍、宗庙和社稷坛等一组礼制建筑。

内城外围设有一圈外郭，具体规模、格局还需进一步考古验证。推测史书所载汉长安城有160个闾里，共8万户居民，大部分位于外郭。

长安城东南郊及渭河北岸为皇陵区，围绕着各座皇陵建有7座小城，称"陵邑"。西汉时为加强中央集权，削弱地方势力，从各地强制迁移豪强富户到此居住。但陵邑富户与官吏勾结，飞扬跋扈，那些纨绔子弟被称为"五陵少年"（图3-9）。

（2）城市形态

内城的西北侧为避让渭河，向后收缩，城南侧安门向外凸出，城市轮廓呈不规则的形态。有学者研究表明，内城的形态除与自然地形有关外，可能也受到了西汉时期的北辰崇拜的影响，模仿北斗七星形态而建成"斗城"，体现了天人合一的基本哲学观念（图3-10）。

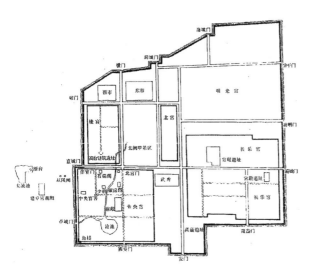

图3-8　汉长安城平面图

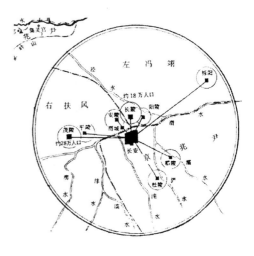

图3-9　陵邑图

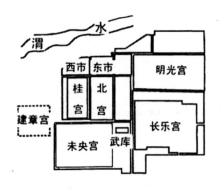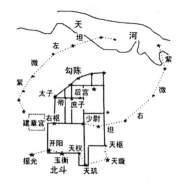

图 3-10 斗城

（3）构筑特征

据文献记载："城墙高三丈五尺，下阔一丈二尺，上阔九尺。"长安城城墙的东西南北各设有 3 座城门，共有 12 座城门。其中霸城门、覆盎门和西安门分别通往长乐宫、未央宫，作为宫门。门洞与道路同宽，也是 8 米，用夯土墩分为三股道，中间为驰道，供皇帝专用。道路均为土路，只是在门洞边缘铺砌一排石块以增加强度。

3.2.2 北魏洛阳城的规划

洛阳为东周都城，之后东汉、魏、西晋均在此建都。北魏原建都平城（今山西大同），孝文帝时出于政治统治与经济发展的考虑，迁都洛阳。选址于洛水北岸，北倚邙山，南临洛水，自然条件优越（图 3-11）。宫殿先建，之后陆续建居民里坊及外郭。

（1）城市功能结构

据文献记载，北魏洛阳城东西 20 里，南北 15 里（《魏书·广阳王嘉传》），有外郭、京城、宫城三重城墙。宫城位于京城中北部地势较高处，宫城与外郭的中轴线基本吻合。宫城南门有门楼 7 间，前列双阙。宫城门前有御道铜驼街，两侧设衙署、太社、太庙以及著名的永宁寺，内有 9 层木塔。城南侧外郭内设有灵台、辟雍和太学一组礼制建筑。

市场位于外郭内东西两侧，分别称洛阳大市与洛阳小市。外郭南门外的四通市靠近四夷馆，是外国商人聚集的地方。四通市北侧还发展出了永桥市。另外，外城内居民密集的地方还有自然形成的小市。

据《洛阳伽蓝记》记载，北魏洛阳的居民有 10.9 万余户，加上郭南的 1 万户南朝人与夷人以及皇室、军队和僧侣等，人口为六七十万。史书所载的 320 个里坊分布在外郭内东西两侧。西侧多为贵族宅第，皇子居住的寿秋里就在其中，称王子坊。洛阳大市一带是手工业者和商人的聚居区。东侧有皇室的粮仓太仓，旁有租场，是征收各地税赋的地方，周围还有小市，因此这一带里坊人口较密集。里坊的规模据载为1里（300步）见方，但受到旧城影响，形态并不十分规则。但北魏洛阳的里坊制管理严格，每里开四门，每门设里正2人，吏4人，门士8人。

（2）城市水系

北魏洛阳城外郭南墙外有洛水，内城西北侧有谷水。谷水地势较高，是城内供水及漕运的主要来源，它穿过外郭内部西北侧的高地向东，一股绕内城一周，成为护城河，另一股流入内城北侧的皇家园林华林园天渊池，向南流入铜驼街两侧的御沟，再曲折东流出城，注入阳渠以供漕运。

（3）城市绿化

北魏时期洛阳周围水源较为充沛，城内绿化较多，史载"宫阙壮丽，列树成行"。谷水两岸，遍植柳树。

3.2.3 南朝建康城的规划

南朝建康（即今南京）位于长江中下游丘陵地带，西临长江，北有鸡笼山、覆舟山、钟山（又称紫金山）等，南有秦淮河，北有滁河，地理形势险要，气候温暖湿润，物产丰富，被称为"虎踞龙盘"之地。

自东汉献帝建安十六年东吴孙权在建邺建都起，南朝有东晋、宋、齐、梁、陈前后六朝在此建都。西晋末年，为避晋愍帝司马邺讳，改称建康。

（1）城市功能结构

东吴建邺城位于今玄武湖之南，据文献记载，城周长20里19步。城平面为长方形，从城南宣阳门至秦淮河一段称御路。建太初宫于城内西侧。东晋咸和七年起建造建康宫，位于东吴时的后苑城（统称台城），外筑内城墙，始为篱墙，后筑城。周长8里，呈方形。东晋义熙元年，在青溪东岸、秦淮河北岸建东府城，周长3里90步。同时建西州城安置诸王，内城与东府城之间为居住闾里及市场，外有外郭，形态顺应地形，用篱墙，最终形成建康城宫城、内城、外郭三重城的城市格局。东吴时期在城西北侧清凉山上修建了石头城，作为守卫都城的重要军事要塞。南朝各代都保留利用了此城（图3-12）。

建康城内道路顺应山形水势，多"纡余委曲，若不可测"。居住区也有里的名称，如著名的长干里等，但由于地形所限，闾里的管理难以像北朝城市般严格，尤其是秦淮河两岸，有大量的街巷存在，此处也是建康城大、小市的主要聚集地，沿河位于外郭东侧的三桥篱门外还设有南市。河边、江边经常停靠来自闽广以及长江中、上、下游的船只，展现了建康城商业贸易的繁荣景象。

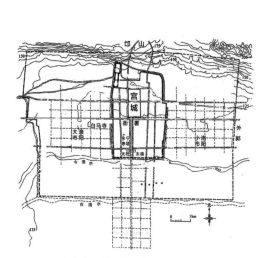

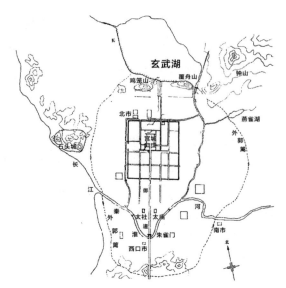

图 3-11　北魏洛阳城平面图　　　　　　图 3-12　南朝建康城平面图

（2）城市水系

建康城中最重要的水系为秦淮河，该河西通长江，是城市重要的漕运通道。南朝时又引运渎直达宫城西侧的太仓，供应皇室物资。内城东侧有东吴时期为泄玄武湖水开凿的青溪河，一端连接玄武湖，另一端流入秦淮河。

3.2.4　隋大兴城（唐长安城）的规划

隋朝建国后，先利用汉长安旧址，之后在大臣高颎和宇文恺的主持之下，拟建新城。选址时，采用"相土尝水"的方法，发现原汉长安城所在地的水已盐碱化，不适于饮用，故在其东南侧，龙首山的南麓，选址建城。该城因文帝杨坚在北周时曾被封为大兴公而得名。唐朝沿袭了隋大兴城，改名长安城，除在城东北部加建大明宫外，没有太大的改变。

（1）城市功能结构

隋大兴城（唐长安城）是里坊制极盛时期的代表城市。

据文献记载，隋大兴城东西 18 里 115 步，南北 15 里 175 步（实测东西 9 721 米，南北 8 651 米）。有京城、皇城、宫城三重城墙。大兴城的革新之处在于：将官府集中在皇城内，与居民区和市场彻底分开，功能分区更加明确。宫城位于皇城北侧，其北墙外为禁苑。宫城的中轴线与皇城、京城的中轴线完全重合，充分体现了居中为尊的规划思想。唐太宗时，因太极宫地势低下，过于潮湿，而在城外东北侧龙首原上兴建大明宫，高宗时建成。唐玄宗时将自己原来居住的兴庆坊改建为兴庆宫，城市的重心东移（图 3-13）。

城市道路呈棋盘格状，非常规整。道路宽度在 25 米以上，皇城与宫城间横街宽 200 米，皇城前直街宽 150 米。

道路将城市划分成 109 个坊和东、西二市。东为都会市（唐东市）、西为利人市（唐西市）。东市设有 120 行商店和作坊，西市则有"胡商"开设的多家行店，是进行国际贸易的集中点。唐高宗曾设南市，但后来被武则天废除。

城内里坊居住利用并不均衡，城南四列里坊，因距离皇城、市场距离较远，少有人烟。唐高宗后，大臣们为上朝方便，争相住在城东，城西侧的坊人口逐渐减少。里坊大小不一，小坊约 0.5 千米见方，大坊则是其数倍。坊设 2 门或 4 门，坊内有东西横街或十字街，再用宽约 2 米的小巷将全坊分为 16 个小区块，通向各住户。坊周围设高墙，实行宵禁，设里正负责管理。

由于隋文帝对佛教的倡导，城内寺庙众多。最为著名的是位于京城中部安仁坊内的荐福寺和南部的慈恩寺，后者即为高僧玄奘回国后主持的寺庙。

（2）城市水系

隋朝开通广通渠，以渭河为主要水源，东出潼关，接黄河，漕运可达扬州，加强江南与长安的物资交流。

隋大兴城（唐长安城）继承了西汉长安城"八水绕长安"的自然水系，即渭、泾、灞、浐、沣、涝、滈、潏水分别位于城的北、西、东三面（图 3-14）。城内还有隋唐陆续开凿的 5 条水渠，分别是龙首渠、清明渠、永安渠、漕渠和黄渠。城内还有大量的池沼、井泉（图 3-15），构成了长安城丰富的水系，满足了城市生活的需求。

（3）城市绿化

京城东南角原有曲江，地形复杂，不适于居住。宇文恺在此建了芙蓉园，围入城内，

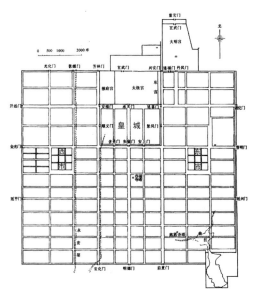

图 3-13 隋大兴城（唐长安城）平面图

图 3-14 "八水绕长安"

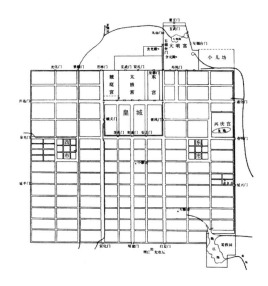

图 3-15 城内池沼、井泉平面图

成为一处公共园林。

城内道路两侧设排水沟，种植槐树作为行道树。

（4）局限性

隋大兴城（唐长安城）是中国古代按照里坊制规划的理想城市，但到唐中后期已表现出明显的局限性。

城市布局与经济发展不相匹配。据文献推测，唐长安城内人口在百万以上，仅有的东、西二市难以满足商品贸易的需求，所以城内散布着以行业聚集的手工作坊与商铺，坊内的小市也是屡禁不止。

城市道路不能满足实用要求，景观单调。只有寺庙和高级官员的府邸可以朝向大街开门，街道两边的景观除了高大的坊墙就是槐树。道路的宽度为皇帝出行设计，远超过人行的尺度。路面大部分为黄土，大雨过后，泥泞不堪。

城市物资补给过于依赖南方。皇家奢侈的消费加上京城大量的人口，需要大量的物资补给。隋唐时期中国的经济中心已向东南迁移，都城的物资需要经大运河从江南运来。历史上曾出现因漕运不通，米价飞涨，天子六宫只有10天存粮的事件。

上述种种原因，使得唐中后期东都洛阳的地位超过了长安，成为实际的政治中心。而从春秋开始兴起的里坊制终于在北宋时期完全被打破了。

3.2.5　隋唐洛阳城的规划

隋炀帝大业元年命杨素、宇文恺负责建设东都洛阳。选址在汉魏洛阳城的东侧，北倚邙山，南对伊阙。唐初太宗时曾废洛阳，高宗时又恢复洛阳为东都，并建上阳宫，此格局一直保持到唐代结束。

（1）城市功能结构

洛阳全城面积约53平方千米，东西平均长7 000米，南北平均长7 300米，由宫城、皇城和京城三部分构成。在全城西北角地势较高之处先建宫城、皇城。因洛阳城西侧原有后周时的旧城，不便建设，于是里坊被规划在宫城的东、南两侧，形成了宫、皇城不居中的城市格局。宫、皇城中轴线正对南面定鼎门，门内大街宽达120米，强调其皇权威严（图3-16）。

城市道路呈方格网布局，将京城划分为103个里坊，分别位于洛水的北、南两侧。其地形平坦，形状规则，大小0.5千米见方。

城内设北、西、南三市和分布在坊内的小市。其中北市因靠近宫城东侧洛阳的重要粮仓——含嘉仓而最繁华。各地的租船集结在附近的新潭与漕渠，吸引了众多旅馆、酒楼来此设置。

（2）城市水系

洛阳城的水系较为发达，由谷水、洛水、伊水、漕渠、运渠、通津渠等众多自然河流与人工水渠构成，其中洛水直达皇城前，向东连接运渠，注入黄河，在汴州与汴河相通，直接通往江淮各地。洛阳漕运远较长安便捷，为洛阳在唐中后期发挥重要政治、经济作用奠定基础。

3.2.6 北宋东京城的规划

北宋东京汴梁城，地处汴河之滨，隋唐以来为连接中国南北的交通要冲之地，五代的后梁、后汉、后晋、后周均在此建都。后周时，由于原城市不能满足使用需求而加筑外城，并拓宽城内街道至50步（1步为6尺）、30步和25步以下多种。北宋神宗时重修外城（罗城），加筑瓮城和敌楼。宋徽宗时又将外城向外扩展里许，添筑军营和官府（图3-17）。

（1）城市功能结构

汴梁城由三圈城墙构成，最外层为罗城，周长20余千米；中间层为里城，周长13.5千米；最内层为大内（宫城），周长9里18步。因汴梁城是在旧城基础上修建，与唐长安相比，城的规模较小，其中罗城约为其1/2，宫城仅为其宫城的1/10，各重城轮廓也都不规则。里城内设置有开封府、相国寺和皇家园林艮岳。

城市道路因袭旧城，不是很直，但基本呈网格状。宫城前的道路称御街，为城内最宽，道上设两道黑漆杈子，两侧为御廊，为民众所使用，中间为御路，为皇室专用。御路两边设石砌御沟，内植花木，景观优美。

里坊制已彻底废除。据推测，汴梁城内

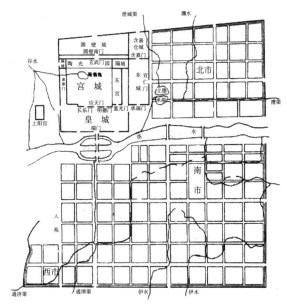

图3-16 隋唐洛阳城平面图

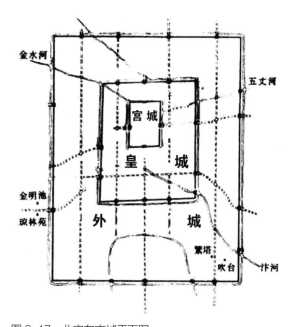

图3-17 北宋东京城平面图

人口在百万以上，建筑密度很大。居民区分布在里城与罗城中，沿街开门、设市。酒楼、饭店、浴室、医铺、瓦子（集中各种杂技、游艺、茶楼、酒馆和娱乐设施之处）布满各处。尤其是相国寺、曹门以东、封丘门以北一带最为繁华，夜市通宵达旦，商业十分发达。

（2）城市水系

五丈河、蔡河、汴河和金水河是汴梁城内的主要水系，通过护城河互相沟通。其中汴河，自西向东穿城而过，是南北大运河的一段，是城市商业、交通、漕运的重要通道。五丈河是城市北部的重要河流。金水河直通大内，也很重要。

河流上还设有众多的桥梁，其中东水门 3.5 千米外的虹桥最有特色。据宋张择端《清明上河图》描绘，桥用木材架成拱形，桥下无柱，便于舟船通行，体现了宋代高超的木构技术。

3.2.7 元大都与明清北京城的规划

北京城，地处华北与东北、西北相接地带，西面、北面分别倚靠燕山与太行山脉，东接大海，自古就是中国北方的军事与商业要地。自春秋时燕在此设燕京，先后有辽在此建陪都、金在此建中都，元世祖忽必烈 1267 年在此建大都，城址位于金中都的东北侧。明成祖朱棣 1406 年始建北京宫殿，1420 年完工，迁都北京。

（1）城市功能结构

元大都由三套方城构成，自内而外分别是宫城、皇城、外城（图 3-18）。外城东西长 6 635 米，南北长 7 400 米，与北宋东京汴梁城规模相仿。皇城周围约 10 千米，位于外城的南侧，其西侧内部为太液池，北接积水潭（又称海子），通向城外。宫城位于整个大都的中轴线上，在皇城东部。其北部为御苑，西部有兴盛宫、隆福宫两座宗教建筑。太庙位于外城东侧齐化门内，社稷坛位于外城西侧平则门内。外城内道路呈南北东西的方格网布局。通向城门的道路称为干道，干道之间建有大量东西向的胡同。城市的中轴线就是宫城的中轴线。中轴线大街宽 28 米，其他干道宽 25 米，胡同宽 5 ~ 6 米。

明代北京建城时，放弃元大都城北侧的荒凉地带，南移 2.5 千米（图 3-19）。为了在皇城前建五府六部，将城向南扩 0.5 千米。明嘉靖时为加强对蒙古族的抵御，加筑外城，由于财力有限，仅将南侧的先农坛和天坛围了进来，西、北、东三面一直没有加建。这种凸字形的平面一直延续到清朝结束。原外城改称内城，东西长约 7 000 米，南北长约 5 700 米。

明清北京城宫城与皇城的中轴线也是内城与外城的中轴线，整个城市完全对称。宫城又称紫禁城，南北长 960 米，东西长 760 米。城内采用前殿后寝的形式布置皇帝的行政与居住建筑。皇城内包括宫城、皇家园林、太庙和社稷坛。

为适应北海及清代加建的中、南海形式的需要，皇城西侧的城墙呈折线状。

明清北京城的道路基本沿袭元大都城的布局。居民的住宅以四合院的形式分布在小巷与胡同中。清朝时，为加强满族的统治，将内城的一般居民迁至外城，内城供八旗兵居住，建有很多营房。王公大臣的府邸和宗教建筑也位于内城（图3-20）。

（2）城市水系

自元大都起，统治者就非常重视城市水系的建设。古代北京附近有永定河、拒马河、温榆河、潮白河和沟河五大水系。其中永定河是最大的一条河。元大都充分利用自然水系，从西北郊外引大量流泉解决供水问题。主要有两条通道，一条由高梁河、海子、通惠河构成漕运系统，另一条由金水河、太液池构成宫苑内部的供水系统。元大都的排水系统较为完备，据勘探发现，主干道两侧设有石砌的排水明沟，排水沟经城墙下的涵洞流出城外。

（3）城门构筑

明清北京外城南面有3门，东西各1座门，北面共5座门，中央3门就是内城的南门，东西2座角门通往城外。内城东、北、西各两座门。各城门均建有城楼，瓮城上建有箭楼。内城的东南和西南设两处角楼。

3.2.8 明南京城的规划

明太祖将元应天府定为京师所在地，改名为南京。自1366年至1398年，经30余年建设，宏伟的南京城初具规模。

（1）城市功能结构

明南京城包括外城、京城、皇城、宫城四重。

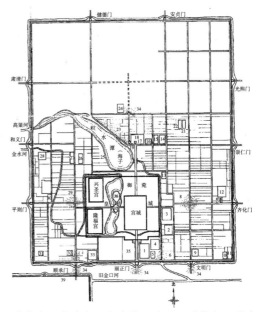

1.中书省 2.御史台 3.枢密院 4.太仓 5.光禄寺 6.省东市 7.角市 8.东市 9.哈达王府 10.礼部 11.太史院 12.大庙 13.天师府 14.都府（大都路总管府） 15.警巡院（左、右城警巡源） 16.崇仁倒钞库 17.中心阁 18.大天寿万宁寺 19.鼓楼 20.钟楼 21.孔庙 22.国子监 23.斜街市 24.翰林院、国史馆（旧中书省） 25.万春园 26.大崇国寺 27.大承华普寿寺 28.社稷坛 29.西市（羊角市） 30.大圣寿万安寺 31.都城隍庙 32.倒钞库 33.大庆寿寺 34.穷汉市 35.千步廊 36.琼华岛 37.圆坻 38.诸王昌童府 39.南城（即旧城）

图3-18 元大都平面图

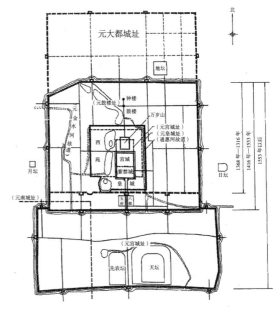

图3-19 元、明清北京城址变迁图

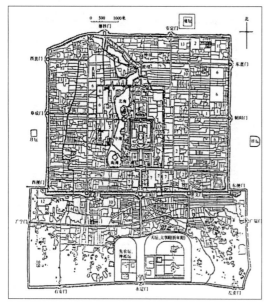

图 3-20　清北京城总平面图

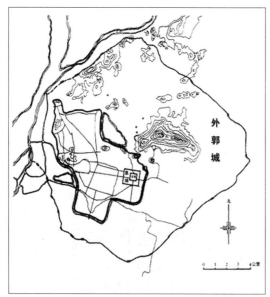

图 3-21　明南京城总平面图

外城从加强防御的角度出发，沿天然山坡而建，形态不规则。城周长 90 千米（图 3-21）。

京城基本是利用元时的应天府城而建，城周计 33 千米有余，依河流、丘陵的走向而建，呈现不规则的形状。西北角将石头城圈入城内，加强防御性。南端将秦淮河两岸原有的商业、居民区纳入城内，保留了城市最繁华的区域。城周设 13 个城门，以聚宝、三山和通济门最为坚固，均为三重瓮城四重城墙。城内道路延续元代格局，但将原有居民大批迁到城外，又从各地迁来工匠与富户来京居住。

皇城偏于京城东侧，系填燕雀湖（前湖）而成，地形南高北低。城背靠富贵山，有明确的中轴线。宫城东西宽约 800 米，南北长约 700 米，前殿后寝，左祖右社。文武官署分列在宫城南门外的御街两侧，一直延伸到洪武门。对应宫城轴线，位于京城东南方的门为正阳门。门外设祭祀天地的大祀殿、山川坛和先农坛等礼制建筑。这种宫城与皇城的布局方式既继承了传统又有所创新，为明代北京城所模仿。

（2）城市水系

秦淮河自三山门处入城分为两股，一股继续沿城墙外沿前行，成为护城河，称外秦淮；一股进入城内，成为内秦淮河，穿城而过，出通济门后与外秦淮河汇合，再分为两股，一股继续绕城向北，一股向东流去。这样，既解决了城内的漕运与供水，又加强了京城的防御。城北的玄武湖向西通向长江，既是京城北侧的重要屏障，也在洪水期起到了重要的调蓄作用。

（3）城墙构筑

明南京城墙的构筑是中国古代一项伟大

的工程。京城城墙长33.68千米,城墙高14～21米,
顶宽4～10米。京城城墙全部采用砖、石包砌,
其中皇城东、北两面有5千米长,全部用砖实砌。
砖石的黏结材料用石灰浆添加糯米汁制成,增加城
墙的牢固性。砖的制造管理十分严格,每块砖上都
印有承制砖窑、工匠和负责官员的姓名,保证砖的
质量。城墙上设有大量的窝铺、垛口,城门处的瓮
城内还设有藏兵洞,种种设施构成了设防严密的明
南京城。

3.3 中国古代地方城市规划

3.3.1 城市功能结构

中国古代自春秋战国起,地方城市建设逐渐走
向兴盛,直到明清时期,形成了府、州、县城的基
本城市体系。历代县以上的城市数量始终在1 000
座以上。

城市是一个区域的商业贸易、交通枢纽或军事
防御要塞,需要满足区域的贸易、交通和防御的功
能要求。这些地方城市多以行政衙署为中心,辅以
钟楼、鼓楼等市政建筑,加上居民区与市场共同构成。

北方的平原城市大多采用方格网的道路布局,
便于管理。而临江、临河或山区的城市,道路往往
依山就势形成不规则的形态。如清代巴县(重庆府
城),沿渝中半岛设城,嘉陵江北岸有江北厅。城
内道路或平行于等高线或垂直于等高线,具有明显
的山地特色(图3-22)。而江南水网地区的城市,
河道即是水巷。如南宋平江府城(今苏州)(图3-23)
和明松江府城(今上海)(图3-24),这些城市
充分适应了当地的自然环境。

3.3.2 城市主要设施

(1)防御工程
古代建城的直接目的是保护统治阶级,各城均

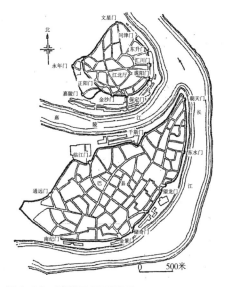

图3-22 清代巴县平面图

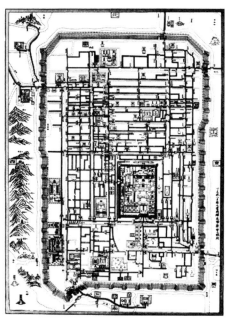

图3-23 南宋平江府城平面图

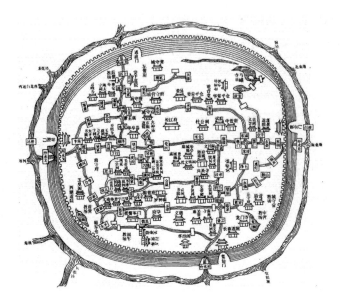

图 3-24　明松江府城平面图

建有一套城市防御工程，包括城墙、护城河。城门处设瓮城、门楼，城墙上设垛口、马面、炮台，城墙内侧建有跑马道、蹬道等一系列防御设施。

（2）供、排水与漕运工程

城市多选址于漕运、用水便利之处，并建设各种堤、坝、堰等工程，疏通、围挡河流，既满足城市需求，又避免水患。城内还建有较为充足的排水、蓄水工程，防止内涝。

（3）道路工程

城市内部建有规则或不规则的道路系统，满足城内的交通需求。

（4）其他市政设施

各地方城市内多设有邮驿设施，满足人、物流的需求，设有钟、鼓楼以报时、报警。另外，附属于各庙宇、会馆的戏楼、戏台也是市民公共活动的重要设施。

本章知识点

1. 掌握中国古代城市发展的四个阶段。

2. 了解影响中国古代城市选址的因素。

3. 了解影响中国古代城市规划的礼制观念。

4. 了解中国古代城市规划的基本内容。

5. 掌握中国古代汉至明清主要都城的规划特点。

6. 了解中国古代地方城市的主要规划内容与特点。

适宜多样——中国古代民居

4.1　中国古代民居的历史演变及构筑类型

4.1.1　中国古代民居的历史演变

民居是中国古代建筑最早产生的类型。早在距今 10 000—6 000 年以前，原始人群就以穴居或巢居为主要居住形式。"冬窟夏庐"是这一阶段为适应气候变化而出现的一种居住形态。氏族公社时期，黄河流域的住宅经历了地下→半地下→地上的演变过程，长江流域的住宅则在巢居的基础上发展出了"干栏式"建筑。

中国古代民居以庭院式为主。据文献及相关图像，汉代时已出现了"口字形""日字形""L 形"的庭院形式（图 4-1）。一些民居为了加强防御性，在庭院的基础上发展出"坞壁"，即四面建高大的围墙，四周建角楼，坞内建望楼的住宅形式。

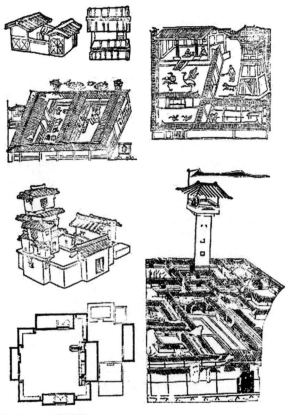

图 4-1　汉代民居

南北朝至隋唐是里坊制的兴盛时期，此时的住宅建在坊墙之内，建筑仍采用庭院式布局，用廊子划分庭院，用庑殿顶大门或乌头门。

宋代之后，城市布局采用街巷制。住宅在以庭院为空间基本组织方式的基础上，出现了"前店后宅""下店上宅"的形式，适应沿街设市的需求。

明清时期各地都保留下来了大量的民居，以北京四合院、晋陕窄院、窑洞、土楼等为代表的住宅充分适应了地域的自然环境，体现了民居多样性的特征。

4.1.2 中国古代民居的构筑类型

（1）木构抬梁、穿斗与混合式

木构抬梁、穿斗式与混合式是中国古代民居最基本和最常用的构筑类型，分布在中国各地。

①木构抬梁式

北方民居常用抬梁式木构架作为主体结构形式，用砖或土坯砌墙。空间较为宽敞，墙体、屋顶较为厚重（图4-2）。

明代过后，砖墙逐渐普及。北方的民居在建筑的明间用木构抬梁式结构，而两边的梁架则直接搁置在砖砌的山墙上，有些甚至也取消了房屋前、后和隔架的柱子，而将屋架直接放在砖墙上，砖墙与木屋架一起构成了建筑的主体结构（图4-3）。

②竹、木构穿斗式、混合式

南方民居常用穿斗式木构架作为主体结构形式，用砖墙或编竹夹泥墙。在需要大空间的厅堂中采用混合式木构架，即明间用抬梁式，边贴用穿斗式（图4-4）。

在云南、海南等热带和亚热带竹子产区，

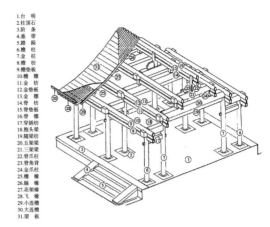

1.台 明
2.柱顶石
3.阶 条
4.垂 带
5.踏 跺
6.檐 柱
7.金 柱
8.檐 枋
9.檐垫板
10.檐 檩
11.金 枋
12.金垫板
13.金 檩
14.脊 枋
15.脊垫板
16.脊 檩
17.穿插枋
18.抱头梁
19.随梁枋
20.五架梁
21.三架梁
22.脊瓜柱
23.脊角背
24.金爪柱
25.檐 椽
26.脑 椽
27.花架椽
28.飞 椽
29.小连檐
30.大连檐
31.望 板

图4-2　抬梁式民居

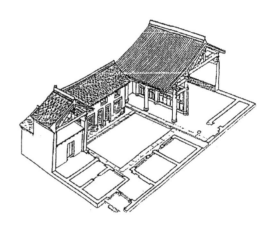

图4-3　屋架直接放在砖墙上

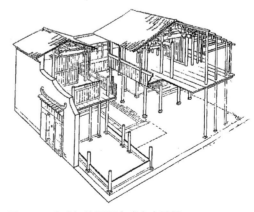

图4-4　穿斗与抬梁混合式南方民居

常见竹构的穿斗或混合式，显示出强烈的地域性。干栏式民居是指在中国南方地区常见的底层架空的住宅。这种住宅既加强了建筑的通风，又起到了隔潮效果，其主体结构形式常采用穿斗式或混合式。

（2）碉楼

碉楼（又称碉房）主要分布在四川西北的羌、藏族聚居区，四川盆地的汉族聚居区，赣南、闽粤客家地区和广东五邑地区。

四川地区的碉楼多位于山腰或山顶，采用当地的板岩或片麻岩石叠砌成厚实、高大的收分墙体，内为密梁木楼层。木梁上密排椽木，再铺一层细树枝，其上再铺20厘米厚的拍实土层，高等级的住宅在土层上又铺木楼板。建筑屋顶用"阿嘎土"，同样厚达20厘米以上。厚重的屋顶和墙体适应青藏高原的日照强烈、昼夜温差大的气候特点（图4-5）。

赣南、闽粤碉楼则是19世纪末到20世纪初，回乡的华侨为防御当地的土匪而建造的一种住宅，多数采用现代钢筋混凝土材料建造，少数还采用垒石砌成墙体（图4-6）。

（3）土楼

土楼主要是由分布在福建、广东和赣南地区的客家人所建。中国历史上两晋、南北朝和五代十国时期的国家分裂与社会动荡对黄河流域的城乡生活造成了巨大的破坏。一部分汉族人南迁到赣南、闽西地区，为抵抗来自战争、土匪和当地福佬民系的侵犯，发展了土楼这种防御性极强的民居形式。土楼的平面呈闭合的圆形或方形，外墙主要用沙质黏土夯筑，墙基用石材防水，底部墙厚达1～2米。建筑内部用木构穿斗或混合式，较为开敞（图4-7）。

（4）窑洞

窑洞主要分布在山西、陕西、甘肃、河南西部和新疆吐鲁番地区。常见的有靠崖窑、下沉式窑院和锢窑，其共同特点是由生土、拱券构成建筑。在有天然崖面的地方挖横穴形成了靠崖窑，在没有天然崖面而地下黄土层较厚实的地方，则先向下挖深达10米左右的大坑，再沿坑壁向内挖成窑洞，即为下沉式窑院，又称"地坑院"。窑洞的跨度3米左右，进深最大可达20米。窑洞民居充分利用当地生土作为建筑材料，节约耕地，保温防火性能好，地域性明显（图4-8）。

（5）阿以旺

阿以旺是新疆维吾尔族常见的一种住宅类型，由平屋顶土木结构的建筑围合成封闭型院落，平面布局较为灵活，建筑的中心为"阿以旺厅"。"阿以旺"是明亮之意，阿以旺厅是此民居中面积最大、层高最高、最明亮的厅室，用二到八根柱子，上承密梁平顶，常开高侧窗或天窗采光。为抵御当地冬季早晚的

寒冷，阿以旺住宅的土坯墙和屋顶都很厚，室内柱子周围设 2.5 ～ 5 米宽，45
厘米高的炕台，炕台下烧火以加热，炕台上铺地毯，作为日常家务劳动、儿童
嬉戏之处。新疆日照强烈，阿以旺住宅的庭院中多种植葡萄等果木，构成了优
美的庭院环境（图 4-9）。

图 4-5　四川西北的羌族碉楼

图 4-6　闽粤碉楼

图 4-7　土楼

图 4-8　窑洞

图 4-9　阿以旺

图 4-10 毡包

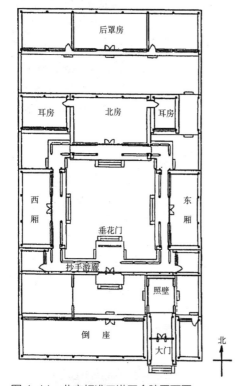

图 4-11 北京标准三进四合院平面图

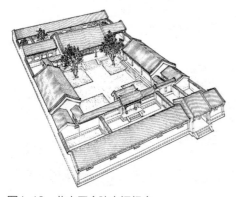

图4-12 北京四合院空间组合

（6）毡包

在内蒙古、新疆等地区，牧民为适应"逐水草而居"的游牧生活而采用的一种便于拆卸和移动的帐篷形式。帐篷平面常为圆形，用木条编成网形篷壁与伞形顶，上盖毛毡，顶部留有圆形天窗，白天可揭开毛毡采光。架设时，对原有地面稍加平整，依毡包的大小在地面上浅挖槽线，然后将用皮条绑扎好木条的骨架竖立成壁，再用一层伞状拱起的网架置于其上，用皮条将节点与骨架交接处绑紧，外面披羊皮或毛毡，再用绳索勒紧。毡内先铺一寸厚的沙或羊粪，上面再铺皮垫、毛毡（图 4-10）。

4.2　北京四合院的总体布局与建筑特征

（1）总体布局

北京四合院是北方院落式民居的代表。建筑从四面围合成庭院，规模有两进院、三进院、四进院或五进院多种。以常见的三进院为例，入口起分别是前院、内院和后院。四合院临胡同的建筑称为倒座，大门开在建筑群东南角的巽位，进门正对照壁，左转进入前院。穿过垂花门进入内院，周围设抄手游廊。正房坐北朝南，两侧多建有耳房。内院两侧为东、西厢房。耳房与院墙之间有"露地"通向后院。后院设后罩房，多作厨房、厕所使用（图 4-11）。

前院、内院、后院空间形态各不相同，适应了各自的功能要求。前院较小，为客人等候的区域。内院最大，基本呈正方形，内聚性最强，是家庭生活的主要空间。周围建筑均为一层，既防风又使院内接受到充分的阳光。后院呈窄长形，满足储放杂物的功能（图 4-12）。

北京四合院除大门外没有其他入口，从胡同望去，只见青砖墙和灰瓦顶，十分封闭，而内院中则是一片生机盎然的景色。这种内向型的布局正反映了中国传统强调内敛的文化特征。由垂花门与正房所确定的中轴线，赋予了建筑庄重的性格。整个建筑群尊卑有序、内外有别、雍容大度。

（2）单体建筑

大门分隔内外，可以分为广亮大门、金柱大门、蛮子门等。一般根据建筑规模、等级的不同而选用不同形式的大门。

垂花门分隔内院与前院，其檐柱不落地而垂吊在屋檐下，称为垂柱，其下饰一垂珠，常施以花瓣、莲叶形式的彩绘。垂花门前后空间开敞，装饰华丽，标志着内院空间的开始。

正房是四合院中最重要、最高大的建筑，位于内院的底端，坐北朝南，是家中长辈起居的地方。正房的形式有3间、5间、7间之分。3间即用"一明两暗"，5间与7间的则带有耳房。正房的明间称"堂屋"，冬日的阳光可以照进来，正中摆放八仙桌，是家中会见重要客人之处。

（3）建筑细部

四合院建筑为木构抬梁加砖墙承重式，其彩画、木雕、砖雕都非常精致。硬山顶山墙正面墀头上，有时还贴以琉璃装饰。屋脊的瓦作也较丰富。

北京四合院的整体色彩以青砖灰瓦为主，素雅大方。

4.3　苏南地区住宅的总体布局与建筑特征

（1）住宅类型

①城市官式住宅：建筑规模大，纵深大，横向有跨院。从大门起，轴线上排列门厅、轿厅、门楼、大厅、正房；两侧轴线排列花厅、书房、卧室、小花园、戏台等。住宅的侧面或后面即为私家园林，如著名的苏州留园其南部临街的一面就是清代园主盛康的住宅。

②乡镇天井式住宅：只有一条轴线，轴线上有门屋、轿厅、仪门、大厅、楼房等建筑。水网地区，另设船厅。

③民间小型住宅：主体建筑呈天井围合，大门顺应街道，斜入、侧入或临水设门道进入，构成了家家户户河边住的水乡景观特色。

（2）典型实例——江苏吴县东山尊让堂

①总体布局

建筑群整体呈"凸"字形平面，中轴对称。小"口"为前堂与两侧卧室、楼梯等围合而成的三合院。大"口"为正房及厢房围成的天井院。前堂相当于过厅，十分开敞。

两天井之间由横向高而窄的院与廊连接，成为"备弄"。后楼后面也用横向窄长形的后院。备弄及后院兼有巡逻和防火的作用，遮阳、拔风、采光效果很好（图4-13）。

②建筑特征

住宅均为二层楼房，梁架正贴用抬梁式，边贴用穿斗式，大堂底层室内宽敞。建筑二楼为卧室，落地柱较多，空间较狭小。从结构上看，上下层柱没有对齐，上层有些柱直接落在梁上，这也是中国南方住宅常见的做法（图4-14）。

建筑木构部分处理非常精致，常用月梁、轩等弧形构件。瓦与砖石做法精致，雕刻细腻丰富。

住宅常用白粉墙、青瓦顶，与小桥流水一起构成了苏南水乡建筑的淡雅之美（图4-15）。

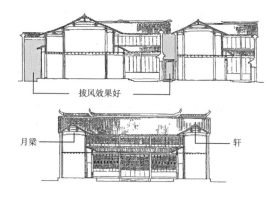

图4-14 江苏吴县东山尊让堂剖面图

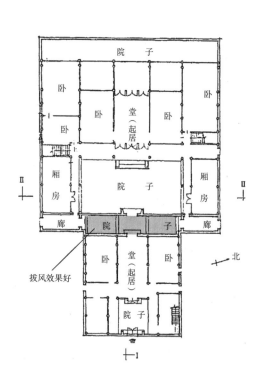

图4-13 江苏吴县东山尊让堂平面图

图4-15 苏南地区景色

4.4 福建客家土楼的总体布局与建筑特征

（1）总体布局

客家人指的是在东晋、唐末至北宋迁到广东、江西、福建等地的黄河流域的汉人，指的是地域，而不是种族。客家人在与当地人相处的过程中，为保护自身利益，建造了利于防御的土楼。

客家人非常重视家族的传承与发展，房屋选址在自然环境较好的依山傍水、朝向好的地方，以家族的形式聚居在一起，形成了土楼的基本形制特征：一是以祠堂为中心；二是围绕祠堂、客厅等建方楼或圆楼，中轴对称布局；三是以单元式作为基本居住模式，便于多个小家庭聚居在一起。

土楼主要以圆形或方形平面出现，其中方楼又可细分为长方形楼、府第式方楼、宫殿式方楼、五凤楼等多种形式。

（2）建筑特征

一般土楼的面积较大，其中规模最大的一座为福建永定的承启楼（图4-16），建于清顺治元年（1644）。承启楼由内而外共四环，占地面积5 376.17平方米，最外圈直径为73米，高12.4米，底层为厨房、畜圈或作杂用，二楼为储藏室，三、四层为卧室，采用朝向院内的内廊连接各室。第二圈环底层为厨房、厕所、浴室和水井。第三圈环布置客厅，圆心部分为祠堂。

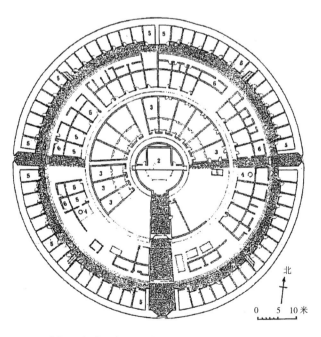

1.前门 2.祖堂、大厅 3.客厅 4.公井 5.厨房 6.畜舍

图4-16 福建承启楼平面图

整个土楼功能分区明确，使用方便。内三圈环均为一层高，保证了居住空间的采光、通风需求。土楼中的小家庭以单元式居住，注重消防。承启楼共有400个房间，3个大门，2口水井，全楼住着60余户、400余人，分别有4部楼梯进行疏散。福建永定的振成楼则通过在底层内廊设置9道砖墙，将楼分成8等份，按照八卦的方式分区，各区之间自成防火分区。

位于福建龙岩市高陂镇上洋村的遗经楼是方楼的杰出代表，始建于清道光年间。建筑群由前、后两组方形围屋构成。主楼主体为5层，其他三面为4层建筑，祖堂位于中轴线上。主体院落的前方有一处几十平方米的石坪，其左右是供族内子弟读书的学堂，中轴线上建高达6米的门楼，充分体现了客家人重视教育的优良传统。

4.5 陕北、豫西窑洞的总体布局与建筑特征

陕北、豫西等黄土高原地区，有着建造窑洞的天然环境条件，早在仰韶文化时期即建造有壁龛，即横穴。

（1）总体布局

窑洞多以建筑群的形式出现，将靠崖窑、地坑院和锢窑组合在一起，满足大规模、多功能住宅的需求。

位于河南巩县康店村的康百万庄园就是我国最大的靠崖窑建筑群。康百万庄园住宅区主体部分为16孔砖拱靠崖窑和73孔砖砌锢窑组成5个沿折线布置的四合院，总占地64 300平方米（图4-17）。

张诰庄园位于巩县新中乡，建于清末至民国年间，以锢窑而著名。整个庄园依山势建成三层锢窑，每孔窑宽4米，深12米，高3.5米，窑前两侧建明柱外廊歇山式厢房，形成独立的庭院。各层院落外设楼梯，上下贯通，形成了高低错落有致、层次形态丰富的窑院（图4-18）。

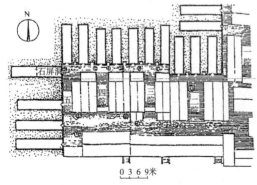

图 4-17　河南巩县康店村的康百万庄园总平面图

图 4-18　张诰庄园外观

下沉式窑院主要分布在陇东、渭北和豫西地区。陕西咸阳市乾县乾陵乡韩家堡村、淳化县十里原乡梁家村，河南洛阳邙山乡苗家沟村和冢头村、三门峡市陕县庙上村，山西平陆县槐下村等，都是典型的下沉式窑院村落，而且各具特色。在地势较高处，下挖成四合院或三合院（图4-19），常见的有方形、长方形平面，入口慢道结合地形建设（图4-20）。例如，三门峡陕县的地坑院平面尺度为宽9米，深12米，而陇东还有椭圆形、曲尺形、三角形和凹字形等多种形式。地坑院以一户为一基本单位，前后左右又有同样的地窑，各成院落，比邻而居，形成聚落。而兄弟多的人家，另辟院落并联，中间穿洞相连，各走各的大门。如此，既避免了家庭内部矛盾，又方便走动。

（2）建筑特征

窑洞建造中为解决采光、通风及防、排水问题，有一些巧妙的做法。如陇东与渭北的窑洞常建成"入口大，内部小"的喇叭口形，以增加采光、通风面积。而在下沉式窑院内部地面要高于院内地面若干厘米，防止水流入室内。而券面较洞壁缩进若干厘米，防止券顶的水流入窑内。更为重要的是院内都掘有水窖和渗水坑以储水与排水。

下沉式窑院的入口慢道形式多样，充分结合地形，满足使用需求。

窑洞建筑充分利用了黄土高原的自然环境，采用当地的生土作为建材，节约耕地，冬暖夏凉，隔声、防火效果好，经济适用，是一种优秀的乡土建筑。如果结合现代的建筑科学技术，加强其抗震、通风、采光、隔潮性能，将能够更好发挥这种传统建筑的优势。

图4-19　下沉式窑院村落

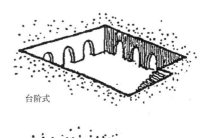

台阶式

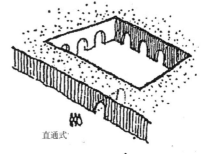

直通式

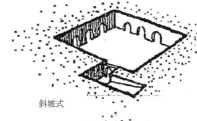

斜坡式

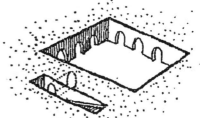

台阶坡道并列式

图4-20　下沉式窑院入口慢道形式

4.6 藏式碉楼的总体布局与建筑特征

（1）总体布局

作为藏族、羌族的传统住宅，碉楼的平面大多呈方形，上窄下宽，常见的有三至五层高。用土或石墙，木柱、梁建造。楼板是在木梁上密排木椽，上作"阿嘎土"层，或作木楼板。碉楼的底层作仓库，二、三层住人，多设有经堂、佛堂，楼顶平台可晾晒谷物、衣物或散步。

位于西藏山南地区雅鲁藏布江南岸扎囊县扎囊乡的囊色林庄园是现存规模较大、较为完整的一处贵族庄园，其主体碉楼高七层，另外还有附楼、马厩、染坊、编织作坊、碉堡和监狱等（图4-21）。囊色林意为"财神之地"，因这座高楼的外形很像囊色林神的宫殿而得名。囊色林家族的历史可以追溯至吐蕃王朝时期，主楼的历史也有600年之久（图4-22）。

主楼的平面呈横向长方形，占地487平方米，七层总建筑面积约1 440平方米。底层前部为贮藏粮食的仓库，东北角作为楼上厕所的粪坑，各空间之间及仓库内部用厚度在1米以上的墙体分隔。二层是贮存加工后的粮食、油脂、盐、糖、茶等食品的库房，后部过道的地板上开有小洞口，供农奴来缴粮食计量后，从洞口直接倒入底层的各个库房（图4-23、图4-24）。三层西面为宽大的佛堂，上设通风井，东面为管家、佣人的住所和手工操作间（图4-25）。四层西面为内天井作为经堂，东面与三层功能一样（图4-26）。五层设庄园主的起居室和厨房（图4-27）。六层为庄园主的居室和屋顶平台（图4-28—图4-30）。

图4-21 囊色林庄园外观

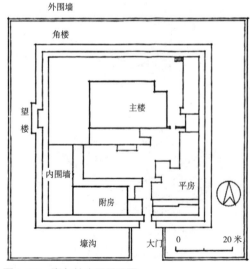

图4-22 囊色林庄园平面图

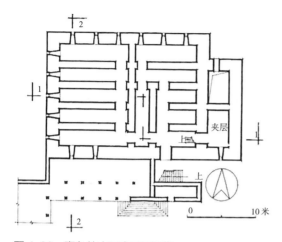

图 4-23　囊色林庄园底层平面图

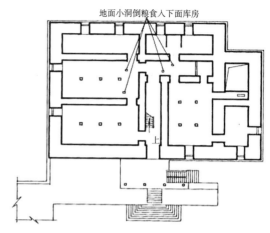

图 4-24　囊色林庄园二层平面图

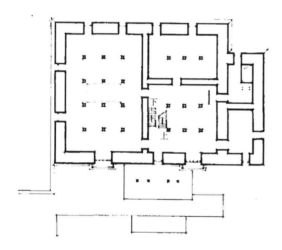

图 4-25　囊色林庄园三层平面图

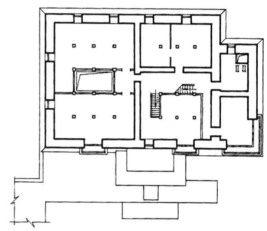

图 4-26　囊色林庄园四层平面图

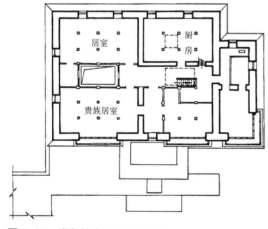

图 4-27　囊色林庄园五层平面图

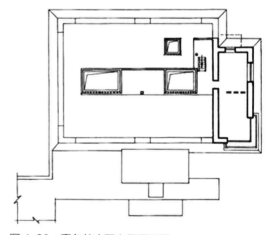

图 4-28　囊色林庄园六层平面图

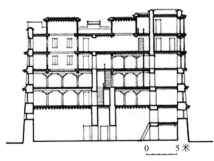

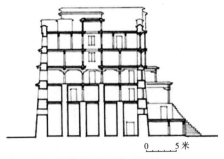

图 4-29 囊色林庄园 1-1 剖面图   图 4-30 囊色林庄园 2-2 剖面图

（2）建筑特征

藏式碉楼高大，墙体用土，清以后多用当地天然的石块砌筑，厚达 1 米以上，利于瞭望与防御。作为藏式碉楼建筑的杰出代表，囊色林主楼功能分区明确，旱厕层层错位设计，巧妙解决缺水地区的建筑难题。佛堂、厨房等大空间用内天井，改善通风与采光。采用土木混合结构，悉心布置承重纵墙与横墙，使高达七层 20 余米的建筑结构稳固。楼板、屋顶用阿嘎土，保温、隔音效果好。建筑外墙用"边玛草"装饰，级别较高。

藏式碉楼具有强烈的地域性特征，是中国民居建筑的一种重要类型。

4.7 徽州民居的总体布局与建筑特征

（1）总体布局

徽州，古称歙州，又称新安，地处黄山与天目山脉间，包括歙县、黟县、休宁、婺源、绩溪、祁门六县，境内有著名的黄山与新安江，自然环境优美。明清时期的徽商与晋商、潮商共称中国三大商帮，足迹遍及中国东南部。徽商经商成功后，大多回乡建屋，荣耀乡里。徽州村落选址于风水上乘之处，建筑与环境和谐相处，建筑技艺精益求精，再加上丰厚的财力支撑和强烈的宗法礼制观念指导，形成了独具特色的徽州民居。

安徽歙县棠樾村是一处典型的代表。村落选址"枕山、环水、面屏"。村落建设中十分注重水系的建立。历史上通过截流、引水入村以灌溉农田和满足日常用水，并挖掘一系列水塘作为调节水库，村中街道下设暗河补充用水，村落形成北、中、南三条水系。棠樾村内祭祀建筑众多，有鲍氏敦本堂祠，俗称男祠，另有清懿堂祠，即鲍氏姓祠，俗称女祠。村口的"鲍灿孝行坊""慈孝里坊""汪氏节孝坊""吴氏节孝坊""乐善好施坊""鲍逢昌孝子坊""鲍象贤尚书坊"七座牌坊宣扬了封建礼法的"忠节孝义"，全部用歙县当地的石材建成，构成了棠樾村的独特景观。

（2）建筑特征

徽州民居以"四水归堂"式的天井式院落为基本单元（图4-31），根据家庭的实际需求进行变体与组合，形成"口"字形、"目"字形、倒"凹"字形或"H"形的院落形态（图4-32）。天井周围的建筑多为2～3层，遮阳、通风效果较好。建筑朝内天井开门或窗，有些门厅或过厅只有屋顶而无墙，十分开敞。朝外的墙体做成风火山墙，只开小高窗，较为封闭（图4-33）。

建筑的主体结构为木构穿斗式，外立面用灰瓦、白墙，墙上开门窗洞，口的上部用两端高高翘起的屋檐遮雨，风火山墙顶部作屋檐以防水。深褐色的木构架，青灰色的瓦，与白墙形成了鲜明的虚实与色彩对比。大门常开在正中，用重檐，檐下木构或绘彩画或用木雕，十分精致。室内梁、坊加工精致，雕刻细腻而丰富（图4-34）。

图4-31 四水归堂

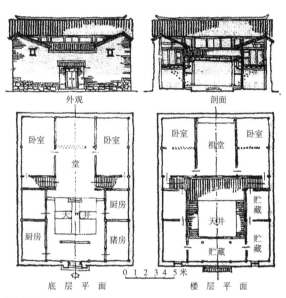

图4-32 院落形态

图4-33 建筑外观

图4-34 木雕

徽州民居无论从选址、环境建设、单体建筑形态、材料、色彩以及细部构造上都具有强烈的地域特征，是中国传统民居尊重自然、融于自然、改造自然的典范。

4.8　山西民居的总体布局与建筑特征

（1）总体布局

山西民居属于我国北方民居的一种，独具特色。其总平面基本采用合院的形式，但与北京四合院不同的是院子呈窄长形，这一做法与陕西关中地区的民居有相似之处，被称为"晋陕窄院"。其院落开间与进深的比例可达 1 ∶ 5，由明代至清代，院子越发窄长。院内"一正两厢"，正房面阔三间，用双坡硬山屋顶。厢房面阔三间，用单坡硬山顶。大门开在东南角或倒座中央，随家庭规模的不同，用一、二或多进院落。

位于山西南部的平遥古城是著名的世界文化遗产，而其东北部的祁县以乔家大院而闻名。位于晋中的襄汾县还保留了一些古村落，如丁村。

平遥古城选址于环境优美之处，南有麓台山和柳根河。始建于明朝初年，历经明、清两代的改扩建，形成了现在长方形的平面，俗称"山水朝阳，龟前戏水"。现存城墙全长 6 162.7 米，高 10 米。四周建有城门 6 座，南为迎熏门，北为拱极门，上东为太和门，下东为亲翰门，上西为永定门，下西为凤仪门，各门均设两重瓮城。古城的城墙、街道、民居、店铺、庙宇保存基本完好。城内道路由 4 大街、8 小街和 72 条小巷构成。著名的寺庙有城隍庙、镇国寺等。著名的民居有日升昌票号等。

祁县乔家堡的乔家大院始建于清乾隆年间，后又经多次改扩建，形成了 6 个大院，20 个小院，300 余间房屋，建筑面积达 4 000 多平方米（图 4-35）。大院外围用 10 米多高的围墙围合，墙上用雉堞，并建有更楼，朝东的一面开城门洞式的门道。东西向轴线的西端为祖先祠堂，南北两侧各有 3 个大院，北面 3 个大院由东至西分别为老院、西北院和书房院，南面的 3 个大院分别是东南院、西南院和新院。每座大院都为正偏结构，正院由主人居住，偏院是客房、佣人住房和灶房。

襄汾县丁村因村中多丁字形道路而得名。为避让汾河，村子西侧呈现不规则的形态。村中现存明、清住宅 40 余座，主要集中在三个区域，即村子东北部、中东部和南部，俗称为北院、中院和南院，分别以明代、清中期和清晚期的建筑为主（图 4-36）。

（2）建筑特征

明代的山西住宅多用单层，清代出现二或三层楼房。建筑多采用砖墙与木构抬梁混合承重的结构形式，墙体较厚，保温效果较好。用双坡或单坡屋顶，后者便于将屋顶的水汇集到院子当中，是适应当地干旱环境的一种做法（图4-37）。

质量较高的民居中多用砖雕、石雕或木雕进行装饰。大宅院的大门前通常有一对石狮子，形态逼真。住宅朝外的一面不开窗，高达10余米的砖墙上用各种主题的砖雕进行装饰，寓意深远，如"书香门第""百岁和合"等。屋檐下方用如意斗栱进行装饰，额枋下部木雕的雀替非常精致。木雕的总体特点是：面积不大，但雕刻却极为精细，多以石绿为主色调，并用金粉勾勒镂空的木雕，层次丰富（图4-38）。

图 4-35　乔家大院

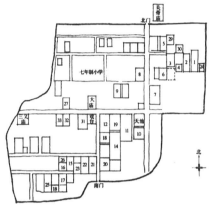

图 4-36　襄汾县丁村总平面图

图 4-37　单坡屋顶

图 4-38　乔家大院木雕

本章知识点

1. 掌握民居的基本演变过程。

2. 掌握民居的主要构筑类型以及每种构筑类型的分布范围、结构特征、优势特点等。

3. 掌握北京四合院、苏南地区住宅、福建客家土楼、陕北豫西窑洞、藏式碉楼、徽州民居和山西民居的总体布局与建筑特征。

5|
礼乐谐和——中国古代宫殿、坛庙与陵墓

5.1 宫殿的历史沿革及建筑特征

5.1.1 宫殿的历史沿革

（1）发展阶段

以君王统治为核心是中国古代奴隶与封建社会时期的主要政治形态，并直接影响社会、经济及建筑的发展。在礼制制度的影响下，为皇帝服务的宫殿成为国家级别最高、最为庄重的一类建筑，其先后经历了四个发展阶段。

①茅茨土阶的原始阶段：即宫殿用茅草建屋顶，夯土为台基的阶段。

在中国奴隶制早期的夏朝和商朝的都城遗址中，如河南偃师二里头夏代和商代宫殿遗址、湖北黄陂商代宫殿遗址、河南安阳小屯村殷墟遗址中都已发现了较大规模的宫殿。此时砖和瓦尚未出现，建筑用"茅茨土阶"，尚处于较为原始的阶段。

②高台宫室盛行的阶段：即宫殿建在高台之上的阶段，主要指春秋、战国至秦汉时期的宫殿。

在陕西岐山凤雏村宗庙建筑遗址中发现了少量的瓦和铺地的方砖，证明至迟在西周时期瓦和砖已开始应用。春秋时期秦国的宗庙遗址中已发现较多的砖，战国时期也出现了一些空心砖墓，说明砖在高级建筑中已普遍采用，宫殿摆脱了茅茨土阶的原始做法。

从最早的夏代宫殿到明清的北京故宫，宫殿建筑的下面都建有高达 4 ~ 5 米或 10 余米的高台，这一做法是礼制在建筑上的直接反应，《礼记》载："礼，有以多为贵；有以太（大）为贵；有以高为贵；有以文（纹饰）为贵……"隋唐以前，木构建筑尚未解决大体量的技术问题，就将宫殿用复杂的结构建在高台之上，如春秋、战国时期秦国的宗庙与宫殿建筑遗址的做法，正是"以高为贵"的现实反应。隋唐之后，木构建筑结构体系走向成熟，但仍保持了在宫殿下方建高大的基座的做法。

③前殿与宫苑结合阶段：即宫殿与园林交错布局，主要指秦汉至隋唐时期的宫殿。

秦朝在渭河两岸建的离宫别馆，汉朝的未央宫、长乐宫、桂宫、北宫、明光宫和建章宫，隋朝的大兴宫，唐朝的大明宫、兴庆宫等宫殿的附近都布置有园林，宫殿的后寝部分多与山水、花木交错布局，环境优美而生动。典型代表如大明宫，其寝宫部分的麟德殿东侧就是太液池与蓬莱山。

④纵向布列"三朝"的阶段：隋至明清，宫殿的前朝分为"外朝、治朝、燕朝"三部分，属沿南北中轴线纵向布局的阶段。

商代以后，宫殿逐渐形成了"前朝后寝"的格局，但直至南北朝时期，正殿的旁边多设有东西堂或东西厢，供朝会或赐宴用。隋大兴宫（唐太极宫）在中轴线上由南至北依次建广阳门（承天门）、大兴殿（太极殿）、中华殿（两仪殿），恢复了周代的纵向布列三朝的制度。唐建大明宫延续此种布局，建含元、宣政、紫宸殿，对应三朝。明南京故宫建奉天、华盖、谨身三殿，并在殿前作门五重，即奉天门、午门、端门、承天门和洪武门，附会周代的"五门"之制，即皋门、库门、雉门、应门、路门。明清北京故宫延续此种布局方式。但隋唐至明清宫殿中的门和殿，已与"三朝五门"没有实质的对应关系，只是形式上的附会而已。

（2）总体演变趋势

汉至明清的宫殿建筑呈现出如下演变趋势：

①建筑群的占地面积和主体建筑的规模逐渐缩小。如汉代的长乐宫和未央宫分别占地6.6平方千米和4.6平方千米，唐大明宫为3.2平方千米，明清北京故宫为0.73平方千米。

②宫中的前朝部分加强了纵向的建筑空间和层次，门、殿逐渐增多。

③后寝部分也逐渐采用了轴线对称的布局方法，取消了宫苑结合、自由组织空间的做法，建筑严肃而略显呆板。

5.1.2 唐长安大明宫的总体布局与建筑特征

唐代建国后，先是沿用了隋朝位于大兴城（唐长安城）中轴线北端的大兴宫，改名为太极宫。贞观八年（634），太宗李世民在长安城禁苑的东北侧龙首原为其父李渊始建大明宫（原名永安宫）以避暑，后因高祖去世而停工。高宗李治因患有风湿而不愿在地势低下的太极宫居住，于龙朔二年（662）开始大力续建大明宫，并改名蓬莱宫，并于次年搬入。神龙元年（705）中宗李显复名大明宫。

自高宗起至唐灭亡，除玄宗在兴庆宫与太极宫外，其他各位皇帝都在大明宫居住和处理朝政。

据专家推测，大明宫的主要建筑毁于唐僖宗光启二年（886）。

（1）总体布局

大明宫呈不规则的长方形，南北长2 256米，东西宽北为1 355米，南为1 674米，周长7 828米，面积约为3.2平方千米。这种形态可能与龙首原的地形相适应，并具有一定的防御作用。东、西、北三面有与城平行的夹城。除城门及城墙转角处用砖包砌外，其余均用土夯筑。宫城共有城门11座，南面5座，正中为丹凤门；北面3座，正中为玄武门，门外为统领禁军的北衙；东面1座，称左银台门，外驻左三军；西面2座，南为右银台门，北为九仙门，外驻右三军（图5-1）。

宫城内部还有三道平行的宫墙，中间一道宫墙正中建有含元殿，向北依次建有宣政殿和紫宸殿。三座宫殿构成了宫城南北的中轴线，与太极宫纵向布列三朝的布局相同。宫城北部为后寝部分，采用宫苑结合的布局方式。中部有太液池，旁边建有多座殿堂，其中西侧的麟德殿是最大的一座。

（2）单体建筑

大明宫兴盛的时期恰是唐朝经济、文化最为繁荣的阶段，宫城内的各个殿堂是盛唐建筑的代表，其中含元殿与麟德殿的成就最为突出。

含元殿为大明宫的正殿，坐落在龙首原的南沿。其平面呈倒U字形，中间为殿，两侧伸出两条L形的廊子，东、西两端部分别建有翔鸾与栖凤两座楼阁，台基面东西宽24.5米，南北深13米。据考证，两座楼阁均采用唐代最高级别的"三出阙"的形式。殿南侧筑有龙尾道，由两侧盘转七折而上。

含元殿采用的是"殿阙合一"的形制，中殿遗址台基东西长75.9米，南北深41.3米，下有夯土墩台，高10.8米，侧面坡度1/10，外包砖砌，用红粉刷。台顶全为砖砌，外用石栏杆，挑出螭首。殿北、东、西三侧建夯土墙，南侧无墙，面阔11间，进深4间八椽，内槽两排共20棵柱，柱网为"双槽"（内部两排柱子，将空间分成了三部分），外槽前檐12柱，北、东、西三面为厚2.35米的承重墙，殿周围用副阶周匝，内外槽柱均高9.4米。殿身中间9间宽5.29米，两梢间及副阶面阔、进深均为4.85米。殿东西通面阔67.33米，南北进深29.2米，面积1 966.04平方米。殿下用木构平座层，下陛上阶，殿身与墩台总高60余米（图5-2、图5-3）。

麟德殿建于唐高宗麟德年间，位于太液池西侧距西宫墙95米隆起的一处台地上，下用两层夯土台基，底层深133.1米，宽77.55米。麟德殿体型组合丰富而复杂，基本可分成前、中、后三殿，面阔11间，58米，总进深17间，总面积达5 000余平方米，木构总高度估计有30余米。其中前殿进深4间，前有副阶，中殿进深5间，用墙壁隔为左、中、右三室。后殿进深3间，后还附有面阔9间、进深3间的建筑物。中殿高二层，两侧建有东、西二亭，后殿也为二层，但略低于中殿，两侧建有"结邻"和"郁仪"二楼，周围还有廊道、门楼。这种多座殿与亭、附殿和廊的平面组合，在我国现存的宫殿建筑中罕见，特征明显（图5-4、图5-5）。

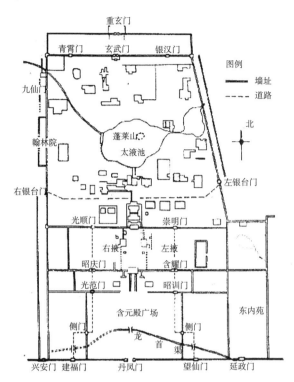

图 5-1　唐长安大明宫总平面图

图 5-2　含元殿主体部分复原图

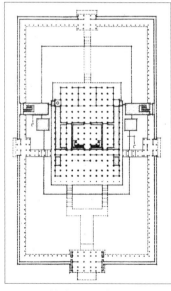

图 5-3　含元殿复原透视图

图 5-4　麟德殿一层复原平面图

图 5-5　麟德殿复原透视图

（3）细部特征

据文献及现存唐代建筑实物推测，大明宫内的主要建筑斗栱尺度巨大，用版门与直棂窗，屋顶用黑色琉璃瓦（青）加绿色琉璃瓦剪边，正脊两端用鸱尾。建筑屋身以红、白二色为主，加以金饰。建筑形式大气、疏朗。

5.1.3　明清北京故宫的总体布局与建筑特征

现北京故宫，又称紫禁城，始建于明永乐四年（1406），于永乐十八年（1420）建成。次年大火将前三殿焚毁。明正统五年（1440）重建前三殿及乾清宫。嘉靖三十六年（1557）大火，前三殿、奉天门、文武楼、午门全部被焚毁。之后重建，至1561年全部完工。万历二十五年（1597），紫禁城大火，前三殿、后三宫被毁，天启七年（1627）重建完工。崇祯十七年（1644），李自成攻陷北京，明朝灭亡。李自成撤出北京时，放火焚烧北京城，大部分建筑被毁。同年清顺治帝入主北京，历时14年将中路建筑基本修复。之后康熙、乾隆等皇帝又对紫禁城进行了多次改建，但基本保留了明朝初建时的布局，只是将明代建筑的匾额全部更换为汉、满文并列书写的新匾额，更改了各殿的名称。

（1）总体布局

明清紫禁城利用元朝的旧址稍向南移，以明南京宫殿为蓝本而更加宏伟壮丽。平面呈矩形，南北深961米，东西宽753米，占地约为72万平方米（约合1 080亩）。城墙高10余米，南面设午门，为紫禁城正门，北面设玄武门（康熙后改称神武门），东西两面分别设东华、西华门。城周环有宽52米的护城河。

建筑群总体布局中轴对称，以庭院为单位进行组织，主次分明，与"三朝五门""前朝后寝""左祖右社"等多条礼制规定相符。

中轴线在内城由南至北穿过大清门（明称大明门）、天安门（明称承天门）端门、午门、太和门（明称皇极门）、前三殿、后三宫、御花园和神武门。中轴线上空间的形态、尺度及围合程度变化丰富，主体建筑依地位不同呈现出等级分明的尺度、形制与装饰，由此烘托皇权的至高无上。

乾清门以南为外朝，以北为内廷。外朝以太和殿（明称奉天殿、皇极殿）、中和殿（明称华盖殿、中极殿）、保和殿（明称谨身殿、建极殿）为核心，统称前三殿。太和门东西两侧分设文华、武英两殿。内廷部分以乾清宫、交泰殿和坤宁宫为核心，统称后三宫。后三宫两侧为东六宫、西六宫、乾东六所、乾西六所。乾清门西侧为养心殿（图5-6）。

（2）单体建筑与细部特征

①午门

午门平面呈倒"凹"字形，上为城楼，下为高12米的城墙墩台。城墙上开一个中门、两个侧门和两个掖门。城楼由门楼、钟鼓亭、阙亭和廊庑（又称雁翅楼）构成，中间的门楼面阔9间达60.05米，进深5间达25米。重檐庑殿顶，建筑总高35.6米。左右建有面阔3间的钟楼与鼓楼。两侧廊庑面阔13间，南端建有两座阙亭，重檐四角攒尖顶。

明清两代皇帝每年十月初一在午门行"颁朔之礼"，即颁发次年的历书。明代的皇帝在午门外廷杖有过失的大臣。

②前三殿

前三殿坐落在"工"字形高台之上。台高三层，用汉白玉须弥座，是明清两代级别最高的建筑基座。

最南边为太和殿，面阔11间达63.96米，进深5间达37.17米，面积达2 377平方米。建筑用重檐庑殿顶，主体高26.92米，连同基座通高35.05米，是宫城中最高大的建筑物，也是中国现存最大的木构建筑之一。室内铺地的方砖是二尺见方的大"金砖"（因其由特定的砖窑精工烧制而得名）。殿内正中为皇帝宝座，两侧8根柱子包以金箔，上绘盘龙纹饰。宝座上藻井，内饰盘龙高浮雕。天花与梁枋上用施以龙为主题的和玺彩画，用金量极大。太和殿屋顶用金黄色的琉璃瓦，正脊两侧的鸱吻高达3.4米，戗脊端部位于仙人之后的走兽数量达到10个，为国内仅有。太和殿前的庭院南北进深190余米，东西宽200余米，是紫禁城中最大的广场，足以容纳万人的仪仗队伍，也为观赏前三殿的雄伟、宏大提供了足够的视距。太和殿在整个紫禁城的建筑中，位置最为突出，规模最大，装饰最华丽，是最重要的一座建筑单体。太和殿是皇帝登基、大型庆典接受朝贺之处，也是将帅出征、受印之处。明代的殿试及元旦赐宴也在太和殿举行（图5-7、图5-8）。

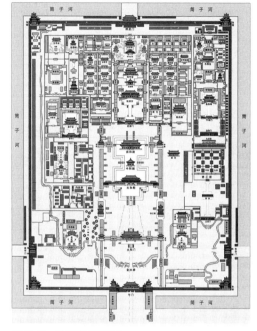

图5-6 故宫总平面图

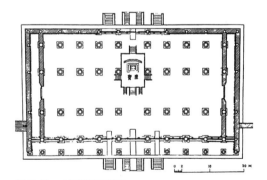

图5-7 太和殿平面图

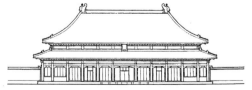

图5-8 太和殿立面图

79

中和殿位于太和殿北侧，正方形平面，面阔、进深均为 3 间，周围廊，面积 580 平方米，单檐攒尖顶，铜胎鎏金屋顶。举行大型庆典时，皇帝先在此小憩，接受内阁大臣、礼部官员行礼，然后上太和殿。

保和殿平面长方形，重檐歇山顶，金黄色琉璃瓦，面阔 7 间，用侧廊，通面阔 46.41 米，进深 4 间，用前廊，总进深 21.25 米。为扩大殿身内使用空间，减去 6 根前金柱，结构十分巧妙和灵活。保和殿是清代殿试和皇帝赐宴的地方（图5-9）。

③后三宫

后三宫位于紫禁城中轴线的后半段，包括乾清宫、交泰殿和坤宁宫三座建筑，以围墙为界与其他建筑隔开。

乾清宫为紫禁城内廷的正殿，坐落在单层的汉白玉须弥座上，面阔 9 间，进深 5 间，面积 1 400 平方米，重檐庑殿顶，高 20 米。殿内减去前金柱，扩大了使用空间。殿中央设皇帝宝座，地面用金砖铺墁。天花、藻井、梁枋用和玺彩画。门、窗格扇用三交六椀菱花，级别很高。殿外陈设有铜龟、铜鹤、日晷和嘉量，象征着皇权的统一与长治久安。乾清宫是明代皇帝和清代前期皇帝的寝宫，皇帝也在此处理日常朝政。雍正后的清代皇帝将正寝搬入西侧的养心殿，乾清宫成为接见廷臣、处理政务和举行筵宴之处。

交泰殿为方形平面，铜鎏金四角攒尖顶，面阔、进深均为 3 间。梁枋饰以龙凤为主题的和玺彩画。殿内藏有皇帝行使权力的二十五宝。交泰殿是皇后生日接受贺礼之处。

坤宁宫平面为矩形，通面阔 9 间，进深 3 间，重檐庑殿顶。明代为皇后的寝宫，清代改建为祭神的场所。东端 2 间隔为暖阁，作为皇帝大婚时的洞房，建筑的装饰极为奢华（图5-10、图5-11）。

图 5-9　中和殿与保和殿

图 5-10　坤宁宫内景

图 5-11　坤宁宫外观

5.2 坛庙的历史沿革及建筑特征

5.2.1 坛庙的历史沿革与主要类型

伴随着人类社会的发展，人类产生了对自然、鬼魂等神灵的崇拜，出现了多种多样与神对话的活动，即为祭祀活动。这些活动发生的场所，包括建筑物和构筑物，就是祭祀建筑。

坛庙指的是中国古代的祭祀建筑。一般来讲，有台无顶的称为坛，台上有建筑的称为庙。

（1）历史演变

坛庙是一种古老的建筑类型，原始氏族社会时期即已出现。这一时期属于良渚文化的有位于浙江余姚瑶山祭坛遗址，北方有位于内蒙古大青山的莎木佳方形祭坛和阿善圆形祭坛遗址，这两处遗址已采用轴线组织祭祀空间。而红山文化晚期位于辽宁建平的牛河梁女神庙，则是中国最早的神庙遗址，出现了纵横轴线的运用和多重空间的组合。

奴隶社会时期，黄河流域有位于河南殷墟的祭祀坑，长江流域的有四川广汉的三星堆祭祀坑。二者有着相同的青铜铸造工艺，相似的都城布局，相似的鬼神、祖先崇拜和祭祀方法等。但殷墟祭祀坑中大量使用人殉，出现了甲骨文，青铜器工艺成熟，反映了奴隶制兴盛的中原文化祭祀特点。而三星堆遗址中则使用了大量的青铜塑像作为祭礼，带有较多的图腾崇拜残余。二者都发现了燔柴祭天的遗迹，与《尔雅·释天》中"祭天曰燔柴，祭地曰瘗埋，祭山曰庪悬，祭川曰浮沉"的记载相一致，开创了封建社会时期坛庙的先河。

封建社会时期，作为礼制重要体现的祭祀活动是各朝立国之本，受到了历代帝王的重视。已发现的有汉长安城南郊的明堂、辟雍、宗庙和社稷坛，唐长安城南郊的圜丘。明清时期北京城内及四郊更是建有完整的祭祀建筑群。

（2）主要类型

坛庙发展到明清时期，形成了一整套完整的体系，主要包括以下三种类型：

①祭祀自然神的坛庙

可以分为由皇帝参加的高祭和由钦差大臣参加的中祭两种类型。

对天地、日月、社稷（社为五土之神，稷为五谷之神，社稷为国家之根本）、先农的祭祀由皇帝亲自参加。明清北京城内设有社稷坛、先农坛、先蚕坛（对纺织业祖神的祭祀，由皇后亲自参加），城北设地坛，城南设天坛，城西设月坛，城东设日坛。

对山川、风雨、雷电和重要边镇祭祀的坛庙设在各地，在重要的祭日由皇帝派遣钦差大臣参加。其中五岳五镇、四海四渎的祭祀场所都建有庙。其中著

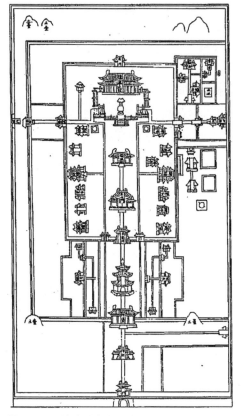

图 5-12　济渎北海庙图志碑

图 5-13　胡氏祠堂

图 5-14　陈氏祠堂

名的有西岳庙、中岳庙、岱庙和济渎庙等（图5-12）。

②祭祀祖先的宗庙

中国古人认为，人离世之后灵魂不灭，且能佑护后人，因此对祖先的祭祀十分重视。国家最高等级的祖庙就是皇家的太庙，普通人家的则称家庙或祠堂。太庙采用前殿后寝的布局方式，多为9间或7间加东西夹室。明代规定官员的家庙，三品以上为5间9架，三品以下3间5架。徽州古村落中还保留有较多的实例，质量较高（图5-13）。位于广州的陈氏祠堂，总体布局、建筑单体和细部装饰等方面代表了明清岭南祠堂建筑的较高水平（图5-14）。

③祭祀先贤的祠庙

这些祠庙祭祀的是一些被神化了的著名历史人物，如孔子、关羽、张飞、诸葛亮等。其中孔庙又称文庙，最为常见。其他先贤祠庙多带有地方特征，如山西、陕西两省的武庙多祭祀关羽，湖广地区多建有大禹庙，重庆云阳建有张飞庙，四川成都建有诸葛武侯祠。

5.2.2　北京天坛的总体布局与建筑特征

北京天坛为明初迁都北京时始建。原主体建筑称大祀殿，矩形平面，天地合祭。嘉靖二十四年（1545）天地分祭，主体建筑平面改为圆形，建成祈年殿。清乾隆时期重建，光绪时期修缮，基本形成现状。

（1）总体布局

天坛位于明清北京城的南部，正阳门外道路东侧。有"南方北圆"两圈围墙，坛墙周长 5.6 千米，墙内遍植高大挺拔的松柏，建筑密度很小，环境十分优美。

外圈围墙内主要布置与祭祀相关的后勤服务建筑,如神乐署和牺牲所。内、外两圈之间由东西向的道路相联系。内圈坐落着祭天的重要建筑,西侧为斋宫,是皇帝行祭前斋戒的场所。皇帝在祭天之前要在此斋戒3天,以示虔诚。祭天的一组建筑位于斋宫东侧较远处,由南北轴线串联起圜丘、皇穹宇与祈年殿。祭祀时皇帝要经皇穹宇,取出"昊天上帝"的牌位,在圜丘举行祭天的仪式,念诵祭文。祈年殿为举行祈谷仪式的场所(图5-15、图5-16)。

(2)建筑特征

斋宫按照城市的防御措施进行营建。外围设置城墙及护城河。建筑用前朝后寝,两进院落。前殿斋宫为砖砌无梁殿,面阔5间,用单檐庑殿顶,绿色琉璃瓦。明间内设皇帝宝座,上悬乾隆亲书"敬天"横匾。殿前左右各置1座配殿。露台之上左右设有2座白色的石亭,左侧称铜人亭,右侧称时辰亭。皇帝祭天前要在铜人亭内的方桌上摆1尊铜人像,手持1牌,上书"斋戒"二字(图5-17)。

圜丘为祭天的主要建筑,由墠坛与皇穹宇构成。墠坛用外方内圆两重墠墙,中央为三层汉白玉砌成的须弥座圆台,四面设棂星门。上层坛直径9丈(1丈=3.3333米),中层坛直径15丈,下层坛直径21丈,均用艾叶青石铺砌。台基顶层中央为圆形的天心石,是祭天时摆放香炉之处,一般人不准接近。祭天时,皇帝亲自念诵祭文并焚香,向天表达敬意(图5-18)。

皇穹宇为单檐圆形攒尖顶建筑,殿高19.5米,直径15.6米,用蓝琉璃瓦。建筑尺度较小,但设计和施工非常精致。建筑周围除前檐外均用实墙围合。墙体砌筑时磨砖对缝,表面形成了光滑的弧线,有着良好的声音折射效果,被称为"回音壁"(图5-19)。

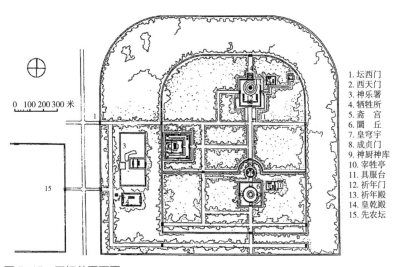

1. 坛西门	
2. 西天门	
3. 神乐署	
4. 牺牲所	
5. 斋 宫	
6. 圜 丘	
7. 皇穹宇	
8. 成贞门	
9. 神厨神库	
10. 宰牲亭	
11. 具服台	
12. 祈年门	
13. 祈年殿	
14. 皇乾殿	
15. 先农坛	

图5-15 天坛总平面图

　　祈年殿周围用矩形平面围墙，南面中间设一门，门内再建一凹字形围墙，南面中间又设一门，称祈年门。祈年殿为三重檐圆形攒尖顶建筑，下用三层圆形汉白玉须弥座，高达6米。殿高38米，直径30米，用28根楠木柱。外圈12根象征一天的12个时辰，内圈12根象征一年12个月，二者相加得24，象征着24节气。殿内设柱4根，象征着一年4季。明代时，祈年殿的三层檐分别用不同颜色的琉璃瓦覆盖，上层蓝色，象征昊天；中层黄色，象征皇帝；下层绿色，象征庶民。清乾隆时统一改为蓝色，建筑色彩更加纯净（图5-20）。

图5-16　天坛鸟瞰

图5-17　斋宫

图5-18　圜丘

图5-19　皇穹宇

图5-20　祈年殿

为营造出祭天时庄严肃穆的气氛，建筑群采用了多方面的巧妙措施。

其一，建筑密度低。在总面积达273公顷（1公顷=0.01平方千米）的园区内，主要建筑只有四座，大量地种植松柏。

其二，建筑间用高出地面的长甬道连接。斋宫东行1千米才能到达圜丘主轴线，皇穹宇与祈年殿之间的甬道长360米。甬道宽20余米，平面高出两边林地2.5米，更烘托了祈年殿的高大与威严。

其三，突出主体建筑。主体建筑除斋宫外均为圆形，体现天圆地方。圜丘及祈年殿均用三层须弥座基，烘托建筑的高大。

其四，色彩及细部处理显示古人对天的认识。主体建筑多用蓝色琉璃瓦屋顶和汉白玉基座，上覆艾叶青石。圜丘三层台基总直径45丈，取"九五之尊"之意。三层坛面均铺9圈扇形石板。其中第1圈9块，第2圈18块，第3圈27块，以此类推，第9圈为81块。第二层为第10圈到第18圈。第三层为第19圈到第27圈，均为9的倍数。周围栏板数，三层分别为72、108和180，相加之和为360，象征着360度周天。

5.2.3 北京社稷坛的总体布局与建筑特征

社稷坛始建于明永乐十八年（1420），与其东侧的太庙一起构成"左祖右社"的格局。社稷坛的基址为元代的万寿兴国寺，清代沿用，保留了较多明代的建筑。民国时因孙中山先生的灵柩曾在其中的拜殿停留，而改名为中山公园。

社稷坛祭祀社神与稷神。相传社神为远古共工氏之子，名句龙，能平水土，称五土之神；稷神为厉山氏之子，名叫农，能播植百谷，称五谷之神。明代，天地合祭，沿用至清。

（1）总体布局

社稷坛南北朝向，为长方形，用两圈坛墙，占地27公顷。中轴线上由北至南依次布置有坛门、戟门（又称戟殿）、拜殿与五色土坛（图5-21）。

（2）建筑特征

五色土坛是社稷坛中最重要的建筑，位于建筑群的中心位置。坛为正方形，边长61.5米。据《日下旧闻考》记载："坛制方，二成，高四尺，上成方五丈，二成方五丈三尺，四出陛，皆白石，各四级。上成筑五色土。"五色土由中国远古的五帝、五色的观念演变而来，厚约1寸，东为青色土，南为红色土，西为白色土，北为黑色土，中为黄色土，象征着居于中央的黄（皇）帝对东方太皞、南方炎帝、西方少昊、北方颛顼的统治（图5-22）。

拜殿位于五色土坛的北侧，为雨天祭祀社稷的场所。建筑用木构架，面阔5间，进深3间，彻上露明，黄色琉璃瓦（图5-23）。

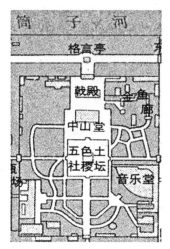

图 5-21　社稷坛总平面图

图 5-22　五色土坛

图 5-23　拜殿与五色土坛

戟门是明清社稷坛的宫门，尺度较拜殿略小。原列铁戟 72 把，1900 年八国联军入侵北京时被全部掠走。

5.2.4　北京太庙的总体布局与建筑特征

太庙为祭祀皇帝祖先的庙祭场所。除庙祭外，明清皇帝还有墓祭、配祭、内廷祭祀等多种形式。一般每年祭祀 4 次，历任皇帝都非常重视。东汉时取消"天子七庙"之制，而创立了"同堂异室"的祭奉制度，后代多沿袭。

北京太庙始建于明永乐十八年（1420），用"同堂异室"。明嘉靖皇帝将太庙一分为九，建立九庙，实行分祭。6 年后遭雷火焚毁，才改回原来的祭祀制度。明末，太庙毁于战火，清初重建，增加后殿。乾隆时对主殿进行了扩建。

（1）总体布局

太庙总平面为长方形，坐北朝南。南北长 475 米，东西宽 294 米，占地 200 余亩，由三重高墙围合。南门内设有七座石桥，桥下沟渠的水引自金水河。戟门为第二重门，内设太庙的前殿和中殿，是太庙的主体建筑。中殿之后另有一道围墙，隔开后殿，殿内供奉远祖。建筑群布局中轴对称，院内柏林幽邃，庄重严肃（图 5-24）。

（2）建筑特征

前殿是太庙的核心，是清代举行祭祀大典的地方，也是我国目前现存最大的木构建筑之一。建筑坐落在三层汉白玉须弥座基上，嘉靖时殿身原为 9 开间，乾隆时改为 11 开间，进深 4 间，用重檐庑殿顶，上覆金黄色琉璃瓦。殿内天花、梁枋不施彩画，改贴赤金花。墙面用黄色檀香木粉涂饰，气味芳香。地面墁以金砖，与太和殿内的金砖一样，都产自苏州，光可鉴人（图5-25、图5-26）。

中殿又称寝殿，规模小于前殿，面阔9间，存放各帝后的神位。

后殿又称祧庙，其形制与中殿相同，存放清建朝称帝前追奉为皇帝的神主。

5.2.5　山西太原晋祠的总体布局与建筑特征

晋祠位于山西太原西南郊的悬瓮山麓。相传，西周初年成王诵封其胞弟虞于山西，国号"唐"，其境内有晋水，改国号为"晋"。虞死后，其子燮为纪念父亲功绩，建祠祀奉，称"晋祠"。文献显示，晋祠在北魏以前即已有之，后经北魏、唐、后晋多次扩建。宋太平兴国九年（984），营建圣母殿。宋天圣年间追封叔虞为汾东王，晋祠西隅主殿内改奉叔虞母后邑姜，后加号"昭济圣母"，为水神，庙改名为惠远祠，明代又将庙名改为晋祠。

现存晋祠内主体建筑圣母殿仍为北宋原构，献殿为金代所建。另外还存有唐太宗御书碑铭、唐代的石刻华严经和宋代的铁人与铁狮。

（1）总体布局

晋祠建筑群依山就势，布局自由。郑伯渠自西北向南穿流过祠。祠内以圣母殿为主体，构成了一条略偏向东北的轴线。最南端为水镜台，越过郑伯渠向北为献殿，再向北则为"鱼沼飞梁"，通向圣母殿（图5-27）。

（2）建筑特征

圣母殿是晋祠中最大的建筑，也是目前国内现存重要的宋代建筑。面阔7间达26.7米，进深6间达21.2米，高19米，重檐歇山顶，

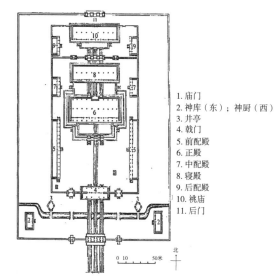

1. 庙门
2. 神库（东）；神厨（西）
3. 井亭
4. 戟门
5. 前配殿
6. 正殿
7. 中配殿
8. 寝殿
9. 后配殿
10. 祧庙
11. 后门

图5-24　太庙总平面图

图5-25　前殿外景

图5-26　前殿内景

前檐生起明显。平面为单槽，副阶周匝，减去前檐一排柱子，形成进深 2 间的前廊。前廊 8 根柱上饰以木雕盘龙，是北宋元祐二年（1087）的原物，也是国内现存最早的木雕盘龙柱。圣母殿屋顶上、下层檐，真昂与假昂并存，见证了宋代斗栱的演变。屋顶用绿色琉璃瓦，鸱尾已经变成鸱吻，上层檐的戗脊角部饰有走兽。殿内塑有圣母像及 42 名侍女像，均为宋代原物，人物形态生动，衣饰逼真（图 5-28）。

"鱼沼飞梁"位于圣母殿前，为国内罕见。鱼沼呈方形，长、宽分别为 18.8 米和 15.5 米，上架十字形石桥称"飞梁"。鱼沼是晋水的第二泉眼。鱼沼内立有 14 根八角形石柱，柱顶架斗栱和梁木（图 5-29、图 5-30）。

献殿是祭祀圣母时陈设祭品之处，为金代木构，还带有较多宋代建筑的特征。面阔 3 间，进深 2 间。建筑周围无墙，仅用木栅栏围合，开敞通透。外檐斗栱，昂尾直达平槫下，昂嘴向下。

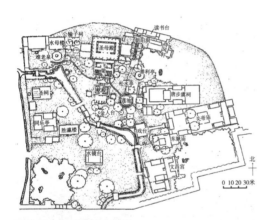

图 5-27 晋祠总平面图

图 5-28 晋祠圣母殿

图 5-29 "鱼沼飞梁"

图 5-30 "鱼沼飞梁"梁架

5.2.6 山东曲阜孔庙的总体布局与建筑特征

孔子是中国春秋时期的著名哲学家和社会活动家，被奉为"万世师表"。他去世后第二年（前478）鲁哀公将其故居改为庙，进行祭祀。后经历代扩建、改建，明代基本奠定了现存孔庙的规模和主体建筑。清雍正二年（1724），庙内主体建筑大成殿遭遇雷火，次年重建，现存大成殿即为当时重建后的建筑。

（1）总体布局

建筑群平面呈不规则的长方形，南北长约644米，东西宽约147米。三路南北轴线，九进院落。与北京故宫、承德避暑山庄，并称为中国三大古建筑群（图5-31）。

中路轴线为祭祀孔子的主线，轴线延伸的最南端为"万仞宫墙"，紧接着为5座牌坊，分别为棂星门、金声玉振坊、太和元气坊、德侔天地坊和道冠古今坊。之后按照宫殿建筑的"五门之制"，建有圣时门、弘道门、大中门、同文门和大成门，规制均为五间三门。大中门与同文门之间建有奎文阁，大成门后建大成殿，之后建寝殿。

东路为祭祀孔子祖先的场所，西路是祭祀孔子父母的地方。

（2）建筑特征

大成殿是孔庙的主体建筑，雍正时期重修。大成殿坐落在两层、高2米的汉白玉须弥座基上，台南侧设有两层大型浮雕龙陛。大成殿面阔9间达45.8米，进深5间达24.9米，周有围廊。殿高24.8米，用重檐歇山顶，金黄色琉璃瓦。殿前用10根浮透雕盘龙石柱，精湛圆润，柱高6米，直径0.8米，每柱二龙对翔，盘绕升腾，中刻宝珠，四绕祥云，下为覆莲石柱础，为国内罕见。周围及后廊柱用八角形石柱，浅雕阴刻云龙戏珠图案。殿内设孔子塑像及历代君王匾额（图5-32、图5-33）。

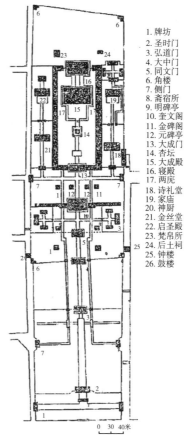

1. 牌坊
2. 圣时门
3. 弘道门
4. 大中门
5. 同文门
6. 角楼
7. 侧门
8. 斋宿所
9. 明碑亭
10. 奎文阁
11. 金碑亭
12. 元碑亭
13. 大成门
14. 杏坛
15. 大成殿
16. 寝殿
17. 两庑
18. 诗礼堂
19. 家庙
20. 神厨
21. 金丝堂
22. 启圣殿
23. 梵帛所
24. 后土祠
25. 钟楼
26. 鼓楼

图5-31 孔庙总平面图

图5-32 孔庙大成殿

图5-33 大成殿内景

图 5-34　孔庙奎文阁

图 5-35　孔庙奎文阁剖面

　　奎文阁位于同文门之北侧，始建于宋天禧二年（1018），原名御书楼，用来珍藏历代皇帝御赐的经书。现存建筑为金代明昌二年（1191）重修，根据古代"奎主文章"之说而改名为奎文阁，喻义孔子为天上的奎星。建筑为二层楼阁式，用平座暗层，重檐歇山顶，黄色琉璃瓦（图 5-34、图 5-35）。

5.3　陵墓的历史沿革及建筑特征

　　中国古人认为人死后灵魂不灭，逐渐形成了"视死如生"的观念。从奴隶社会起，到封建社会时期，帝王死后多为厚葬，其陵墓建设的重要性与豪华程度不啻宫殿。因此，陵墓是中国古代一种重要的建筑类型。

5.3.1　陵墓形制的演变

（1）地下埋葬制与墓室

①墓穴与棺椁的出现

　　原始社会母系氏族公社时期，人死后葬在氏族的公墓中。父系氏族公社时期出现了夫妻或父子的合葬墓，并且出现墓穴、棺与椁。

②土圹、木椁墓室

　　商周至西汉早期的陵墓地下墓室部分，多用土圹，圹内放置木棺及棺外的木质箱体——椁。早期的土圹只是简单的矩形竖穴，殷商时期出现"亚"字形、"中"字形等多种形式的土圹，如河南安阳殷墟发现的贵族墓，内部盛放棺椁，棺椁下方多设有人殉或畜殉的"腰坑"。墓圹两壁或四壁各出一条墓道，称为"羡道"（图 5-36、图 5-37）。

　　商代的椁多用原木垒叠成的木制箱体，以此在土圹壁的内部对木棺再形成一层保护。椁壁厚达 10 余厘米，多为矩形平面，也有"亚"字形平面的椁。

西周时期，棺椁成为礼制的组成部分，《礼记》载："天子一椁四棺，诸侯一椁三棺，大夫一椁二棺，士一椁一棺。"对于棺椁的材料也作出了规定："君松椁，大夫柏椁，士杂木椁。"棺木多用楠木、梓木。

椁的构造分为底板、盖板及四周壁板，内部再用木板划分为不同的空间。汉代盛行一种高等级木椁，称"黄肠题凑"，即椁室用黄心柏木垒叠而成，木条长向与椁壁垂直，木头均朝向椁内。

从目前考古发掘来看，自唐至明清，皇陵中多用石棺，以增强密封性及防腐性。

③砖、石墓室

战国时期已出现了大型的空心砖墓，汉代广泛流行砖石墓室，大致可以分成垒砌而成和凿挖而成两种。战国时期的河北平山中山王国刘胜夫妇墓的墓室是北方的崖墓代表（图5-38），开凿于东汉时期的四川乐山的麻浩崖墓群就是凿挖而成的大型崖墓代表（图5-39）。汉代砖石垒砌的墓室出现了多种结构类型，可分为砖石梁板墓和拱券墓（或穹顶）两大类。山东沂南的东汉石墓模仿当时宅第布局，用柱梁及石板进行分隔，解决了盖板的跨度问题，其成就很高（图5-40）。此时的砖墓室在砌筑拱券时为了不用模板，将砖做成企口形而插接在一起，形成纵联拱。汉代也出现了并联拱，但砖"叠涩"拱因不支模板施工而运用得较为广泛，影响更为深远，唐宋时期多用砖叠涩穹顶。明清两代帝陵墓室以三进为主，用石拱券。

（2）方上、因山为陵与宝城宝顶

①方上

春秋以前的陵墓"不封不树"，墓圹上面较为平整。春秋晚期至战国，厚葬之风渐盛，陵墓封土丘冢越发高大，由"墓"发展为"丘"再发展为皇帝的"陵"。如河北中山王国墓顶上用三层高台，上建石制享堂；秦始皇陵称"骊山"，即人工堆起一座高达120米的土山，山呈四方锥台形，称为"方上"。西汉诸帝陵仍采用此种地上陵台的形式，四面设门阙及陵墙。北宋是采用方上制的最后时期。

②因山为陵

汉文帝霸陵，为防日后被盗，依山为陵，是采用"因山为陵"作为封土形制的第一位皇帝。唐代自太宗因九嵕山为昭陵之后历代均采用此种形制。目前只有乾陵保存较为完整。

南宋诸帝陵在浙江绍兴宝山，称为"攒宫"，意为暂厝，待迁回河南巩义北宋皇陵，形制极为简陋。元代皇帝采用密葬制，不建地上陵台与地下宫室。

③宝城宝顶

明代帝陵继承前代皇帝因山为陵的做法，并开创了新的形制：将陵体修成穹顶形，称宝顶；用墙将宝顶围合起来，称宝城。宝城南侧建方城明楼。穹顶便于雨水倾泻而不易侵蚀地宫。清代继承了明代地上陵台的形制。

（3）陵园建筑

①墓顶或墓前设享堂，设庙、寝

商代以前的墓上不起坟，但墓顶设有享堂。妇好墓前有排列规则的柱洞与檐柱洞，内有卵石砌成的柱础，证明此处建有木构享堂，用以祭奠。战国时期河北平山中山王国墓顶建有 5 座石享堂（图 5-41）。

秦汉时期，方上的尺度巨大，致祭的建筑分为庙、寝，从陵墓顶部移了下来，设在陵园围墙的内部。庙中设神主，四时致祭，寝中摆放墓主生前衣冠、几杖等用具，用以供食。陵前设有石碑、石兽；石人、石柱、石阙等。汉代的贵族墓前也设有石享堂，如山东肥城孝堂山石墓祠即为代表（图 5-42）。

②设上下宫，发展南边神道

唐代帝陵延续汉代做法，陵园呈方形，围以墙垣，四面开门。但唐代因山为陵，不便于祭祀，因此在陵园南门内设献殿，称为上宫，四时致祭，在山下设下宫，方便供食。陵园南门外设石阙、石马、石人和石碑，发展了陵园南边的神道，大大加强了陵园入口空间的层次和纵深。

北宋皇陵集中在河南巩义永安县，集中设置陵区，各陵园的南端神道两侧设石像生。但宋代规定皇帝死后才开始营陵，并限 7 个月内完成，因此规模远比秦汉与唐的要小很多。宋代皇帝姓赵，按照"五音姓利"的说法，赵姓陵墓宜东南高，西北低，所以陵前神道南端高而北端低，陵体就坐落在北端的低洼处，不利于排水。陵园南门内设有献殿，即上宫，陵园西北设下宫。

③轴线串起大规模祭祀建筑群

明代帝陵在继承前代传统：因山为陵、集中陵区、神道深远等做法外，在宝城宝顶之前建三进院落的致祭区，并用轴线串联起来，突出了祭祀朝拜的重要性。第一进陵门内设神厨和神库；第二进陵门称祾恩门，内设祾恩殿；第三进陵门称内红门，内设石几筵。明代的祾恩殿是当时最重要的陵祭场所，建筑规格与故宫的皇极殿和太庙前大殿相同，为最高等级的建筑。

5.3.2 秦始皇陵的总体布局与建筑特征

（1）总体布局

秦始皇陵是中国最大的陵体，位于骊山北麓、渭水之南。陵区范围约 40 多平方千米，陵园由内外两重围墙构成，外城约 2 平方千米，是我国保存至今最大的古代陵墓之一。陵区内以秦始皇陵为主，还建有各种陪葬坑、陪葬墓、修陵人员墓和寝殿等建筑遗址（图 5-43）。

（2）地下宫室

根据钻探，地宫平面近方形，面积约 18 万平方米。据记载，地宫中建设各类宫殿，陈设各类珍奇异宝，以人鱼膏为灯烛，水银为江海，还装置有许多弓弩，射杀入墓的人。

陵园东北处，发现了一组四座兵马俑坑，总面积 2 万余平方米。坑内放置如真人大小的陶制武士俑、马和木质战车。陶俑有骑兵、步兵和车兵，用矿物颜料上色，并配有戈、矛、戟、剑等各式青铜武器，且经过防锈处理。规模庞大的兵马俑象征了秦始皇一扫六合的庞大军队，气度非凡。

（3）地上陵台

陵墓位于内城的南部，封土用夯土砌筑，呈三级台式覆斗形，地面现存部分南北长 350 米，东西宽 345 米，高约 72 米（图 5-44）。

5.3.3　汉武帝茂陵与汉宣帝杜陵的总体布局与建筑特征

（1）总体布局

西汉 11 位皇帝的陵园均建在长安城的附近，分为两大区，一是位于长安城北的咸阳原，一是位于长安城东的白鹿原、杜东原。汉武帝茂陵位于咸阳原的最西部，汉宣帝杜陵位于杜东原上（图 5-45）。

汉代的帝陵与后陵除高祖与吕后在同一陵园内之外，以后的帝、后各自修筑方形陵园。帝陵园略大于后陵园。帝陵园一般边长 410 ~ 430 米，墙基宽 8 ~ 10

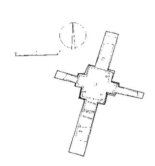 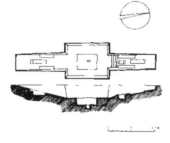 

图 5-36　"羡道"平面图　　图 5-37　"羡道"剖面图　　图 5-38　河北中山王国刘胜夫妇墓

 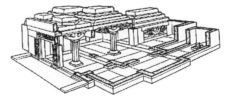

图 5-39　四川乐山麻浩崖墓群　　图 5-40　山东沂南的东汉石墓

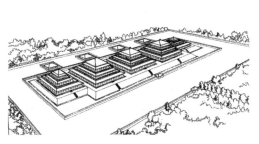

图 5-41　中山王国墓顶石享堂

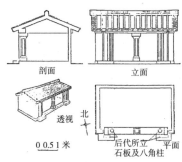

图 5-42　山东肥城孝堂山石墓祠

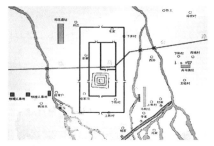

图 5-43　秦始皇陵总平面图

图5-44　秦始皇陵地上陵台

米，墙高约 10 米。陵园四面各开一门，东门为正门。

（2）地上陵台、祭祀建筑

汉代规制，皇帝即位 1 年就开始营造陵墓，汉武帝在位 53 年，其茂陵经营时间最长，地上陵台规模最大，呈覆斗形，东西宽 231 米，南北长 234 米，高 46.5 米（图 5-46、图 5-47）。

汉宣帝杜陵的地上陵台，平面呈方形，边长 170 米，高 29 米（图 5-48、图 5-49）。

汉代帝陵旁边设有寝庙，一般在陵园的南侧或东南侧，包括寝殿与便殿。寝殿陈设皇帝的衣冠、几杖、像生之具，由宫人如生前一样侍奉。便殿则是存放皇帝衣物和从事陵事管理的官员办公、休息的场所。杜陵的寝殿通面阔 13 间，进深 5 间，为大型宫殿建筑。陵东北还设有陵庙，供重要的节气祭祀用。

（3）陪葬墓

陵区内东侧的神道两旁多设有皇亲国戚或达官显贵的陪葬墓。茂陵陪葬墓 12 座，包括霍去病、卫青、霍光等墓，霍去病墓前的石刻，以"马踏匈奴"为代表，反映了汉代古朴、稚拙的艺术风格（图 5-50、图 5-51）。

杜陵陪葬墓已发现 107 座，分为东北与东南两个区，每个区内又有成组的墓葬。

（4）陵邑制

秦始皇时开始设置陵邑，汉代大力发扬了这种制度，一为守陵，二为削弱

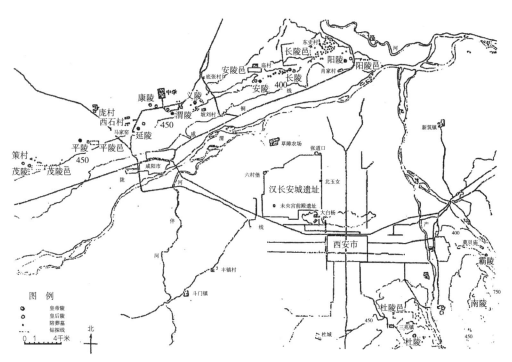

图5-45 西汉帝陵分布图

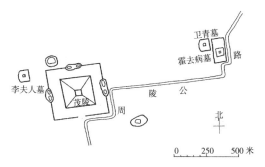

图 5-46 茂陵平面图

图 5-47 茂陵透视图

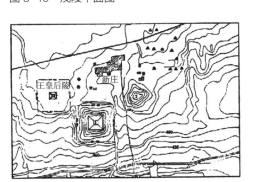

图 5-48 杜陵平面图

图 5-49 杜陵透视图

图 5-50　霍去病墓石刻——马踏匈奴　　　图 5-51　霍去病墓石刻

地方势力，加强中央统治。陵邑的规模多为 3～5 万户，居住的多为关中大族、豪强富户，成为当时人口稠密、经济繁荣的地区。

5.3.4　唐乾陵的总体布局与建筑特征

（1）总体布局

唐乾陵为唐高宗与其皇后武则天合葬的陵，是现存关中十八陵中保存最完整的一座。乾陵位于今陕西乾县西北，继承了昭陵因山为陵的形制，以梁山主峰为陵体。梁山三峰并峙，主峰位于北侧中央，山顶轮廓呈圆弧形，平地凸起，蔚为壮观。南面恰有两峰较低，称双乳峰，东西夹峙，山上建双阙，形成天然的门户。

据记载，乾陵陵园设内外两重城垣，目前已发现内城基址，近方形，边长 1 000 余米。城基夯筑厚 2.1～2.5 米，四面各开 1 门，形制相同，门址宽 27 米，门前左右及四角立阙，南门内设有献殿。

乾陵的南边神道长达 4 千米，设有鹊台、乳台两道门，均为三出阙的形式，为唐代帝王专用。神道两侧石刻众多，由南向北依次为华表、翼鸟、鸵鸟各 1 对，石马及牵马人 5 对，石人 10 对，石碑 2 道，藩酋 61 尊。东侧一处石碑无字，据传是按武则天遗言，是非功过由后人评说。

（2）地下宫室

乾陵墓道开凿于梁山主峰的南面山腰上，据《唐会要》记载："乾陵玄宫，其门以石闭，其石缝固铁以固其中。"现考古探明，乾陵墓穴的隧道和墓门都开凿于自然山体的石灰岩上。隧道为斜坡形，正南北向，长约 65 米，宽 3.87 米。墓道内用石条叠砌，并用铁系腰将石条固定，再用铁浆灌缝。目前尚未发现被盗痕迹。

（3）陪葬墓

乾陵现存陪葬墓 17 座，包括章怀太子、永泰公主墓等，其中懿德太子墓规模最大，覆斗形封土，平面接近方形，边长 55 余米，残高 17.92 米。玄宫全长 100.80 米，由墓道、前甬道、前室、后甬道和后室五部分组成。甬道两侧的壁画反映了唐代的艺术特征（图 5-52、图 5-53）。

5.3.5 北宋皇陵的总体布局与建筑特征

（1）总体布局

北宋帝陵位于河南巩县，北临黄河，南对嵩山少室，东边群山绵亘，西为伊洛平原，是山高水来的吉祥之地。

北宋八座陵的布局基本一致。陵区称兆域，其内部以帝陵为主，附建有后陵，还有宗室和重臣的陪葬墓，现已探明的有包拯、寇准、高怀德、蔡齐等墓。帝陵前置石刻宫人1对，前为献殿，四周筑夯土围墙，称为上宫，前为神道，南端依次设乳台与鹊台。神道两侧石刻数量众多，由南至北设望柱1对、象和驯象人1对、瑞禽1对、角端1对、马和控马官共2对等，四门各设石狮1对。

（2）地上陵台

继承秦、汉积土为陵的形制，地上陵台采用方上，但规模较小，底部边长50~60米，高度大多在15米左右。宋仁宗赵桢的永昭陵规模较大，底面正方形，呈阶梯状收分，底宽55米，南北长57米，高22米（图5-54）。

（3）地下宫室

北宋皇陵中目前已发掘的为太宗元德李后陵，其玄宫主体部分呈圆形，前设甬道、墓道（图5-55）。据文献推测，北宋皇陵采用石椁。

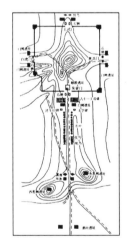

图 5-52 唐乾陵平面图

图 5-53 唐乾陵陪葬墓壁画

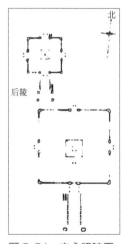

图 5-54 宋永昭陵平面图

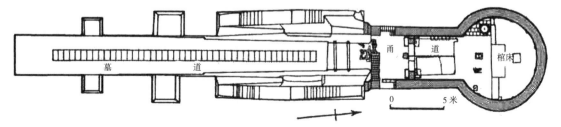

图 5-55 北宋太宗元德李后陵（地宫）平面图

5.3.6 明十三陵的总体布局与建筑特征

（1）总体布局

明十三陵为明太宗及其之后十三位皇帝的陵墓群，基本继承了位于南京钟山独龙阜的明孝陵形制，略作改进。十三陵位于北京昌平天寿山下，东、西、北三面环山，南面敞开，形如环抱。陵区以明成祖十三陵为中心，共用一条神道，神道两侧各有小丘，状如双阙。气势宏伟、开阔，选址上佳。

神道顺山势稍有转折，长约7千米。最南端为建于嘉靖年间的石牌坊，5间11楼。向北1千米为大红门，门内设碑亭，置神功圣德碑，亭外四角设华表园，亭北为石望柱，后有石兽12对，石人6对，再北为龙凤门，再接4千米长的神道进入各个陵区（图5-56）。

各陵区平面，前建方形院落，后建圆形宝城，用一条纵轴线组织各建筑。

（2）地上陵台及祭祀建筑

明代皇陵的地上陵台因山而建，坟丘呈圆形，称宝顶，周围砌高大的砖墙，称宝城。宝城前接方城明楼，前面另设三进院落，称陵宫，由南至北依次建陵宫门、祾恩门、祾恩殿、内红门和二柱牌坊门。

十三陵中长陵的规模最大，其宝城高7.3米，周长约1千米。祾恩殿为陵祭的主体建筑，建于三层汉白玉台基上，面阔9间达65.7米，进深5间达28.5米，重檐庑殿顶。殿内大柱均用上等楠木，其中32根金柱高达12.58米，直径1.17米，为现存古建筑所罕见（图5-57）。

（3）地下宫室

目前仅发掘了明神宗定陵的地下宫室，总长约87.34米，左右配殿间两端最宽处47.28米，总面积约1 195平方米。玄宫坐西朝东略偏南，由前殿、中殿、后殿、左配殿（北侧）、右配殿5座殿组成。5殿皆用条石砌成券拱式（图5-58）。

5.3.7 清昌陵的总体布局与建筑特征

（1）总体布局

清朝自太祖、太宗建国，共经十二帝。其中太祖、太宗葬盛京（今辽宁沈阳东北），末代皇帝溥仪未建陵墓，其余九帝均葬于京畿，分别在河北遵化昌瑞山和易县太平峪，即东陵与西陵。东陵包括5座帝陵：孝陵（顺治）、景陵（康熙）、裕陵（乾隆）、定陵（咸丰）和惠陵（同治）；4座后陵和5座妃园墓。西陵包括4座帝陵：泰陵（雍正）、昌陵（嘉庆）、慕陵（道光）、崇陵（光绪）；3座后陵和3座妃园寝。乾隆曾谕诏："嗣后吉地各依昭穆次序，在东西陵界内分建。"但之后各陵并未完全遵守此规定。

易县西陵，由雍正帝亲自选址，陵区北起奇峰岭，南到大雁桥，东起梁各庄，西至紫荆关，山壑如手指般参差伸出，各陵就坐落在指间平地中，选址绝佳。兆域前区为主神道、支神道，后为陵园。

（2）地上陵台及祭祀建筑

清西陵以泰陵为主陵，嘉庆帝昌陵位于泰陵西南0.5千米处，前面最南端为神功圣德碑亭，其北为石拱桥、望柱和神道及两侧的石像生，再北为三孔桥、大碑亭；之后有两重院落，第一重院落设隆恩门、隆恩殿，第二重院落以琉璃门相隔，内设二柱牌坊和石五供，后面为方城明楼、月牙城和宝城宝顶。隆恩殿内地面墁以花斑石，豪华富丽。地面及地下排水设施较为完善。

（3）地下宫室

地下宫室包括前、中、后三室，分别称明券、穿券、金券，石质拱券结构，汉白玉砌筑，四道石门，前有墓道。门楼上雕出檐椽、瓦垄、吻兽等，还有许多与佛教相关的雕像、经文（图5-59、图5-60）。

图 5-56 神功圣德碑亭

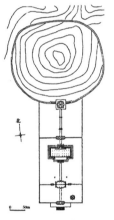

图 5-57 长陵平面图

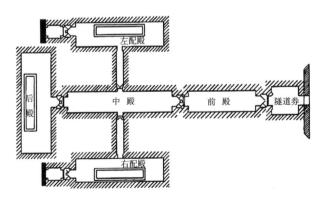

图 5-58 明神宗定陵地下宫室平面图

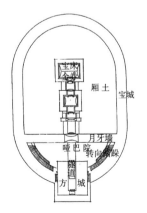

图 5-59 昌陵地下宫室平面图

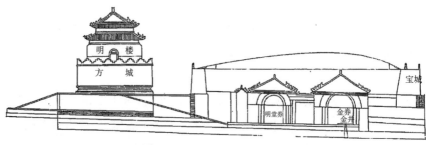

图 5-60　昌陵地下宫室剖面图

本章知识点

1. 掌握宫殿建筑的历史沿革及主要特征。

2. 掌握坛庙建筑的历史沿革、主要类型及特征。

3. 掌握陵墓建筑的历史沿革及主要特征。

6|

隐逸入世——中国古代宗教建筑

宗教建筑的演变

佛寺、道教宫观与伊斯兰礼拜寺的历史沿革及建筑特征

佛塔、经幢的历史沿革及建筑特征

石窟和摩崖造像的历史沿革及建筑特征

佛教、道教和伊斯兰教并称为中国古代的三大宗教。虽然中国古代始终以皇权统治为核心，没有出现过"政教合一"的情况，但由于统治者大多崇信宗教或利用宗教为统治服务，因此宗教建筑始终是一种重要的建筑类型。

6.1 宗教建筑的演变

6.1.1 佛教寺庙的演变

佛教大约在东汉初期传入中国。最早见于我国史籍的佛教建筑为明帝时期的白马寺（另一说为东汉楚国刘英在徐州所建的"浮屠仁祠"）。汉末笮融在徐州兴建了浮屠寺，据《后汉书》记载："上累金盘，下为重楼，又堂阁周回，可容三千人，作黄金涂像，衣以锦彩。"表明此时的寺庙建筑在继承印度传统的基础上，与汉代的多层木构建筑技术相结合，发展出了中国式的塔，即楼阁式塔。据学者研究，由于佛祖释迦牟尼圆寂于菩提树下，印度佛教的礼佛活动，最早即围绕菩提树开展。之后高僧圆寂后所修建的墓塔成为礼佛活动的中心，印度现存的桑契大窣堵坡就是此类塔的代表（图6-1），其平面为圆形，用穹顶，顶部用树形塔刹，象征菩提树。中国早期的佛教寺院称"浮屠寺"，意思即为"塔寺"，反映了这一阶段以塔为中心的布局特征。

图6-1 桑契大窣堵坡

两晋、南北朝是佛教的大发展时期，上至帝王将相，下至普通百姓，信佛者众多，也建造了大量的寺院、石窟和佛塔。一些佛寺由高官、贵族"舍宅为寺"而成，中国式的庭院成为寺院的基本形式，出现了"前塔后殿"的寺院布局形式。

隋、唐、辽、五代，是中国佛教的另一大发展时期。虽然其间出现过唐武宗会昌五年（845）与五代后周世宗显德二年（955）的两次灭法，但因其为时短暂，佛教很快就得到恢复。这期间佛学思想的研究空前繁荣，佛经译著众多，发展出了天台宗、三论宗、慈恩宗、律宗、密宗、禅宗等多种宗派。佛教建筑兴盛，从现存佛教建筑来看，多采用了"前塔后殿"的布局方式。

唐晚期密宗盛行，佛教中出现了十一面观音和千手千眼观音的形象。钟楼的设置在晚唐的庙宇中已成为定制，一般位于寺院南北轴线的东侧，这种制度经宋代佛教的世俗化而进一步定型，一直延续到明初，大概到明中叶才在其西侧建立鼓楼，并将二者移至寺庙前山门附近。其他佛教建筑，如田字形平面罗汉堂，最早出现于五代；转轮藏创于南朝，现有遗迹最早为宋代所建；宋代律宗又出现戒坛；元代因推行藏传佛教，寺院内出现喇嘛塔，部分布局与装饰也有所改变。

明、清时期佛寺更加规整，大多以中轴对称布置建筑，如山门、钟鼓楼、天王殿、大雄宝殿、配殿、藏经楼等，塔已完全移至中轴线一侧，或自成一院。转轮藏、罗汉堂、戒坛及经幢等仍有兴建，但数量较少。方丈、僧舍、斋堂、香火厨等布置于寺侧。佛教寺院平面布置与传统宫殿式建筑趋于一致。

6.1.2　道教宫观的演变

道教建筑为道士用于祀神、修炼、传教以及举行仪式的场所，伴随道教的产生和发展而演变。道教是我国土生土长的宗教，中心思想来自道家，《魏书释老志》中有"道家之源，出于老子"之说，现在普遍认为道家思想始于老子（李耳）的《道德经》。道家融合自古以来对天地、山川、祖先和鬼神的崇拜，至唐代，李氏王朝奉道教为国教，大举兴建庙宇和神仙道观，后经历代发展，道教建筑遍布中国各地。

道家所倡导的阴阳五行、炼丹制药和东海三神山等思想，对我国古代社会和文化起到了相当大的影响。但就道教建筑而言，除少数修建于天然洞窟之中，多采用传统木构建筑形式，未形成独立的系统与风格。道教建筑一般称宫、观、院，其布局和形式大体遵循我国传统宫殿、祠庙体制。

6.1.3　伊斯兰教礼拜寺的演变

伊斯兰教于公元 610 年起源于阿拉伯半岛，相传是由先知穆罕默德在麦加北边希拉山的一个山洞里，得到真主安拉的启示后创立的。一千多年来伊斯兰教在全世界迅速传播和发展，与基督教、佛教并称为世界三大宗教。伊斯兰教于唐代通过西亚传入我国境内，因宗教活动需要开始建造礼拜寺，伊斯兰建筑在我国出现。

伊斯兰教义不提倡偶像崇拜，只要求礼拜时面向圣地麦加；为满足呼唤教徒的需要，建筑设有塔楼或邦克楼；室内装饰只用《古兰经》经文、植物或几何图案。早期礼拜寺采用砖石结构和阿拉伯建筑风格，保留了高耸的光塔、葱头形拱券门和穹顶礼拜殿等。随着时间的推移，受到中国传统建筑的影响，建造较晚的寺院多采用院落式布局。但在新疆等地的寺院，基本上仍保持着当地民族的固有特点。

6.2　佛寺、道教宫观与伊斯兰礼拜寺的历史沿革及建筑特征

6.2.1　典型佛寺的历史沿革及建筑特征

（1）山西五台山佛光寺

①历史沿革

佛光寺创建于北魏孝文帝时期，位于五台山台南豆村东北约 5 千米的佛光山腰，隋唐时已是著名寺院，寺名屡见于各种史书记载（图 6-2）。唐代曾重建，现存东大殿及殿内彩塑、壁画等，均是这次重建所留。但因建造时间久远，佛光寺后来基本被外界遗忘。直到 1937 年 6 月，被我国著名建筑学家梁思成及其夫人林徽因在考察中发现，即刻轰动中外建筑学界，被誉为"亚洲佛光"。

寺内现存主要建筑有晚唐（857）的大殿，金代的文殊殿，唐代的无垢净光禅师墓塔及两座石经幢。佛光寺大殿是我国现存最大的唐代木构建筑。

②建筑特征

大殿坐东朝西，面阔 7 间，约 34 米，进深 4 间 8 椽，约 17.7 米，单檐四阿顶（清称庑殿顶）。大殿的平面由檐柱一周及内柱一周合成，分为内外两槽，这种形式与宋《营造法式》中的"金厢斗底槽"相一致（图 6-3、图 6-4）。

内外柱等高，仅柱径略有差别。用天花以上的草栿与天花以下的明栿两层梁架。明栿与柱头上的斗栱咬合在一起，成为连接"屋架层"与"立柱层"的中间结构层，统称"铺作层"（图 6-5），体现了《营造法式》中"殿堂型"构架的突出特点。

脊槫下仅用叉手而不用侏儒柱，为国内孤例。上平槫与中平槫间用托脚，与叉手、外檐柱头铺作的下昂以及草栿、明栿共同构成三角形的稳定结构。

外檐补间铺作仅用一朵斗栱，不用栌斗，泥道栱直接置于栱眼壁上，与柱

头铺作形式差异明显。

外檐柱头用七铺作，双抄双下昂，一、三跳偷心造。下昂昂尾直达草乳栿下。

柱头铺作尺度巨大，高度超过柱高的1/2。

檐口及正脊生起较为明显，出檐达柱高的1/2有余，十分深远。阑额上未用普拍枋，用直棂槛窗。单檐庑殿顶，坡度平缓，举高约为1：4.77。正脊两端鸱尾已呈现出嘴巴的形象，为鸱尾向鸱吻的转化阶段。戗脊上层端部用戗兽，未用嫔伽与蹲兽。

屋顶内部用小方格的天花，与《营造法式》中的"平闇"形式相一致。彩塑佛像置于低矮的基座上，为唐代"席居"生活的直接反映。彩塑内容包括释迦牟尼、弥勒与阿弥陀三尊主佛以及文殊、普贤及其肋侍菩萨，人物形象较为丰满。

梁思成先生将佛光寺东大殿建筑的总体特征概括为"斗栱雄大，出檐深远，屋顶平缓，朴素疏朗"，这十六个字也是唐代木构建筑总体特征的集中反映。

（2）河北正定县隆兴寺

①历史沿革

隆兴寺位于石家庄市正定县内，始建于隋，原名龙藏寺，到宋初改建时才用现名。

隆兴寺占地面积为85 200平方米，坐北面南。寺内主要建筑用南北中轴线统领。寺门前有一座高大的琉璃照壁，经三路三孔石桥向北为山门，山门以北，东为钟楼，西为鼓楼，再向北为大觉六师殿的遗址。遗址北侧的轴线上建有摩尼殿（图6-6），为北宋时期遗构。后一进院落轴线北端建有戒坛，向北东侧为慈氏阁，西侧为转轮藏阁，轴线向北依次为御碑亭、佛香阁和弥陀殿。寺院东

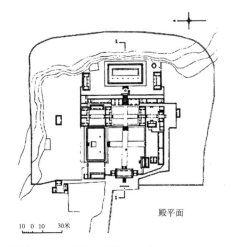

图6-2 山西五台山佛光寺总平面图

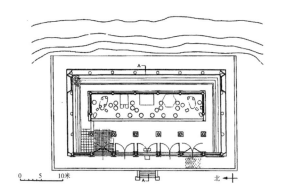

图6-3 佛光寺大殿平面图

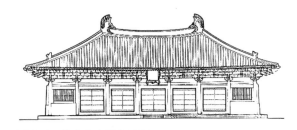

图6-4 佛光寺大殿立面图

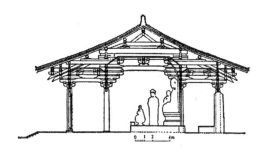

图6-5 佛光寺大殿剖面图

侧有方丈院等附属建筑，原为住持和尚与僧徒们居住的地方。

②建筑特征

寺内现存有摩尼殿、转轮藏殿、慈氏阁共三座木构建筑。

摩尼殿建于北宋皇祐四年（1052）。建筑面阔 7 间（约 35 米），进深 7 间（约 28 米），四出抱厦，重檐歇山屋顶，覆绿琉璃瓦。外檐柱间砌以砖墙，次间比稍间略窄，做法较为特殊。殿内用两圈柱，内圈柱内空间供释迦牟尼佛及菩萨像（图 6-7）。斗栱特色明显。下檐柱头铺作出双抄偷心造，上檐柱头铺作出单下昂，要头刻成昂形。明间用补间铺作二朵，次间用一朵。补间铺作用 45° 斜栱，这在宋、金、元建筑十分常见。

转轮藏阁始建于北宋，形式与对面的慈氏阁相仿（图 6-8）。平面方形，每面 3 间。转轮藏阁内部下层柱网为适应八边形转轮藏橱的空间需求，采用了移柱造的做法，内柱与檐柱形成六边形平面。阁外观二层，实际三层，中间夹平座暗层，檐柱用叉柱造。阁内梁架用彻上露明造。阁内的木制转轮藏是一个能够转动的木质亭子，直径 7 米，整体分为藏座、藏身、藏顶三部分，中间设一根 10.8 米的木轴上下贯穿，整个转轮藏的重量由底部藏针承受。

佛香阁又称大悲阁，是寺院中最高大的建筑，共 3 层，高 33 米，大部分为近年重修。阁内有 24 米的千手千眼观音铜像，是北宋开宝四年（971）建造此阁时所铸，也是我国现存最大的古代铜质艺术品。

（3）天津蓟州区独乐寺

①历史沿革

独乐寺相传创建于唐初，唐太宗天宝年间安禄山谋反，曾在此誓师，称"思独乐而不与民同乐"，寺得名"独乐"。寺院分为东、中、西三部分，东、西两部分为僧房和行宫，中部为寺庙主要部分，现存辽代建筑有山门和观音阁。

②建筑特征

山门面阔 3 间（16.63 米），进深 2 间 4 椽（8.76 米），平面有中柱一列，将建筑内部空间分成了前后相等的两部分，与《营造法式》中"分心槽"的柱网平面相一致。山门用单檐四阿顶，举高约 1∶4。檐柱侧脚明显。

观音阁重建于辽统和二年（984），面阔 5 间（20.23 米），进深 4 间 8 椽（14.26 米）。外观 2 层，高 20.23 米，内部 3 层，中间为平座暗层。暗层内用斜向支撑，上下层柱连接用叉柱造；外檐柱位向上收进约半个柱径；斗栱种类多达 24 种，上层外檐斗栱用双抄双下昂；用殿堂型构架，分明栿与草栿；用叉手及托脚。以上多种结构与构造保证了观音阁建筑的稳定性，经受了多次地震的考验（图 6-9）。

为安置高达 16 米的辽塑 11 面观音像，观音阁采用了减柱造做法，减去了当心间缝中柱，形成了六边形的空间（图 6-10）。

图 6-6　河北正定县隆兴寺摩尼殿外景

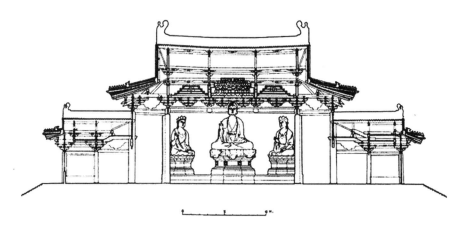

图 6-7　河北正定县隆兴寺摩尼殿剖面图

图 6-8　河北正定县隆兴寺转轮藏阁

图 6-9　天津蓟州区独乐寺观音阁外观

图 6-10　天津蓟州区独乐寺观音阁剖面图

（4）山西大同善化寺

①历史沿革

善化寺位于山西省大同市城内，靠近南城门，俗称"南寺"。善化寺坐北朝南，占地面积 13 900 多平方米。中轴线上依次排列着山门、三圣殿、大雄宝殿（图6-11）。大雄宝殿两侧有观音殿和地藏殿，大雄宝殿前东西两侧为普贤阁和文殊阁遗址。其中，大雄宝殿为辽代建筑，天王殿、三圣殿与普贤阁均为金代建筑。

②建筑特征

大雄宝殿是辽代遗构，台基砖构，高 2.24 米，殿前有宽阔的月台，台前左右为明万历时增建的钟楼和鼓楼。大殿面宽 7 间（41.8 米），进深 5 间（26.18 米），单檐庑殿顶，檐下斗栱为五铺作出双抄，重栱计心造，殿内梁架彻上露明造。

普贤阁建于金代（1154），在大殿南面西侧，为二层楼阁，重檐歇山顶，面宽进深各 3 间，平面是正方形。

三圣殿因供奉华严三圣而得名，建于金天会、皇统年间。面阔 5 间（32.5 米），进深 4 间（19.2 米），单檐庑殿顶，檐下斗栱为六铺作单抄双下昂、重栱计心造，殿内梁架彻上露明造（图6-12）。

（5）西藏布达拉宫

①历史沿革

相传布达拉宫始建于公元 7 世纪吐蕃王朝松赞干布时期，后在战争中被毁。清顺治二年，五世达赖主持重建，历时 50 年建好了主体部分，后又继续修建了 300 余年。

②建筑特征

布达拉宫屹立在西藏拉萨西北的玛布日山上，是达赖喇嘛居住和行政办公的地方，集宫殿与寺庙的功能于一身（图6-13）。

主体建筑位于山南侧，依山而建，东、西、南三面围以高大的城墙。建筑沿等高线层层叠叠，外墙与山坡融为一体，犹如从山上生长出来一般。

建筑外观 13 层，实际为 9 层，分白宫与红宫两部分，高 110 余米。布达拉宫既使用了汉族建筑的若干形式，又保留了藏族建筑的许多传统手法。白宫位置稍低，为达赖喇嘛居住的宫殿，装饰十分华丽。墙体用白石砌筑，建筑墙体由下至上有明显收分，墙上开梯形箭窗，檐口及石栏墙头用边玛草进行装饰。红宫位于上部中央，为行政机构部分，包括经堂、佛殿、政厅等。红宫顶部建 3 座金殿和 5 尊金塔，在阳光下熠熠生辉（图6-14、图6-15）。

（6）西藏日喀则萨迦南寺

①历史沿革

萨迦寺是藏传佛教萨迦派的主寺，"萨迦"系藏语音译，意为灰白土。萨迦派始创于北宋时期，用象征文殊菩萨的红色、象征观音菩萨的白色和象征金刚手菩萨的青色涂抹寺墙，所以萨迦派又俗称为"花教"。北寺先建，位于萨迦县奔波山下的仲曲河北岸，逐步发展成为西藏地方政权机关所在地。萨迦南寺始建于元代，由萨迦地方官员主持修建，坐落于仲曲河南岸，与已毁的萨迦北寺遥遥相对（图6-16）。

图6-11　山西大同善化寺外观

图6-12　山西大同善化寺三圣殿内景

图6-13　西藏布达拉宫

图6-14　布达拉宫白宫入口

图6-15　布达拉宫斗栱

图6-16　西藏日喀则萨迦南寺鸟瞰

②建筑特征

寺院既是宗教建筑，又是萨迦政权宫殿，采用城堡状建筑形式，是西藏平川式寺庙建筑的代表（图6-17）。

萨迦南寺总平面呈矩形，东西长166米，南北宽100米，最外设置护城河，内有城墙两道，外垣是较为低矮的土墙，即羊马墙；内垣为包石夯土墙，高8米，顶宽3米。内垣四角和中部设有三四层高的碉楼，大门在东、西垣中部的碉楼下（图6-18）。

寺内主体建筑位于城内中部稍北，平面东西长84米，南北长89米，高21米，由多个经堂与佛堂组成。其中，大经堂（藏语称"拉康钦姆"）由40根巨大的木柱支撑直通房顶，最粗的木柱直径约1.5米，细的也有1米左右。其中前排中间的四根柱子，被称为四大名柱，即"元朝皇帝柱"（据传为忽必烈所赐）、猛虎柱（相传此柱由一猛虎负载而来）、野牛柱（相传此柱为一野牦牛用角顶载而来）、黑血柱（相传是海神送来的流血之柱）。

萨迦南寺由藏汉两族工匠共同建成，具有藏汉两族的建筑特色。建筑用平屋顶，原有围墙采用了汉族城墙的雉堞形式，1948年改建为藏式的平屋檐。

（7）内蒙古呼和浩特席力图召

①历史沿革

寺庙为席力图活佛的坐床之处，"席力图"是蒙古语，意为"首席"或"法座"，"召"就是庙。席力图召创建于明朝隆庆和万历年间。因席力图活佛四世助康熙帝征讨葛尔丹有功，寺庙被赐汉名延庆寺。在清代多位皇帝的支持之下，席力图召发展成为呼和浩特地区一座规模宏大、风格独特的寺庙（图6-19）。

②建筑特征

席力图召是一座汉藏混合的喇嘛庙，采用中轴对称的布局，沿中轴线布置牌楼、山门、过殿、经堂、大殿等建筑物。寺内建筑大都采用汉族形式，仅主要建筑大经堂是汉藏混合式样（图6-20）。

图6-17 西藏日喀则萨迦南寺内景

图6-18 西藏日喀则萨迦南寺角楼

图6-19 内蒙古呼和浩特席力图召外观

图6-20 席力图召建筑细部

"大经堂"的前部是藏式平顶、小窗、梯形墙，后部巧妙连接汉式歇山顶，中央置3米直径的鎏金大法轮，其两端各立"角瑞"，俗称独角兽。后部歇山顶，中央有鎏金宝顶。经堂墙体镶以蓝、白琉璃砖，与殿顶的黄绿琉璃瓦相配衬，使经堂显得庄严肃穆。

（8）河北承德外八庙

①历史沿革

康熙乾隆时期，清帝对藏、蒙少数民族实行怀柔政策，"因其教而不易其俗"。外八庙的兴建起到了笼络少数民族贵族人心的重要作用（图6-21）。

外八庙位于河北承德避暑山庄的东北部，包括12座寺庙，因其中8座住有喇嘛，由清政府理藩院管理，且地处古北口以外而得名。庙宇建于康熙五十二年（1713）至乾隆四十五年（1780）间。其中溥仁寺和溥善寺建于康熙年间，其余10座庙宇：普宁寺、普佑寺、安远庙、普陀宗乘庙、殊像寺、须弥福寿之庙、广缘寺、罗汉堂、广安寺、普乐寺建于乾隆年间。

②建筑特征

外八庙建筑群依山而建，有汉式、藏式和汉藏融合三种风格。

普宁寺建于乾隆二十年（1755），是为纪念平定厄鲁特蒙古准噶尔部族首领葛尔丹煽动的武装叛乱而建造的。寺庙分前后两部分，前部为汉族寺庙形式，后部以大乘阁为中心。大乘阁内供奉千手千眼观音立像，高20多米，是中国现存最大的木雕像。

乾隆二十五年（1760），在普宁寺旁增建普佑寺。

乾隆二十九年（1764）建安远庙，俗称伊犁庙，为新疆达什达瓦部2 000余众迁居热

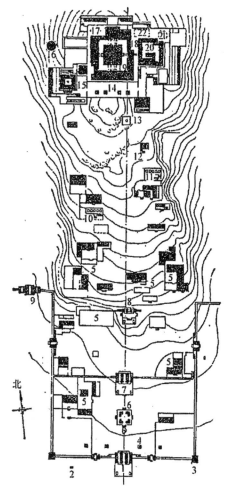

1.山门　2.下马碑　3.角楼　4.幡杆　5.白台　6.碑亭　7.五塔门　8.琉璃牌坊　9.三塔水门　10.西五塔台　11.东五塔台　12.钟楼　13.塔台　14.白台　15.千佛阁　16.圆台　17.慈航普度　18.红台　19.万法归一　20.戏台　21.权衡三界　22.释迦胜境

图6-21　河北承德外八庙之普陀宗乘庙总平面图

111

河后提供参拜而建。寺庙外围建三层墙廊，中为普度殿，有三重檐，黑色琉璃瓦顶。

乾隆三十一年（1766）建普乐寺以纪念土尔扈特、左右哈萨克、布鲁特等部族归顺清朝。寺后部是一座"坛城"，下为两层石台，台上建立重檐攒尖圆殿，称旭光阁，阁内安放一座立体坛城模型。

乾隆三十二年（1767）建普陀宗乘庙，作为庆祝乾隆皇帝六十寿辰时蒙古土尔扈特王公进贡朝贺之所，俗称"小布达拉宫"，西藏达赖喇嘛到热河觐见时多居此处。普陀宗乘庙仿藏式建筑修造，依山就势，自由布置了众多红白台和塔门，寺庙后部为高25米的大红台。

乾隆三十七年（1772）建广安寺（已毁）。乾隆三十九年（1774）建殊像寺，其布局仿照五台山殊像寺。

同年又仿浙江海宁安国寺的形制建罗汉堂（已毁）。

乾隆四十五年（1780）建须弥福寿之庙，为西藏班禅喇嘛到热河祝贺乾隆七十寿辰而建此庙，并作为班禅行宫。庙中有大红台建于中部山上，北部建有一座汉族建筑式样的八角琉璃万寿塔。

（9）云南傣族佛寺

①历史沿革

傣族是居住在我国西南地区的少数民族，信奉小乘佛教，几乎每个村寨都有一座佛寺。佛寺多建于村寨附近较高的山冈或台地上，既是村寨的宗教中心，也是村民的公共活动中心。傣族佛寺一般由佛殿、藏经阁、僧舍、佛塔等部分组成。中心佛寺以上者设有戒坛。佛殿和佛塔是寺院中的主要建筑。

②西双版纳景洪曼飞龙塔的建筑特征

曼飞龙塔在当地称为"塔诺"，"诺"就是春笋的意思。此塔秀丽玲珑，精巧华美，是傣族建筑艺术的珍品。该塔始建于17世纪中叶，位于云南省西双版纳景洪县曼菲龙村后高约100米的小山顶上。塔群由9座塔组成，共同坐落在圆形须弥座基座上。9座塔平面均为圆形，形式相似，中央的塔最高，达12.9米，由三层逐层收小的须弥座组成塔身，塔顶似一覆置的长柄喇叭，以柄为刹，串金属相轮多重。塔刹高耸入天，与曼苏满塔相近。中央的大塔象征释迦牟尼，小塔分别象征佛祖从出生到悟道、初转法轮、现神通直至涅槃等8个事件。基座上建有8个山面朝外的两坡顶小佛龛，各龛上砌出船首形作为过渡，象征慈航普度。全塔亭亭玉立，像一蓬出土春笋，洋溢着一片勃勃生机（图6-22）。

③西双版纳曼阁佛寺的建筑特征

曼阁佛寺是西双版纳的古寺之一，傣语叫"洼曼阁"，意为中心佛寺。位于澜沧江大桥北面不远处的曼阁寨里。寺院始建于 1477 年，原址在院址以西 1 千米处。1598 年，当地佛教信徒、佛寺高僧和西双版纳封建领主召片领、宣慰官员集资迁建于现址。至今已有十代"祜巴""都比"做过住持，成为重要的南传佛教寺院之一，每逢傣族的"开门节""泼水节"，本地的甚至异国他乡的信徒都要来这里朝拜、赕佛（图6-23）。

　　寺院规模较大，总面积 1 300 余平方米，包括大殿、戒堂、僧舍和鼓房三大部分。建筑均用木构。大殿由 10 多米高的 14 根列柱、2 根中柱支撑，建有偏厦，上用二级重檐三面坡的歇山式屋顶，屋脊上还建有小巧的华盖、莲花托、吉祥鸟等饰物。殿内建有约 2 米高的莲花台宝座，上面端坐身披红色袈裟的释迦牟尼金身塑像，四周吊着数幅红底黄边的经幡围护，经幡上有绣工精巧的吉祥物、佛教故事和神话人物，被信徒认为是已故的虔诚信教者进入西方极乐世界的天梯。旁边还建有一个以 7 头小白象雕塑驮着的木质亭阁，专供佛寺住持趺坐诵经，形式取材于佛祖骑着 7 头白象战胜邪魔辟当的故事。殿内还设有一个经阁，逢重大佛事活动时，住持登阁诵经祈祷。

图6-22　云南景洪曼飞龙塔

图6-23　西双版纳曼阁佛寺外观

6.2.2　典型道教宫观的历史沿革及建筑特征

（1）湖北均县武当山道教宫观

①历史沿革

　　武当山为道教圣地，位于湖北省十堰市丹江口境内。相传自东汉至元、明，道家哲圣吕洞宾、张三丰等均修炼于此。唐、宋、元代均在此地有所建设，但规模不大。明成祖即位后，称"靖难"时曾得道家之助，遂于永乐十一年（1413）征募军民、工匠 20 余万人，在此大兴土木，建成宫观 33 处，成为一时盛举。其全部建筑之布局大体可分为东神道与西神道二路。即沿太岳山北麓东、西之剑河与螃蟹夹子河二道溪流，由北往南，自下而上，依次兴建，最后汇合，并终止于武当山之最高处天柱峰。其中西路在唐、宋时已有开发，而东路则为永乐时所新建（图 6-24）。全部路程共长 60 余千米。永乐二十二年（1424）落成时，计有 8 宫、2 观、36 庵堂、72 岩庙、39 桥、12 亭等建、构筑物，合计门房、殿观、厅堂、厨库1 500 余间。

②建筑特征

武当山主峰天柱峰顶，建有长约 1 千米的石城一周，名曰紫禁城。城内最高处有建于永乐十四年（1416）之铜铸鎏金"金殿"，殿面阔 3 间（5.8 米），进深亦 3 间（4.2 米），重檐庑殿顶。其斗栱于下檐为 7 踩，上檐 9 踩，均施双昂。殿内供披发跣足之真武铜像，并有玄武（龟蛇）、金童、玉女及水、火二将等。金殿左右并建签房、印房，后置父母殿，形成一组位于山顶之二重院落建筑。

此区建筑以其范围广大、宫观众多、气势雄伟、殿阁亭台与山川林木合为一体而闻名海内外。目前已被联合国正式列为世界文化遗产予以特别保护。

（2）山西芮城永乐宫

①历史沿革

永乐宫位于山西省运城市芮城县城北 3 千米的龙泉村东侧，是一座大型道教宫观，全真道教三大祖庭之一（其他两座是重阳宫、白云观），始建于元中统三年（1262）。1957 年，因修筑黄河水库工程，已将此组建筑迁至芮城。

②建筑特征

永乐宫主要建筑沿纵向中轴线排列，有山门、龙虎殿（无极门）、三清殿、纯阳殿、重阳殿和邱祖殿（已毁），是一组保存得较完整的元代道教建筑（图6-25）。

三清殿是宫中主殿，面阔 7 间（34 米），进深 4 间（21 米），单檐四阿顶。平面中减柱甚多，仅余中央 3 间的中柱和后内柱。檐柱有生起及侧脚，檐口及正脊都呈曲线。殿前有月台二重，踏步两侧仍保持象眼（以砖、石砌作层层内凹式样）做法。殿身除前檐中央 5 间及后檐当心间开门外，都用实墙封闭。斗栱六铺作，为单抄双下昂（假昂），补间铺作除尽间施一朵外，余皆两朵。

除山门外，四重主殿均绘有精美的道教壁画，总面积达 1 005.68 平方米。龙虎殿是永乐宫原宫门，门内后两开间绘神荼、郁垒、城隍、土地及守护之神吏、神将，威严生动。三清殿内壁的《朝元图》是永乐宫壁画的精华，总面积达 403.34 平方米，殿内壁画绘 360 位值日神，线条生动流畅，为我国古代艺术中的瑰宝（图 6-26）。

图6-24 武当山道教建筑群分布图

图6-25 山西芮城永乐宫三清殿外观

图6-26 永乐宫壁画

6.2.3 典型伊斯兰礼拜寺的历史沿革及建筑特征

（1）福建泉州清净寺

①历史沿革

泉州清净寺始建于南宋绍兴元年（1131），重建于元至正年间（1341—1368）。

②建筑特征

礼拜殿在门内西侧，正面向东，面阔5间，进深4间。东墙辟尖拱形正门，西墙设尖拱形大龛1个，左、右并列小龛6个，南墙开方窗6孔，墙壁均由花岗石砌造。原有屋顶早已全毁，现存月台，为伊斯兰教徒望月决定封斋、启斋日期之用（图6-27）。

该寺的平面布局和门、墙式样都展现了较多的外来建筑元素。

（2）陕西西安化觉巷清真寺

①历史沿革

西安化觉巷清真寺始建于明初，历经明嘉靖、万历及清乾隆诸朝的修葺扩建，形成今日规模。

②建筑特征

西安化觉巷清真寺位于陕西省西安市西安鼓楼西北的化觉巷内，占地约13 000平方米，建筑面积约6 000平方米。全寺院沿东西走向呈长方形，轴线东西向，共有院落四重。第一、二院内有牌坊及大门，第三院内的主体建筑是省心楼（又叫密那楼或邦克楼，阿訇在此楼上招呼教徒入寺礼拜），平面呈八角形，高3层，两侧有厢房，作浴室、会客室、讲经室等。第四院内有正面朝东的礼拜殿，平面呈凸字形，面阔7间，前有大月台及前廊，后设神龛。礼拜殿的屋顶也分为前廊、礼拜堂和后窑殿（有神龛和宣谕台）三部，相互搭接。其中以礼拜堂屋顶为最大，并做重檐形式（图6-28）。

（3）新疆喀什阿巴伙加玛札

①历史沿革

喀什阿巴伙加玛札始建于17世纪中叶，位于新疆喀什以东约5千米处，是阿巴伙加家族的墓区。后经改建和扩建，形成现在的规模，为新疆现存的伊斯兰建筑中规模最大的综合建筑群（图6-29）。

②建筑特征

墓祠始建于17世纪中叶。它位于整个建筑群中部，亦为其中最主要的建筑。通面阔7间，进深5间，四隅均建有平面为圆形的高塔，内置楼梯可登至顶层。中央主体部分高24米，其大穹顶直径达16米，是新疆现存尺度最大的礼拜寺。其下四周皆承以厚墙。外墙各间上部均作尖拱形，并构有各式花窗。墙面则包砌绿色琉璃砖。纵观其建筑造型及色彩，皆极具浓厚伊斯兰建筑风貌。内墙面全部刷白，既增加了室内亮度，又形成了明净与严肃气氛（图6-30）。

绿礼拜寺位于墓祠的西北，亦建于17世纪中叶。平面呈曲尺形，坐北面南。外殿为面阔4间、进深3间的平顶式敞廊。内殿上建覆绿色琉璃瓦的半球形穹顶，直径11.6米，高16米。内壁辟壁龛4层。

大礼拜寺位于建筑群西端，坐西面东，平面呈门形，建造于19世纪。面阔15间。外殿为敞廊式，置红褐色廊柱，甚为壮观。后殿建低矮穹顶一列，色调幽暗，与外殿形成强烈对比。

高礼拜寺位于建筑群的西南，建于一高台之上。其外殿的木柱及柱头皆满施雕刻，甚为精美华丽。梁、枋上则绘以彩画。其东北及西南隅各建邦克楼一座，外壁均以砖拼砌出各种几何图案。

低礼拜寺东接高礼拜寺，面积甚小，装饰比较简单。

教经堂连于低礼拜寺西侧，平面方形，装饰也很简单。

图6-27 福建泉州清净寺外观

图6-28 陕西西安化觉巷清真寺

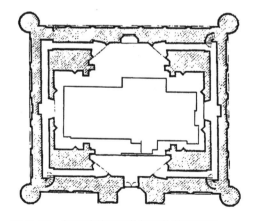

图6-29 新疆喀什阿巴伙加玛札总平面图

图6-30 新疆喀什阿巴伙加玛札内景

6.3 佛塔、经幢的历史沿革及建筑特征

6.3.1 佛塔的演变、类型

佛塔原是佛教徒膜拜的对象，后来根据用途的不同又有经塔、墓塔等区别。

我国的佛塔，早期受印度和犍陀罗的影响较大，后来在长期的实践中发展了自己的形式，在类型上大致可分为大乘佛教的楼阁式塔、密檐塔、单层塔、喇嘛塔和金刚宝座塔以及小乘佛教的佛塔几类。

建筑平面从隋唐时期的正方形逐渐演变成了六边形、八边形乃至圆形，其间塔的建筑技术也不断进步，结构日趋合理，所使用的材料也从传统的夯土、木材扩展到了砖石、陶瓷、琉璃、金属等材料。

6.3.2 楼阁式塔的历史沿革及建筑特征

楼阁式塔的建筑形式来源于中国传统建筑中的楼阁。佛教传入中国后，为了适应中国的传统习惯，利用人们对多层楼阁通天的寄托，以楼阁形式作为礼佛的纪念性建筑物。楼阁式塔可供奉佛像，也可供僧人等登临。

（1）山西应县佛宫寺释迦塔

①历史沿革

佛宫寺释迦塔，俗称应县木塔，位于山西省应县城佛宫寺内，建于辽代清宁二年（1056），是世界上现存最高的木结构建筑之一。

②建筑特征

塔位于佛宫寺南北中轴线上的山门与大殿之间，呈"前塔后殿"的布局（图6-31）。应县木塔的平面为正八边形，外观有五层六檐，而该五层中有四个暗层，一共九层。塔高约67米，底层直径30米。塔建在4米高的石砌台基上，内外两槽立柱，构成双层套筒式结构（图6-32、图6-33）。

底层的内、外二圈柱都包砌在厚达1米的土坯墙内，檐柱外设有回廊，即《营造法式》所谓的"副阶周匝"。而内、外柱的排列，又如佛光寺大殿的"金厢斗底槽"。位于各楼层间的平座暗层，在结构上因增加了柱梁间的斜向支撑，使得塔的刚性有很大改善，虽经多次地震，仍旧安然无恙（图6-34）。

各层檐柱与其下的暗层檐柱结合使用叉柱造。但上层暗层檐柱移下层檐柱内收半柱径，其交接方式为叉柱造。在外观上形成逐层向内递收的轮廓。各层都设平座及走廊。全塔共有斗栱60余种。

（2）江苏苏州虎丘岩寺塔

①历史沿革

虎丘塔的全名为虎丘云岩寺塔，始建于五代吴越钱弘傲十三年（959），

完成于北宋初年，此后修理和改建记录，可考者仅元至正和明永乐两次。崇祯末年，曾一度改建塔的第七层。清乾隆中叶，在寺的西南一带，起造行宫，塔亦可能在此时期修理过一次。

②建筑特征

虎丘塔是一座仿木结构楼阁式大型砖塔，塔身为八角塔，高七层，共47.7米。塔平面八角形，这是五代、宋、辽、金最流行的式样。塔体可分为外壁、回廊、塔心壁、塔心室数部，底层副阶周匝已毁（图6-35）。

塔高七层（最上层是明末重建），大部用砖，仅外檐斗栱中的个别构件用木骨加固。塔身逐层向内收进，塔刹与砖平座已不存，残高约47米。一至四层檐下斗拱用五铺作出双抄，五、六层用四铺作单抄；补间斗栱每面二朵，栱头卷杀均为三瓣。

塔内枋上用"七朱八白"，走道天花用菱角牙子、如意头，栱眼壁用套钱纹、写生花等，装饰内容颇为丰富。此塔因建于山坡上，下部基础产生滑动，故已向西北有所倾斜，现经加固稳定。

（3）江苏苏州报恩寺塔

①历史沿革

苏州报恩寺塔位于江苏苏州市城北部，又称北寺塔，建于南宋绍兴年间（1131—1162）。

②建筑特征

报恩寺塔为八面九层塔，砖身木檐，高76米，底层飞檐四出。现在的木廊和底层副阶都是清末或更晚的作品，砖砌塔身保存了宋代的风貌（图6-36）。

塔身外壁四面开门，门侧用嫌柱。塔内用瓜楞柱及圆梭柱，柱下有石礩。内檐斗栱五铺作出双抄，或以单抄托上昂。柱头铺作用圆栌斗，补间用讹角斗，内转角用凹斗都是宋代做法。

（4）福建泉州开元寺双石塔

①历史沿革

开元寺双石塔位于开元寺大殿前，东西两塔相距约200米，均为花岗岩仿砖木五层八角攒尖顶空腹楼阁式结构。东塔名镇国塔，高48米；西塔称仁寿塔，高44米。它们原来都是木构，创建于唐末五代之际，南宋淳祐年间（1241—1252）全部改为石建。

②建筑特征

塔高5层，平面为八角形，有石阶及八角形台座（图6-37）。东塔的须弥座高约1米，每边长7.5米，周长为60米，对角线长18米，刻有莲瓣、力神、佛教故事等。西塔的须弥座高约1.2米，每边长7.6米，周长为60.80米，

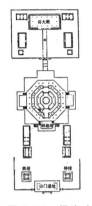  

图 6-31　佛宫寺 图 6-32　山西应县佛宫寺释迦塔外观 图 6-33　佛宫寺释迦塔剖
平面图 面图

图 6-34　佛宫寺释迦塔立 图 6-35　苏州虎丘云 图 6-36　苏州报恩寺塔
面图 岩寺塔

图 6-37　福建泉州开元寺双石塔

对角线 22 米，上、下两枭的雕刻与东塔同，束腰部位嵌有 48 方浮雕的龙、凤、狮、兽、花卉等图案。塔身每面都以槏柱划分为 3 间，中间开门或窗，两侧雕天神像。塔转角都置圆倚柱，柱间有阑额无普拍枋。一、二层又出绰幕枋，但很短，仅为跨度的 1/10 左右。

塔身全部用大石条砌成，比例较粗壮。花岗岩雕琢成栌斗、立柱、雀替、楣枋等，仿木楼阁式塔的做法。

（5）南京报恩寺琉璃塔

①历史沿革

报恩寺琉璃塔位于南京中华门外，始建于明永乐十年（1412），历时 19 年完工。

②建筑特征

塔共 9 层高 80 米，平面为八角形。底层建有回廊（即宋代的"副阶周匝"）。每层八面均开圆拱门。底部坐落在石砌莲台基座之上，第一层较其他层更高，有一周八边形的回廊。塔下大上小，逐层内收。每层有明暗门各四，交叉排列，门侧各有窗二；有栏杆、檐、回廊。塔顶塔刹含覆盆二、相圈九、宝珠；塔顶有八根铁索与檐角相连，各层檐角挂有风铃。塔室为方形，塔身外皮全部用琉璃构件镶砌，外壁白色，塔檐、斗拱、平座、栏杆则用五色琉璃。

此塔曾被称为古代中世纪世界七大奇迹，并被当时西方人视为中国的标志性建筑之一，可惜毁于太平天国战争中。

6.3.3　密檐塔的历史沿革及建筑特征

密檐式塔与楼阁式塔的不同是塔檐多且密，为砖石结构。密檐式塔的第一层特别高，设有门窗，多雕刻佛像或佛经故事。密檐式塔多为实心塔，也有的中空，开有通气口，塔一般不作登临之用。

（1）河南登封嵩岳寺塔

①历史沿革

嵩岳寺塔位于郑州登封市城西北 5 千米处，初建于北魏正光四年（523），塔顶重修于唐，是中国现存最古老的砖石塔。

②建筑特征

塔总高 41 米左右，周长 33.72 米，平面呈等边十二角形，中央塔室为正八角形，塔室宽 7.6 米，底层砖砌塔壁厚 2.45 米，这种密檐式十二边形塔在我国是孤例（图 6-38）。

此塔最下为低平台座。上建划为二段的塔身，下层塔身平素，无门窗及任何装饰。上层塔身辟饰以火焰式尖券的拱门及小龛，龛下置有须弥座，含壸（kǔn）

门。转角立莲瓣倚柱。塔身上用圆拱券，装饰带有外来风格。密檐出挑都用叠涩，未用斗栱。塔心室为八角形直井式，以木楼板隔为10层（图6-39）。

密檐间距离逐层往上缩短，与弧线形外轮廓的收分配合良好，使庞大塔身显得稳重而秀丽。檐下的小窗，既打破了塔身的单调，又产生了对比作用，是较好的处理手法。

（2）陕西西安荐福寺小雁塔

①历史沿革

西安荐福寺小雁塔在西安南郊，寺址原为隋炀帝居藩时旧第，武则天文明元年（684）建寺，景龙元年（707）修塔。

②建筑特征

该塔原有15层，约高45.8米；明嘉靖三十四年（1555）的嘉靖大地震使塔身中部纵裂，上两层震毁，现存13层（图6-40）。塔平面为正方形，基座为砖方台。基座上为塔身，单壁中空。底层较高，二层以上逐层高度递减，故塔的轮廓呈现出秀丽的卷杀。每层之间有叠涩砖檐，再置低矮平座，这种做法与一般密檐塔不同。每层南北正中开券洞，塔内中空，可由砖木结构的楼梯登临。

（3）山西灵丘觉山寺塔

①历史沿革

该寺内建筑均为清代所建，唯此塔建于辽大安五年（1089）。

②建筑特征

塔平面八角形，由外壁、回廊及塔心柱组成。密檐13层。塔下有方形及八角形两层基座，上置须弥座两层，第二层须弥座上有斗栱和平座，须弥座的束腰部分在壶门内雕刻佛像，壶门之间及角上雕刻力士，平座栏板饰以几何纹及莲花，形制十分精美；平座

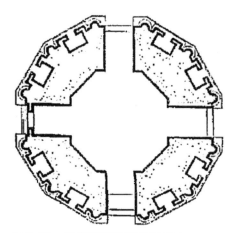

图6-38　河南登封嵩岳寺塔平面图

图6-39　嵩岳寺塔立面图

图6-40　陕西西安荐福寺小雁塔外观

以上用莲瓣三层承托塔身；塔角上有圆倚柱，正向四面有门，但东西二门为假门，屋檐以下用砖砌出额枋斗栱；塔第二层至第十三层用砖砌斗栱支承挑出的密檐，最上为攒尖顶，顶上置铁刹，以八条铁链固定在屋脊上。

塔的造型以上下两部分的繁密来衬托中部的平整，使塔身显得刚健有力；十三层密檐的出檐长度逐层递减，越上越多，从而塔檐轮廓具有和缓的卷杀；顶部用高刹结束，给人以安定优美的感觉（图6-41）。

6.3.4 单层塔的历史沿革及建筑特征

单层塔平面呈方形或八边形，大多用作墓塔或经塔，与多层塔相比，其形式更接近印度的大窣堵坡，但在我国现存实例中未见有圆形平面的单层塔。

（1）河南安阳宝山寺双石塔

①历史沿革

河南安阳宝山寺西塔为道凭法师墓塔，建于北齐。

②建筑特征

塔全高2.22米，塔平面为方形，置于3层方形台基之上。塔身宽0.53米，高0.45米。东塔形制与西塔基本一致，尺度稍小，通高2.14米，台基宽1.11米（图6-42），塔上无铭文，依形式判断应为北齐时所造。

南侧辟有圆券的火焰门，门侧立方倚柱，柱头刻莲瓣三枚，柱下施莲瓣柱础。门楣上镌"宝山寺大论师道凭法师烧身塔"，门东壁上刻"大齐河清二年三月十七日"。其余三面塔壁俱平素无饰。塔心室作方形，每面长0.25米。塔身上置方涩二道，再上为山花蕉叶两层及覆钵，塔刹已部分残缺。

（2）山东历城神通寺四门塔

①历史沿革

位于山东历城县柳埠镇的神通寺四门塔建于隋大业七年（611）。

②建筑特征

此塔全部用青石块砌成，塔的平面是正方形，边长7.38米，每面当中开一较小的拱门。塔高约13米。塔内中央有一个石块砌成的方形大石柱，柱前每面各有一个圆雕佛像。塔的上部在挑出的石叠涩上，向内收成截头方锥形。顶部有方形须弥座，四角置山花蕉叶，中央安置一座雕刻精巧的塔刹（图6-43）。此塔整体风格朴素简洁。

（3）河南登封会善寺净藏禅师墓塔

①历史沿革

该塔位于河南省登封市嵩山南麓的会善寺西侧，是会善寺僧人净藏禅师的墓塔。从塔身上的铭文可知净藏禅师于唐天宝五年（746）圆寂后，其弟子为其建此塔。

②建筑特征

该塔平面为八角形，单层重檐，塔由地宫、基座、塔身、塔顶四部分组成，高10.35米。塔壁南向辟圆拱门，北面嵌铭石一块，东、西面各置假门，其余四面均隐出直棂假窗。塔下有低矮须弥座，塔身转角用五边形倚柱。柱下无柱础，柱头有阑额无普拍枋。柱头铺作为一斗三升，补间铺作用人字栱，并上承托叠涩出檐。塔顶残缺较多，但还可看出曾施有须弥座、山花蕉叶、仰莲、覆钵等（图6-44）。

图6-41　山西灵丘觉山寺塔

图6-42　河南安阳宝山寺西塔

图6-43　山东历城神通寺四门塔

图6-44　河南登封会善寺净藏禅师墓塔

6.3.5 喇嘛塔的历史沿革及建筑特征

喇嘛塔又称覆钵式塔，多见于藏传佛教佛塔，元代时自尼泊尔传入中国，其形式可能直接源于印度的大窣堵坡。

（1）北京妙应寺白塔

①历史沿革

北京妙应寺白塔的正式名称为释迦舍利灵通宝塔，因为通体皆白，故俗称白塔（图6-45）。该塔位于西城阜成门内，建于元至元八年（1271），是尼泊尔著名工匠阿尼哥的作品。

②建筑特征

塔全高53米，塔的基座高9米，分为三层。下层为方形的护墙。上、中两层为须弥座式台基，四角向内折收，形似房屋的四出轩。基座的转角处都有角柱，显得轮廓分明。在上层平盘的挑出部分，为了增加砖石结构的强度，还有巨大的圆木承托（图6-46）。塔体为白色，与上部金色宝盖相辉映，外观甚为壮观。

（2）西藏江孜白居寺菩提塔

①历史沿革

菩提塔建于藏历阳铁马年（明洪武二十三年，1390），历时10年建成（图6-47）。

②建筑特征

塔形巨大，底层占地面积约2 200平方米，全高32.5米。外观由塔座、塔身、宝匣、相轮、宝盖、宝瓶等组成。塔基平面呈四隅折角的“亚”字形，塔形自下而上逐渐收拢，共4层，每层均有佛殿和龛室，底层20间，二层16间，三层20间，四层16间（图6-48）。

各层檐部均采用藏殿顶，坡度甚平缓。殿门为雕饰繁密的“焰光门”式样，上施汉式斗栱承浅短出檐。五层塔座上面为圆形塔瓶，塔瓶中部设有一层小佛殿。第六层佛殿内中央供奉三世佛，两侧为弟子塑像。塔顶是锥形十三天，用铜皮包裹。

6.3.6 金刚宝座塔的历史沿革及建筑特征

金刚宝座塔的形式起源于印度，造型为在高基座上建五座塔，中央一座较高，其余四座较低，象征着礼拜金刚界五方佛，塔为楼阁式或密檐式。

（1）北京大正觉寺塔

①历史沿革

大正觉寺塔位于北京市海淀区五塔寺村，建于明成化九年（1473），是按照西域高僧所贡的金刚宝座的形式建造的。

②建筑特征

此塔全部为石砌，分基台和五塔两部分，基座为须弥座和5层佛龛组成的矩形平面高台，基台下部为须弥座，上部台身分为五层，每层皆雕出柱、枋、檩和短檐。柱间为佛龛，龛内刻佛坐像。基台四周共有佛像381尊。基台上有造型相同的五座密檐式小塔，四角四座较矮，中央一座较高。五塔形制代表佛教经典中的须弥山，传说山上有五座山峰，为诸佛聚居处。此外，基台的梯口上尚有琉璃瓦罩亭一座。基台和小塔周壁雕刻题材十分丰富，有佛像、八宝、法轮、金刚杵、天王、罗汉等（图6-49）。

（2）北京西黄寺清净化城塔

①历史沿革

清净化城塔位于北京市朝阳区安外黄寺大街，建于清顺治九年（1652）。乾隆四十七年（1782）为纪念在这里圆寂的六世班禅，在西黄寺西侧建造衣冠塔，命名为"清净化城塔"（图6-50）。

②建筑特征

清净化城塔由5座塔构成，中央一座为主塔，四角各有一座经幢形塔。5座塔均建在汉白玉金刚宝座上，主塔塔身的各面雕刻极为细致富丽的佛像、草花和凤凰等，塔的转角处放有力士的雕像。主塔四角各有一座高约7米、八角五层的塔幢，与主塔组成金刚宝座式塔，四小塔的座基突出于大台之外，南面还有一列石阶引至台上。

6.3.7 经幢的演变及特征

经幢，指刻有经文的多角形石柱，又名石幢。有二层、三层、四层、六层之分。形式有四角、六角或八角形。其中，八角形最多。幢身立于三层基坛之上，隔以莲花座、天盖等，下层柱身刻经文，上层柱身镌题额或愿文。基坛及天盖，各有天人、狮子、罗汉等雕刻。

唐代经幢形体较粗，装饰也较为简单，如山西五台山佛光寺唐乾符四年（877）经幢；宋代经幢高度增加，比例更瘦长，幢身分为若干段，装饰也更为华丽，如河北赵县北宋景佑四年（1037）经幢，幢各部分比例匀称，细部雕刻精美，是国内罕见的石刻佳品（图6-51）。

图 6-45　北京妙应寺

图 6-46　北京妙应
寺白塔

图 6-47　西藏江孜白居寺外观

图 6-48　西藏江孜白居寺菩提塔

图 6-49　北京正觉寺塔

图 6-50　北京西黄寺清净化城塔

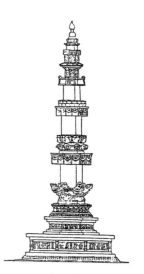

图 6-51　赵县陀罗尼经幢

6.4 石窟和摩崖造像的历史沿革及建筑特征

6.4.1 石窟的历史沿革及建筑特征

中国的石窟源自印度的石窟庙。中国佛教石窟的特点为：

①建筑以洞窟为主，土木构筑较少。

②规模以洞窟多少和面积大小为依据。

③总体平面常依崖壁作带形展开，与一般寺院纵深布置不同。

④工程量大，费时较长。

⑤除石窟本身外，其雕刻、绘画等艺术作品中，还保存有许多我国早期建筑的形象。

（1）山西大同云冈石窟

①历史沿革

大同云冈石窟位于山西省大同市以西 16 千米武周山北崖，石窟开凿始于北魏时期，是中国石窟艺术的瑰宝（图 6-52）。

②建筑特征

云冈石窟依山凿窟，长约 1 千米，有洞窟 40 多个，大小佛像 10 万余尊，是我国最早的大石窟群之一。整个窟群分东、中、西三部分。东部的石窟多以佛塔为主，又称塔洞；中部"昙曜五窟"是云冈开凿最早、规模最大的窟群；西部窟群时代略晚，大多是北魏迁都洛阳后所建。由于石质较好，所以全用雕刻而不用塑像及壁画。此时我国石窟还在发展时期，吸收外来影响较多，如印度的塔柱、希腊的卷涡柱头、中亚的兽形柱头以及卷草、璎珞等装饰纹样。但在建筑上，无论是佛殿还是佛塔，从它们的整体到局部，都已表现为中国的传统建筑风格。

（2）河南洛阳龙门石窟

①历史沿革

龙门石窟位于中国河南省洛阳市南郊 12 千米处伊水两岸的龙门山和香山崖壁上。北魏孝文帝太和十八年（494）迁都洛阳后，就在都城南伊水两岸的龙门山修建石窟。经东魏、西魏、北齐、北周、隋、唐、五代、北宋 400 余年的经营修凿，这里成为我国最为著名的石刻艺术宝库，同时被誉为世界最伟大的古典艺术宝库之一。

②建筑特征

保存下来的洞窟有 1 352 处，小龛 750 个，塔 39 座，大小造像 10 万余尊。石窟中最具有代表性的是建于北魏时期的古阳洞、宾阳洞、莲花洞、药方洞，以及建于唐代的潜溪寺、看经寺、万佛洞、奉先寺、大万伍佛洞。其中奉先寺卢舍那主佛高 17.14 米。

宾阳中洞是龙门石窟中最宏伟与富丽的洞窟，也是耗时最长（历时 24 年）、耗工最多（共 802 366 工）的洞窟。内有大佛 11 尊，本尊释迦如来通高 8.4 米。洞口二侧浮雕"帝后礼佛图"，是我国雕刻艺术中的杰作，新中国成立前被外国侵略者盗取，现存美国。

奉先寺是龙门石窟中最大的佛洞，南北宽 30 米，东西长 35 米。自唐高宗咸亨三年（672）开凿，到上元二年（675）完成，费时 3 年 9 个月。主像卢舍那佛，两侧阿难、迦叶二弟子，二胁侍菩萨，二供养人及天王、力神等都雕刻得很生动（图 6-53）。

（3）甘肃敦煌鸣沙山石窟

①历史沿革

鸣沙山石窟位于敦煌市东南的鸣沙山东端，其中 469 座都有壁画和塑像。鸣沙山石窟始凿于东晋穆帝永和九年（353），或说是前秦苻坚建元二年（366）。最早一窟由沙门乐僔开凿，称莫高窟（早已无存）。

②建筑特征

鸣沙山由砾石构成，不宜雕刻，所以用泥塑及壁画代替。敦煌人稀地僻，且气候干燥，上述作品因此得以长期保存。它们对研究我国古代历史和艺术，有着极大价值。

早期魏窟仍有塔柱，且前廊如敞口厅。唐窟多是盛期以后的做法，或凿高 10 米以上的大佛像，或于窟前增设木廊（图 6-54）。

壁画题材在北魏多为本生故事及经变，色彩以褐、绿、青、白、黑为多，构图及用笔较粗犷，其中人物、佛、飞天的面貌、衣纹等受外来影响较多。隋、唐壁画题材虽也有佛教故事，但多用大型寺院、住宅、城郭等作背景，对于建筑的细部如柱、枋、斗栱、台阶、门窗、屋顶、瓦作、铺地、装饰等都有较详细和准确的描绘，色彩上则以红、黄等暖色为主。

（4）山西太原天龙山石窟

①历史沿革

天龙山石窟位于山西太原南约 15 千米的天龙山山麓，为北齐佛教文化的代表。自北齐文宣帝的佛岩石窟寺、孝昭帝天龙石窟寺开始，历代王朝均在此营造石窟寺。

②建筑特征

整个石窟包括东西峰半山腰的洞窟主区和山脚溪谷旁的千佛洞区。半山腰区共计有洞窟 25 个，东西绵延约 500 米，有造像 500 余尊，浮雕、藻井、壁画等 1 144 尊（幅）。以漫山阁及九连洞著称。有北齐、隋、唐的佛教建筑风格，反映了佛教艺术在这些朝代更替中的变化（图 6-55）。

图6-52　山西大同云冈石窟

图6-53　河南洛阳龙门石窟

图6-54　甘肃敦煌鸣沙山石窟

图6-55　山西太原天龙山石窟

北齐开凿的第一、十、十六窟均有前廊仿木构窟檐、斗栱。这三窟共同的特点是没有雕刻屋顶，只雕刻出檐口线以下部分。第十六窟的窟檐保存完好，柱头斗栱为一斗三升，栱心为齐心斗，表面不光滑，栱头做成四瓣内凹式。斗栱与柱的关系就是在柱头栌斗上做阑额，阑额上做铺作。

天龙山石窟中仿木构的程度进一步加深，表明石窟更加接近一般庙宇的大殿，也是佛教石窟在建筑上与中国传统建筑更加融合的表现。

6.4.2　摩崖造像的历史沿革及建筑特征

以石刻为主要内容的佛教造像，特点是或置于露天或位于浅龛中，多数情况以群组形式出现，有时与石窟并存。

（1）江苏连云港孔望山摩崖造像

①历史沿革

孔望山摩崖造像位于江苏省连云港市西2.5千米处。造像凿刻于汉代，是我国现存最早的佛教史迹及佛教造像，有重要研究价值（图6-56），但其中也有若干道教内容。

②建筑特征

孔望山摩崖造像分布在山西南长17米、宽8米的山崖上，现可辨识人物造像有105尊。造像大部分为凸面线刻，整个物像的轮廓呈一个凸出的平面，眼、口、鼻、衣纹等细部用阴刻线条表示；有的图像沿轮廓线向外凿去一圈，宽2厘米以上，这种技法称为"剔地浅浮雕"；龛室中图像如宴饮图等系单线阴刻，涅槃像中的佛陀等图像则属于高浮雕。这些手法在汉画像石中都较常见。

（2）四川乐山凌云寺弥勒大佛

①历史沿革

据记载，乐山凌云寺弥勒大佛始刻于唐玄宗开元初年（约713），完工于德宗贞元十九年（803），前后长达90年。

②建筑特征

弥勒大佛依凌云山栖鸾峰断崖凿成，是一尊弥勒佛倚坐像，着双领下垂袈裟，双手置膝，足踏莲花。造像凿刻在岷江、青衣江和大渡河汇流处的岩壁上，坐西面东，自踵及顶全高71米，肩宽28米，唐时曾于其上建造楼阁13层覆盖，名大佛阁，后毁于明末。现尚存232级的九曲蹬道可供上下，周围原有佛龛万余，现仅残存10余处，是我国现存最大的石刻造像（图6-57）。

（3）重庆大足石刻

①历史沿革

大足石刻位于重庆市大足县境内，是唐末、宋初时期的宗教摩崖石刻，造像最早开始于公元892年，至1162年完成。

②建筑特征

石刻以佛教题材为主，儒、道教造像并陈，以北山摩崖造像和宝顶山摩崖造像为著，现存雕刻造像 4 600 多尊，是中国古代晚期石窟艺术中的代表。大足石刻继承了中国传统的摩崖形式，以及敦煌等地的龛窟形式，开创了世俗的宗教内容，与时世的艺术形式适应，反映了宋以后儒释道三教合流的总体趋势（图6-58）。

图6-56　江苏连云港孔望山摩崖造像

图6-58　重庆大足宝顶山释迦佛涅槃图

图6-57　四川乐山凌云寺弥勒大佛

本章知识点
1. 了解宗教的演变历程。
2. 掌握佛寺的代表实例，了解道教宫观与伊斯兰礼拜寺的代表实例。
3. 掌握佛塔、经幢的演变与代表实例。
4. 了解石窟和摩崖造像的演变和代表实例。

7 | 文心画境——中国古代园林与风景

7.1 中国古代园林的产生与演变

（1）自然式山水风景园的产生

早在商周时期，中国就出现了"园""圃""囿""台"等建筑类型，其中"园"是指栽培果木的地方，"圃"是指栽培菜蔬的地方，"囿"是指放养和繁殖禽兽的地方，"台"是指土筑的高台，台上有建筑物称为"台榭"。秦汉时期出现了"苑"，即园林，通常种植花木，豢养珍禽野兽，建有"一池三山"。秦汉之前可称为中国古典园林的生成期，其主要为皇帝狩猎、享乐而建，以物质功能为主。

三国、魏、晋、南北朝时期，国家分裂、社会动荡，促生了士大夫阶层。这些有理想、有抱负的知识分子，面对现实人生的种种不如意，转而讴歌自然、崇尚自然，直接表现在当时大量出现的山水诗歌和山水散文中。例如，著名的"竹林七贤"（阮籍、嵇康、刘伶、向秀、阮咸、山涛、王戎）、谢灵运、陶渊明等所作的大量作品。另外，此时出现了独立的山水画作和专门的创作理论，如宗炳著有《画山水序》、王微著有《叙画》，引导了人们以自然界的山水作为"畅神"和"移情"的对象。

这些名士，将其在诗、画中的追求反映于现实之中，建造了以"自然式山水园"为特征的私家园林，开创了以自然、清逸的精神追求为主的中国古典园林新时期。因此，魏晋南北朝是中国古典园林发展的重要转折期。

（2）园林的演变

中国古典园林在隋唐进入全盛期，两宋至清初进入成熟期，清中叶到清末进入成熟后期。经历了千余年的发展，造园的追求、规划与手法发生了一些转变，主要表现在以下四个方面：

①理景的普及化

造园的地点从都城向地方城市发展，园林的主人从皇家、贵族向一般官员、士人甚至平民转变。魏晋南北朝时期，园林主要集中在建康、洛阳两地，隋唐时期，除长安、洛阳外，杭州、苏州、湖州、永州、桂州等地也都建有园林及邑郊的风景。到了宋代，府衙内设郡圃的风气盛行，江南各地私家园林的数量渐多。明清两代，苏州、扬州、杭州以及岭南各地造园之风日盛，深入平民人家。

②园林功能生活化

魏晋南北朝时期，园林的功能较单纯，主要是为了满足士大夫隐逸的生活追求。之后的园林，附属于衙署或住宅，可居、可游、可观，有些又与寺院、道观相结合，功能多样，满足各种生活需求。

③园林要素密集化

魏晋南北朝时的园林为追求清逸、自然的精神生活而建，建筑密度较小，多利用自然山水之美。其中陶渊明建在庐山脚下的小型庄园即为代表，可从其作品《归田园居》中有所体会："开荒南野际，守拙归园田。方宅十余亩，草屋八九间。榆柳荫后檐，桃李罗堂前。暧暧远人居，依依墟里烟。"园林朴素、宁静。而当时的一些贵族所建的园林中，人工山水雕琢的痕迹已多，建筑也较为华丽。经过长期的发展，在明清两代的园林中，各种元素已密集有余，而疏朗不足了。

④造园手法精致化

中国古代早期的园林，以庄园园林为主要类型，呈现农、林、渔相结合的田园气息。如谢灵运在浙东始宁的别墅"阡陌纵横，塍埒交经"；徐勉在建康郊区的园林也"桃李茂密，桐竹成荫，塍陌交通，渠畎相属"。此时园林审美质朴、粗放。唐宋时期，"诗情画意"推动着园林的审美趋于丰富，宋元时期山水画的发展，更加推动此种审美趋势的发展。明清两代，社会整体审美趋于繁琐，园林也不例外。山、水、建筑的营建极为精致，正如现存古典园林中所呈现的景观特征一样，空灵、朴野的审美情趣已难觅踪迹。

7.2 明清江南私家园林的历史沿革及主要特征

明清时期江南园林兴盛，出现了一些造园的名家，如周秉臣、张涟、叶洮、李渔、戈裕良等，逐渐形成了系统的造园理论。其中最有代表性的是计成所著《园冶》，该书从相地、选址、层宇、列架、墙垣、铺地、掇山、选石、借景等多方面对园林的建造进行了总结，具有重要的意义。

7.2.1 明清江南私家园林的造园原则与手法

（1）园区布局

①以水面为中心，分成若干主题

自秦始皇上林苑建太液池，开创了中国古典园林"一池三山"的理想景观模式后，水就成为园林中不可或缺的元素。园林多围绕水面进行布局，在岛屿、半岛、岸边和陆地设置不同的区域，分成若干个主题。例如，苏州狮子林分别以湖心亭、指柏轩和卧云室为中心，构成了不同的主题景观（图7-1）。

②隔而不塞，有藏有露

中国古典园林将儒、释、道精神兼容并蓄，尤其讲究内敛与自省。明清之

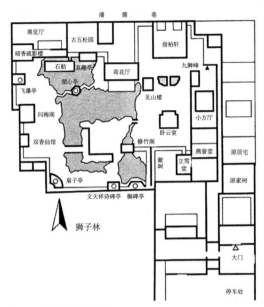

图7-1 狮子林平面图

后，私家园林的面积有限，空间的划分十分巧妙。园林入口或空间转折之处，常通过各种不完全封闭的空间限定手法，创造出丰富的空间感受。如拙政园腰门入口置一座假山，阻挡视线，避免了对远香堂的直视，增加了游者的好奇心和景观的吸引力。

③远借临借

《园冶》中讲："嘉则收之，弊则屏之。"指的是将优美的景物收入，将有碍观瞻的景物屏蔽，前者即为借景。站在园中，仰头可见远处的山形、塔影，是为远借；走在廊侧，抬眼可见漏窗外蕉叶、桃花，是为近借。借景的手法在古典园林中处处可见，正是有了借景，园林才呈现出丰富的景观层次。苏州沧浪亭，园中其实无水，但通过围墙上的漏窗可见墙外的小溪，赋予园林"沧浪"的意趣。无锡的寄畅园远借锡山上的龙光塔，构成园林的远景。

④欲扬先抑

在园林的主题景区之前，多设有狭窄、幽闭的通道，以烘托主题景观。此手法犹如山水画卷般，将美景徐徐展示，而非一览无余；犹如乐曲前奏般，引出主题。欲扬先抑的手法运用最为成功的实例为苏州留园。

⑤曲折萦回

江南私家园林在有限的面积中创造出了无限的空间感受，其手法之一就是将游人的路线和景观的轮廓线处理得曲折萦回。呈不规则锯齿状展开的道路，萦绕在水面、山体周围，减缓了游览的速度，为景观的欣赏提供了多样的角度。

曲折回转的廊道与白墙围合出一片天地，植几株竹子，摆放一块假山石，就构成了一处小景。水边、山侧的建筑轮廓前后错落、高低有致，与自然山水的不规则形态形成良好的呼应。

⑥尺度得当

园林中的建筑与园林的整体面积、山水的体积要形成合适的比例。正如《园冶》中所讲的，"宜麓不宜顶，宜隐不宜显，宜散不宜聚"，建筑一般不会建得太高、太大，而是以合适的体量掩映在山水之间，体现"虽由人作，宛自天开"的自然情趣。

⑦余意不尽，追求意境

中国的古典文化以写意为主要特征，追求的是想象之美，即为意境，意即主观的理念、感情，境即客观的生活、景物。表现在园林中就是通过建筑、山水、植物等元素的丰富组合，追求一种"情景交融"的境界。

意境的表达方式可以归纳为三种：一是借助于叠山理水将大自然山水风景缩移模拟于咫尺之间，即古人所讲"一拳则太华千寻，一勺则江湖万顷"，一拳石、一勺水为物象，"太华""江湖"则为意象，中国古典园林常见的叠山、理水正是意境的基本创作手法；二是在园林的创作中预想一个主题，然后通过山水营建的物境表达出意境，如扬州的个园，通过春、夏、秋、冬四座假山，表达四季的流变；三是在园林建好之后，根据现成的物境，吟诗作赋，点明主题，如苏州拙政园西部荷塘边的一座小楼，取唐诗"留得残荷听雨声"之意，取名留听阁。

（2）理水

水是中国古典园林的主要造景元素之一，其流动性与可塑性强，与山石、建筑形成明显的虚实对比。正如中国画的留白一样，园林中的水给人留下了丰富的想象空间。水面可以将景物拉远，赋予人远观的视点。水中的倒影与真实的景物虚实相生，互相映衬，统一而多变，丰富了景观的层次。

水的状态有动有静，形态可分可合。水以海、湖、池、溪、涧、瀑、泉等各种形态出现在不同功能、尺度的园林中。面积小的园林，水面宜聚；面积大的园林，水面可聚可分。大池岸深呈直线，凭栏观水；小池岸浅呈折线，亲水宜人。

（3）堆山叠石

山石是中国古典园林造景的另一主要元素，或依托天然山体，或通过人工堆叠，创造出自然丘壑。堆山的材料有土、石两种。挖沟池所得的土就用来堆山，山脚、路边用石块镶砌，增添自然意趣。自米芾爱奇石以来，两宋至明清，中国古典园林逐渐偏爱使用形体奇特的石头，并将其特征归纳为"瘦、透、漏、

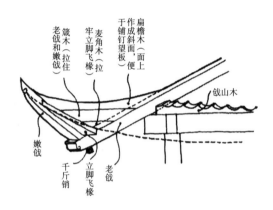

图7-2 嫩戗发戗

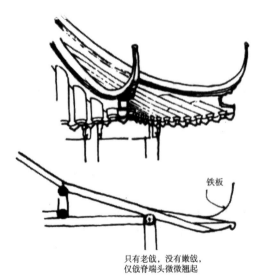

图7-3 水戗发戗

"皱"。产自江南的太湖石成为上品，为各地园林所喜爱。由于距北京路途遥远，明清皇家园林又在附近开采了房山石，另外安徽、广东也有当地的园林石材。这些独特的山石成为中国古典园林的一大特征。

（4）建筑

正如《园冶》所述，"凡园圃立基，定厅堂为主"，建筑是中国古典园林的核心。园林中的各个区域都会有一座主体建筑，称为厅、堂、馆、榭、轩、厅、廊、亭等。这些建筑可根据环境调整其高度、层数、围合程度和平面形态。

江南私家园林建筑的角部用嫩戗发戗（图7-2）和水戗发戗（图7-3）两种形式，翼角高高翘起，与北方园林建筑相比，起翘更高，更为轻盈。

7.2.2 无锡寄畅园

（1）历史沿革

寄畅园始建于明正德年间（1506—1521），是明兵部尚书秦金的别墅，名为凤谷形窝。后易主秦耀，改建，更名为寄畅园，取王羲之"取欢仁智乐，寄畅山水荫"之意。寄畅园毁于清咸丰十年（1860）太平天国时期，后重建。现园林的总体布局仍与乾隆《南巡盛典》时基本相同，园中假山仍为清初改建时张涟及其侄儿张钺所建，古意较浓（图7-4）。

（2）总体布局及主要特征

寄畅园位于无锡惠山东麓惠山横街，是园林借景的典范。园中假山依惠山东麓山势作余脉状，是为邻借；站在园中可远眺锡山及山上龙光塔，是为远借（图7-5）。

园林总面积14.85亩，西接惠山，地势较高，为山林区，东部为水池区。东部水池呈南北走向，平面不规则。水池东岸中部探出方亭知鱼槛，与西岸鹤步滩相对，北部建涵碧亭，亭南伸出一半岛，半岛西端与对岸间架有一座梁柱式桥。涵碧亭北侧跨过水面有一曲桥，通向园北部的嘉树堂一组建筑，此处曾为秦氏家族的"双孝祠"。沿水池西岸的鹤步滩向上开始登山，山中建有八音洞，洞用黄石堆叠池岸，西高东低，总长 36 米。洞中石路迂回，上有茂林，下流清泉，手法精湛，意境深远。山林西侧建有秉礼堂一组建筑，曾为无锡县贞节祠所在。小院建筑雅致，水池、花木、湖石自然得体。

寄畅园与其他江南名园相比，建筑密度较小，建筑装饰简洁，山体、水池形态自然，林木茂盛，自然山林风光浓郁。

7.2.3 苏州留园

（1）历史沿革

留园位于苏州阊门外，原为明嘉靖时期徐泰时（1540—1598）的东园，徐泰时曾任工部郎中、太仆寺卿，善于建筑营建，园中假山为叠山名手周秉忠所建。清嘉庆年间刘恕改建，称"寒碧山庄"，指此园"竹色清寒，波光澄碧"。光绪初年，官僚盛康购得此园，更名为留园，并进行了大量的改造。园林中建筑的密度增加，平淡疏朗的山林风光不再，平添了丰富、曲折的建筑空间。

（2）总体布局及主要特征

全园面积 30 余亩，分为东、中、西、北四部分，其中部在原东园和寒碧山庄的基础上建成，以山水为主，为全园的精华所在。东部建筑空间丰富，西部、北部山林风光较为浓郁（图 7-6）。

入口空间开合变化丰富，以小见大，欲扬先抑。园林大门狭小，入口门厅面积紧凑，经廊道曲折前行，到达古木交柯庭院（图 7-7），透过漏窗依稀可见中部山池景色，穿过门洞，到达绿荫轩，绿荫轩因旁有大树两棵而得名，取自明代诗人高启的诗句："艳发朱光里，丛依绿荫边。"此轩正对中部山池精华小蓬莱，园区美景一览无余。向西可见明瑟楼（取《水经注》："目对鸟鱼，水木明瑟"之意）与涵碧山房（取朱熹："一方水涵碧，千林已变红"之意），建筑前面曲尺形露台是观赏中部景色的最佳位置。

园林东部建筑空间变化丰富。以五峰仙馆和林泉耆硕馆、冠云楼等为中心，形成多组庭院。庭院之间通过曲廊连接，廊墙上开漏窗，步移景异。

东部建筑细部精美，林泉耆硕馆用木板、罩将建筑分为前后两个部分。北面为男厅，用方梁，雕刻精美，地砖尺度大，景观好；南面为女厅，用圆梁，无雕刻，地砖尺度小，较朴素。室内落地罩雕刻精美。

冠云峰相传为宋花石纲遗物，石形奇特，集"瘦、透、漏、皱"于一身，

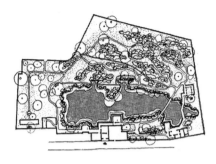

图 7-4　无锡寄畅园总平面图

图 7-5　无锡寄畅园借景

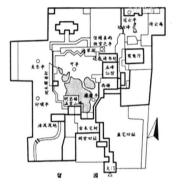

图 7-6　苏州留园平面图

图 7-7　苏州留园古木交柯庭院

为江南名石。以此石为中心，相对建冠云楼及林泉耆硕馆，石池相映，观景甚佳（图 7-8）。

7.2.4　苏州拙政园

（1）历史沿革

拙政园位于苏州娄门内东北街，始建于明正德年间（16 世纪初）。御史王献臣因得罪宦官，官场失意，还乡建园，购得原大弘寺基址，加以扩建，取晋代潘岳"灌园鬻蔬，以供朝夕之膳……此亦拙者之为政也"之意，名拙政园。王献臣之子一夜赌博将园输掉，之后，或为私园，或为官府的一部分，或散为民居，屡易园主，经历了多次兴建和荒废。

该园初建时，利用原有洼地，形成一处以水为中心的园林。据明代文征明《拙政园记》中"广袤二百余亩，茂树曲池，胜甲吴下"记载，以及从《拙政园图》来看，当时的拙政园建筑稀疏，水木明瑟旷远，自然情趣浓厚。明崇祯四年（1631），刑部侍郎购得园东部，兴建"归田园居"。清初吴三桂女婿王永宁占据园林，大兴土木，园景大为改变。乾隆初，原中部园林又分为中部的"复园"和西部的"书园"两部分。至此，拙政园被彻底分成了相互割裂的三部分。新中国成立后，经全面整修与扩建，分为中、东、西三部分，现全园面

积约73亩（其中38亩为晚清遗产），为江
南私家园林之最（图7-9）。

（2）总体布局及主要特征

拙政园中部为全园的精华，面积约27亩，
以水面为中心，水面占1/3。建筑大多临水而
建，形体各异、高低错落，富有江南水乡的
建筑特色。

拙政园园门原称腰门，是夹在住宅中的
小门（园门现已改在东部归田园居的南边）。
腰门位于园区中部的南侧，内设有一座黄石
假山作屏障，使人不能一眼看到园中山水。

园区中部南侧建筑物较多，以远香堂为
中心，西有南轩，廊桥小飞虹和水阁小沧浪
跨水而建，水流以西沿岸建有香洲，为舫式
建筑（图7-10）。香洲西南建有花厅，称玉
兰堂，此堂自成一院，遍植玉兰，环境幽静。
远香堂东侧有一小山，山上建绣绮亭。园区
中部北侧以水面为主，水中堆有东西两座小
山，东山上建六边形平面的待霜亭，西山上
建长方形平面的雪香云蔚亭，二山之间隔以
小溪又连以石桥。西山在西南延伸处另有一
座小山，山上建荷风四面亭。园区中部西北
侧临水有见山楼，太平天国忠王李秀成曾在
此办公，这里视野开阔，为北部的主景区。

园区东部建筑密度较大，且多经过现代
整修。

园区西部与中部间隔以"别有洞天门"，
门内仍以水面为中心，布局十分巧妙。水中
突出一座半岛，岸边建扇面亭，名为"与谁
同坐轩"，取苏轼"与谁同坐，清风明月我"
之意。自扇面亭北望，可见深藏于水湾深处
的倒影楼；南望，可见架空于水面之上的卅
六鸳鸯馆；西望，可见一片荷池边的留听阁，
这些楼阁为人提供了良好的观景视线，其自

图7-8 苏州留园冠云峰

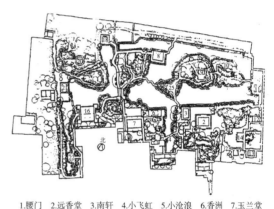

1.腰门 2.远香堂 3.南轩 4.小飞虹 5.小沧浪 6.香洲 7.玉兰堂
8.见山楼 9.雪香云蔚亭 10.待霜亭 11.梧竹幽居 12.海棠春坞
13.听雨轩 14.玲珑馆 15.绣绮亭 16.三十六鸳鸯馆 17.宜两亭
18.倒影楼 19.与谁同坐轩 20.浮翠阁 21.留听阁 22.塔影亭
23.枇杷园 24.柳荫路曲 25.荷风四面亭

图7-9 苏州拙政园总平面图

图7-10 苏州拙政园香洲

身又构成了优美的景观，可谓匠心独具。

园区水景面积大，处理巧妙，陆地与水体相互包含，你中有我，我中有你。园林本为一片洼地，通过叠山构成陆地，穿插在水体之中，时断时续，将水景衬托得更为深远。透过小飞虹南望，溪水穿过水阁小沧浪的底部向远处延伸，悠远无边。

园区中部建筑南密北疏，疏密有致，自然山林风光浓郁。建筑位置、形态处理巧妙，景观与观景效果好。

园区建筑平面形态多样，尺度多变，装饰精致，是苏州园林的代表。如西部主体建筑卅六鸳鸯馆，平面为长方形四角带耳室，椽子为弓形与弧形，门窗用菱形木棂，内部镶嵌蓝色玻璃，室内充满了淡蓝色的光线，令人心情舒畅。

7.2.5 吴江退思园

（1）历史沿革

退思园位于江苏吴江市同里镇，始建于清光绪十一年（1885），园主人任兰生原任凤颍六泗兵备道，因遭人诬陷弹劾回乡建园，取《吕氏春秋》"进则尽忠，退则思过"之意，名为"退思园"。同乡袁龙精通诗文书画，依据江南水乡的环境特点，主持设计了这座园林。

（2）总体布局及主要特征

园林位于住宅的东侧，占地3.7亩，分为东、西两个部分。西部以建筑围合成庭院，北侧为坐春望月楼，南侧为岁寒居与迎宾馆，西侧建三间小斋，仿画舫的形式。此庭院小而幽静，为园主人读书、会客之处。园区东部有主体景观，以水面为中心，环以假山、亭阁、花木。北岸为"退思草堂"，是此园的主体建筑，为四面厅，前有平台临水，由此可周览环池景色，或俯察水中碧藻红鱼，是全园的最佳观景之处。池西建曲廊，与舫形建筑"闹红一舸"相连，透过廊内漏窗，可隐约窥见西部庭院景物，观景效果极佳，是此园的亮点。池南建楼取名"辛台"，与"菰雨生凉轩"之间连一天桥。站在楼上可俯瞰全园景色，设计巧妙（图7-11）。

退思园面积小巧，池边建筑错落有致，各建筑既可独立成景，又互成对景，尺度、距离关系得当。水面虽小，但呈指状，既有开阔平满的效果，又有悠远深邃的景致，为小型园林中的上乘之作（图7-12）。

7.2.6 扬州个园

（1）历史沿革

个园位于扬州城内东关街，原址为"寿芝园"，其叠石相传为清初画家石涛所作。现存个园为嘉庆年间盐商黄至筠所建，因园主人爱竹，故取竹字半边而得名。后扬州盐道中落，园林几易主人，凋零日久。1979年园林部门对个园进行了全面整修，基本恢复原貌。

（2）总体布局及主要特征

扬州个园为扬州私家园林的代表，园区围绕四季假山进行布局（图7-13）。

园门位于南侧，门旁栽竹，并种几棵石笋象征春山。入门为园中花厅，名为宜雨轩，是园南部的主要建筑。轩北侧、园林中部设有水池，被曲折的小径分成东、西两半。西边水池北侧假山用湖石叠成，状如夏云，故称夏山（图7-14）。园林最北侧建面阔7间的抱山楼，檐下挂匾，上书"壶天自春"，与宜雨轩相对，为欣赏夏山提供了良好的位置。宜雨轩东北方向用黄石叠砌假山一座，夕阳西下，满眼秋色，故称秋山。山东侧建住秋阁，为欣赏秋山之佳处。宜雨轩东南侧建面阔3间的透风漏月轩，此轩南侧用宣石叠小山，石质雪白，且含有石英颗粒，望去如雪后初晴，故称冬山。

扬州个园在有限的占地面积中，用四季假山贯穿全园，创造出了统一而丰富的园林景观。建筑与假山相互对应，获得了良好的观景效果。

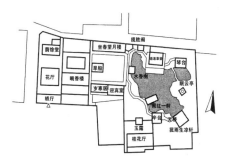

图7-11 吴江退思园总平面图

图7-12 吴江退思园草堂正面图

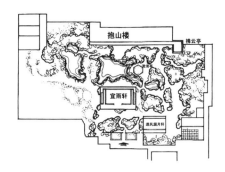

图7-13 扬州个园总平面图

图7-14 扬州个园夏山

7.3 明清皇家园林的历史沿革及主要特征

7.3.1 明清皇家园林的主要特征

皇家园林是中国最早产生的一种园林类型，自商周、秦汉至明清，历朝多有建设。明朝与清朝初年，皇帝崇尚节俭，园林新建较少。康熙之后，开始兴建离宫别苑，数量渐多，工程渐趋浩大。

清代皇家园林的主要特征有：

①尺度：占地面积大，建筑、山、水尺度大。

清代皇家园林的占地面积非常大。雍正初建圆明园时3 000余亩，乾隆时扩建至5 000余亩。避暑山庄始建于康熙四十二年（1703），占地8 000余亩。为与园林面积相匹配，也为适应皇家的大型活动，园林中的建筑、山、水尺度较私家园林大出许多（图7-15）。

②园区功能：包括宫殿区和游乐区。

皇家园林担负着起居、骑射、观奇、宴游、祭祀以及召见大臣、举行朝会等多种功能。园林中除了游乐区之外都设有宫殿区，形成前宫后苑的格局。

③园区布局：主景区周围设园中园。

皇家园林面积大，多设置明显的中心区以控制全园景观，在中心区的周围再设园中园。整个园林统一而主次分明。

④景观效果：集仿各地名园胜景。

乾隆皇帝多次下江南，深为江南园林与自然美景所打动，在北方皇家园林的创作中，力图将之集于一身，因此皇家园林的景观都是集锦式的。静明园有

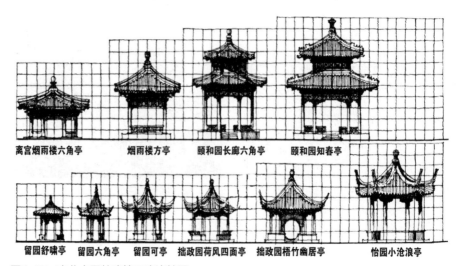

离宫烟雨楼六角亭　烟雨楼方亭　颐和园长廊六角亭　颐和园知春亭
留园舒啸亭　留园六角亭　留园可亭　拙政园荷风四面亭　拙政园梧竹幽居亭　怡园小沧浪亭

图7-15　南北方园林建筑尺度比较图

32 景，避暑山庄有康熙时的 36 景和乾隆时的
36 景，圆明园有 40 景，每景都有点题的题名。

7.3.2 北京明、清三海

（1）历史沿革

明清北京皇城内的三海，原为金中都北
郊离宫——大宁宫。元代时被纳入大都皇城
内，称为太液池（含今北海、中海）。明代
沿用，并在南端加挖了南海，统称"西苑"，
作为明朝的主要御苑，当时园内建筑较少，
较为简陋。清代在此基础上，增建了大量建筑。

三海是皇帝游息、居住、处理政务的重
要场所。清代皇帝在此处召见大臣，宴会公卿，
接见外藩，慰劳将帅，武科较技。冬天还在
湖面上举行冰嬉（图 7-16、图 7-17）。

（2）总体布局及主要特征

三海位于紫禁城西侧，由三处水面及岛
屿、建筑构成（图 7-18）。

北海位于最北部，面积最大，达 70 平方
千米，景观效果也最为丰富。

园区总体布局以池岛为中心，周围环以
若干建筑群。中央池岛构成主要景观，周围
建筑、山石形成园中园。水面中央建万岁山，
也称琼华岛。山顶原有广寒殿，清顺治八年
改建为喇嘛塔。塔身白色，高 67 米，成为全
园的中心。乾隆时加建了多处建筑。琼华岛
南隔水为团城，上建承光殿一组建筑群，登
此殿可远眺园景（图 7-19）。

中央池岛的北岸布置有几组佛教建筑，
如小西天、大西天、阐福寺等，另外还有濠
濮涧、画舫斋和静心斋三组园中园。其中静
心斋建筑、山石曲折有致，层次深远，为皇
家园林中小庭院的精品（图 7-20）。

中海、南海景物不及北海丰富。中海有

图 7-16　三海滑冰

图 7-17　三海泛舟

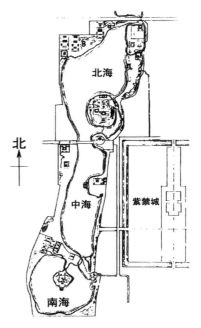

图 7-18　三海总平面图

图 7-19　琼华岛

图 7-20　静心斋

万寿殿、紫光阁，南海有瀛台。

北海水面广阔，琼华岛上的白塔高耸，中心景观突出。周围小园与中央岛池有机分隔，自有天地，且大小相对、互相衬托。

7.3.3　北京清漪园（颐和园）

（1）历史沿革

清漪园位于北京西郊，原是金朝的行宫，元代扩建，明代建有好山园，山名瓮山，前有西湖。1750 年，乾隆为庆祝其母 60 寿辰，大兴土木，拟建"大报恩延寿寺"于山巅，并将瓮山改名为万寿山，扩挖水面，改称清漪园。1860 年，清漪园被英法联军劫掠焚毁。1886—1893 年，慈禧太后挪用海军军费重建，并改名颐和园，取"颐养冲和"之意。1900 年八国联军又毁此园。1905 年慈禧下令修复，又添建了不少建筑。现存颐和园大部分是这次重修的遗物。

（2）总体布局及主要特征

全园总占地 4 000 余亩，水面占了 3/4，分为四大部分：一是东宫门和万寿山东部的朝廷宫室部分；二是万寿山前山部分；三是万寿山后山和后湖部分；四是昆明湖、南湖和西湖部分（图 7-21）。

东宫门为颐和园正门，门内建有一片密集的宫殿，其中仁寿殿是慈禧召见群臣、处理朝政的正殿。1892 年为庆祝慈禧 60 寿辰，在德和园建了一座戏台，耗白银 160 万两。另外，慈禧还建有乐寿堂作为寝宫。

出仁寿殿向西转入开旷自然的前山部分，豁然开朗，空间发生了强烈的变化。万寿山南麓依山建有多组建筑，以排云殿与佛香阁一组为中心。排云殿为举行典礼和礼拜神佛之所，是园中最华丽的建筑。佛香阁平面为八边形，3 层 4 檐，高 38 米，为全园的制高点（图 7-22）。乾隆时此处本拟建 9 层高的大报恩延寿寺塔，但通过实地查看，发现 3 层是较为合适的高度。前山沿昆明湖北岸建有长廊、石栏杆和驳岸。长廊长 728 米，共 273 间，是前山的主要交通线。廊内的彩画主题丰富，包括了四大名著的内容。前山西侧湖边停靠有慈禧

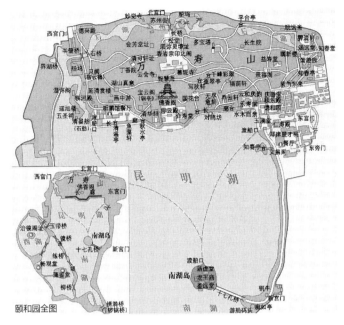

图 7-21　颐和园总平面图

建造的洛可可式巨大石舫，称清晏舫，通体用汉白玉雕刻。

　　沿佛香阁向北有一组藏传佛教建筑，称须弥灵镜。由此开始下山，穿过琉璃牌坊，就来到后山中段的苏州街。街中间为后湖，两边为低层店铺，俗称买卖街。小桥流水的景致，略似江南水乡的风貌。后山建有几处园中园，其中东侧的谐趣园，原名惠山园，为模仿无锡寄畅园而建，是较为出彩的一处建筑。

　　昆明湖东岸筑有堤坝，中间筑有龙王庙岛，岛以南称南湖，岸与岛之间连以十七拱桥。南湖以西建西堤，为模仿杭州西湖的"苏堤六桥"而在堤上建有6座桥。

　　园区以水面为主，山水相依，互为包含，意蕴丰富。

　　万寿山前山水面开阔，烟波浩渺；后山后湖水巷蜿蜒，曲径通幽。前后山景观效果对比强烈，统一而多变。

7.3.4　承德避暑山庄

（1）历史沿革

　　承德避暑山庄始建于 1703 年，位于承德北郊热河泉源头，作为皇帝避暑的离宫，建有 36 景。乾隆时扩建，增加 36 景，合称 72 景。避暑山庄的北部建有外八庙，再往北，距北京 350 余千米，有皇室练习骑射、狩猎的木兰围场。康熙之后的历代清帝对避暑山庄多有喜爱，常来此处居住。

图 7-22　佛香阁远景

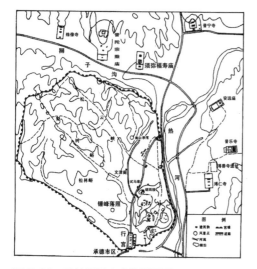

图 7-23　承德避暑山庄总平面图

图 7-24　避暑山庄"芝径云堤"

（2）总体布局及主要特征

全园周围 10 多千米，约为 5.64 平方千米，包括宫殿区与园林区两部分（图 7-23）。

宫殿区位于南侧，正门朝南，由 9 进院落构成。"澹泊敬诚"殿为主殿，始建于康熙年间，乾隆时期用楠木改建。殿面阔 7 间，单檐卷棚歇山顶。另有松鹤斋、万壑松风等建筑。这些宫殿建筑用素筒瓦，不施琉璃，与园林环境十分协调。

园区可分为山岭区与平原区，其中山岭区面积最大，占 4/5，平原区占 1/5。平原区中由热河泉水汇聚而成的水面较多，堤岛布列其间，将水面分成多个不同的景区，大多模仿江南的风景名园，如"芝径云堤"仿杭州西湖的苏堤（图 7-24）；"文园狮子林"仿苏州狮子林；"烟雨楼"仿浙江嘉兴烟雨楼；"小金山"仿镇江金山寺。池沼地带的北侧建有万树园、试马埭、文津阁和寺塔等建筑，是清帝骑射、宴会的场所。其中文津阁为《四库全书》在内廷的四座藏书阁之一。山岭区依山就势建有多处景点，"梨花伴月"是其中建筑较丰富的一处，两侧用跌落式屋顶，现已被毁。

避暑山庄充分利用自然环境，因地制宜。山区富于自然山林情趣，园区水体面积虽不大，但岛、堤穿插其间，模仿江南名景，具有较为丰富的景观效果。远借外八庙一组佛教建筑，景观层次丰富。

7.4　中国古代风景区的种类及主要特征

中国古代的风景区是在自然景观的基础上加上适当的人工改造而形成的，大致可以分为以下四种：

（1）邑郊风景名胜

城市郊区的公园，如苏州的虎丘、灵岩山，

南京的莫愁湖、栖霞山，杭州的西湖、灵隐寺，西安的曲江池，北京的香山等，都是充分利用了自然景观，又历经数百年的文化积淀而成。

（2）村头景点

村口标志着本村落资源与文化的开始，多设有牌坊、亭、廊、桥等标志物，如安徽棠樾村口的牌坊、广西三江程阳侗寨的风雨桥。这些建筑与自然环境有机结合，形成了特色鲜明的村头景点。村头空地多是村民赶集、看热闹的场所，亭、廊又是村民农作回来歇脚之处。因此，村头景点带有浓厚的乡土性和地域性。

（3）沿江河景点

沿江、沿河地区具有得天独厚的自然景观优势，又是古代文化的发源地。历代文人墨客的题刻、吟咏与山水、楼阁互生互动，推动了沿江河景点的形成与发展。长江沿岸的岳阳楼、黄鹤楼、屈子祠、金山、张飞庙，富春江沿岸的杭州六和塔、严子陵钓台等，均是此类景观的代表，其主体建筑多高耸于江边或水中，与浩瀚江水相得益彰，形成辽阔壮丽的景象。

（4）名山风景区

礼制、宗教等因素促使中国各地产生了大量的名山风景区，如五岳、佛教四大丛林与四大名山、道教十大洞天、三十六小洞天、七十二福地以及庐山、黄山等。这些名山风景区占地面积大，距离城市较远，功能较复杂，景观效果十分丰富。

7.4.1　苏州虎丘

（1）历史沿革

虎丘位于苏州城西北郊，其历史发展受到了宗教文化、吴国帝王文化和士大夫文化的多重影响。

相传虎丘原名海涌山，吴王夫差葬其父吴王阖闾于此，三日后有白虎踞于山上，故名。东晋时司徒王珣及其弟司空王珉各在山下建了一处别墅，后来二人均舍宅为寺，称东寺、西寺，是为虎丘宗教建筑的开始。唐代"会昌灭法"毁掉了当时已有500余年历史的二寺，但不久即被恢复，合为一寺，并从山下迁到山上，山下则另建东山庙、西山庙，纪念二王兄弟。由此，形成了依山而筑的格局，并保存至今。995—997年，苏州知州魏痒奏请改虎丘山寺为云岩禅寺，由律宗改为禅宗。柳宗元、白居易、张正、唐寅等各代文人经游虎丘都曾留有名作。

现存建筑除虎丘塔为宋初所建，二山门为元代遗构外，其他建筑均为太平天国以后所建。

（2）总体布局及主要特征

建筑自虎丘南侧山脚下，一直延伸至山顶，有头山门、二山门、憨憨泉、

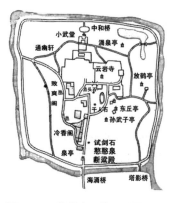

图 7-25 苏州虎丘总平面图　　　　图 7-26　千人石

真娘墓、千人石、点头石、二仙亭、悟石轩、天王殿、云岩寺、白莲池等（图7-25）。

这些建筑沿着登山的道路依山而建，见证了苏州的历史。南朝刘宋著名僧人竺道生从北方来此讲经弘法，留下了"生人说法，顽石点头"的佳话和生公讲台、千人石（图7-26）、点头石和白莲池等遗迹。千人石东侧须登台阶53步，才进入寺庙大门（现已毁），取佛教中"五十三参，参参见佛"之意。原大门西侧有剑池，相传吴王阖闾的墓就在池下，并陪葬有著名的"扁诸""鱼肠"等3 000余把宝剑，故名。另外，憨憨泉、真娘墓则为宋代的民间传说所留。

虎丘为古城苏州的近郊风景名胜，山虽不高，但泉水充沛，峡谷深涧奇险，自然景观优美，宗教、世俗文化遗存丰富，不愧为江南邑郊理景中的精品。

7.4.2　绍兴兰亭

（1）历史沿革

兰亭位于浙江绍兴南郊的兰渚山下。据《越绝书》记载，越王勾践曾在此种兰，汉时设驿亭，名兰亭。东晋永和九年（353）三月三日，王羲之、谢安、孙绰等41人在此修禊，行曲水流觞之饮，各人赋诗，结成诗集，王羲之作序，这就是著名的《兰亭集序》。此序不仅文章极美，且书法造诣极高，历来被视为我国书法文化的瑰宝。兰亭也因此序而闻名于世，被尊为我国书法艺术的圣地。宋代兰亭位于兰溪江南岸的山坡上，明嘉靖二十七年（1548）迁于江北岸，现兰亭的建筑物均为清代重建，并经后世的多次重建。

（2）总体布局及主要特征

兰亭南北进深约200米，东西宽约80米，北端为入口，进门后经一段曲折小径到达鹅池。相传王羲之爱鹅，故名。池南为土山，山上林木茂盛，兰亭隐于其中。兰亭南侧有一处水池，亭西侧建有流觞亭。唐宋之后都在石上刻曲折的水槽，上覆亭子，称为流杯亭。众人围坐在亭边，将酒杯放于水槽中，酒杯随水流动，停在谁的面前，谁就饮酒赋诗。但兰亭中的流觞亭中无水槽。流觞亭南侧建有一座八角亭，亭内置康熙手书的《兰亭集序》碑。亭西为"右军祠"，因王羲之在东晋曾官至右军将军，故名。祠外有水池，内有水院，水院中央建有墨华亭（图7-27）。

兰亭引兰溪江的水入园，或为鹅池，或为小溪，或为水池，形态丰富多变，水的主题贯穿全园，经北面诸池后又泄入江下游，水的走向自然。同时，丰富的人文历史、典故赋予了兰亭深厚的文化底蕴。

7.4.3 重庆钓鱼城

（1）历史沿革

钓鱼城位于重庆合川区城东五里的钓鱼山上，相传远古时期，洪水滔天，周围的居民逃到山上避难，居久无食，饥饿难耐，祈求上天赐食。不久，天降一巨神，站在山上一块巨大的平台上，持竿垂钓，以此解了百姓之饥渴，此山故名钓鱼山。

山下渠江、沱江、嘉陵江三江交会，地势险要，经水陆两路可通达四川各地，为川东之锁钥。山相对高度300米，整个山顶东西长1 596米，南北宽960米，有马鞍山、薄刀岭、中岩等平顶山峦，山上水源四季不绝，适于耕种。1240年南宋四川制置副使彭大雅派遣部将太尉甘闰在山上筑寨，始建钓鱼城。1243年，时任四川安抚制置使的余玠采纳播州（今贵州遵义）冉琎、冉璞兄弟"守蜀之计在于守合州，守合州之计在于守钓鱼城"的建议，复筑钓鱼城，并徙合州治及兴元都统司于此。1254年，合州守将王坚进一步修葺城池，加筑了南北水军码头和一字城墙。

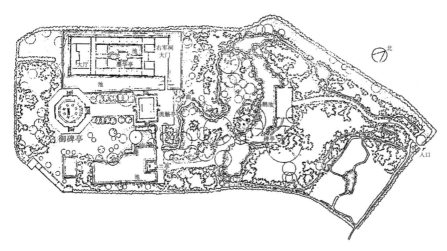

图7-27 绍兴兰亭总平面图

（2）总体布局及主要特征

钓鱼城依陡峭的山势筑有一重城墙，在地势略低的东、南部地段，为加强整个城池的纵深防卫能力，修筑了内外两重城墙。城墙总长约8千米，平均高约15米，用条石加石灰浆及糯米汁砌筑。墙顶用石砌跑马道，宽约3米，可容3匹马或5人并进。全城原设有8座城门，均利用山势，用两重石拱券结构门洞，应对火器攻击。门洞上建门楼，便于观察敌情和指挥作战。现存城南的护国门，西侧靠峭壁，东侧临悬崖，城门外原无固定道路，守城将士出入城依靠易拆装的木栈道。城墙附近设有两处暗门，一处为护国门附近的飞檐洞，另一处为新东门附近的皇洞，二者位置隐蔽，"可出不可入"。环山城墙外还建有两处一字城墙。北侧一字城墙在出奇门外伸入嘉陵江中，南侧一字城墙在小东门外，伸入涪江中。一字城墙均从山上峭壁起筑，伸入江心。现存南侧一字城墙遗址，长约1千米，残墙平均高约5米，底高约4米，外侧壁立，内侧有部分阶梯。一字墙与水军码头一起构成钓鱼城的第一道防线（图7-28）。

城内以军事防御建筑为主。在城西北面制高点的插旗山上建指挥台，指挥台前平地为练兵校场。为重振宋朝，插旗山的东北面建有皇城。城南山坡上建有护国寺，护国寺后面山顶、钓鱼城的最高点上为武道衙门，是余玠、王坚、张钰等宋军将领指挥兵士作战的大本营。武道衙门下面，钓鱼城中部平坦的山顶上建有军营，四周通向跑马道，便于军队迅速集结。跑马道贯穿钓鱼城全城，遗址长8.5千米，路面宽3.5米。武道衙门附近一片平坦而巨大的岩石上设有碾磨火药和生产守城器械的兵工作坊，由于其间分布有表面磨制光滑、碾盘状的凹坑，俗称"九口锅"。钓鱼城中的石照县衙是抗蒙斗争期间合州和石照县的衙署，具有因地制宜、讲究实用的重庆古民居风格。

钓鱼城内原有多处大旱不涸的水源，南宋时又在此基础上开凿了多个人工水池，其中最大的即大天池。池旁有长约120米，平均深为3米的石砌排水道，洪水发生时可将大天池的水通过溢洪口排入排水道，再通过城西的水洞门将水排下悬崖，构成了钓鱼城有序的给排水系统，也为山顶的农田提供了充分的水源供给。池中养殖鱼虾，丰富了城内军民的食物。

钓鱼山自然景观壮美，其春天烟雨朦胧的景象在明代即已成为"合州八景"之一的"鱼城烟雨"（图7-29）。钓鱼城在选址、布局和军事设施、后勤供给方面的杰出建设成就是四川军民坚持抗蒙的坚实物质基础。除南宋所建钓鱼城遗址外，山上还拥有建于唐代的悬空卧佛、千佛崖等，人文景观非常丰富。钓鱼城是自然与人文景观集于一身的重要遗产。

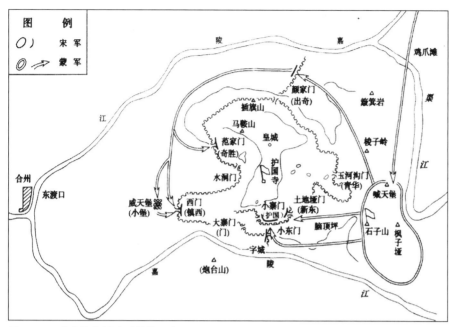

图 7-28 蒙宋钓鱼城攻防作战示意图

图 7-29 护国门

本章知识点

1. 掌握中国古典园林的发展历程，特别是自然式山水园的转折和园林由早期到后期的转变。

2. 掌握江南私家园林的造园原则与手法，以及代表性私家园林的总体布局及其主要特征。

3. 掌握皇家园林的主要特征，以及代表性皇家园林的总体布局及其主要特征。

4. 了解风景的主要种类和代表性景区的总体布局及其主要特征。

8 |
匠艺精微——中国古代木构建筑做法

从原始社会发展到封建社会晚期，中国古代的木构建筑不断演变，形成了一整套较为成熟的建筑技术。这些技术最直接的体现就是遗存到现代的木构建筑实物。但由于历史上朝代更迭带来的人为破坏和自然灾害，早期木构建筑遗存到现代的数量较少，最早的只有唐代。因此，对中国古代建筑技术的研究还要参考砖石建筑或明器、画像砖、画像石等雕刻上的仿木形象，或者参考包括壁画在内的绘画作品中的建筑形象。另外，中国宋代和清代由官方颁布的《营造法式》与《工程做法》规定了当时建筑的功限、料例及图样，是研究古代木构建筑的重要史料。其他的文献资料还有散见于史籍、地方志等文献中的图示或文字，也为研究提供了一定的依据。

结合上述实物或文献资料，学界对中国古代木构建筑的做法已有了一定的认识，初步厘清了其各部分的主要技术及发展演变。

8.1 石作的种类及主要特点

石作指的是木构建筑中用石头或砖头建造的部分，主要包括台基、踏道、栏杆与铺地等。

8.1.1 台基

中国古代的木构建筑用浅基础，台基就是其露于地面的基础及周围的覆土，是木构建筑的一个重要组成部分，起到承托建筑上部重量的重要作用，也抬高了室内地坪，避免水倒灌。由于对高大建筑形象的追求，西周、春秋、战国时期大量使用高台宫室。唐以后，虽然木构建筑已经解决了大体量的技术问题，但重要建筑的台基依然建得很高。

从材料上来看，可以分为土台基和砖石台基，从形制上来看，可以分为普通台基和须弥座台基。

（1）普通台基

早期的普通台基均为夯土建成，大约在汉代开始包砌砖石，例如东汉画像砖中所反映的台基已有压阑石、角柱和间柱。从敦煌壁画上来看，南北朝至唐代的台基常在侧面铺砌不同颜色的条砖或贴表面有各种纹样的饰面砖。宋代台基的做法，参见《营造法式》第三卷，大致是以条石为框，中间镶砌条砖或虎皮石。清代普通台基的做法是，以通面阔、通进深加下檐出确定台基的尺寸，墙、柱以外的部分称为台明；在柱、墙或土衬石的下面做碎石或灰土基础；台基的角部立角柱，边沿用阶条石；柱基础之上放磉墩，其上立柱顶石，再上立鼓镜，高为柱径的 1/5。

（2）须弥座台基

须弥座台基为一种高等级的石质基座，脱胎于佛像的须弥宝座，形式较为复杂，一般用在宫殿、坛庙的主殿或塔、幢的基座。最早的实例见于北朝石窟，如山西云冈北魏第 6 窟塔座，枭混线完全平素。后来逐渐出现了莲瓣、角柱、间柱、力神、壶门等装饰。唐代的须弥座更加华丽，装饰较为复杂。五代、辽、宋和金继承了这种风格，壶门中雕刻佛本生的故事，人物更加细腻、生动（图8–1）。元代起须弥座趋于简化，束腰的角柱改为"巴达玛"（蒙语"莲花"）的形式，不再使用壶门、间柱及人物。明、清时期的须弥座上下基本对称，束腰变矮，莲瓣肥厚，用植物或几何纹样装饰。

8.1.2　踏道

踏道形式有阶级形踏步与坡道两种，材料有土、石、砖等多种。

（1）阶级形踏步

新石器时期的半穴居式建筑中已使用阶级形踏步，沿原生土地面向下挖掘而成。西周时期的陕西岐山凤雏村宗庙建筑遗址中已用夯土踏步。东汉时期的画像砖反映当时已有了两边带垂带石的踏步。

踏步的高宽比一般为 1 ∶ 2，特殊情况下用 1 ∶ 1。《营造法式》中规定："造踏道之制，长随间之广。每阶高一尺作二踏；每踏厚五寸、广一尺。两边副子（即垂带石）各广一尺八寸。"侧面三角形的部分称为"象眼"，宋、元时砌成阶梯状，明、清时有平砌的做法。

不用垂带石的称"如意踏步"，常用在住宅或园林中，踏步在平面的投影逐层内凹，有些直接用不规则的片石堆叠而成，富有自然情趣。

（2）礓磜（jiāng cā）

礓磜即坡道，宋代称慢道。以砖石露棱侧砌，可以防滑，多用于室外。《营造法式》中规定：城门慢道高与长之比为 1 ∶ 5，厅堂为 1 ∶ 4。坡度较陡，中设休息平台，分为多段，称为"三瓣蝉翅"或"五瓣蝉翅"。

辇道为行车的坡道，坡度较缓，常与踏道分列于建筑正面的两侧，如汉文献中记载的"左城右平"指的就是大殿台基的东侧用阶级形踏步，西侧用坡道。唐宋时期的界画反映出当时已有将坡道置于两阶级形踏道中间的做法。明清时期宫殿及坛庙前的辇道用整块贵重的石材，上雕精美的龙纹及水纹，成为了地位与级别的象征，已失去了实际的使用功能（图8–2）。

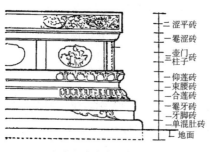

图 8-1　宋式须弥座立面图

二涩平砖
一笆涩砖
壸门柱子砖
仰莲砖
束腰砖
合莲砖
笆牙砖
牙脚砖
单混肚砖
地面

图 8-2　辇道

8.1.3　勾阑（栏杆）

栏杆（宋称勾阑）是维护安全的重要构件，早在新时期石器的浙江余姚河姆渡遗址中已出现，经过西周至南北朝的发展，演变出了直棂、卧棂、实心、斜格和勾片等多种形式。宋代勾阑延续了唐代较为华丽的做法，寻杖及阑版上常装饰有彩色的图纹。一般用单层阑版，称"单勾阑"，《营造法式》中绘有一种"重台勾阑"，但现实尚未发现实物（图 8-3、图 8-4）。

宋及以前的勾阑用通长寻杖，只在转弯或结束处用望柱，《营造法式》中描述了两种寻杖与望柱的交接方式，一种称"寻杖绞角造"，即寻杖在转角望柱上相互搭交而又出头者；另一种称"寻杖合角造"，即寻杖止于望柱者。

园林建筑的栏杆形态比较自由，栏板中部伸出宽板，可以坐人。水边的亭、榭、轩、廊，在临水一面设置木制曲栏的座椅，南方称"鹅颈椅"或"吴王靠""美人靠"，人可坐在上面休息，丰富的栏板图案，又增加了装饰性（图 8-5）。

8.1.4　铺地

最早的铺地方砖出现在周代，底部有突起，方便砖的固定。秦代有边沿做成子母唇的方砖，铺砌时咬合在一起。东汉时期出现了磨砖对缝的地砖，唐代的这一技术已十分成熟。大明宫的地砖侧面磨成斜面，增加了胶泥与砖的黏结面积，正面几乎看不出灰缝。宋代起砌砖普遍使用了石灰，增加了防水性与黏结性。明清宫殿的地面上，先砌地龙墙隔潮，再在上面铺砌用桐油浸泡过的"金砖"，地面光可鉴人。

室内外地面多设有排水的坡度，如《营造法式》规定，室内排水坡度为2‰～4‰，室外排水坡度为4‰～5‰。

明清园林中的"花街铺地"经济实用、装饰性强，其方法是采用碎砖石、瓦片或鹅卵石等建筑边角料在地面上铺砌成各种几何纹样或动、植物图案，如"福禄寿喜""松鹤延年"等，富有吉祥的寓意（图 8-6）。

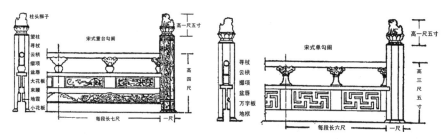

图 8-3　宋式勾阑

图 8-4　清式勾阑

图 8-5　美人靠

图8-6　花街铺地

8.2　大木作的种类及主要特点

大木作指的是木构建筑结构部分的做法，包括柱、梁、檩、枋、斗栱等部分的做法（图8-7、图8-8）。大木作是建筑比例尺度和形体外观的重要决定因素。

8.2.1　殿阁型与厅堂型

木构建筑的结构按照承力体系布置的不同，可以分为殿阁型（又称殿堂型）和厅堂型两种，《营造法式》中对其有说明。

殿堂型构架的最大特点是：由上（屋架）、中（铺作）、下（柱网）三层水平构架叠加而成。内外柱同高。用天花上的草栿和天花下的明栿双层梁架。唐佛光寺大殿即为此种结构类型的典型代表（图8-9）。

1.飞子 2.檐椽 3.橑檐枋 4.斗 5.栱 6.华栱 7.下昂 8.栌斗 9.罗汉枋 10.柱头枋 11.遮檐板 12.栱眼壁 13.阑额 14.由额 15.檐柱 16.内柱 17.柱栀 18.柱础 19.牛脊槫 20.压槽枋 21.平槫 22.脊槫 23.替木 24.捧间 25.驼峰 26.蜀柱 27.平梁 28.四椽栿 29.六椽栿 30.八椽栿 31.十椽栿 32.托脚 33.乳栿（明栿月梁） 34.四椽明栿（月梁） 35.平棋枋 36.平棋 37.殿阁照壁板 38.障日版（牙头护缝造） 39.门额 40.四斜毬文格子门 41.地栿 42.副阶檐柱 43.副阶乳栿（明栿月梁） 44.副阶乳栿（草栿斜栿） 45.峻脚椽 46.望板 47.须弥座 48.叉手

图 8-7　宋式大木作示意图

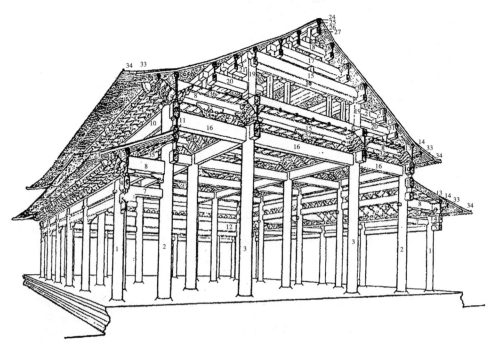

1.檐柱 2.老檐柱 3.金柱 4.大额枋 5.小额枋 6.由额垫板 7.挑尖随梁 8.挑尖梁 9.平板枋 10.上檐额枋 11.博脊枋 12.走马版 13.正心桁 14.挑檐桁 15.七架梁 16.随梁枋 17.五架梁 18.三架梁 19.童柱 20.双步梁 21.单步梁 22.脊瓜柱 23.脊角背 24.扶脊木 25.脊桁 26.脊垫板 27.脊枋 28.上金桁 29.中金桁 30.下金桁 31.金桁 32.隔架科 33.檐椽 34.飞檐椽 35.溜金斗栱 36.井口天花

图 8-8　清式大木作示意图

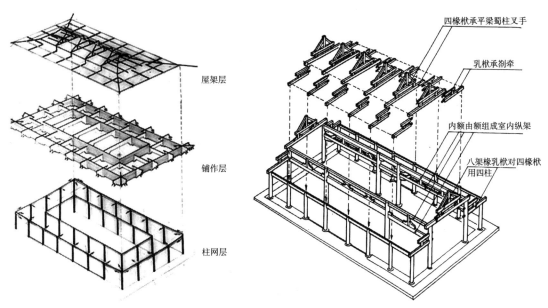

图 8-9　殿堂型梁架分析图　　　　　图 8-10　厅堂型梁架分析图

厅堂型构架的最大特点是：把若干道用柱梁组成的垂直梁架并列成排架，其间用阑额、襻间、檩等纵向构件连接，形成房屋构架。内柱随房屋坡顶升高，为"彻上露明造"，即由于只用单层梁，没有草、明栿之分，不用吊顶，梁架露明（图 8-10）。

从现存建筑实物来看，唐宋时期的大型建筑用殿堂型构架，而元代开始的建筑结构与构造的简化，促成明清时期的建筑基本上为厅堂型构架，虽然高等级建筑仍用天花，但从结构的构成体系上来看，为纵向排架加檩等横向构件连接而成，名义上为殿堂型，实际上已为厅堂型，其最直观的表现为内柱随屋顶坡度升高。明清故宫的太和殿即为此种结构类型。

8.2.2　柱网形式

（1）常见的柱网形式

①通檐用二柱：即只用一圈嵌在外墙内的檐柱。如河南偃师二里头一号宫殿遗址柱网。

②满堂柱：即大型建筑的内部满铺柱网的形式。如唐大明宫麟德殿遗址柱网。

③槽：槽是宋代殿阁类建筑的术语，指殿身内用一系列柱子与斗栱划分空间的方式，也指该柱列与斗栱所在的轴线。

《营造法式》中规定了殿堂型建筑的四种地盘分槽（即柱网）的形式。

单槽：殿身内用一排柱子，将建筑内部空间划分成前后不等的两部分。如

161

山西晋祠圣母殿柱网。

分心槽：殿身内沿进深的中线设一排柱子，将建筑内部空间划分成前后相等的两部分。如天津蓟州区独乐寺山门柱网。

双槽：殿身内用两排柱子，将建筑内部空间划分成三个部分。如大明宫含元殿柱网。

金厢斗底槽：殿身内用内外两圈柱，形似斗底而得名。如山西佛光寺大殿柱网。

（2）副阶周匝

殿身周围设一圈外廊，清称周围廊。如山西应县佛宫寺释迦塔、山西晋祠圣母殿。

（3）移柱造与减柱造

在正常的柱网中移动或减少柱子，以适应建筑空间的需求。前者如河北正定隆兴寺转轮藏殿，后者如山西晋祠圣母殿。山西大同善化寺三圣殿则同时使用减柱造与移柱造。

8.2.3　柱

柱子是木构建筑中的垂直承重构件，可分为内柱与外柱两大类。

（1）按位置分类

按柱子所处的位置可分为以下多种：

①檐柱：建筑外檐的一圈柱子。宋代的副阶檐柱，清代称檐柱；宋代的檐柱，清代称老檐柱。

②金柱：檐柱内部的柱子，指除中柱、山柱以外的内柱。宋称内柱。

③中柱：位于建筑正中的一排柱子，一般不包括山墙上的柱子。

④山柱：位于建筑山墙上的柱子。

⑤角柱：位于建筑角部的柱子。

⑥童柱：位于梁上的短柱，又称瓜柱，宋称侏儒柱。

⑦都柱：秦、汉建筑有些只在建筑中间设一根柱子，称都柱。

⑧倚柱：依附在壁体上，凸出一半的方形柱子。

⑨排叉柱：宋代及其以前的城门洞为方形立面，用木柱支撑木制过梁建成，城门洞两侧密排的柱子称排叉柱。

⑩塔心柱：指塔内贯穿上下的柱子。塔心柱结构是我国早期古塔一种稳定的结构形式，即由中央塔心柱放射出横梁，支撑起每层塔身及平座层。

⑪望柱：栏杆中栏板与栏板之间的柱子。

（2）按构造分类

由木构建筑的构造需求而设的柱子主要有以下几种：

①雷公柱：为避雷而设的柱子。主要有两种类型，一是位于攒尖屋顶斗尖中央的悬空柱子，位于宝顶或塔刹的下面；二是位于庑殿顶屋脊两端的太平梁上，承托脊桁挑出部分的柱子（图8-11）。

②垂莲柱：又称吊柱、虚柱、垂柱。垂莲柱吊挂于某一构件上，其上端固定，下端悬空。垂柱下端头部多雕刻莲瓣等作装饰，常施于垂花门或室内。

③槏（qiān）柱：置于阑额之下的辅助性柱子，将一壁面分成二间或三间，有时还作为门窗的抱框。

④擎檐柱：檐柱外侧支撑屋檐的柱子。多由于屋檐太大，为防止倾檐而加的柱子。

⑤抱柱：即抱框，宋称槫柱或立颊，指柱旁为固定门窗而另设的立柱。

⑥心柱：即塔心柱。

（3）按外观分类

按照柱子的外观可分为直柱、收分柱、梭柱、凹楞柱、束竹柱、瓜柱、束莲柱、盘龙柱等，其中做法较为复杂的有：

①梭柱：上部形状如梭，或中间大端部小外观呈梭形的圆柱。宋《营造法式》卷五载有，凡杀梭柱之法：随柱之长分为三分，上一分又分为三分，如栱卷杀，渐收至上径比栌斗底四周各出四分，又量柱头四分紧杀如覆盆样，令柱顶与栌斗底相符，其柱身下一分杀，令径围与中一分同。实物尚未见梭柱下段收杀的做法。

②凹楞柱：柱身上沿柱周边设规则的凹槽的柱。

③束竹柱：柱中间用一根圆木，周边包镶瓣形小料，形如一束竹竿。

（4）柱础

商代开始在柱下用卵石作柱础。唐代的柱础有覆盆式和宝装莲瓣式两种，宋代基本延续唐代做法。明清时期的柱础多用鼓镜，高度升高。

（5）柱细长比

随着人们对柱子承载能力认识的深化，柱子的细长比整体上是逐渐缩小。东汉陵墓中的柱子，细长比为1/5～1/2，唐佛光寺大殿的为1/9，宋代的柱子在《营造法式》中规定："凡用柱之制，若殿阁，则径两材两契至三材，若厅堂柱，则径两材一契；余屋，则径一材一契至两材。若厅堂等屋内柱，皆随举势定其短长，以下檐柱为则（原注：若副阶廊舍，下檐柱虽长，不越间之广）。"（其中材、契均为宋代建筑计量单位，将在斗栱部分详细论述。举势指屋面坡度，将在屋顶部分详细论述），即柱子的高度应小于或等于明间的宽度，确定了建筑立面的基本比例关系为横向矩形。清代北方柱子的细长比为1/11～1/10，南方柱子的细长比可达1/15，建筑立面较为纤巧、轻盈。

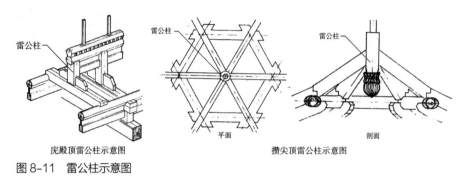

庑殿顶雷公柱示意图   平面   攒尖顶雷公柱示意图

图 8-11 雷公柱示意图

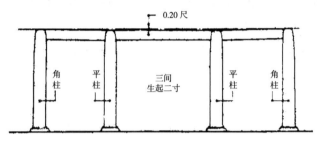

图 8-12 生起立面示意图

（6）生起与侧脚

生起：建筑的檐柱由当心间向二端升高，因此檐口呈一缓和曲线，这种做法在《营造法式》中称为生起。规定当心间不升起，次间柱升高 2 寸，以下各间依次递增，即 5 开间角柱较当心间柱高 4 寸，7 开间高 6 寸……13 开间高 1尺 2 寸。这种做法多见于唐、宋、辽、金建筑，未见于汉、南北朝，明清也较少用（图 8-12）。

侧脚：外檐柱顶较柱脚向内倾斜的做法，增加了建筑的稳定性。宋代规定前、后檐柱侧脚为柱高的 10‰，角柱为 8‰。明清建筑已较少使用。

8.2.4 枋

枋指的是两个垂直构件之间起联系作用的木条，截面多成矩形，增加了结构的稳定性，由于位置的不同，有着不同的称谓和形式。

（1）额枋（宋称阑额）

柱上起联络与承重作用的木枋，称额枋。南北朝以前多置于柱上，隋唐以后才移到柱间。阑额的名称首见于宋代，常见上下两根叠用，上面一根称大额枋（宋称阑额），下面一根称小额枋（宋称由额）。二者间填以垫板（图 8-13）。位于内柱间的称内额，位于柱脚处的称地栿。

唐代阑额在角柱处不出头，辽代起阑额在角柱处出头，作垂直切割，宋金阑额作出锋或类似霸王拳的形式。明清额枋出头多作霸王拳。额枋出头增强了建筑整体性能。

唐、辽阑额断面高与厚之比为2：1，宋、金为3：2，明、清为1：1，用材有浪费。

（2）平板枋（宋称普拍枋）

平板枋于阑额之上，用于承托斗栱的构件。最早的形象见于唐代，宋、辽建筑已较常用。开始的断面比例与阑额一样，或宽于阑额，至明清时已窄于额枋。早期不出头，明清时出头作海棠纹或霸王拳形式。

（3）雀替（宋称绰幕枋）

置于梁枋下的与柱相交处的短木，称雀替，可以缩短梁枋的净跨。

绰幕枋推测为实拍栱演变而来，河北新城开善寺辽代大殿，已用两层实拍栱构成的绰幕枋。正定隆兴寺转轮藏殿用榻头式绰幕枋，端部及底部做成斜线。宁波保国寺大殿绰幕枋下缘作锯齿状，顶端作涡纹，下缘与顶端微有出锋，略似《营造法式》中的"蝉肚绰幕"（图8-14），在其他建筑上未见。

明清时期的雀替形式多样，装饰性更强，又称"花牙子"。在尽间等较窄的开间处，常贯通整个开间，称"骑马雀替"。

8.2.5 斗栱

斗栱为中国古代木构建筑最重要的构件之一。据推测是由支撑屋檐出挑的悬臂梁演变而成。斗栱最早见于周代青铜器上的纹样，汉代的石阙及明器上也出现了斗栱的形象，但形式尚未定型。经过南北朝的发展，隋唐时期的斗栱已较为成熟，成为建筑结构的重要组成部分，主要用在柱头及转角处，尺度巨大，不用或少用补间铺作，斗栱中用真昂，支撑屋檐出挑的作用明显。辽代继承了唐代斗栱的特点。宋代的斗栱数量开始增多，尺

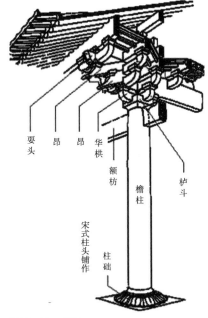

图8-13　额枋

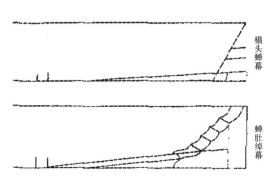

图8-14　"蝉肚绰幕"

度开始减小，并出现了假昂，如山西晋祠圣母殿上下檐的斗栱中，同时出现了真昂与假昂。经过元代的简化，明清时期的斗栱尺度较小，数量较多，完全不用真昂，结构作用已退居其次，装饰的功能增强（图8-15、图8-16）。

（1）组成构件

①斗、升

斗栱中斗形的构件，由于位置的不同有不同的名称。

位于斗栱最下部，直接放在柱头或平板枋上的称坐斗（或大斗，宋称栌斗，汉称栌），位于挑出的栱或昂头上的称十八斗（宋称交互斗），位于里跳或外跳横栱两端的称三才升，位于坐斗正上方栱两端的称槽升子（二者在宋代均称散斗），坐斗正面的开口称斗口。斗口两侧为斗耳，斗口下平直的部分为斗腰，再往下倾斜的部分称斗底（宋称斗欹）。没有斗耳的称平盘斗，常用于角科。宋代规定：斗耳/斗平/斗欹=4/2/4，后代基本延续此比例。

②栱

置于坐斗口内或跳头上的短横木称栱。最早在汉代已有了栱的形象，当时其正立面有矩形、折线形、曲线形和折线与曲线混合形。唐代的栱已统一为两端底部带卷杀的长方体，并延续至明清。明以后的一些地方性建筑的栱呈花瓣或凤头的形式，装饰性更强。

栱的种类：栱可分为平行于建筑立面与垂直于建筑立面两大类，后者担当着出挑的功能，称翘（宋代称华栱）。前者又可分为两种：一种是直接位于坐斗上或其轴线上的，由下至上，分别称正心瓜栱（宋称泥道栱）、正心万栱（慢栱）；另一种是位于翘头上的横栱，由下至上，分别称瓜栱（宋称瓜子栱）、

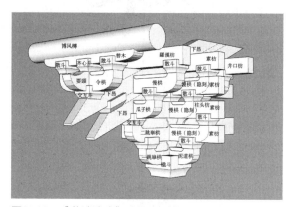

图8-15 《营造法式》斗栱图解模型

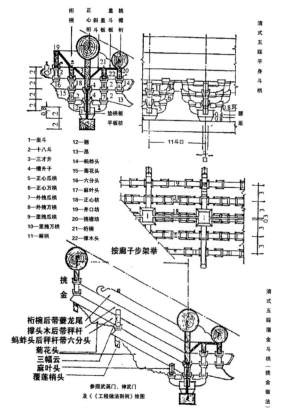

图8-16 清式斗栱图

万栱（慢栱）、厢栱（令栱）。

模数制：斗栱中蕴含着大式建筑的基本度量单位。宋代的"材分制"和清代的"斗口制"都与斗栱密切相关。

"材"指的是某种木材截面的高度，"材"分八等，"材"的高度15等分，厚度10等分，每一份称1"分"。上下栱间距称1"栔"，高6分。不出挑的栱高为1材，即15分，称"单材栱"。华栱与耍头高为1材加1栔，称"足材栱"。材分的基本尺寸见表8-1。

从现存实物来看，唐、辽时期的建筑已经使用了"以材为祖"的做法。

"斗口制"：外檐斗栱平身科坐斗的正面开口宽度等于1斗口，为建筑度量的基本单位。斗口是明清时期，大型木料短缺，建筑规模缩小的产物。如唐佛光寺大殿7开间，用材30厘米×20.5厘米，而清故宫太和殿11开间，用材仅12.6厘米×9厘米。斗口分为11等，基本尺寸见表8-2。

表 8-1 材分的基本尺寸

等　级	高度 / 寸	厚度 / 寸	建筑类型
一等材	9	6	九至十一开间的大殿
二等材	8.25	5.5	五至七开间的殿堂
三等材	7.5	5	三至五开间殿堂，七开间厅堂
四等材	7.2	4.8	三开间的殿堂，五开间的厅堂
五等材	6.6	4.4	小三开间的殿堂，大三开间的厅堂
六等材	6	4	亭榭、小厅堂
七等材	5.25	3.5	亭榭、小殿
八等材	4.5	3	小亭榭、殿内藻井

注：1宋尺 =30.72厘米，1尺 =10寸，1寸 =10分。

表 8-2 斗口的基本尺寸

等　级	高度 / 寸	厚度 / 寸	建筑类型
一等斗口	8.4	6	未见实例
二等斗口	7.7	5.5	
三等斗口	7	5	
四等斗口	6.3	4.5	用于城楼
五等斗口	5.6	4	用于城楼、殿宇
六等斗口	4.9	3.5	用于殿宇
七等斗口	4.2	3	
八等斗口	3.5	2.5	用于殿宇、小建筑
九等斗口	2.8	2	用于小建筑
十等斗口	2.1	1.5	
十一等斗口	1.4	1	

注：清代进行过多次尺度的改革，1清尺 ≈ 32厘米，1尺 =10寸。

③昂

昂为斗栱中斜置的构件。唐宋以前的建筑多用下昂，即昂嘴向下，昂尾压在乳栿或平榑下，起杠杆作用，承挑屋顶出檐。宋代《营造法式》中还讲到"上昂"，即昂嘴平直向前的做法，专门应用于殿身槽内里跳及平座外檐外跳。适合在较短的出跳距离内有效地提高铺作总高度，借以创造一定内部空间的特殊构造。现存上昂实例较少，仅见于江苏甪直的宋代保圣寺大殿和苏州玄妙观三清殿。明清时期的斗栱只是将华栱头刻成了昂的样子，已失去了昂的功效，称假昂。清代的溜金斗栱运用的也是假昂。

昂嘴的形式：唐代佛光寺大殿外檐斗栱用批竹昂，唐宋建筑常见的还有将昂嘴刻成琴面的做法，称琴面昂。象鼻昂始见于元，盛于明清。明以后还出现了镂空的雕花昂，装饰性更强。

④其他构件

斗栱中还有耍头、撑头及正心枋、罗汉枋等多种构件。柱头铺作穿插进乳栿，直接承托建筑荷载。

（2）出跳

①出跳数

翘或昂头向里外悬挑，称为出跳。建筑级别越高，出跳数越多。清代以踩计，宋代以铺作计。出一跳为三踩（宋称四铺作），出两跳为五踩（宋称五铺作），出三跳为七踩（宋称六铺作），出四跳为九踩（宋称八铺作）。一般建筑（除牌楼外）不超过四跳。宋代规定，出跳长度为二材30分，或每跳递增、递减，清代为三斗口，称一拽架。

②偷心造与计心造

斗栱出跳时跳头上不置横栱，称偷心造，跳头上置横栱为计心造。

唐、宋建筑常用偷心造。金、元之后常用计心造，清代斗栱已全用计心造。

8.2.6 屋架

（1）举架（宋称举折）

举是指屋架的高度，举架（宋称举折）为确定屋面坡度的方法。

《周礼·考工记》中规定："匠人为沟洫，葺屋三分，瓦屋四分。"即茅草屋举高为进深的1/3，瓦屋举高为进深的1/4。唐南禅寺大殿与佛光寺大殿举高为进深的1/6，宋代殿堂型建筑为1/4，厅堂型建筑为1/3，清代建筑有些可达到1/2。总的来讲，年代越近，屋顶坡度越陡。

宋代建筑举折做法为先以进深的1/4或1/3确定举高，然后自脊榑背至撩檐枋背连线，上平榑处折举高的1/10，以下各折上一折的1/2，撩檐枋不折（图8-17）。

清代建筑举架自下而上计算，与宋代建筑相反，檐步为五举（桁与桁水平间距为步长，垂直高差为步高，五举即步长：步高=0.5），金步为六举至七五举，脊步七五举至九举（图8-18）。

通过举折或举架的做法，屋面形成一下凹的曲面，称为"反宇"，便于屋顶排水，是谓"吐水疾而远"，也便于屋内接受更多的阳光，是谓"反宇向阳"。

（2）庑殿顶推山

出于立面的形式需要，加长庑殿顶的正脊，将其向两山推出，使角梁及戗脊由45°斜直线演变成缓和的曲线（图8-19）。宋《营造法式》中已有规定，明、清建筑较常用。

（3）歇山顶收山

为了使上部屋顶不过于庞大，歇山顶的山花板由山面檐柱中线向内收进，称为歇山顶的收山。在结构上增加了顺梁、趴梁或踩步金梁。各时期收山的尺寸不一，总的来讲，时代越近，收山越少。唐南禅寺大殿收山为131厘米，宋《营造法式》规定收进1步架，宋代河北正定隆兴寺转轮藏殿收进89厘米，元代山西芮城永乐宫纯阳殿收进39.5厘米，清代规定收进1檩径（图8-20）。

（4）梁（宋称梁或栿）

梁在屋架中的位置不同，名称也不同。宋代以梁上承托的椽的数量来命名，清代以梁上承托的檩的数量来命名。主要有单步梁（又称抱头梁，宋称剳牵）、双步梁（宋称乳栿）、三架梁（平梁）、五架梁（四椽栿）、七架梁（六椽栿）。另外在歇山顶、攒尖顶等建筑中还增加有顺梁（与面阔方向平行的梁）、趴梁（趴在梁上的短梁）。位于戗脊下面的梁，称角梁。

常见的有直梁、月梁（梁两肩处作卷杀，呈弧线形，梁底略向上弯，南方建筑中常将其侧面作成琴面，并加以雕刻，十分秀美）。

梁头有垂直切割、批竹形、挑尖形、蚂蚱头、卷云形等。汉、唐建筑用前两种梁头形式，明、清建筑常用后三种。

（5）桁（又称檩，宋称槫）

依部位可分为脊桁（宋称脊槫）、上金桁（上平槫）、中金桁（中金槫）、下金桁（下平槫）、正心桁（檐槫或牛脊槫）、挑檐桁（撩风槫）等。唐、宋、金、元建筑有用承椽枋代替檐槫，用撩檐枋代替撩风槫的做法。

桁的长度贯穿建筑两面山墙，伸出山面的部分称"出际"（或"屋废"），用博风板挡住，防护桁头。宋代伸出较多，清代伸出较少。宋《营造法式》规定：两椽屋出2尺至2尺5寸，四椽屋出3尺至3尺5寸。

檐桁径一般等于檐柱径。

唐代支撑槫用替木，宋代撩檐槫下用替木或直接用撩檐枋，平槫及脊槫下则用襻间，即由枋、替木及斗拱组成的支撑。

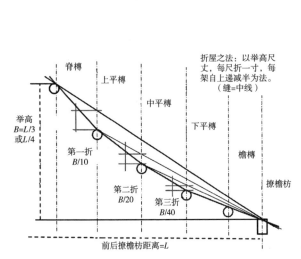

图 8-17 宋代建筑举折做法

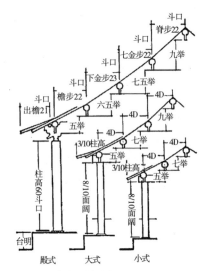

图 8-18 清代建筑举架

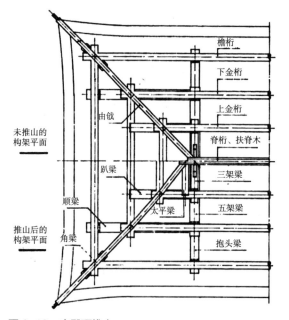

图 8-19 庑殿顶推山

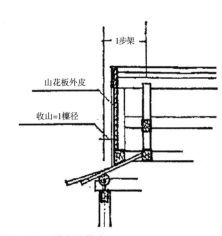

图 8-20 歇山顶收山

（6）椽

椽是搁置（或钉）在桁（槫）上，直接承托屋面荷载的构件。

用在建筑屋檐的为飞椽（或称飞子）与檐椽，向上为花架椽、脑椽，卷棚顶上连接前后屋面的称顶椽。

飞椽常用方形截面，其他椽子常用圆形截面。早期：椽挡 / 椽径 =4/1，后期：椽挡 / 椽径 =1/1。宋代规定椽挡对准各间中心线。

（7）其他构件

①瓜柱

梁上的短柱，又称童柱。早期主要用在脊槫下，后来其他位置的檩下都用瓜柱。宋代称蜀柱或侏儒柱。

②驼峰

用在梁上，常与斗栱组合使用以支撑上层梁栿，形状如驼背，故名。

有全驼峰与半驼峰之分，前者较常见，形式多样，如鹰嘴、掐瓣、笠帽、卷云等。后者较少见。

③叉手和托脚

叉手为脊槫（檩）下的斜向支撑构件，与下层梁构成了稳固的三角形支撑。

唐、宋及之前的建筑上常用，如山西五台山佛光寺大殿仅用叉手，其他建筑上，叉手与短柱合用。辽、金、元、明建筑中可见，清代完全不用。

托脚为支撑平槫的斜向构件，唐宋建筑常见，明清不用。

④替木

嵌在栌斗或令栱上以支撑梁枋的横木。早期多为矩形截面，后来底部渐有收杀。

8.2.7　多层木建筑

（1）平座暗层

多层木建筑是在单层抬梁或穿斗式的基础上竖向叠加而成，在层与层之间增加一个暗层，内部除用正常柱网外，增设多种斜向支撑构件，并通过暗层外檐斗栱向外出挑回廊，既增加了结构的稳定性，又提供了登高望远的空间。这一回廊称"平座"，与暗层一起称"平座暗层"。

（2）叉柱造

上层柱底开槽，插在下层柱顶的斗栱上，称叉柱造。平座柱插入下层柱顶斗栱时，向内退进半柱径，形成楼阁立面向上的收分。这种做法构造较简单，实例较多，如天津蓟州区独乐寺观音阁与山西应县木塔上下层柱的连接都是采用此种方式。

（3）缠柱造

在下层柱端增加附角斗，其上增加一根斜梁，上层柱就放在此斜梁上，上下层柱连接较为稳定，上层柱向内收分明显，但构造较为复杂，实物较少（图8-21）。

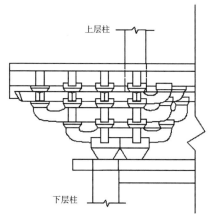

图8-21　缠柱造

8.3 墙壁与屋顶的种类及主要特点

8.3.1 墙壁

（1）土墙

有版筑墙与土坯墙之分。墙体材料多采用黏土和灰土，土：石灰 =6：4；或用土、砂、石灰加碎砖石，或加入植物条。北方多加麦秸，南方多加稻壳。

土墙保温隔热效果好，隔声效果好，就地取材，施工简便，但防水防腐蚀能力较差。常见建筑底部用砖、石砌筑，或墙内置木柱以防水。

（2）砖墙

中国古建筑用的全是青灰色陶砖。从材料与砌筑方式上可分为：

①空心砖墙：空心砖墙主要见于战国及东汉时期的墓室中，尺度巨大，河南郑州二里岗战国墓的空心砖长 1.1 米，宽 0.4 米，厚 0.15 米。砖为干摆或企口搭接。

②条砖墙：西汉晚期，条砖已普遍用于陵墓地下宫室。唐代砖塔及城门、城墙用砖已较普遍。明代条砖的质量和数量大幅提升，普通民居已大量使用。

砖墙的砌筑丁顺结合，明清时期常用的有三顺一丁、二顺一丁、一顺一丁等。砖与砖的结合，宋以前多用黄泥浆，宋以后多用石灰浆，重要的建筑还加入糯米浆。

③空斗砖墙：用条砖砌成盒状，内填碎石或泥土，大多不承重，或少承重。厚度为一砖或一砖半，南方民居常用，通风、隔热效果好。

（3）木墙

木墙有井干式木墙或木板墙。前者多见于林区，后者多见于南方建筑。木板墙通风效果好，但保温、隔声效果差。

（4）编条夹泥墙

编条夹泥墙常见于南方建筑，用竹、木条与穿枋结合编织成壁，两面涂泥，或三合土加稻壳，最外层施粉刷。此种墙体通风效果好，但保温、隔热、隔声效果差。

8.3.2 屋顶

（1）屋面材料

①陶瓦

陶瓦可分为筒瓦及板瓦。西周早期仅用在屋脊或天沟处，西周晚期形式已较为丰富。秦代瓦当演变为圆形，用钉子钉在草泥或木板上，钉头上盖陶质钉帽防锈，并具有装饰的功能。秦汉时期的瓦当形式多样，直到现在，仍是瓦当中的精品。滴水的出现大概在汉代，唐代出现了尖形滴水。

②琉璃瓦

陶瓦坯表面刷釉，烧制后成为琉璃瓦。宋代以后使用较为普遍。中国传统做法用生铅釉，加铁、锰、铜、钴等金属氧化物作为着色剂，常用的有金黄、碧绿、青蓝等多种鲜艳光亮的颜色。

（2）屋面装饰

早期建筑屋面装饰较少，宋以后屋面装饰逐渐增多。

唐及以前建筑，正脊两端用鸱尾。鸱尾相传为龙子，善吞火，置于屋顶，有着吉祥的象征意义。唐代早期的鸱尾尺度大，如太宗昭陵鸱尾，高约 1.5 米。唐代中后期鸱尾的头部逐渐出现嘴巴衔住正脊的形象，如五台山佛光寺大殿的鸱尾。宋代建筑上已使用鸱吻（或称正吻）。明清时期的鸱吻已定型为龙头带背兽、剑把的组合形象。大型建筑的鸱吻极大，如太和殿鸱吻高达 3.4 米，由多块琉璃拼镶而成。

唐及前代建筑，戗脊或垂脊端部仅用戗兽或垂兽，宋以后逐渐用嫔伽与蹲兽（清称仙人与走兽）。屋面的装饰效果更强。

8.4 小木作的种类及主要特点

小木作（清称装修）指的是建筑门窗、隔断、家具、天花等部分。

8.4.1 门、窗

（1）门

有版门、槅扇门和罩三种。

版门厚重，多用于城门或庭院大门。

槅扇门的特点在于上半段用格子构成花心，通风采光效果好。唐代多用直棂，宋以后出现了多种格子形式，明清更多。格子上冬天糊纱或纸，乾隆时期将玻璃用在槅扇上，透光效果更好，装饰性更强。

罩多用于室内空间分隔，有落地及不落地两种，仅有门框而无门扇。门框雕刻精美。

（2）窗

有直棂窗、槛窗、支摘窗、横坡等多种形式。用在园林、宅院围墙上的漏窗为中国古代建筑所特有，形式丰富，《园冶》中绘有 16 种图样，常见的有鱼鳞、钱纹、锭胜、波纹等。

图 8-22 太和殿天花及藻井

图 8-23 网师园明代家具

8.4.2 天花、藻井

（1）天花

殿堂型建筑或明清时期级别较高的厅堂型建筑均用天花。高等级的天花在梁下用天花枋（宋称平棊枋）组成龙骨，在方框内镶嵌木板。唐宋建筑用小方格的天花，在《营造法式》中称平闇。宋以后的建筑常用大方格的天花，下施彩绘，在《营造法式》中称平棊（图 8-22）。

（2）藻井

藻井为高等级的天花，指的是天花中凹入的部分，多用在明间的正中，佛像、神像或皇帝宝座的正上方。有方形、圆形、八角形、矩形、斗四或斗八形。

8.4.3 家具

中国古代家具经历了由矮到高的演变。五代之前，人们的生活方式以"席居"为主，家具较低矮。南北朝、隋唐两种生活方式并行，但仍以席居为主，五代时期"垂足而坐"已较为普遍，宋代之后席居已不再采用，家具升高。

明代由于引进了花梨、紫檀等热带硬木，家具的质量有了较大提升，家具的样式、制作工艺和使用功能都达到了前所未有的高度（图 8-23）。清代家具近于烦琐，与明代简洁明快的形式相比，略显逊色。

8.5 色彩与装饰的种类及主要特点

8.5.1 色彩

中国古代建筑的色彩受礼制及皇权的影响较为明显。周代规定青、赤、黄、白、黑为正色。春秋时期有"楹，天子丹，诸侯黝，大夫苍，士黈（音 tǒu，黄色）"的规定。除单独使用一种色彩外，还有在建筑中用多种颜色相互穿插和对比的做法，如"彤轩紫柱""丹墀缥壁""绿柱朱榱"等，并对两种色彩的组合给予了明确的定义，"青与赤谓之文，赤与白谓之章，白与黑谓之黼，黑与青谓之黻，五彩谓之绣"。

8.5.2　粉刷、油漆与彩画

建筑的土或砖的表面多施以粉刷。至迟在商代已有在墙面上涂刷"蜃灰"（蚌壳灰）的做法，起到了保护墙面、改善采光和装饰外观的作用。秦代已有将地面涂红的做法，直到清代宫殿的墙面仍粉刷成红色。粉刷采用的多为天然矿物颜料，如白土、红土、石绿、朱砂和赭石。

建筑中的木构表面多施以油漆，这种做法在晚商和西周的陵墓中已发现，汉代漆器已十分精美。唐宋以后油漆的主要色调已由红转为青、绿，晕的使用较为普遍。

宋代是古代彩画的第一个成熟时期，发展出了箍头、藻头和枋心三段式的彩画形式，但以枋心为主。大致可分为三种：一是五彩遍装，即以青绿迭晕为外缘，内底用红，上绘五彩花纹；或用红色迭晕为外缘，内底用青，上绘五彩花纹。这种彩画继承了唐的风格，多用在宫殿、庙宇等高等级的建筑中。二是以青绿为主的彩画，包括碾玉装和青绿迭晕棱间装。碾玉装以青绿迭晕为外框，框内用深青底描淡绿花。青绿迭晕棱间装只用绿色对晕，不用花纹，开创了明清彩画的基本色调及手法。青绿彩画多用于园林、民居等建筑。三是以刷土朱暖色为主的彩画。包括解绿装：以青绿迭晕为框，遍刷土朱；解绿结华装：在解绿装的基础上，绘制花纹；丹粉刷饰：以白色为边框，遍刷土朱；若以白色为边框，遍刷土黄的为黄土刷饰。《营造法式》所载"七朱八白"即属于丹粉刷饰的一种。刷饰多用于次要房屋（图 8-24）。

明代彩画以旋子为主，花瓣层次较少，用金量不大，图案较简洁、清新。

清代彩画有和玺、旋子和苏氏三种。和玺彩画的主题以龙凤为主，仅皇家主要建筑使用，其特点是在箍头用"盒子龙"，即菱形盒子中描绘龙的形象（图8-25）。旋子彩画使用量最大，以旋花为主题，花瓣层次多，旋花轮廓完全为圆形，一般殿宇、寺庙多用此种彩画（图 8-26）。苏氏彩画因常用在苏州园林中而得名，其主题丰富，画法不拘一格，将大小额枋及垫板连在一起来画的"包袱"彩画就是苏氏彩画的一种（图 8-27）。

8.5.3　壁画

据文献记载，商代已开始在大型宗庙建筑的室内墙壁绘制山川、鬼神的图案。最早的壁画实物见于汉代陵墓，南北朝加以继承，并发明了"晕"的技法，即同一种颜色由浅变深，称对晕；或由深变浅，称退晕。唐代是壁画兴盛的时期，著名的画家吴道子就以绘制壁画而著称。从已发掘的懿德太子墓的墓道两侧壁画来看，内容涉及了太子生前仪仗、出行、狩猎、宴饮等各种生活场景。宋、元时期的壁画技法和艺术表现力达到了极高水平，例如现存建于元代的山西芮城永乐宫三座道教大殿内的壁画，构图严谨，线条流畅，是壁画中的精品（图8-28）。明代以后，建筑中较少使用壁画。

8.5.4 雕刻

精致的圆雕或浮雕是古代中国建筑的重要组成部分。从材料上可分为木雕、石雕和砖雕。

木雕常用在门窗、隔断、家具、挂落等小木作部分。雕刻的主题以多种富于吉祥寓意的图案为主，又常常取其谐音，如"蝠"与"福"谐音，"鸡"与"吉"谐音等。不同的地域，雕刻的技艺各有差异，其中苏、皖、浙一代的技艺最为精湛，并影响了全国各地。现存浙江东阳明清民居上的木雕是典型的代表。

石雕中的圆雕以狮为最常见，宫殿、衙署、寺庙前多有安置。陵墓前常用的石像生代表了各个时期石雕的艺术风格与技艺水平。汉代的古拙、南朝的写

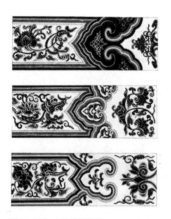

图8-24 宋代彩画

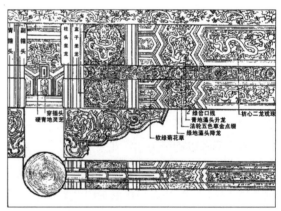

图8-25 清代和玺彩画

图8-26 清代旋子彩画

图8-27 清代苏氏彩画

实、唐代的雄浑、宋代的生动、明清的细腻。分布于栏杆、基座、辇道、柱础
等建筑石作表面的浮雕数量众多，代表了各时期的不同风格。宋代按照雕刻起
伏的高低，分成剔地起凸（高浮雕）、压地隐起华（浅浮雕）和减地平钑（音
sà，嵌刻花纹）三种。

砖雕常用在影壁、外墙、墀头等青砖砌筑的部位，题材因地制宜，以山水、
人物、花卉为主，明清以来形成了北京、苏派、山西、广东、徽州等多种流派，
各有特色（图 8-29、图 8-30）。

图 8-28　永乐宫壁画

图 8-29　木雕

图 8-30　石雕

177

本章知识点

1. 掌握台基、踏道、栏杆的种类及主要特点；掌握"磨砖对缝"的概念。

2. 掌握殿堂型与厅堂型构架的主要区别。

3. 掌握常见柱网的形式，常见柱的名称；掌握"生起"与"侧脚"的概念。

4. 掌握额枋、平板枋和雀替的概念。

5. 掌握斗栱早期到晚期的基本演变；掌握真昂和假昂的区别；掌握斗栱出挑、计心造、偷心造概念；了解斗栱各构件的称谓。

6. 掌握举折（举架）"反宇向阳"的概念；掌握"推山"和"收山"概念。

7. 掌握宋、清梁与檩、椽的命名规则；掌握瓜柱、驼峰、叉手、托脚、替木概念。

8. 掌握平座暗层的概念及作用；掌握叉柱造与缠柱造的做法。

9. 了解不同材料墙体的建造方法。

10. 掌握陶瓦与琉璃瓦的区别；掌握"瓦当""滴水""鸱尾""鸱吻"的概念。

11. 掌握天花与藻井的概念；掌握"平棊"与"平闇"的区别。

12. 了解色彩、粉刷、油漆、雕刻、壁画的演变；掌握宋、清彩画的种类与特点。

顺时应变——中国近、现代建筑

近代建筑的时代特征及代表作品

现代建筑的时代特征及代表作品

9.1　近代建筑的时代特征及代表作品

近代建筑是指从 19 世纪末到 20 世纪 40 年代末的一百余年间的中国建筑。在这期间，中国经历了鸦片战争后的被迫开放、资本主义制度的出现、中华人民共和国的成立等多个阶段。这几个阶段是中国的变革时期，中国建筑的改变也极为显著，主要表现在建筑理论、建筑教育和建筑实践等方面。值得一提的是，中国的建筑学专业正是在这个时期出现的，一大批留学的建筑学专业人才回到国内，带来西方建筑设计思想，为中国建筑的发展注入新鲜血液。中国近代基本呈现出"后发外生型现代化"的特征，近代建筑表现出新旧两大体系并存的局面。

9.1.1　分期与时代特征

近代中国建筑大致可以分为三个发展阶段：

（1）19世纪中叶—19世纪末

鸦片战争后，清政府被迫签订一系列不平等条约，开放通商口岸，准许外国人租地盖房，开辟租界，客观上带来了资本主义的生产方式和物质文明。在一些租借和外国人居留地出现的西方建筑和中国洋务工业、私营工业主动引入的西式厂屋，以及外来传教士在华建的教堂、外国领事馆、洋行、银行、商店等建筑，成为中国本土第一批外来近代建筑。这些建筑构成了近代中国建筑转型的初始面貌。

这一时期是中国近代建筑活动的早期阶段，新建筑无论在类型上、数量上、规模上都十分有限，但它标志着中国建筑开始突破封闭状态，迈开转型的步伐，酝酿着近代中国建筑体系的形成。

（2）19世纪末—20世纪30年代末

这一阶段主要资本主义国家先后进入帝国主义阶段，中国沿海租借地逐渐被迫纳入世界市场。租界和租借地、附属地城市的建筑活动大为频繁；为资本输出服务的建筑，如工厂、银行、火车站等增多；建筑规模逐步扩大；匠商设计逐步为西方专业设计师所取代，新建筑设计水平明显提高。1923 年柳士英、刘敦桢等创办苏州工业专门学校，1930 年中国营造学社创建，朱启钤任会长，标志着中国建筑教育的创始。

这时建筑类型大大丰富，居住建筑、公共建筑、工业建筑等主要类型已大体齐全，新建筑材料的生产能力有显著发展，施工技术和工程结构也有较大提高和完善，相继采用了砖石钢骨混合结构和钢筋混凝土结构。到 20 世纪 20 年代，近代中国的新建筑体系初见雏形，现代建筑教育制度初步建立。从 1927

年到 1937 年国民政府定都南京到抗日战争爆发前这十年间，达到了近代建筑活动的繁盛期。

（3）20世纪30年代末—40年代末

1937 年到 1949 年，中国陷入长达 12 年的战争状态，建筑发展趋于停滞。抗日战争时期，国民政府转移到西南地区，近代建筑活动开始扩展到内地偏僻县镇，但建筑规模不大，除少数建筑外多为临时性工程。

20 世纪 40 年代后半期，欧美各国进入战后恢复时期，现代主义建筑普遍活跃，发展很快。国内的圣约翰大学建筑系和清华大学营建系，给中国的现代建筑教育播撒了种子。但是由于战争，现代建筑的实践很少，是近代中国建筑活动的停滞期。

9.1.2　思潮与典型代表作品

近代中国的建筑思潮十分复杂，这段时期呈现的建筑风貌，可以说是既有"万国博览会"的共时性聚合，也有"近现代搭接"的历时性浓缩。近代中国的建筑思潮错综复杂，主要有洋式建筑、传统复兴和现代建筑三种类型。

（1）洋式建筑：西方复古思潮的引入

洋式建筑在近代中国建筑中占据很大的比重。它在近代中国的出现，有两个途径，一是被动的输入，二是主动的引进。

被动输入这一类建筑最初曾由非专业的外国匠商营造，后来多由外国专业建筑设计师设计，这类建筑是近代中国洋式建筑一大组成部分。主动引进的洋式建筑是由中国业主和中国建筑师引进的，包括建筑类型和建筑形式，构成洋式建筑的另一组成部分，形成洋式建筑在近代中国大城市广泛分布的局面。

从风格上看，近代中国的洋式建筑，早期流行的是一种被称为"殖民地式"的"外廊洋式"建筑形式。

紧随外廊洋式以后，各种欧洲古典式建筑也在上海等地陆续出现，这是因为当时西方盛行折中主义建筑。19 世纪下半叶，欧美各国正处在折中主义的鼎盛时期，一直到 20 世纪 20 年代仍在延续。西方折中主义有以下两种形态：

①不同类型建筑，采用单一历史风格。如哥特式建教堂，古典式建银行、行政机构，巴洛克式建剧场等，形成建筑群体的折中主义风貌。

②同一建筑中，混用多种艺术风格。混用希腊古典、罗马古典、文艺复兴、巴洛克、法国古典主义等各种风格和艺术构件，形成单栋建筑的折中主义面貌。

（2）传统复兴：中国复古思潮的表现

在中外建筑文化的碰撞下，中国近代出现了各种形态的中西风格交融的建筑形式。风格交融的途径有：一种是传统旧建筑体系的"洋化"；另一种是外

图9-1　南京中山陵鸟瞰

图9-2　南京中山陵祭堂

图9-3　南京中山陵藏经楼

来的新建筑体系的"本土化"。前者主要出现在沿海侨乡的住宅、祠堂和遍布各地的"洋式店面"等民间建筑当中，大多数是由民间匠人参与的。后者则是中国近代新建筑运用"中国固有形式"的传统复兴潮流，由外国建筑师发端，后由中国建筑师引向高潮。

以1925年南京中山陵设计竞赛为标志，中国建筑师开始了传统复兴的设计活动。作为纪念性建筑，中山陵总体规划借鉴了中国古代陵墓建筑的布局原则，取得了既庄重宏伟又开敞明快的景象，符合该建筑所需要的特定精神和特定格调（图9-1）。从单体建筑看，祭堂的造型没有直接套用传统建筑形制，石牌坊、陵门和碑亭沿用清式的基本形制而加以简化，运用了新材料和新技术，采用了明朗的色调和简洁的装饰，使得整个建筑组群既有庄重的纪念性，又有浓郁的民族韵味。同时还呈现近代建筑的新格调，可以说是由中国建筑师主持的中国近代传统复兴建筑的典范（图9-2）。

这股复兴传统建筑的潮流，在"中国式"的处理上差别很大，大体上概括为三种形式：一是被视为仿古做法的"宫殿式"；二是被视为折中做法的"混合式"；三是被视为新潮做法的"以装饰为特征的现代式"。

①宫殿式

这类建筑从整体格局到细部装饰都保持传统建筑的形制，整体轮廓以台基、屋身、屋顶的"三分"构成，屋身尽量维持梁柱额枋的开间形象和比例关系，整个建筑没有超越古典建筑的基本体形，保持着整套传统造型构件和装饰细部。有的完全模仿古建筑的定型模式，如仿喇嘛寺殿阁的南京中山陵藏经楼（图9-3），仿清代府第门庭的燕京大学校门（今北京大学西门）等（图9-4）。

②混合式

这类建筑突破中国古典建筑的体量权衡和整体轮廓，不拘泥于台基、屋身、屋顶的三段式构成，建筑体型由功能空间决定，墙面大多摆脱檐柱额枋的构架式立面构图，代之以砖墙承重的新式门窗组合，或添加壁柱式的柱梁额枋雕饰，屋顶仍保持大屋顶的组合，或以局部大屋顶与平顶相结合，外观呈现洋式的基本体量与大屋顶等能表现中国式特征的附加部件的综合。上海市图书馆基本上是平屋顶的近代体型，但在中部耸立重檐歇山顶的殿楼（图9-5）。

③以装饰为特征的现代式

这种形式当时称为"现代化的中国建筑"。这是具有新功能和采用新技术、新造型的建筑，适当点缀某些经过简化的传统构件和细部装饰来增添民族格调。这样的装饰细部，不像大屋顶那样以触目的部件形态出现，而是作为一种民族特色的标志符号出现。例如，民国时期南京的外交部大楼（图9-6）、南京国民大会堂（图9-7）、南京中央医院（图9-8）、北京的交通银行、上海大新公司（图9-9）、中国银行等都属这一类。这类建筑追求新功能、新技术、新造型与民族风格的统一，是当时民族形式风格创作探索的重要体现。

（3）现代建筑：多渠道起步

①外国建筑师导入的"新建筑"和现代建筑

19世纪下半叶，欧洲兴起求新建筑运动，19世纪80年代和90年代相继出现新艺术和青年风格派等新的学派，力图跳出学院派折中主义的禁锢，摆脱传统形式的束缚，是建筑走向现代化的一个阶段。这场运动传遍欧洲，并影响到美国，也通过国外建筑师进入到中国。20世纪初在哈尔滨、青岛等地开始出现一批新艺术和青年风格派的建筑。

1925年，"装饰艺术展"在巴黎万国博览会举行，欧美各国开始流行装饰艺术样式，后来传入中国并在上海风行一时。

20世纪30—40年代，在东北日占区，还出现过一批由日本建筑师导入的现代建筑。

②中国建筑师对现代建筑的认识和实践

现代建筑思潮于20世纪30年代在世界各地迅速传播，中国建筑界也开始介绍国外现代建筑活动，导入现代建筑理论。

中国建筑师将"装饰艺术"和"国际式"笼统称为"现代式"。以华盖建筑师事务所、启明建筑事务所等为代表的中国建筑师团队积极地参与到"现代式"建筑的实践中。如上海百乐门舞厅（图9-10）、南京新都大戏院等都属于这一时期的建筑（图9-11）。

　　中国建筑师的这些现代式建筑活动，与欧美建筑师、日本建筑师在中国的建筑活动一起，构成了近代中国在现代建筑方面的多渠道起步。由于近代中国的工业技术力量薄弱，缺乏现代建筑发展所需要的物质基础，再加上日本帝国主义的入侵，中国转入长期的战争环境，因此当时现代主义建筑没有在中国得到好的发展。

图 9-4　燕京大学校门（今北京大学西门）

图 9-5　上海市图书馆

图 9-6　南京的外交部大楼

图 9-7　南京国民大会堂

图 9-8　南京中央医院鸟瞰

图 9-9　上海大新公司

图 9-10　上海百乐门舞厅

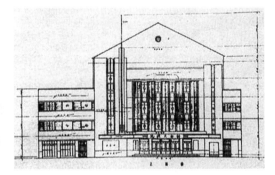

图 9-11　南京新都大戏院设计图纸

9.2　现代建筑的时代特征及代表作品

1949 年 10 月 1 日，中华人民共和国成立。中国开始了全新的进程，中国建筑进入了新的发展阶段。

9.2.1　分期与时代特征

（1）自律时期的建筑特征（1949—1978）

1949 年到 1952 年是经济恢复的阶段，国家提出了"适用、经济、在可能的条件下注意美观"的建筑设计方针，作为指导原则影响了长达 30 年的整个自律时期。

1953 年到 1958 年是第一个五年计划阶段，也是我国复兴与探索的阶段。在这一阶段里，由于苏联和东欧国家的援助，学术思想出现一边倒的状态，中国建筑师全面向苏联学习经验，为中国建筑事业确立全面的管理体制奠定了基础，但也产生了僵化的教条主义，禁锢了建筑创作的原动力。

1957 年反右斗争开始后，以大屋顶为代表的折中主义建筑形式受到了批判。1958 年大跃进以及接踵而来的自然灾害，使中国的经济陷入了极其困难的时期，1966 年"文化大革命"之后，建筑业几乎陷入了停顿与倒退，只是在"文化大革命"后期的一些特殊建筑上还能看到些许建筑创作的痕迹。

整个自律时期，建筑的发展受到了较大的影响，建筑师的创新精神较难施展，只是在个别项目中有所体现。

（2）开放时期的建筑特征（1979—）

1978 年 12 月党的三中全会提出了将工作重心转移到经济工作上来，随后在深圳、珠海等地试办经济特区，中国正式进入了改革开放新时期。

建筑业内部发生着脱胎换骨的变化，建筑活动与市场经济联系日益紧密。建筑师更加关注市场需求和国际建筑界的思潮变化。

9.2.2　自律时期的思潮及代表作品

（1）三种历史主义的延续和发展

1950 年起，爱国主义与民族传统相联系，产生了一大批从传统建筑中发掘建筑语言的建筑设计作品。

①重庆市人民大礼堂

重庆市人民大礼堂，原名西南行政委员会大礼堂，位于重庆市渝中区人民路学田湾，于 1951 年 6 月破土兴建，1954 年 4 月竣工。由著名建筑师张家德设计，分为大会堂和东楼、南楼、北楼，总建筑面积 25 000 平方米。建筑总高度为 65 米，其中礼堂内空高 55 米，顶为直径 46 米的钢结构穹顶，有座位

4 500 个（图 9-12）。该建筑在现代建筑的体量组合中融入了天坛祈年殿与天安门城楼的形式特征。

②南京华东航空学院教学楼

南京华东航空学院教学楼现为南京农业大学教学楼。该教学楼建于 1954 年，由著名建筑师杨廷宝设计，采用折中主义的手法，结合江南学校建筑性格，大面积使用平屋顶和古典檐口，在局部使用坡屋顶，整体协调美观（图 9-13）。

③厦门大学建南楼群

厦门大学建南楼群是由华侨领袖陈嘉庚先生聘请工程师按自己想法建成的（图 9-14）。建南楼群背山面海，气势雄浑，建筑西式主体与中式歇山顶相融合，墙体对广场一面用券窗、隅石，上部及中楼屋顶采用闽南传统建筑形式，为折中主义手法。

④中国美术馆

中国美术馆为国庆工程，由于经济困难缓建于 1962 年。由戴念慈先生在清华大学设计小组的方案基础上调整并组织完成（图 9-15）。该建筑体现了设计人员高超的专业造诣，将可能产生沉重感的屋顶和墙体尺寸组织恰当，设计效果极佳，后经 2004 年改建，目前仍在继续使用（图 9-16）。

⑤全国政协礼堂

全国政协礼堂自 1954 年开始筹建，1956 年竣工，设计者为赵冬日和姚丽生。建筑去掉坡屋顶，但细部完全采用中国化的设计方法，属于装饰主义的传统技法（图 9-17）。

⑥中国伊斯兰教经学院

该建筑建成于 1957 年，由赵冬日等人设计，建筑面积约 9 500 平方米，分主楼、宿舍楼和食堂部分。主楼为三层，包括教室、办公室、图书馆、礼堂、礼拜殿、大小净室等，完全按照伊斯兰教建筑的要求设计（图 9-18）。

（2）务实与求索

自律时期建筑复古主义创作中也有探索，既有特定环境的探索，也有设计意念上的探索。

①北京和平宾馆

和平宾馆由杨廷宝设计，1953 年建成后供"亚洲及太平洋地区和平会议"使用。设计综合考虑建造工期、投资及场地、功能等因素，平面为一字形，保留一处四合院供宾馆使用，功能布局紧凑合理，立面吸收现代主义建筑简洁的设计手法（图 9-19）。

②北京儿童医院

北京儿童医院是由法国归国设计师华揽洪设计的，建筑整体遵循现代主义

图 9-12　重庆市人民大礼堂

图 9-13　南京华东航空学院教学楼

图 9-14　厦门大学建南楼群

图 9-15　改建前的中国美术馆

图 9-16　改建后的中国美术馆

图 9-17　全国政协礼堂

图 9-18　中国伊斯兰教经学院

图 9-19　北京和平宾馆

理念，平面合理，立面简洁，对民族形式的表达主要是通过比例和屋角等细节部分体现（图 9-20）。

③成吉思汗陵

蒙古族传统实行秘葬，所以真正的成吉思汗陵究竟在何处始终是个谜。现今的成吉思汗陵建于 1955 年，是一座衣冠冢。建筑主体是由三个蒙古包式的宫殿一字排开构成。三个殿由走廊连接，在三个蒙古包式宫殿的圆顶上，整个陵园的造型显示了蒙古族独特的艺术风格（图 9-21）。

④北京电报大厦

北京电报大厦建于长安街上，是新中国成立后第一栋自行设计施工的中央通信枢纽工程。建筑面积约 20 000 平方米，设计师为林乐义、张兆平等。整个建筑设计注重比例和位置，立面的繁简变化和虚实对比形式感强，钟楼成为整个建筑的标志，后来成为众多建筑的模仿对象（图 9-22）。

⑤人民英雄纪念碑

人民英雄纪念碑位于北京天安门广场中心，1952 开工，兴建至 1958 年 4 月竣工。建筑设计者为梁思成，雕塑创作者为刘开渠。人民英雄纪念碑通高 37.94 米，正面（北面）碑心是一整块石材，长 14.7 米、宽 2.9 米、厚 1 米、重 103 吨，镌刻着毛泽东题写的"人民英雄永垂不朽"八个鎏金大字。背面碑心由 7 块石材构成，内容为毛泽东起草、周恩来书写的 150 字碑文（图 9-23）。

⑥哈尔滨防洪胜利纪念塔

哈尔滨防洪胜利纪念塔位于哈尔滨市道里区中央大街尽头广场，为纪念哈尔滨人民 1956 年、1957 年连续两年战胜特大洪水而修建，由哈尔滨著名建筑大师李光耀设计，防洪纪念塔由高 13 米的圆柱形塔身和高 7 米的半圆形回廊构成，颇为壮观。塔身的浮雕生动地再现了战胜洪水的情形，塔顶的工农兵圆雕表现了战胜洪水的英雄形象（图 9-24）。

这个时期，还有很多代表政府形象的建筑作品。其中具有代表性的有"国庆十大工程"，包括人民大会堂、中国革命历史博物馆、中国人民革命军事博物馆、全国农业展览馆、北京火车站、北京工人体育场、民族文化宫、北京民族饭店、钓鱼台宾馆、华侨大厦（现已拆除，已在原址建了新的建筑），以及毛主席纪念堂等（图 9-25）。

（3）窗口的新风

整个自律时期的大部分建筑都无法摆脱时代的局限性，但有些建筑物呈现出另一种自由轻巧的新风，它们大多集中在援外工程、外事工程和外贸工程中。

①杭州笕桥机场候机楼

该项目是为迎接 1972 年到华访问的美国总统尼克松修建的，候机楼从设

图 9-20 北京儿童医院

图 9-21 成吉思汗陵

图 9-22 北京电报大厦

图 9-23 人民英雄纪念碑

图 9-24 哈尔滨防洪胜利纪念塔

图 9-25 毛主席纪念堂

计到竣工仅历时两个月。设计采用一字形平面布局，底层中部为候机厅，南翼为贵宾楼接待室，北翼为宾馆，二层大厅做错层处理，夹层上为餐厅，下为银行、邮政、商店等（图9-26）。

②杭州鉴真和尚纪念堂

鉴真和尚纪念堂是在1970年中日两国交流不断加强的背景下，为纪念中日交流的先驱者，唐代扬州大明寺高僧鉴真而建的。方案由梁思成先生设计，取材于日本昭提寺金堂（图9-27）。

9.2.3　开放时期的思潮及代表作

（1）域外建筑师在中国的作品

①北京香山饭店

香山饭店是一座位于北京西山风景区香山公园内的四星级酒店，饭店的建筑和园林由美籍华裔建筑设计师贝聿铭主持设计，1982年建成开业，1984年曾获"美国建筑学会荣誉奖"（图9-28）。香山饭店主体建筑是一栋白色的现代主义楼房，饭店宽阔的常春厅大堂，采用玻璃屋顶，自然采光，使内庭成为光庭，乃是贝氏建筑设计的特点之一。主体建筑后的流华池，是典型的中国式园林，弯曲的小径，铺鹅卵石，周围布置假山，白色建筑倒映在水池中，和中式园林有机地融为一体（图9-29）。

②上海金茂大厦

金茂大厦位于上海浦东新区黄浦江畔的陆家嘴金融贸易区，由美国SOM设计事务所设计，1999年4月建成。楼高420.5米，共91层。建筑吸收密檐塔的设计特点，巧妙地将最先进的设计方法和中国传统建筑风格相结合，在国内外获得广泛赞誉（图9-30）。

③国家大剧院

国家大剧院位于北京人民大会堂西侧，设计师为法国建筑师保罗·安德鲁。工程于2001年12月13日开工，2007年9月建成。国家大剧院占地118 930平方米，总建筑面积149 520平方米，主体建筑由外部围护结构和内部歌剧院、戏剧场、音乐厅、公共大厅及配套用房组成。椭球形屋面主要采用钛金属板饰面，中部为渐开式玻璃幕墙。椭球壳体外环绕人工湖，湖面面积达35 500平方米，各种通道和入口都设在水面下（图9-31）。

（2）中国建筑师的探索与作品

外国建筑师的设计多数选在大或特大城市，且都是有雄厚资金依托的项目。而中国绝大多数建筑仍是由中国建筑师完成，即使是外国设计师在中国完成的项目，也需要满足中国的设计施工规范，立足于中国的国情，所以从根本上来说，中国的建筑需要通过中国建筑师的劳动才能建造起来。

在新时期，有不少设计师在探讨中国特色的建筑设计。如戴念慈设计的曲阜阙里宾舍，关肇邺设计的徐州博物馆，以及刘力、周文瑶、郭明华等设计的炎黄博物馆，都对这一问题进行了尝试，取得了不错的效果。

改革开放前岭南建筑师独占鳌头，改革开放后借着特区的天时、地利、人和，取得了更大的成就。建筑师佘畯南、莫伯治是改革的先行者，二人合作的白天鹅宾馆被誉为"岭南报春第一枝"（图9-32、图9-33）。

20世纪80年代以后，在建筑业大发展的环境中，社会对代表时代前沿的技术美需求更加强烈。不少国外设计师就是以高技派的手法，赢得国内重大设计竞赛项目的。例如，库哈斯设计的中央电视台新址大楼，扎哈·哈迪德设计的广州歌剧院。中国设计师的代表性作品有2008年奥运会游泳馆，其形式简洁，表皮材料新颖。

到20世纪末，新材料、新技术眼花缭乱地涌入，需要建筑师运用自身的设计素养，把握适宜技术，将技术与艺术相结合，完成富有艺术精神的建筑。其中有齐康设计的侵华日军南京大屠杀遇难同胞纪念馆（图9-34），程泰宁设计的杭州铁路新客站，彭一刚的甲午海战纪念馆等建筑作品（图9-35）。

图9-26　杭州笕桥机场候机楼

图9-27　杭州鉴真和尚纪念堂

图9-28　北京香山饭店外观

图9-29　北京香山饭店内景

图 9-30 上海金茂大厦　　图 9-31　国家大剧院

图 9-32　白天鹅宾馆鸟瞰图　　图 9-33　白天鹅宾馆内景

图 9-34　南京侵华日军大屠杀遇难同
胞纪念馆　　图 9-35　甲午海战纪念馆

本章知识点

1. 了解中国近代建筑的发展阶段及各阶段的建筑思潮和典型代表
作品。

2. 了解中国现代建筑的发展阶段和时代特征、思潮以及典型代表作品。

下篇　外国建筑简史

大型纪念性建筑的滥觞——古埃及时期建筑

1.1 古埃及时代特征与建筑成就

1.1.1 时代环境与人文特征

古埃及地处非洲东北部，北濒地中海。尼罗河是境内的主要大河，其南起阿斯旺瀑布，北流汇入波平浪静的地中海，曲折绵延1 100千米。河东岸粗犷的岩基沙山，将尼罗河和红海分开，河的西岸是沙漠台地。终年南吹的干燥信风，形成永远晴朗、炎热的气候，促使河两岸沙漠的形成。每年7月中旬，尼罗河汇入上游春季的雨水和赤道地区融化的雪水使河水上涨，8、9月达到最高水位，河水泛滥，随后河水回落，在河流沿岸和沙漠台地之间留下宽约10千米的狭长肥沃黑土地带，适宜农业耕作，尼罗河沿岸犹如绿色的长轴纵贯上、下埃及（图1–1）。

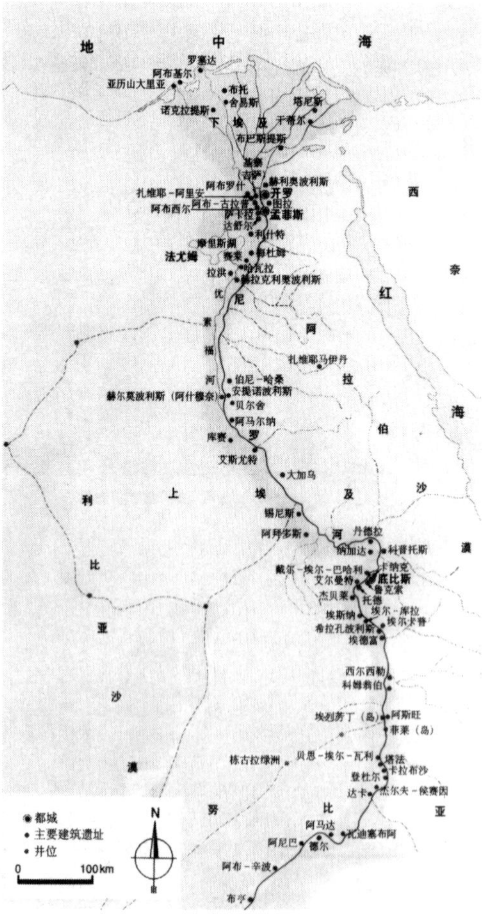

在埃及，沙漠漫漫，河流绵延，地理结构明晰，空间秩序极为鲜明；信风持续南吹，河水涨落有时，气候时间节律极为稳定永恒。这些环境特性形成古埃及人基本的认知框架，敬重、崇拜自然成为古埃及文明的重要特色，追求永恒、稳定成为古埃及人的普遍信仰。总之，秩序、永恒的环境与文化特征，影响了埃及的政治、经济、文学、建筑、艺术等各个方面，尤其是建筑。

1.1.2 古埃及建筑主要建筑成就及历史沿革

古埃及是人类文明的发源地之一，建筑艺术、技术达到相当高的水平。古埃及建筑以其巨大的体量式构图、精准的

图1–1 古代埃及疆域地图

几何形体、严整的轴线式布局、变化丰富的外部空间设计、宏伟神秘的内部空间、精美的雕塑和壁画，将人类早期文明推向全新的高度，为古典建筑的成熟奠定了坚实的基础。其主要代表性建筑成就是建造了人类历史上第一批大尺度的巨型纪念性建筑，是国家大型纪念性建筑物的滥觞，为大型纪念性建筑的发展开拓了道路。

古埃及的建筑发展经历了丰富曲折的变化，大致可分为四个时期：

①古王国时期（前 3200—前 2130）——以陵墓为主。

②中王国时期（前 2130—前 1580）——以纪念性的陵墓、庙宇为主。

③新王国时期（前 1582—前 332）——以庙宇、石窟庙、石窟墓为主。

④晚期（前 332—前 30）——沦为希腊、罗马的殖民地，建筑受到外来文化影响较大。

1.2 陵墓建筑

古埃及的原始宗教认为人死之后，灵魂不灭，只要保护住尸体，3 000 年后会在极乐世界永生。因此，古埃及人特别重视陵墓的建造，陵墓成为当时最重要的建筑类型之一。伴随古埃及王朝历史变迁，陵墓建筑不断演进，由古王国时期简单的"玛斯塔巴"向追求纪念性表现的"金字塔"转变，到中王国时期和新王国时期甚至出现峡谷"石窟崖墓"。

1.2.1 初期陵墓典例——"玛斯塔巴"

古王国时期，古埃及人把陵墓当作人们死后的居所。人们根据日常生活来设想死后的生活，即模仿日常的方台住宅来修建陵墓。陵墓由宽大的地下墓穴和地面上的祭祀厅堂两部分构成，祭祀厅堂部分仿照住宅，用砖砌造，像略有收分的长方形台子，在一端有出入口，内设大厅、狭廊以安置死者的雕像，地下墓穴和地上厅堂之间通常有阶梯或斜坡甬道相连。这种墓成为早期陵墓的典型形制，在古埃及广泛流行，时人称之为"玛斯塔巴"，即方台式陵墓之意（图1-2）。

1.2.2 早期金字塔陵墓典例——阶梯形金字塔

古王国时期，中央集权制国家逐渐巩固和强盛，皇权的重要性更为突显，皇帝崇拜成为主流的社会趋势。向高处发展的集中式纪念性构图萌芽了，并不断得到重视和强化，皇帝陵墓的形制渐渐发生了改变，金字塔陵墓登上历史舞台。早期的金字塔陵墓处于探索阶段，以阶梯式为主，昭赛尔金字塔是早期阶梯式金字塔陵墓的典型代表（图1-3）。

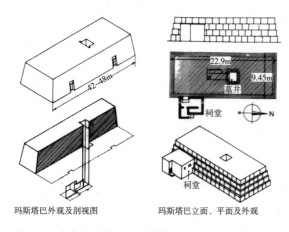

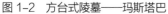

玛斯塔巴外观及剖视图 · 玛斯塔巴立面、平面及外观

图 1-2　方台式陵墓——玛斯塔巴

图 1-3　昭赛尔金字塔遗址

昭赛尔金字塔位于开罗以南的萨卡拉（Saqqara），修建于公元前 3000 年左右，是古王国时期第三王朝皇帝昭赛尔的陵墓，由古埃及伟大的建筑师（高级祭司）伊姆霍特普（Imhotep）设计，也是古埃及第一座大型石质的早期金字塔建筑群。

昭赛尔金字塔建筑群长 540 米，宽 278 米，占地约 15 公顷（1 公顷 =1 万平方米），外部有一圈高 10 米的围墙环绕整个建筑群，内部由门廊、大型前院、祭坛、阶梯形金字塔、小型庙宇等部分组成。阶梯形金字塔是整个建筑群的主体，用石头砌筑（图 1-4）。

巨大单纯的体量式构图是昭赛尔金字塔的特色。为突出对皇帝的崇拜和纪念，建筑师用超常尺度的巨大体量神化皇帝。昭赛尔阶梯式金字塔主体共 6 层，高 62 米，基座东西长 125 米，南北长约 109 米，基座占地面积达 1.36 公顷，远超出日常陵墓的尺度，阶梯状收分的体量式构图极为稳定、单纯，在蓝天的映衬下，摄人心魄，敬意顿生。

对比强烈的空间序列是昭赛尔金字塔的另一杰出之处。昭赛尔阶梯式金字塔建筑群突破古埃及早期陵墓重体量轻空间的传统做法，精心进行空间序列布局，巧妙运用对比强烈的空间序列烘托出对皇帝的崇拜。建筑师结合祭祀仪式流程，将入口布置在建筑群围墙的东南角，从入口进入一个狭长幽暗的廊道，廊道两侧连续的柱廊强化了空间的漫长节奏，增强期待感与敬畏感。走出廊道，巨大的前院和体量高耸的阶梯式金字塔赫然呈现在面前，前方空间宏阔，天空明亮，陵墓巍峨，仿佛从现世来到另一个神秘世界，造成进入冥界空间的感觉。光线的明暗、空间的开阖对比强烈，异常震撼，渲染出皇帝的威力无比，神圣莫测，将皇帝崇拜的纪念主题推向壮阔雄浑的高潮。

昭赛尔阶梯式金字塔以其巨大高耸的单纯体量和变化丰富的空间序列将埃

及古王国时期皇帝崇拜推向前所未有的高度，其动态内倾的竖向纪念构图开启了建筑史纪念性主题表达的新时代，为后世的大型皇帝陵墓建设提供了高水平的参照范本。此后建设的麦登阶梯式金字塔和达舒尔折线式金字塔皆受其影响（图1-5、图1-6）。

1.2.3 成熟期金字塔陵墓典例——正方锥体金字塔

吉萨大金字塔群位于古王国首都孟菲斯西北的吉萨平原（现开罗郊区），由三座大型方锥形的金字塔和附属的祭祀建筑组成。吉萨大金字塔群规模宏大、气势雄伟、技术精湛，是古埃及最著名的建筑群，也是古埃及成熟时期金字塔式陵墓的典范（图1-7—图1-9）。

简洁统一、洗练单纯的几何形是吉萨金字塔建筑群的突出特色。吉萨金字塔群的三座金字塔都是精确的方锥体，形体极为单纯，甚至金字塔的厅堂和围墙等附属建筑物也采用简洁的几何形，方正平直，与金字塔风格协调，完整统一。石质建筑终于找到了适合的建筑形式语言，摆脱了对木建筑的模仿，纪念性主题的表达更为简洁有力、洗练隽永。

规模宏大、气势雄伟是吉萨金字塔建筑群的另一特色。建筑群中最大的金字塔是库富金字塔，又名吉萨大金字塔、齐奥普斯金字塔，地处建筑群的最右边，底边长230.35米，高146.6米，超越先前已有建筑的尺度规模，是人类建造的最大的巨石建筑。地处中间位置的是哈弗拉金字塔，又名齐夫仑金字塔，底边长215.25米，高143.5米，尺度和大金

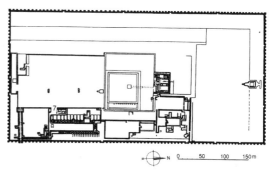

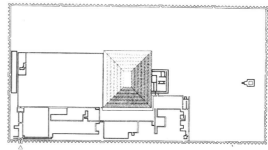

图1-4 昭赛尔金字塔总平面图

图1-5 麦登金字塔

图1-6 达舒尔金字塔

字塔近似，其顶上保留的饰面石残迹令人联想起巨大金字塔的原始风采。最左边是门卡乌拉金字塔，又名迈西里努斯金字塔，底边长 108.04 米，高 66.4 米，虽然该金字塔尺度稍小，其尺度规模也超过早期宏伟的昭赛尔阶梯金字塔。三座规模宏大的金字塔横亘在蓝天与漫漫黄沙之间，相互之间以对角线角度连接，轮廓参差，单纯稳定，仿佛神力造化的巨大山体，气魄极为混沌、雄伟。其高耸的竖向构图与水平展开的大漠孤烟、长河落日的自然景观形成强烈的对比，构成原始而永恒的壮丽图景。

纯粹洗练的纪念性空间序列是吉萨金字塔建筑群的非凡之处。为强化纪念

图 1-7 吉萨大金字塔群遗址

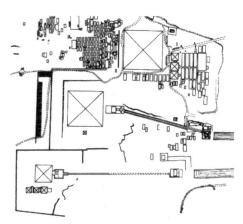

图 1-8 吉萨大金字塔群总平面图

图 1-9 吉萨大金字塔群鸟瞰

性主题的表达，建筑师设计建造金字塔时，将附属建筑尽量减少，只保留了金字塔前的祭祀厅堂、长长的祭祀甬道和门厅。门厅位于尼罗河边，距离金字塔有几百米的距离，门厅与祭祀厅堂之间用狭长密闭的祭祀甬道相连。献祭的队伍顺尼罗河乘船抵达岸边的门厅，然后鱼贯进入悠长幽暗的甬道，最后来到祭祀厅后的小院子，猛然看见灿烂阳光中的皇帝坐像，背后是高耸入云的金字塔，使人仿佛穿越到另一个神圣而永恒的世界，如梦似幻，将皇帝崇拜的纪念主题演绎得酣畅淋漓。

吉萨金字塔建筑群被誉为世界最壮观的纪念性建筑组群之一。1979年联合国教科文组织因其杰出的文化和建筑艺术成就，将其列入世界文化遗产名录。

1.2.4 晚期陵墓典例——峡谷里的崖墓

中王国时期，古埃及首都迁到上埃及的底比斯。上埃及地处尼罗河上游，峡谷窄狭，两侧悬崖峭壁，空间局促，古王国时期流行的金字塔式帝王陵墓难以实施。皇帝陵墓再次出现转变。建筑师效仿当地传统，利用原始拜物教中的巉（chán）岩崇拜强化皇帝崇拜，结合崖壁，修建陵墓，后人称之为崖墓。陵墓的格局为：祭祀用的厅堂成为陵墓的主体建筑，有的甚至演变为规模宏大的祀庙，选址通常在高大陡峭的崖壁前，沿轴线纵深布局，最后一进是圣堂，常在崖壁上凿出石窟作为圣堂，墓室则开凿在更深的地方。自然崖壁景观被巧妙地组织到陵墓建筑群的空间序列里，强化了皇帝崇拜的纪念性主题。位于戴尔·埃尔·巴哈利的陵墓建筑群是崖壁式皇帝陵墓的典型代表（图1-10）。

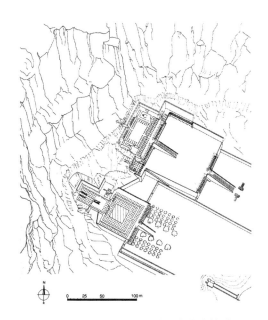

图1-10 戴尔·埃尔·巴哈利崖墓建筑群

　　戴尔·埃尔·巴哈利地处尼罗河西岸，自古以来素有"死者之城"的盛誉。中王国和新王国时期的首都底比斯就在尼罗河东岸，与戴尔·埃尔·巴哈利隔河相望，被誉为"生者之城"。为强化新都的文化、政治地位，皇帝在河对岸的戴尔·埃尔·巴哈利山谷修建了许多大型皇帝陵墓。这些陵墓巧妙利用山势地形，借助崖壁自然景观表达皇帝崇拜的纪念主题。古王国时期修建的曼都赫特普墓和新王国时期修建的哈特什帕苏女王墓是崖墓中较为典型的代表。

　　曼都赫特普墓约修建于公元前 2000 年，是上埃及第一座结合崖壁建造的大型皇帝陵墓。该陵墓建筑群由三部分构成，即前导景观区、祭庙区和嵌入崖壁的圣堂区。进入墓区大门，便是前导景观区，有一条长约 1.2 千米的石板路，道路两侧密排着狮身人首像，烘托陵区的威严神圣气氛；然后便进入建筑群的主体核心部分——祭庙区，祭庙区由庙前广场与建在高台上的祭庙两部分组成。庙前广场遍植圣柳，当中是排着皇帝雕像的林荫道，再经一条宽大的坡道直达高大的平台。平台前缘镶着柱廊，平台之上是神圣的祭庙，位于平台前部的祭庙是方形的，四面环布柱廊，内部耸立一座小型金字塔，标示皇帝祭庙的尊崇地位。平台后部有一个小的方院和长方形的"多柱厅"，内有 80 棵均匀密布的柱子，该厅是古埃及已知最早的大型"多柱厅"。最后便是嵌入崖壁的圣堂部分，圣堂是国王的墓室，较为隐秘。

　　作为底比斯地区首个皇帝陵寝，曼都赫特普墓供奉国王和底比斯地方神，负有树立新生的底比斯王朝权威的重任。该陵墓的许多创举开创了新的陵墓形制：

　　创举之一，以祭庙为陵墓建筑的主体，用神圣复杂的宗教仪式强化皇帝崇拜。在曼都赫特普陵墓建筑群，祭庙建筑既用于供奉国王生前和死后，又祭祀底比斯的地方保护神阿蒙，将神与皇帝同祭，是陵墓建筑形制的巨大突破。祭庙重要性空前突显，成为整个建筑群的主体部分。祭庙的内部空间获得前所未有的重视，强化了仪式化神灵祭祀空间的纪念性价值，充实和深化了皇帝崇拜纪念性的内涵，开创了新的纪念性陵墓建筑形制。

　　创举之二，结合自然崖壁，进一步神化皇帝崇拜。建筑师根据地形特征，巧妙地将庞大巍峨的自然崖壁纳入陵墓建筑群，使崖壁成为陵墓建筑群的有机组成部分，进一步突显了皇帝崇拜的纪念性主题的神圣和永恒，产生威慑人心的独特效果。

　　创举之三，运用轴线，营造庄严神圣的纪念性空间序列。在陵墓建筑演进的过程中，轴线式对称构图的庄严和神圣特征被逐渐放大，强化了皇帝崇拜的纪念性的价值。在曼都赫特普陵墓，轴线式构图首次被用来组织大型纪念性建筑群空间布局和营建。建筑师利用严整的纵轴线，将陵墓建筑群的三个主要部分纵深布局，形成变化丰富、威严壮观的纪念性空间序列，反复渲染气氛，烘托主题，强化皇权神圣性和永恒性。

曼都赫特普陵墓开创的新形制对后世陵墓产生了深远的影响（图1-11~图1-13）。

新王国时期修建的哈特什帕苏女皇陵就深受曼都赫特普陵墓的影响。哈特什帕苏女皇的陵墓建筑群约修建于公元前1504—1458年，是底比斯地区最宏伟的陵墓建筑群。其规划布局同曼都赫特普的墓近似，但其空间艺术构思更富创意，规模更为宏大宽阔，空间序列更为严整壮丽，与崖壁结合得更为紧密自然，构图更为和谐统一（图1-14、图1-15）。

哈特什帕苏女皇陵紧邻曼都赫特普陵墓北部，由靠近尼罗河岸的前导景观区、祭庙区和嵌入崖壁的圣堂区三部分组成。前导景观区是尼罗河岸与陵墓祭庙区之间的过渡，只有一条长长的大道从河岸的河谷神庙直达祭庙建筑群入口，道路两旁排布着斯芬克斯雕像，强调其纪念性特征；祭庙区是陵墓建筑群的核心部分，由入口庭院和两层宽达百米、渐次升起的台地组成，台地之间、台地与庭院之间有笔直宽阔的坡道相连，为强调台地的重要性，建筑师用柱廊装饰台地，最上一层台地甚至还采用柱廊围合的庭院突显其神圣性；最后是圣堂区，内部供奉国家和皇帝的保护神阿蒙-瑞神，神像深深嵌入崖壁，与自然崖壁融为一体（图1-16）。

规整威严、节奏明晰、坦荡宏阔的轴线式布局是哈特什帕苏女皇陵的突出特色。建筑师采用严整的轴线式布局将

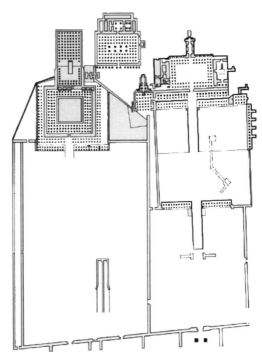

图1-11　戴尔·埃尔·巴哈利崖墓群总平面图

图1-12　戴尔·埃尔·巴哈利崖墓群——曼都赫特普陵墓

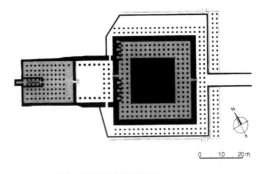

图1-13　曼都赫特普陵墓平面图

三部分纵深排列，尤其是祭庙区部分，彻底淘汰了金字塔的造型，采用连续的台地式轴线布局，空间更为完整，节奏更为明晰紧凑，通达纪念空间高潮部分（高耸的自然崖壁）的动势更为干脆洗练。宽阔台地运用连续有力的柱廊，形成坦荡而威严的强大空间秩序，气魄宏大而沉静优雅，令人震撼。其强大的轴线空间秩序甚至延伸到尼罗河东岸，影响到卡纳克阿蒙神庙的布局。哈特什帕苏女皇陵布局庄严壮丽，远超之前的陵墓。

与地形的完美结合及总体的和谐构图是哈特什帕女皇陵的另一非凡之处。女皇陵墓背倚壮阔的自然崖壁，崖壁拔地而起高约 200 米，超大的尺度甚至超过古王国时期最大的吉萨大金字塔，其巨大高耸的竖向构图威严端庄、摄人心魄。建筑师巧妙地设计渐次升起的台地，台地立柱形成动人的垂直空间序列，与崖壁的竖向构图形成有机的呼应，进一步强化崖壁自然景观的竖向动势和庄严气势。台地展开的横向构图与崖壁的竖向构图形成生动鲜明的对比。陵墓在高耸的崖壁衬托下更显谦逊优雅、沉静大气，崖壁在陵墓的烘托下更为高大威严、庄严神圣，两者相互辉映，水乳交融，总体和谐，堪称早期人类文明的历史绝唱（图 1-17）。

图 1-14 哈特什帕苏女皇陵墓

图 1-15 哈特什帕苏女皇陵墓远景

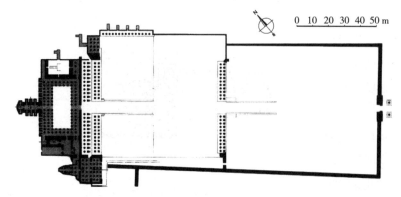

图 1-16 哈特什帕苏女皇陵墓平面图

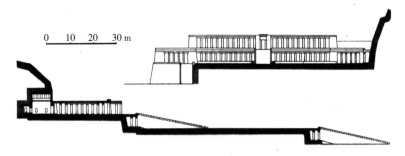

图 1-17　哈特什帕苏女皇陵墓剖面、立面图

　　哈特什帕苏女皇陵墓将纪念性外部空间设计提升到前所未有的艺术高度，其与自然融合的绝妙艺术构思、恢宏严整的轴线式布局和简洁严谨的柱廊式构图，对后世建筑发展影响深远，尤其对神庙等大型纪念性建筑启迪甚大，成为大型纪念性建筑设计创作的典范。

1.3　神庙建筑

　　中王国时期，埃及重新统一，底比斯成为新首都。为强化皇帝的神圣统治，皇帝命祭司建立一整套宗教神谱，将皇帝和至高无上的太阳神结合起来，宣扬皇权的神圣合法。并进一步将底比斯传统的地方保护神阿蒙与太阳神融合，变为最高地位的国神阿蒙－瑞神，并为其大修神庙。甚至把新首都底比斯变成阿蒙－瑞的信仰中心，突显其尊崇无比的宗教神权地位，借以巩固、强化底比斯籍皇帝卓越非凡的政治地位。神庙建筑，尤其是供奉和祭祀太阳神阿蒙－瑞的庙宇地位上升，成为皇帝崇拜的重要纪念性建筑物，甚至代替了传统皇帝崇拜纪念性建筑陵墓的地位而备受尊崇。这种趋势在新王国时期变得更为明显，巨大的神庙遍布全国，神庙也演变成规模庞大的纪念性建筑群，宏伟壮丽的卡纳克阿蒙神庙综合建筑群即是古埃及神庙建筑的杰出代表。

　　神庙的布局设计借鉴了贵族府邸和大型纪念性陵墓的做法，逐渐形成独特的形制。中王国时期，神庙形制初步定型，其基本特征：采用轴线式严整布局，沿着主要纵轴线依次排列高大的门、围柱式院落、大殿和一串密室；从院落经大殿到密室，屋顶逐层降低，地面逐层升高，侧墙亦逐渐内收，空间渐趋狭小隐蔽；在神庙外一般设高而厚的围墙，以增强神庙建筑群的威严（图 1-18）。

　　神庙建筑通常有两个艺术重点，一个是大门，另一个是巨柱式大殿。大门是神庙外部的艺术重点，群众性宗教仪式通常在此举行，大门宏大威严、富丽堂皇，与隆重的宗教仪式相适应。大门逐渐形成稳定的形制，埃及人称之为牌楼门或塔门，其标准做法：由两座高大的梯形石墙夹着狭小的矩形门洞，梯形

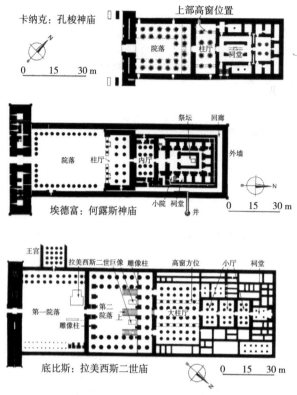

图 1-18　神庙建筑典型平面图

墙体量大，两面向内倾，墙内通常设楼梯可直达门楣，门楣处设观礼室，以供重大宗教庆典使用，墙体外侧常刻有程式化的人物与文字图案，并嵌有石质旗杆。整个大门形体简单而稳重，气势夺人。

巨柱式大殿，又称"多柱厅"或"大柱厅"，是神庙内部空间的艺术重点，皇帝常在大殿接受一些贵族的朝拜，力求幽暗而威压，与神化皇帝的仪式相适应。多柱厅尺度宏伟，常横向布置，内部密布高大粗壮的柱子，柱间空间狭蹙曲折，令人倍感威压。中央两排柱子比较高，当中三开间的顶棚高于左右，形成侧高窗。大厅侧墙不开窗，只有侧高窗将光线引入，光线散落在柱子和地面上，光影缓缓移动、漫无际涯、来去无踪，让人如处密林，神秘莫测。

1.3.1　"自然神"神庙建筑典例——卡纳克阿蒙神庙

卡纳克阿蒙神庙建筑群位于底比斯，自中王国时期逐渐兴旺发达，以举行盛大隆重的太阳神"阿蒙-瑞"神的祭祀仪式而闻名，到新王国时期成为埃及首屈一指的国家宗教建筑群。整个建筑群由阿蒙神庙、穆特神庙和蒙图神庙三大部分组成，分别供奉发源于底比斯的三位主神——被誉为诸神之王的太阳神阿蒙-瑞、太阳神的妻子穆特、底比斯战神蒙图（阿蒙的另一变相）。卡纳克阿蒙神庙建筑群占地面积达 36.78 公顷，是世界上最宏伟壮观的古代建筑群之一（图 1-19）。

神庙始建于中王国时期，之后历代均有增建，演变为古埃及规模最大的太阳神神庙建筑群。建筑群主要沿两条相互垂直的轴线布置，其中东西向是建筑群的主轴，神庙的主要建设活动多沿该轴展开，神庙最为核心的部分即沿东西向主轴布置。南北向的是次要轴线，主要布置一些和穆特神庙区相联系的建筑（图 1-20、图 1-21）。

东西向的主轴与尼罗河垂直，其延长线与河对岸的哈特什帕苏女皇陵墓轴线相合，具有非同一般的纪念意义。沿该轴向布置的阿蒙神庙建筑虽经多个皇帝的增建和扩建，但其布局严整对称，空间序列变化也最为丰富多彩，轴线艺术构思异常巧妙，宏大非凡。阿蒙神庙总长 366 米，宽 110 米，沿轴线先后布置了 6 道威严壮丽的塔门、多进大小不一的院落和"多柱厅"，其间还对称地布置高大的方尖碑，表明太阳神崇拜的主题。神庙轴线的末端布置了全能的太阳神阿蒙的神秘住所——内殿和节庆堂。整个轴线上丰富变化的院落交替出现，实体与空间完美结合，形成华丽而威严的空间序列，用丰富变化的空间烘托太阳神。在东边的延长线上还布置了轴线对称的拉美西斯二世的祭祀庙宇，暗示皇帝崇拜与太阳神崇拜融合为一。在神庙西边，沿轴线建造了长长的甬道，甬道两旁排列着 90 多座狮身羊首的雕像，甬道尽头是一个连接运河和尼罗河的大船坞，形成神庙的水路入口，将尼罗河与阿蒙神庙通过轴线连接起来，用优美的自然景观进一步丰富太阳神崇拜纪念性主题的内涵，其构思巧妙卓绝（图 1-22）。

阿蒙神庙的大门也较为典型。沿主轴线先后布置 6 道厚重高大的塔门，强调了阿蒙神庙独一无二的地位，在古埃及神庙建筑中是较为罕有的。阿蒙神庙主轴最外层的大牌楼门建于埃及晚期的托勒密王朝时期，大门高 43.3 米，宽 113 米，尺度巨大，令人震撼，是阿蒙神庙最大的牌楼门，也是古埃及最壮观的牌楼门，其庄严宏伟的形体烘托出法老的神圣威严，遗憾的是该门未完全建成。

阿蒙神庙的主殿"大柱厅"气魄威严神秘，空间艺术构思极为巧妙成熟，是古埃及神庙大殿建筑的优秀杰作。"大柱厅"建于新王国时期，为拉姆西斯二世而建。大厅宽 103 米，深 52 米，面积达 5 406 平方米，厅内布置了 16 行共 134 根巨型石柱，气势惊人。尤其中央的两排 12 根巨柱，高达 21 米，直径 3.57 米，上面架着长 9.21 米重 65 吨的大梁，中央柱廊空间巨大，异常宏伟，令人敬畏。两旁侧厅的高度较低，密密排布 122 根柱子，柱高 13.7 米，直径 2.8 米，远比常见的柱子粗壮，柱间净空小，极为沉重压抑。整个大厅只有中央柱

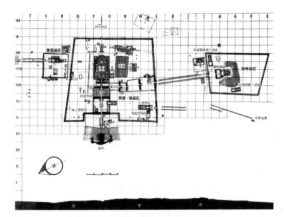

图 1-19　卡纳克阿蒙神庙建筑群

图 1-20　卡纳克阿蒙神庙遗址鸟瞰

图 1-21　卡纳克阿蒙神庙入口

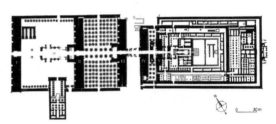

图 1-22　卡纳克阿蒙神庙平面图

廊的侧高窗可以采光，光线斑驳幽暗，增添了空间的神秘感，表现了法老非凡的神力。柱梁交接简洁，柱子比例匀称，梁柱式结构的艺术表现已比较成熟。柱身布满彩色的阴刻浮雕，描述太阳神和法老的光辉事迹，皇帝崇拜的纪念性主题再次被艺术化地烘托和强调。雕刻形象生动，比例准确，色彩明艳，是难得的古代雕刻艺术精品。

1.3.2　"石窟型"神庙建筑典例——阿布 - 辛波阿蒙神大石窟庙

新王国时期，强大的拉姆西斯二世向南征服库施王国之后，将文明中心底比斯的文化和宗教传播到尼罗河南部山区，在南部修建了几个巨大的阿蒙神庙，其中最负盛名的是位于阿布 - 辛波（Abu-Simbel）的阿蒙大石窟庙。其宏大磅礴的气势和独特巧妙的艺术构思令后人赞叹称奇。

因山为庙：巧借自然营造宏大磅礴的气势是阿布 - 辛波大石窟庙的绝妙特色。石窟庙为庆祝拉姆西斯二世登位 34 周年而建，肩负重要的政治和文化使命。建筑师一改平地修建纪念性庙宇的通行做法，别出心裁地将庙宇选在尼罗河拐弯处西岸群山一处陡峭雄壮的自然山崖上，因山为庙，巧借雄浑的自然景观强化其宏大的纪念性主题。该地在历史上曾是当地的自然圣地，山势巍峨峭绝，距河岸有一段距离，景观视野良好。建筑师顺应山势将崖壁略加处理就形成了一个梯形正面作为石窟庙的大门，高 30 米，宽 35 米，外廓像神庙的梯形牌楼门。为点明皇帝崇拜的纪念性主题，又在正面裸露的山岩上凿出 4 座 20米高的拉姆西斯二世巨大坐像。巨像高大雄伟、端庄威严，静观流水沧桑，与气势磅礴的自然崖壁相互辉映，亘古屹立。巨像中间是塔门的主入口，正对着太阳升起的东方，入口上方的壁龛里雕有太阳神和地方神的合体神像。入口还雕塑了一些小雕像，与巨大的坐像形成对比，衬托巨像更为高大庄严。整个石窟庙大门与巨大自然山体密切融合，尺度宏大，气吞山河，如神力再现，摄人心魄（图 1-23、图 1-24）。

承继传统：利用严谨的轴线式布局营造宏伟庄严的纪念性空间序列是阿布 - 辛波大石窟庙的另一独特之处。石窟庙的内部空间布局继承融合了底比斯

图 1-23　阿布 - 辛波大石窟庙全景

图 1-24　阿布 - 辛波大石窟庙入口

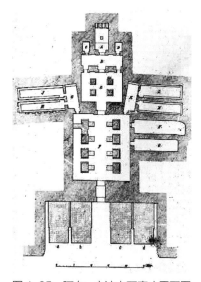

图 1-25　阿布 - 辛波大石窟庙平面图

地区崖墓和太阳神庙的传统形制，采用严谨的轴线式布局，在石窟的进深轴向上先后布置了前厅、后厅和圣堂，形成了宏伟谨严的空间序列。经过宏大庄严的大门，便是前厅，前厅类似于神庙的院落，长17.7米，宽16.5米，厅里沿轴线纵向对称地排列4对方柱，每根方柱前立着一尊拉姆西斯二世的巨像，高9米，整个前厅高敞宏伟，延续了大门的宏大雄壮气势。继续沿轴线前行，来到后厅，后厅是长方形的，类似神庙的多柱厅，长10.9米，宽7米，厅里布置4个方柱。再后面便是圣堂，圣堂中有4个坐像，即广受膜拜并为官方认可的阿蒙-瑞神、瑞-哈拉克特、普塔神和神化的法老自己。整个石窟庙，进深共55米，内部厅堂空间大小、高矮不断变化，形成井然有序、庄严多变的纪念性空间序列，有力烘托了皇帝崇拜的纪念性主题。同时，前厅、后厅、圣堂等空间的墙面和天花都布满彩色的浮雕和壁画，记载了皇帝敬神的场景和率军征战的场景，增添了轴向空间序列的生动感（图1-25）。

精确计算：妙用独特的自然天文现象强化皇帝崇拜的神秘空间氛围是阿布-辛波大石窟庙的非凡构想。阿布-辛波靠近北回归线，在每年的春分和秋分前后，即每年1月10日至3月30日、9月10日至11月30日期间，阳光入射角大，光线可斜射入室内，形成独特的室内光影。建筑师巧妙利用这一奇特的天文现象，精确计算建筑的朝向和入口高度，将光线直接引入石窟深处的圣堂，照射在神像上，营造神秘的空间氛围，戏剧性地表现皇帝与神灵的密切关系，强化皇帝崇拜，空间艺术构思别出心裁，极为巧妙。

阿布-辛波大石窟庙选址巧妙、气势雄伟、布局谨严、设计精细，是古代埃及最宏伟的建筑名作之一，更是人类少有的文明瑰宝。1979年，阿布-辛波大石窟庙因其独特突出的文明成就被纳入世界文化遗产名录，受到全世界的关注。

本章知识点

1. 古埃及建筑的主要成就。

2. 早期陵墓"玛斯塔巴"的基本特征。

3. 金字塔陵墓的形态演变历程。

4. 昭赛尔金字塔的特色成就。

5. 吉萨大金字塔群的特色成就。

6. 古埃及崖墓的创新特色成就。

7. 古埃及神庙的典型布局特征。

8. 卡纳克阿蒙神庙的特色成就。

9. 阿布-辛波大石窟陵墓的特色成就。

2 |

纪念性建筑的和谐与美——古希腊时期建筑

2.1 古希腊时代特征与建筑成就

2.1.1 时代环境与人文特征

古希腊并不是一个完整统一的国家，而是一个文化和地理概念，是由一些政治、经济、文化关系十分密切的奴隶制城邦国家组成的。古代希腊范围包括伯罗奔尼撒半岛、爱琴海诸岛屿、小亚细亚西海岸等，后期疆域范围扩张到海外的一些殖民地，如意大利亚平宁半岛南部、西西里岛和黑海沿岸地区（图2-1）。

希腊境内多山，但山脉不高，属亚高山地形，最高的山脉是半岛北部的奥林匹斯山，海拔也不过600多米。低矮的山脉向各个方向蔓延交织，将地理空间分割得极为琐碎、多样。每一个地方都有自己独特的"场所特性"，或温和平静，或苍莽原始，或险峻峭拔，特性极为鲜明。古希腊人认为地理结构的多样化特性是自然秩序的多元化表现，把其拟人化为神灵，进行膜拜，形成泛神论的原始宗教观念。爱琴海、地中海的岛屿延续了半岛大陆架的特征，形态多样、尺度娇小，易于辨别。地中海也如大陆的内湖，风平浪静，波澜不惊，偶起风浪，但很快平和下来。希腊因靠近海洋，属地中海海洋气候，温暖宜人。一年四季，阳光明媚，空气清新，自然山体形体轮廓明朗，到处洋溢着欢乐的气息。

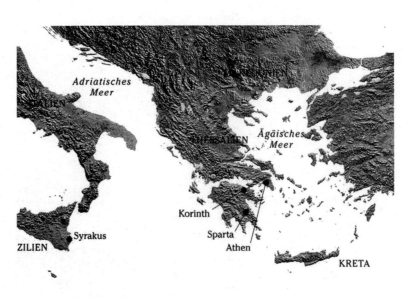

图2-1 古希腊疆域地图

多样而独特的地理空间结构，温暖宜人的气候，造就了古希腊人欢快活泼的本性，其感觉敏锐细腻，对大自然的美和人体自身的美有很高的鉴赏水平，并懂得节制，讨厌渺茫抽象，喜欢明确肯定、尺度适中。这些特性又深深映射到古希腊的宗教、政治、哲学和艺术中，形成古希腊文明欢乐的特征，尤其是雕塑、戏剧、建筑等体现得尤为鲜明。

2.1.2 古希腊主要建筑成就及历史沿革

古希腊建筑是西欧建筑的开拓者。古希腊一些建筑物的形制，石质梁柱结构构件和组合的特定的艺术形式——柱式，建筑物和建筑群设计的一些艺术原则，深深地影响着欧洲两千多年的建筑史。它的主要成就是纪念性建筑和建筑群的艺术形式的完美。

古希腊建筑的发展大致可分为四个时期：

①荷马文化时期（前 12 世纪—前 8 世纪）——建筑已无遗存。

②古风文化时期（前 8 世纪—前 5 世纪）——神庙建筑出现，以石制神庙为主。

③古典文化时期（前 5 世纪—前 4 世纪）——文化艺术的顶峰。

④希腊文化时期（前 4 世纪—前 2 世纪）——希腊建筑文化的传播。

2.2 圣地建筑群

2.2.1 圣地建筑群的演进与基本特征

（1）圣地建筑群的演进

①早期氏族制时代的圣地建筑群

氏族制时代，血缘关系是维系部落的重要因素，共同的血缘和祖先崇拜是部落认同的基石。部落首领的宫殿所在的卫城既是部落的政治中心、经济中心，也是部落的宗教中心，是重要的圣地建筑群。公元前 8 世纪—前 6 世纪，西西里、意大利和伯罗奔尼撒半岛的城邦以农业为主，氏族部落趋于解体，但氏族部落圣地建筑群仍盛行。

②民主共和制时代的圣地建筑群

民主共和制时代，氏族部落被地域部落取代，民间守护神崇拜代替了祖先崇拜。守护神的祭坛代替了氏族部落正厅的火塘，卫城演变成守护神的圣地。守护神的老家，也就是民间的自然神圣地也发达起来，形成新圣地建筑群类型，即守护神（自然神）圣地建筑群。

（2）圣地建筑群的基本特征

①圣地建筑群的人群行为特征

在氏族部落卫城的圣地建筑群，人们以祖先祭拜为核心，实行严密的等级制度，气氛威压，人们的行为尊卑有序，戒备森严。

在民主共和制盛行的守护神（或自然神）圣地建筑群，洋溢着浓郁的民主平等气氛。在有些守护神圣地，定期举行节庆，人们从各个城邦汇聚，举行各种欢庆活动和纪念游行仪式，同时商贩云集。这些圣地建筑群是公众欢聚的场所，是公众鉴赏的对象。

②圣地建筑群的选址与布局特征

氏族部落的圣地建筑群，以部落首领宫殿里的正厅（又叫"美加仑室"，Megaron）为中心，环绕布置建筑，轴线明确，布局严整。

在民主共和制的守护神圣地建筑群，追求与自然的和谐，形成希腊建筑群优秀的布局传统。守护神圣地建筑群不求平整对称，乐于顺应和利用自然复杂的地形，形成多变丰富的建筑景观，用庙宇统率建筑群。这种建筑群的设计既照顾到远景，又照顾建筑的内景。

2.2.2　氏族制时代圣地建筑群典例

（1）迈锡尼卫城（Mycenae）

迈锡尼位于希腊的伯罗奔尼撒半岛上，靠近东地中海，是希腊内地的战略要道，是希腊早期最伟大的重要文明中心。迈锡尼卫城是迈锡尼城市的核心，约建于公元前14世纪（图2-2）。

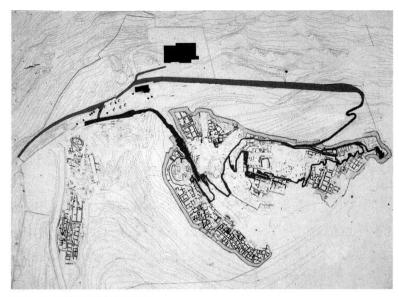

图2-2　迈锡尼卫城总平面图

卫城坐落在一个小山丘上，山丘高于地面约 40~50 米。卫城里有宫殿、贵族住宅、仓库、陵墓等。宫殿是卫城的主体建筑，其他建筑环绕宫殿布置。正厅是宫殿的中心，是一栋独立的建筑，四周是杂乱的建筑物。卫城外环绕有约 1 千米的城墙，至今保存完好，其高度为 4~7 米，最高处达 17 米，厚度 3~14 米不等，全部采用重达 5~6 吨的长方形的巨石砌筑，被誉为"大力神式"建筑。

卫城西北角的城门——狮子门，是卫城正门，其高 3.5 米，宽 3.5 米，上有一块长 4.9 米、厚 2.4 米、中间高 1.06 米的过梁，过梁中央隆起，两端渐薄，结构合理。梁上是一个近似三角形的叠涩券，使过梁免于承受太大的重量。券里填一块三角形的石板，雕着一对相向而立的狮子，保护着中央一根象征宫殿的柱子，工艺精湛。该门采用的叠涩券是世界上最早的券拱结构遗迹之一（图 2-3）。

（2）梯林斯卫城（The Citadel of Tiryns）

梯林斯卫城位于迈锡尼南部的亚格斯港口要塞上，约建于公元前 14 世纪—前 12 世纪。卫城由南北两部分构成，北面较低的部分是下城，较为空疏，为防卫缓冲区。南面较高部分是宫殿部分所在的上城，是卫城的主体部分（图 2-4）。

宫殿区的房屋比较整齐，主正厅在院落的正面，长 11.75 米，宽 9.75 米，带有前室。该卫城设防严密，险固异常，内外两进大门也是横向的工字形平面，易守难攻。

2.2.3 共和制时代圣地建筑群典例

（1）德尔斐阿波罗圣地建筑群（Sanctuary of Apollo, Delphi.）

德尔斐阿波罗圣地建筑群位于雅典西北 150 千米的帕尔纳索斯山低坡上，约建于公

图 2-3 迈锡尼卫城狮子门

图 2-4 梯林斯卫城总平面图

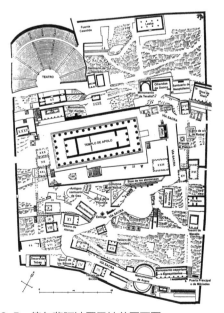

图 2-5 德尔斐阿波罗圣地总平面图

图 2-6　德尔斐阿波罗圣地遗址

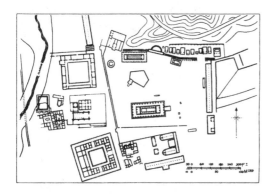

图 2-7　奥林匹亚宙斯圣地总平面图

图 2-8　奥林匹亚宙斯圣地遗址

元前 5 世纪。它是古希腊传说中的世界中心和宣示神谕的场所，是民主共和制时代圣地建筑群的经典之作，也是古希腊最负盛名的圣地建筑群之一。

阿波罗圣地建筑群主要由阿波罗太阳神庙、雅典女神庙、剧场、体育训练场和运动场组成，该建筑群布置在宽度不足 140 米的山峡陡坡上，两侧是 250~300 米高的悬崖，前面有一条山谷绵延横亘，环境极其险峻。圣地内结合地形修建了曲折蜿蜒的道路，沿路布置了许多祭品库之类的小品建筑物，构成一幅幅变化丰富、各自完整的画面，以后部高台上庄严宏伟的阿波罗庙宇为主导，庙宇之后是个半圆形剧场。整座圣地建筑群与自然景观浑然和谐，奇险壮丽，给人以强烈的震撼（图 2-5、图 2-6）。

在该圣地建筑群，人们每 4 年举办一次大型祭祀活动，同时举办音乐、诗歌及戏剧的竞赛，全希腊各地民众纷至沓来，载歌载舞，共襄盛会。

（2）奥林匹亚宙斯圣地建筑群（Sanctuary of Zeus，Olympia.）

奥林匹亚宙斯圣地建筑群位于希腊伯罗奔尼撒半岛西部的皮尔戈斯之东，阿尔费夫斯河与克拉泽夫斯河汇流处，距雅典 370 千米，约建于公元前 8 世纪。从公元前 8 世纪至前 4 世纪末，该圣地建筑群因举办祭祀宙斯主神的体育盛典而闻名于世，是奥林匹克运动会的发祥地。

奥林匹亚宙斯圣地建筑群东西长约 520 米，南北宽约 400 米，中心是阿尔提斯神域，有运动员比赛、颁奖的地方，也是人们祈祷、祭祀的场所。神域内的主要建筑是宙斯神庙和赫拉神庙，此外还有圣院、宝物库、宾馆及行政用房、运动员训练设施、浴室等（图 2-7、图 2-8）。

该圣地四周的自然景观平静祥和，建筑群布置较为松散自由，与祭祀众神共主的宙斯体育庆典活动十分适配。

2.3 神庙建筑

2.3.1 神庙建筑形制演进

（1）庙宇平面形制的演进

最初建造的庙宇，只是一间圣堂，形制脱胎于氏族制圣地建筑群里的"正厅"，称为"正厅式庙宇"。受传统祭祀习俗的影响，正厅式庙宇四周被贵族住宅包围，以纵端为正立面。

在民主共和制时代的民间自然神圣地建筑群，祭祀是公共大众的庆典，摆脱了贵族住宅的束缚和围绕，庙宇作为公共建筑物，卓然独立，处主导地位，占据建筑群的高处，并向四面八方展现，这引起了形制的变化。

初期的庙宇，以纵长的狭端为正面，另一端常是半圆形的。使用了陶瓦之后，屋顶两坡起脊，平面以整齐的长方形为宜，并且形成了三角形的山墙（图 2-9、图 2-10）。

早期的独立式庙宇用木构架和土坯建造，为了保护墙面，常沿边搭一圈棚子遮雨，形成柱廊（图 2-11）。柱廊的艺术作用逐渐为大家所认识：

①它能使庙宇的四个立面连续统一，符合庙宇在建筑群中的主导地位；

②它能形成丰富的光影和虚实的变化，消除了封闭墙面的沉闷感；

③它使庙宇同自然环境互相渗透，关系和谐；

④它的形象迎合民间自然神的宗教观念，适合民间自然神圣地上的欢乐的节庆活动。

围廊式庙宇被大家普遍接受，圣地庙宇便沿着这个方向发展。到公元前 6 世纪前后，重要的民间自然神圣地庙宇普遍采用了围廊式形制（图 2-12）。

在民间自然神的圣地里，庙宇在海岬冈阜之上，山林水泽之间，充分展示了围廊式建筑的完整和明朗。围廊式庙宇的最高艺术成就体现在守护神和自然神的圣地之中。

小型的庙宇则只在前端或前后两端设柱廊，被称为前后廊端柱式庙宇；最小的只有两根柱子，夹在正厅侧墙突出的前端之间，被称为端柱式庙宇。

公元前 8 世纪—前 6 世纪，在文化、经济和技术发达的小亚细亚，出现了更华丽、更开朗的两进围廊式庙宇和假两进围廊式庙宇，如弗所得阿丹密斯庙和萨摩斯的赫拉庙（图 2-13）。

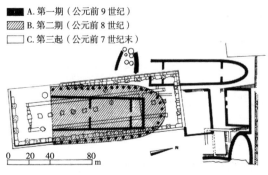

A. 第一期（公元前 9 世纪）
B. 第二期（公元前 8 世纪）
C. 第三起（公元前 7 世纪末）

图 2-9 早期半圆形庙宇

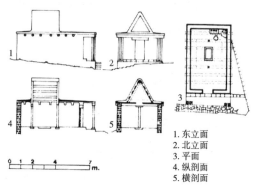

1. 东立面
2. 北立面
3. 平面
4. 纵剖面
5. 横剖面

图 2-10 早期长方形庙宇

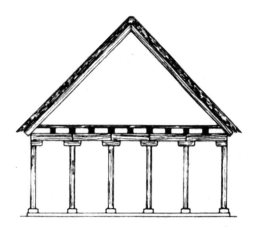

图 2-11 早期木柱廊庙宇

图 2-12 围廊式庙宇

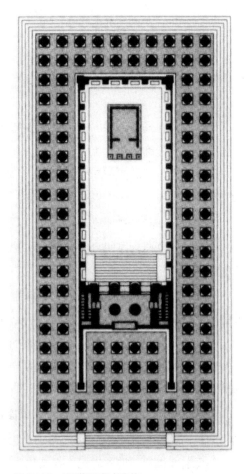

图 2-13 两进围廊式庙宇

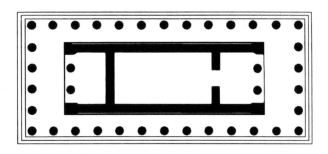

图 2-14 典型围廊式庙宇

（2）庙宇空间形制的演进

民间自然神圣地的祭祀活动在庙前举行，庙宇的内部空间主要为供奉神像之用，它的重要性稍逊于外部形象，但也经历了一系列演变。荷马时期，由于结构跨度小，庙宇内部空间很狭长。后来有些地方在庙宇正中加一排柱子，宽度大了，但空间被柱子均分，使用上很不方便。公元前 6 世纪末，惯例是在圣堂内部设两排柱子，形成了中央空间，便于设置神像。公元前 5 世纪，最常见的围廊式庙宇是 6×13 柱，圣堂空间的长宽之比为 2 ：1（图 2-14）。

2.3.2　神庙建筑材质演进

公元前 8 世纪—前 6 世纪，人们探索庙宇形制演进的同时，也探索着庙宇各部分的艺术形式。从木建筑向石建筑的过渡，古希腊材质的演进，对古希腊纪念性建筑形式的演化有重要的意义。

（1）木质材质

希腊早期的庙宇和其他建筑物一样，属于木构架，易腐朽和失火。古希腊的制陶业发展很早，技术很高，于是人们就想到利用陶器来保护木构架。

（2）陶质材质

从公元前 7 世纪起，人们使用了陶瓦。为兼顾陶瓦的特性，屋顶变成两面坡的，平面也较为整齐。接着，将陶片用于保护柱廊的额枋以上部分——檐部。陶片的使用带来庙宇建筑外部形象一系列的精微变化。

①把线脚引入建筑。陶片在成坯的过程中便于作装饰线脚，从而把线脚引入了建筑造型。

②将丰富的色彩引入建筑。古希腊陶器彩绘技术很发达，渐渐把彩绘引进建筑，使檐部覆满了色彩鲜艳的装饰。

③促进了建筑构件的定型化和规格化。公元前 7 世纪中叶，陶片贴面檐部的形式已经很稳定了，额枋、檐壁、檐口三部分大致定型，并且具有了一定的模数关系。同时，瓦当和山墙尖端上的纯装饰性构件也产生了。

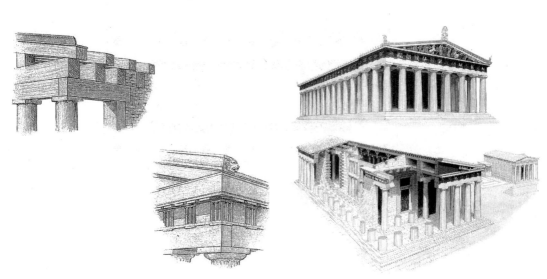

图2-15 神庙材质的变迁   图2-16 石质神庙

（3）石质材质

公元前7世纪，石材逐渐代替木材，成为神庙的主要材料。陶片贴面所形成的稳定的檐部形式，很容易转换到石质建筑上，以后的石质庙宇也就保留了木结构的明显痕迹。

石材先用来做柱子，起初是整块石头的，后来分成许多段砌筑，每段的中心有一个梢子。在檐部，石材先用于填充部位，后来才用于技术要求较高的额枋部位。到公元前7世纪末，除了屋架之外，已经全部用石材建造。石头的雕刻仍敷以浓烈的彩色（图2-15、图2-16）。

2.3.3 神庙建筑外观演进

（1）古希腊柱式发展与定型

石质庙宇的典型形制是围廊式，对柱廊的艺术处理基本上决定了庙宇的外观面貌。长时期，希腊建筑艺术的种种改进，主要集中在柱廊的主要部分，也就是柱子、额枋和檐部等这些构件的形式、比例和相互组合上。公元前6世纪，柱廊的各部分构成比例已相当稳定，有了系统的做法。

后人把古希腊庙宇石质梁柱结构体系各部件的样式和它们之间组合方式的完整规范与系统做法称为"柱式"。古希腊最初有两种柱式，即爱奥尼柱式和多立克柱式。古典时期，还产生了第三种柱式，即科林斯柱式（图2-17）。

爱奥尼柱式比较秀美华丽，比例轻快，开间宽阔；多立克柱式比较粗重雄健，气势威严，开间细长；科林斯柱式，柱头部位用忍冬草叶形，其余部分用爱奥尼式的，可看作是爱奥尼式的变体。古希腊柱式的发展与定型以爱奥尼式和多立克式为主。

①人体美对柱式的影响

希腊柱式的发展深受古希腊人本主义世界观的影响，尤其是人体美的美学观点对柱式的发展的影响更为直接深远。人体美被认为是美的最高标准，"多立克柱式是仿男体的，爱奥尼柱式是仿女体的"（《建筑十书》）。柱式的比例推敲和细部斟酌均以人体美为重要参照。多立克刚毅雄伟而爱奥尼柔和端丽，反映出古希腊人对人的美、人的气质和品格的尊重（图2-18、图2-19）。

②比例美对柱式的影响

古希腊的美学观念也受到初步发展起来的自然科学和理性思维的影响，尤其是对数理比例美的追求受到社会的普遍认同。"数是万物的本质，一般说来，宇宙是数及其关系的和谐体系""美是由度量和秩序组成的""人体的美也是遵循比例美的原则的"。这些当时盛行的美学观念说明比例美为大家普遍关注，柱式的发展也受比例美观念的影响。柱式各部分之间有严密的模数比例关系。对比例美的推崇有力地支撑柱式的审美发展，使之趋向精微（图2-20）。

（2）柱式的特点

古典时期柱式趋向成熟，两种柱式特色分明，多立克刚劲雄健，爱奥尼清秀柔美。它们之间，整体、局部和细节都不相同，从开间比例到线脚，都分别表现出不同的鲜明性格。

①多立克式柱子比例粗壮［1∶(5.5~5.75)］，开间比较小（1.2~1.5柱底径）；爱奥尼式柱子比例修长［1∶(9~10)］，开间比较大（2个柱底径左右）。

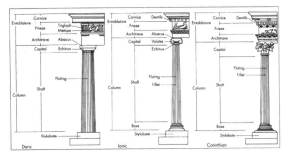

图2-17　古希腊三种典型柱式（多立克、爱奥尼、科林斯）

图2-18　古希腊人体雕塑

图2-19　古希腊陶瓶彩绘人体

221

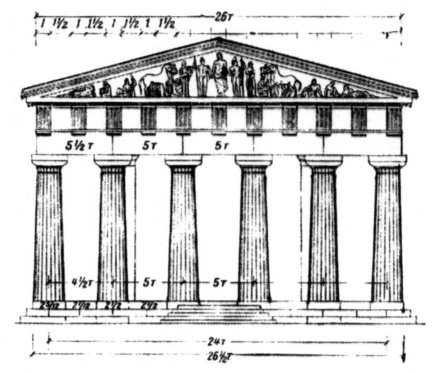

图 2-20　古希腊柱式严密的模数比例体系

②多立克式的檐部比较重（高约为柱高的 1/3）；爱奥尼式的檐部比较轻（柱高的 1/4）。

③多立克柱头是简单而刚挺的倒立圆锥台，外廓上举；爱奥尼式柱头是精巧的涡卷，外廓下垂。

④多立克柱身凹槽相交成锋利的棱角（20 个）；爱奥尼的棱上还有一小段圆面（24 个）。

⑤多立克柱式没有柱础，雄健的柱身从台基面上拔地而起；轻盈的爱奥尼柱式有复杂而富有弹性的柱础。

⑥粗壮的多立克式柱子收分和卷杀都比较明显；而纤巧的爱奥尼式柱子的不太显著。

⑦多立克式极少有线脚，偶或有之，也是方线脚；爱奥尼式的却使用多种复合的曲面的线脚，线脚上串着雕饰，最典型的母题是盾剑饰、桂叶和忍冬草叶。

⑧多立克的台基是三层朴素的台阶，而且中央高，四角低，微有隆起；爱奥尼式的台基侧面壁立，上下都有线脚，没有隆起。

⑨多立克式的装饰雕刻是高浮雕，甚至圆雕，强调体积；爱奥尼式的是薄浮雕，强调线条。

两种柱式，都生机蓬勃而不僵化，分别体现了男性和女性的体态与性格。两种柱式都体现着严谨的构造逻辑，条理井然，且柱式的受力体系在外形的表现上脉络分明。成熟的柱式装饰上也是比较节制的。柱式有较强的变通适应性，随着环境的不同，建筑物的大小和性质的不同，观赏条件的不同，都有相应的调整。

古典时期成熟的柱式既体现着一丝不苟的理性精神，又体现着对人体美的敏锐感受能力。古希腊的柱式被罗马人继承，进而影响全世界的建筑。

2.4 雅典卫城建筑群——古希腊建筑成就的最高典范

2.4.1 雅典卫城建筑群的历史演进与布局特色

卫城在雅典城中央一个不大的孤立山冈上，高于四周城区地面 70~80 米，东西长约 280 米，南北最宽处约 130 米。雅典卫城达到了古希腊圣地建筑群、庙宇、柱式和雕刻的最高水平（图 2-21、图 2-22）。

雅典卫城是古希腊古典盛期的经典代表作品，是古希腊建筑艺术的杰出代表，也是世界上最杰出的圣地建筑群之一，它在世界建筑史中的地位是无可企及的。它的主要成就表现在如下几个方面：

①建筑群与自然景观、地形等和谐融合。

②建筑群内部各个建筑物之间空间构图关系处理巧妙。

③建筑细部处理精致，单体造型完美。

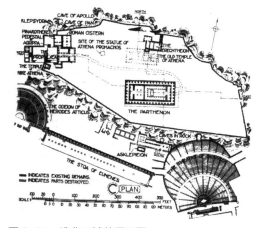

图 2-21 雅典卫城总平面图

图 2-22 雅典卫城全景

（1）雅典卫城基址的历史文脉

在氏族制时代，雅典卫城是氏族部落首领的宫殿所在地，盘踞着贵族寡头。民主共和制时代，卫城被当作城邦守护神雅典娜的圣地来建设。卫城建筑群继承几百年来民间自然神圣地建筑群的优秀传统和经验。公元前 480 年波斯侵略军毁坏了卫城的全部建筑物。公元前 449 年，希腊人打败波斯入侵者之后，雅典卫城浴火重生。因此，雅典卫城基址上有丰厚的民族记忆和历史文化遗存。

（2）雅典卫城营建的人文需求——泛雅典娜节仪式

为赞颂守护神雅典娜，纪念雅典娜带领希腊人击败波斯入侵，希腊人每年在雅典娜的诞辰日举行雅典娜祭祀庆典，尤其每四年举行一次大型祭祀庆典，名为泛雅典娜节，全希腊的城邦都要派嘉宾参加，极为欢乐隆重。雅典卫城是祭祀庆典活动的重要空间场所。雅典卫城营建的一个重要依据，就是满足庆典游行仪式的观赏和祭祀活动需要（图 2-23、图 2-24）。

（3）雅典卫城建筑群的布局特色

新雅典卫城建筑群的营建，继承和发展了民间自然神圣地自由活泼的布局方式，建筑物安排顺应地势，注意与山地、海洋等自然景观的和谐。同时，为照顾人们在山上山下的观赏，尤其是节日庆典游行队伍的观赏，主要建筑物贴近西、北、南三个边沿。供奉雅典娜的帕提农神庙从前在山顶中央，重建时被移到南边，人工垫高了它的地坪。

雅典卫城建筑群根据节日庆典的动态观赏条件精心布局，让人们步移景异，条理井然，相互呼应，用丰富的景观与建筑空间体验引导着节日游行的人们逐渐达到祭祀活动的高潮。雅典卫城集中体现了希腊艺术的精神：优雅欢快，高贵淳朴，宏伟壮穆（图 2-25、图 2-26）。

2.4.2　雅典卫城神庙建筑

（1）胜利神庙

胜利神庙在卫城山门建筑之外，位于山门左翼，与山门共同组成不对称的构图。胜利神庙的朝向略偏一点，同山门呼应，使西面的构图完整，充满生气。

胜利神庙是爱奥尼式的，体量很小，台基面积 5.38 米×8.15 米，前后各 4 根柱子。为了和多立克式的山门调和，柱子比较粗壮（细长比为 1∶7.68），在爱奥尼柱式中较为罕见。檐壁上一圈长 26 米、高 43 厘米的浮雕，题材选自抗击波斯入侵的场景，点明了卫城建筑群的纪念主题（图 2-27、图 2-28）。

（2）山门

山门位于卫城西端的陡坡上，因地制宜，做成不对称式平面。为了突出山门的气势，山门尽量靠近卫城西边布置，前后地面高差约 1.43 米，合理地解决地形高差造成的问题是山门设计的关键。

图 2-23　泛雅典娜节重要景观空间序列节点——雅典卫城

图 2-24　泛雅典娜节游行仪式（片段）

图 2-25　雅典卫城遗址

图 2-26　欢乐活泼的雅典卫城

图2-27　胜利神庙

图2-28　胜利神庙与山门的呼应

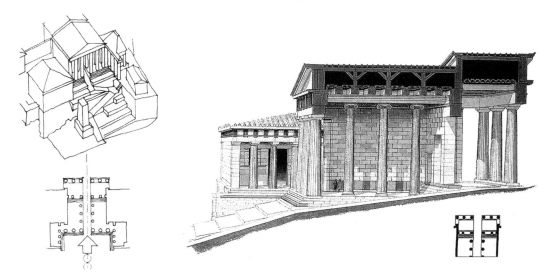

图2-29　山门平面、鸟瞰图　　图2-30　山门内部

　　建筑师穆尼西克里（Mnesicles）将屋顶在地形高差处断开，保持了前后两个里面的统一。同时在山门的南北两翼修建绘画陈列馆和敞廊，掩蔽了屋顶的错落。

　　山门是多立克式的，前后各有6根柱子，比例刚挺雄健。内部空间较为宽敞，为了增强内部的空间感，采用爱奥尼柱式。地面高低两部分用墙分开，墙上开5个门洞，中央门洞采用坡道，以方便游行队伍中的马匹和车辆通过，其余门洞采用踏步（图2-29、图2-30）。

　　（3）帕提农神庙

　　帕提农神庙是供奉守护神雅典娜的庙宇，也是卫城的主体建筑物，建于公元前447年—前438年。作为建筑群的中心，建筑师采用一系列设计策略突出了帕提农神庙的主导统率作用。

①把它放在卫城的最高处，距离山门80米左右，使之有很好的观赏距离。

②采用围廊式庙宇，形制最隆重。

③采用高规格大体量，突显主导地位。

④装饰最为华丽，为整个建筑群定下了高贵肃穆而欢快的基调。

帕提农神庙代表着古希腊多立克柱式的最高成就。它比例匀称、刚劲雄健而无重拙感。并且采用了加粗角柱、侧脚、卷杀、额枋和台基都隆起等细微精致的视差纠正处理，使庙宇蓬勃富有生气。

帕提农内部分成东西两部分，朝西的部分较小，为档案厅，采用爱奥尼柱式。朝东的部分较大，为圣堂，因需供奉雅典娜塑像，内部采用上下两层的多立克叠柱式，以烘托神像尺度的高大（图2-31~图2-33）。

（4）伊瑞克提翁神庙

伊瑞克提翁神庙位于帕提农神庙之北。伊瑞克提翁是传说中雅典人的始祖，其庙宇是爱奥尼式的。

其基址本是一块神迹地，有丰富的人文历史价值和宗教文化价值，并且地形复杂，有南北向和东西向两条断坎，断坎落差较大。建筑师根据地形和功能的需要，巧妙地运用自由活泼的构图手法，将庙宇分成三部分布置，既妥当地解决了复杂地形带来的挑战，又兼顾了节日游行队伍的观赏活动，打破了庙宇建筑一贯采用严整对称的平面传统，成为希腊神庙建筑中的范例。

伊瑞克提翁神庙同帕提农神庙在体量、风格、装饰、虚实等方面形成鲜明的对比，使建筑群丰富生动，增加了卫城建筑群的欢快活跃氛围（图2-34、图2-35）。

图2-31 帕提农神庙外景

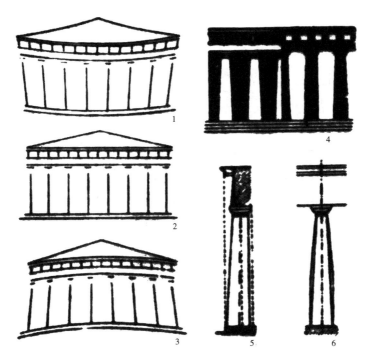

图 2-32 帕提农神庙视差纠正处理

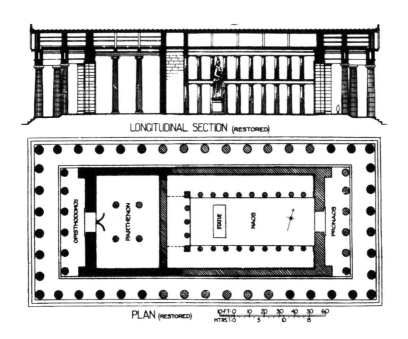

图 2-33 帕提农神庙剖面、平面

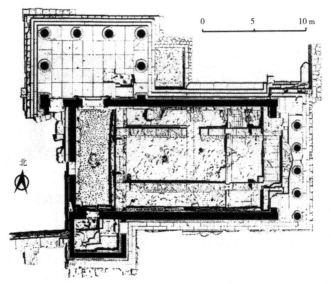

图 2-34　伊瑞克提翁神庙平面图

图 2-35　伊瑞克提翁神庙全景

2.4.3　雅典卫城雕塑艺术

雅典卫城雕塑类型多样，既有独立的大型立雕，还有长长的连续浮雕、单幅浮雕。雅典卫城的雕塑艺术成就也达到了很高的水平，尤其帕提农神庙的雕刻是最辉煌的杰作。

帕提农神庙山花的雕刻极为精彩。东山花上的雕塑表现的是雅典娜诞生的故事，西山花上的雕塑表现的是海神波塞冬和雅典娜争夺对雅典保护权的故事。雕塑家结合山花的三角形特征，巧妙设计故事内容，使山花雕塑的布局符合三角形，构图极为生动活泼，摆脱了前期神庙山花雕刻呆板对称的布局，表明雕塑艺术走向成熟（图 2-36）。

图 2-36 帕提农神庙西山花雕刻（局部）

图 2-37 帕提农神庙圣堂外檐壁雕刻（局部）

帕提农神庙柱廊内圣堂墙垣外侧檐壁的雕刻创作极具挑战性，是难得的杰作。首先，檐壁的位置重要，游行的队伍经过帕提农神庙北侧时正好能观赏到檐壁，檐壁雕刻是主要视觉观赏点。其次，檐壁样式风格的选择非常关键。帕提农神庙是多立克式的，选择多立克式檐壁顺理成章，但建筑师充分考虑到游行队伍行进时观赏雕刻的需要，让游行的队伍一边前行一边欣赏檐壁雕刻。建筑师将檐壁做成爱奥尼式的，因为爱奥尼式檐壁是连续的带状，便于布置连续的长浮雕，由此可见建筑师的细致入微。再次，檐壁规模巨大，构图极为困难。檐壁总长160米，规模极为罕见，通常的浮雕题材难以胜任如此巨大的规模。雕刻家巧妙构思，选择节日向雅典娜献祭的真实图景作为长浮雕的表现题材。雅典娜的像在东面正中，队伍的起点在西南角，一路沿南边，一路沿西边、北边走到雅典娜身旁。这种布局使从西北角来的真正游行队伍始终看到浮雕上的队伍和自己并肩前进，如获神应，可见雕塑的布局构思极为周密。长浮雕是爱奥尼式的，很薄，线条精练传神（图2-37）。

另外，卫城中心的独立雅典娜雕像、帕提农圣堂内部的雅典娜雕像和伊瑞克提翁的女像柱廊雕塑也都具有很高的水平，体现了希腊文化盛期的典型雕塑特征。

本章知识点

1. 古希腊建筑的主要成就。

2. 古希腊圣地建筑群的演变。

3. 古希腊庙宇形制的演进。

4. 古希腊柱式的组成与特点。

5. 雅典卫城建筑群主要成就。

6. 雅典卫城建筑群总体布局特色。

7. 雅典卫城建筑群主要建筑特色。

3 |

公共建筑的空间与秩序——古罗马时期建筑

- -

3.1　古罗马时代特征与建筑成就

3.1.1　时代环境与人文特征

古代罗马本是意大利半岛中部西岸乡村国家中较大的一个国家。亚平宁山脉由北向南绵延贯穿整个意大利半岛，山脉西部是肥沃的沿海平原，山脉东部则是贫瘠的沿海丘陵地。地理结构极为明晰，有较强的秩序感。意大利半岛地处地中海中部，属典型的地中海式气候，即冬季温和宜人，夏季湿热难耐。生活在这一环境中的古罗马人，性格务实沉稳，重视技术，朴实理性，崇尚秩序。古罗马人善于理性逻辑思维，在工程构筑和技术创新方面取得许多突破性的成就，在军事、法律、哲学领域也有颇多建树。古罗马人利用自己的理性思维、沉稳性格和强大的工程技术，不断强大起来，不断发展扩张（图3-1）。

公元前5世纪，罗马实行自由民的共和政体。公元前1世纪，罗马征服了地中海及周边区域，地中海变成罗马的内湖。公元前30年，罗马成为强大的帝国，其疆域南达非洲的北部，北到英格兰，西抵西班牙西海岸，东至小亚细亚，控制了整个地中海区域，成为横跨亚非欧的奴隶制帝国。伴随古罗马帝国疆域的拓展，罗马人也将其先进的工程技术以及政治、法律等社会文明体系在古代西方进行传播（图3-2）。

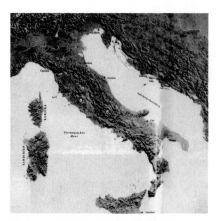

图3-1　古罗马王国时期疆域地图

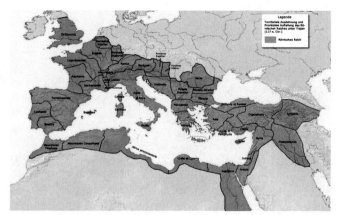

图3-2　古罗马帝国时期疆域地图

3.1.2　古罗马主要建筑成就及历史沿革

古罗马在自己民族建筑技术的基础上，借鉴了古希腊的建筑艺术成就，将建筑艺术推到奴隶制时代的最高峰。古罗马对后世欧洲的建筑，甚至是全世界的建筑产生了巨大的影响。古罗马的建筑成就主要有：高超的结构技术、丰富多样的建筑类型、成熟发达的各类建筑形制、丰富的建筑艺术样式和空间手法、基本的系统建筑理论。

古罗马建筑的伟大理论成就——《建筑十书》，由军事工程师维特鲁威（Marcus Vitruvius Pollio，前84—前14）系统总结古希腊、古罗马的建筑经验写成，是古罗马唯一流传下来的建筑著作。

《建筑十书》分十卷，主要内容有：建筑师的教育和修养；建筑构图的一般法则；城市规划原理；庙宇、公共建筑物、住宅设计原理；建筑材料的特性、生产和使用；建筑构造做法；建筑施工、操作；建筑施工机械、设备；水文、供水、市政设施。内容十分完备。

《建筑十书》的主要成就：

①奠定了欧洲建筑科学的基本体系。

②系统总结了希腊和罗马建筑的实践经验。

③建立了城市规划和建筑设计的基本原理。

④论述了一些基本的建筑艺术原理。

《建筑十书》是欧洲建筑师的基本教材，是文艺复兴之后许多建筑学著作的基本参照。在全世界的建筑学史上，具有广泛的影响和独一无二的地位。

古罗马建筑发展大致可分为三个时期，各个时期建筑发展简明特征如下：

①王政时期（前8世纪—前5世纪）——建筑材料以石材为主，出现陶瓷构件，出现拱券结构。

②共和时期（前5世纪—前1世纪）——公共设施规模大，建筑形制发达，柱式得到很大发展。

③帝政时期（前1世纪—公元4世纪）——公共建筑规模宏大，样式与手法丰富，装饰豪华富丽。

3.2　古罗马建筑技术的创新与发展

3.2.1　古罗马券拱结构技术的创新与发展

罗马人的北邻伊达拉里亚人，早就用石头砌筑叠涩假券，罗马人向其学习了使用券拱的技术经验。公元前4世纪，罗马城的下水道采用真正的发券。公

图 3-3　尼姆城戛合河谷输水道

图 3-4　尼姆城戛合河谷输水道遗址

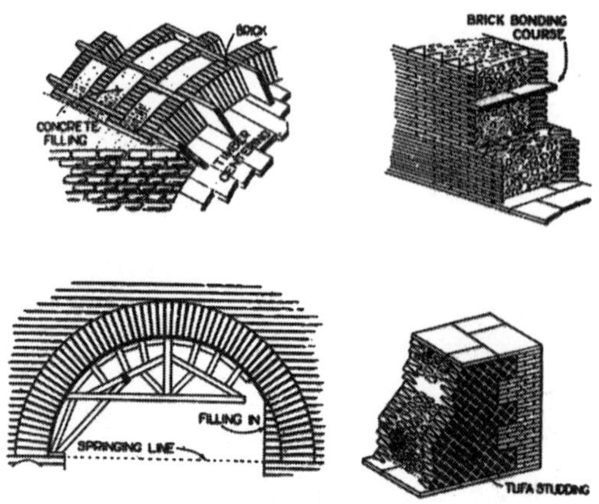

图 3-5　古罗马混凝土技术革新

元前 2 世纪，假券被淘汰，真正的拱券广泛使用在陵墓、桥梁、城门、输水道等工程中，而且技术水平相当高，跨度超过 5.55 米。尼姆城的输水道，跨过戛合河谷，采用三层叠架的连续券修筑，输水道最高处达 49 米，最大的拱券跨度甚至达到 24.5 米，堪称古人类工程奇迹（图 3–3、图 3–4）。

（1）天然混凝土的应用

天然混凝土的应用，有力促进了古罗马券拱结构的发展。天然混凝土是一种活性火山灰，加入石灰和碎石之后，凝结力强，坚固，不透水。起初用于填充石砌的基础、台基和墙垣砌体的空隙。公元前 2 世纪，开始成为独立的建筑材料。公元前 1 世纪，天然混凝土在券拱结构中广泛应用，几乎完全取代了石块。

混凝土具有巨大的优势：①开采、运输都比石材廉价方便，节约成本；②用碎石、浮石或其他轻质石材做骨料，可减轻结构的重量，有利于增大结构空间跨度；③施工简便，可以大量使用奴隶，加快施工进度。混凝土不断革新施工技术，尤其是分段浇筑混凝土技术的发明，促使混凝土被迅速推广应用，到公元 2—3 世纪，混凝土的拱和穹顶的跨度已很可观（图 3–5）。

（2）券拱结构技术的发展

①筒形拱

筒形拱是古罗马早期常用的券拱类型，空间跨度大而单一。罗马城皇宫里的一座大殿，长约 29.3 米，宽约 35.4 米，就是用一个完整的筒形拱覆盖的。

②十字交叉拱

筒形拱因需连续的承重墙支撑，不利

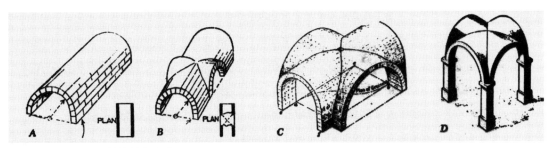

图 3-6　古罗马券拱结构技术演进

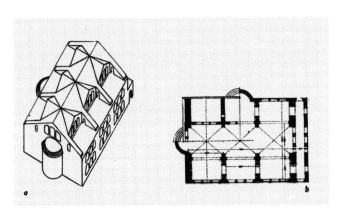

图 3-7　罗马城马克辛提乌斯巴西利卡的拱顶体系

于采光和交通。为了突破连续承重墙的限制，公元 1 世纪中叶，罗马人开始使用十字拱，建筑内部纵横，交通自由，空间得到解放，可开侧高窗，改善了大型建筑物的内部采光。十字拱的出现，还促进了标准结构空间的发展（图 3-6）。

③拱顶体系

十字交叉拱摆脱了承重墙的限制，可以架在四个支柱上，但其需要新的方法平衡侧推力。公元 2—3 世纪时，人们采用一系列十字拱组合成拱顶体系，解决侧推力平衡问题，即一列十字拱串联，互相平衡纵向的侧推力，而横向的侧推力则由两侧的筒形拱抵消，筒形拱的纵轴同这一列十字拱的纵轴相垂直，它本身的侧推力互相抵消，只在最外侧才需要厚重的墙体。拱顶体系具有创新的意义，为日后获得流转贯通、宏敞开阔的内部空间序列奠定了基础。古罗马城市中心的马克辛提乌斯巴西利卡即是运用十字拱顶体系的典型会堂式建筑（图 3-7）。

④肋架拱

公元 4 世纪后，人们把拱顶区分为承重部分和围护部分，先砌筑一系列发券，再在其上架石盖板，形成肋架拱。这样大大减轻了拱顶自重，并且把荷载集中到券上，更为科学合理，还能节约模架，是一项很有意义的创新。遗憾的是，当时的罗马趋近没落，人们来不及改进和推广。

（3）券拱结构的光辉成就和意义

券拱结构是罗马建筑最大的特色，也是最大的成就之一。古罗马建设和建筑的伟大成就，得力于券拱结构技术的创新和发展。其主要成就和意义有：

①简化了建造技术，降低了建造成本，加快了建造速度。

②扩大了建筑物的容积和体量，改变了空间观念与建筑形制。

③改变了建筑的艺术形式和装饰手法。

④提升了供水等城市基础设施保障能力，影响了城市的选址、布局和规模。

3.2.2 古罗马柱式的发展与定型

公元前4世纪，罗马人受希腊城邦的影响，已经使用了柱式，并创造了塔斯干柱式。公元前2世纪之后，罗马文化希腊化，柱式广泛流行，出现了五种柱式。因古罗马大量采用券拱结构体系，柱式不再起结构作用，主要起装饰作用，柱式趋向华丽、细密（图3-8）。

（1）券柱式构图

为解决同时使用柱式和券拱结构的矛盾，罗马人发明了券柱式构图。在墙上或墩子上贴装饰性的柱式，包括从柱础到檐口。把券洞套在柱式的开间里，券脚和券面都用柱式的线脚装饰，取得细节的一致，以协调风格。柱子和檐部保持原有的比例，但开间放大。柱子凸出墙面大约3/4个柱径。这种构图很成功，形体富有变化，和谐统一（图3-9）。

（2）叠柱式构图

为解决柱式和多层建筑物的矛盾，古罗马人规范了叠柱式的使用方式。底层用塔司干柱式或新的罗马多立克柱式。二层用爱奥尼柱式，三层用科林斯柱式，如果还有第四层，则用科林斯壁柱。上层柱子的轴线比下层的略退后，显得稳定。通常使用的多是券柱式的叠加（图3-10）。

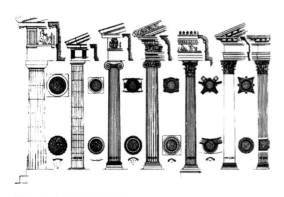

图3-8 古罗马柱式发展

图3-9 券柱式构图

图3-10 叠柱式构图

（3）复合线脚

为解决柱式和罗马建筑巨大体量之间的矛盾，古罗马人增加了柱式的细节，发明了复合线脚。

3.3 古罗马建筑类型

3.3.1 会堂建筑

会堂建筑，是市民集会议事使用的一类重要公共建筑。会堂建筑通常是长方形的大厅，其空间常被纵向的柱廊划分为三部分或五部分，中央空间较为宽大宏阔，称为本堂或中厅；中厅两侧是空间较低的柱廊，称为侧廊或耳堂。因该类建筑最初起源于古希腊一个名为"巴西利卡地区"，后世又被称为"巴西利卡"会堂建筑。会堂建筑常位于广场重要位置，用于商人和一般民众集会，也为司法仲裁服务。庞贝城的庞贝会堂和古罗马城的马克辛提乌斯会堂即是该类建筑的典型代表。

（1）庞贝会堂

庞贝会堂，位于古罗马庞贝城的庞贝广场，约建于公元前2世纪，是早期会堂的典型实例。庞贝会堂平面为长方形，宽24米，长59.85米，会堂规模宏大，主要用作庞贝城法院。

庞贝会堂的总体布局朝向很有特色。罗马早期的会堂多以长边朝向广场，如罗马城共和时期罗曼努姆广场上的艾米利亚会堂（又称艾米利亚巴西利卡）和茱莉亚会堂（又称茱莉亚巴西利卡）等均以长边朝向广场。庞贝会堂则以东面短边朝向庞贝广场，庞贝会堂的长轴与庞贝广场的纵轴相垂直，这在罗马早期会堂建筑中是孤例。

庞贝会堂的内部轴向空间组织也极富特色。其平面沿进深方向依次布置门廊、本堂和法官席，三者均统一在会堂纵轴主导秩序之下。门廊为五开间的叠柱式科林斯柱廊，其两面各有5个柱列开间分别朝向广场和会堂本堂。会堂的本堂部分依纵轴布置，其形状为长方形，高大宏阔的本堂空间由28根巨大的科林斯柱围绕，凸显出威严的气势。本堂两侧是相对低矮的耳堂，据推测其应由上下两层空间组成。布置在会堂轴向的末端法官席，起到总绾会堂空间轴向动势的作用。法官席采用上下两层的五开间科林斯叠柱式，法官席的中央开间轴线与本堂的中央开间轴线重合，用高大雄阔的本堂空间烘托出法官席空间的尊崇和威严。运用轴向空间序列突出强调空间的秩序和气势，是古罗马建筑的优秀传统。庞贝会堂独特的轴向布局奠定了该类型空间的基本模式，成为中世纪基督教教堂建筑的轴向布局的重要参照原型，对后世产生深远的影响（图3-11～图3-13）。

图 3-11　庞贝会堂区位图

1. 卡皮托柳姆神殿　2. 肉类市场　3. 神位　4. 韦斯巴芗庙　5. 漂洗工行会中心　6. 选举会场　7. 城市办公地点　8. 巴西利卡　9. 阿波罗庙　10. 蔬菜市场

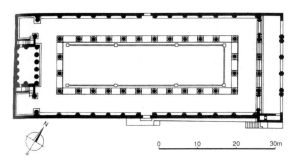

图 3-12　庞贝会堂平面图

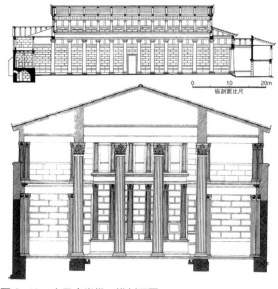

图 3-13　庞贝会堂纵、横剖面图

（2）马克辛提乌斯会堂

马克辛提乌斯会堂，又名和平庙，修建于公元307—312年。马克辛提乌斯会堂位于罗马市中心罗曼努姆广场附近，古罗马城重要的入城巡游仪典大道——圣道在其基址前穿行而过，具有优越的区位优势。受基址地形影响，马克辛提乌斯会堂平面布局朝向与罗曼努姆广场上的艾米利亚会堂和茉莉亚会堂类似，采用长边平行于道路的布局方式（图3-14）。

马克辛提乌斯会堂规模极为宏大。会堂平面长约80米，宽约60米，中央本堂平面长80米，宽25米，本堂顶部的十字拱顶高约35米，其规模尺度远远超出古罗马帝国大型公共建筑卡拉卡拉浴场大厅（长55.8米，宽24.1米）和戴克利提乌姆浴场大厅（长61米，宽24.4米）的规模。超常的空间规模尺度让人产生了敬畏之情。

马克辛提乌斯会堂结构体系极为先进。古罗马会堂建筑普遍使用梁柱结构体系。会堂本堂空间跨度较大，常采用技术成熟的木桁架屋顶。马克辛提乌斯会堂摒弃传统，大胆创新，采用当时先进的券拱结构拱顶体系，这在会堂建筑中是极为罕见的。其中央本堂采用一串3间十字拱顶，串联的十字拱相互抵消平衡纵向的侧推力；十字拱的横跨度达25米，高35米，这在当时是超大的跨度，为平衡十字拱巨大横向侧推力，在本堂左右各布置三个巨大的横向筒形拱。筒形拱的纵轴同本堂系列十字拱的纵轴向垂直，筒形拱跨度近27米，进深17.5

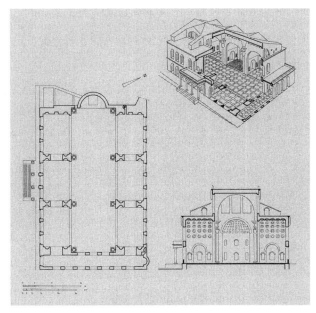

图 3-14 马克辛提乌斯会堂平面图、横剖面图

米，高 24.5 米，尺度大，有力抵消了本堂十字拱的横向侧推力，同时，筒形拱的侧推力互相抵消，只在最外侧才采用厚重的墙体。马克辛提乌斯会堂采用的券拱结构拱顶体系，宏阔雄大，安全妥当，性能先进优异，是券拱结构的重要应用，也是该类拱顶体系创新的典范代表。

马克辛提乌斯会堂内部空间组织秩序明晰而通达，是古罗马大型公共建筑高水平内部空间组织的典范。会堂平面近似方形，由东部的门廊、中部的会堂主体和西部尽端的半圆凹室三部分组成。门廊部分为外部街道空间与会堂主体空间的过渡，采用常规的人体尺度，较为宜人亲切。中部会堂主体是会堂的核心部分，采用巨大的空间尺度，尤其是中央的本堂，采用跨度达 25 米，高度达 35 米的超大巨型十字拱三间连列，形成宏敞雄阔的空间纵轴，奠定马克辛提乌斯会堂恢宏兼蓄、刚强雄健、威严庄重的纪念性主导秩序。会堂尽端的半圆形凹室，采用技术复杂、等级较高的大型半圆穹顶，穹顶直径达 25 米，高约 20 米，空间气势沉稳静逸，成为纵轴空间的有力绉束，形成会堂纵轴纪念性空间的高潮，凹室内部中间的端坐在高台上的皇帝塑像进一步突显空间的纪念性主题。在本堂两边的侧廊各采用三个巨大的筒形拱顶覆盖，并在横向筒形拱的承重墙上以大跨度的发券开洞口，将侧廊空间贯通成连续的整体，形成次要的纵轴空间。侧廊空间高 24.5 米，比本堂空间略低，烘托出本堂空间的光明博大，突显明晰的空间等级秩序。同时侧廊筒形拱纵轴与本堂空间纵轴相垂直，使横向空间流通顺畅，形成次要的横轴空间。马克辛提乌斯会堂空间纵、横向等级明晰，流转通达，在大型公共建筑室内空间组织上取得突出的成就。

马克辛提乌斯会堂是古罗马皇帝马克辛提乌斯统治时期修建的最杰出、最宏伟的公共建筑。堪称古典时期伟大的建筑成就，成为后世大型公共建筑设计创作的重要参照范本。

马克辛提乌斯皇帝去世后，君士坦丁大帝继续该会堂的修建，加建了临街的门廊，增强了会堂与圣路等外部城市空间的有机联系。

3.3.2 角斗场建筑

角斗场，又叫斗兽场，该建筑起于共和末期，是古罗马皇帝、市民和城市无业游民观看角斗士搏斗运动的场所。作为重要的一类公共建筑，角斗场遍布各城市，其平面通常是椭圆形的。古罗马城的大角斗场规模宏大，是角斗场的典型代表。

大角斗场位于罗马城的西南部，建于公元 72—80 年。大角斗场规模巨大，采用椭圆形的平面布局，长轴 188 米，短轴 156 米，中央"搏斗表演区"的长轴 86 米，短轴 54 米，是古罗马最大的角斗场，可以容纳 5～8 万人观看角斗表演。

观众席功能分区便捷合理。观众席共有 60 排座位，分五区。前面一区是皇帝和贵族的荣誉席，最后两区是下层平民的席位，中间是地位较高的公民席位。荣誉席比"搏斗表演区"高 5 米多，下层平民的席位与地位高的公民席位之间有 6 米多的高差，安全防范很严密。观众席逐排升起，总的升起坡度接近62%，各区均有很好的观览条件（图 3-15、图 3-16）。

大角斗场功能组织得当, 有序妥帖。外圈环廊供后排观众交通和休息使用; 内圈环廊供前排观众使用。楼梯放在放射形的墙垣之间，分别通达观众席各层各区，避免人流混杂。出入口和楼梯都有编号，观众按座位号找到相关的入口和楼梯，可以便捷找到座位区和座位，也能便于疏散。角斗士室和兽笼被布置在地

图 3-15 大角斗场

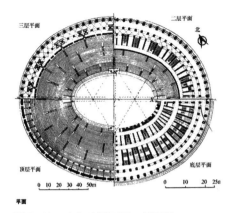
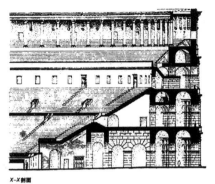

图 3-16　大角斗场平面、剖面图

下室, 他们的入口在底层, 每逢表演的时候, 野兽和角斗士被从地下室吊上来。

角斗场底圈有 7 圈灰华石的墩子, 每圈 80 个。外面 3 圈墩子之间是两道环廊, 用环形的筒形拱覆盖; 第四和第五圈墩子之间、第六和第七圈墩子之间也是环廊; 而第三和第四、第五和第六圈墩子之间砌石墙, 墙上架混凝土的拱, 呈放射形排列。第二层靠外墙有两道环廊, 第三层有一道。整个庞大的观众席就架在这些环形拱和筒形拱上。拱的空间关系复杂, 但条理井然, 整齐简洁。底层平面上, 结构体系面积只占 1/6, 具有很高的设计水平。

大角斗场立面高 48.5 米, 分为四层。下三层各为 80 间券柱式, 第四层是石墙, 立面不分主次, 浑然一体, 显得宏伟、雄壮、华丽。

大角斗场的功能、形制、结构、艺术形式都很完善, 真正做到了结构、功能和形式的统一。有力地证明了古罗马建筑达到的惊人高度。

3.3.3　公共浴场建筑

为满足市民多样的卫生、娱乐需求, 安抚无业游民, 古罗马皇帝大力推进浴场建设, 仅在罗马城, 容纳千人以上的大型浴场就有 11 座, 小的多达 800 座。公元 4 世纪, 罗马城有大小浴场 1 000 座, 浴场成为古罗马重要的公共建筑物。

（1）古罗马公共浴场建筑的特征

共和时期, 浴场各种房间根据功能安排, 采用不对称的自由式。帝国时期, 由于券拱结构技术成熟, 浴场把辅助用房设置在地下室, 主要空间布置在地面以上, 浴场渐趋对称。

①浴场建筑的结构体系特征

浴场建筑结构体系先进、出色。浴场的核心——温水浴大厅, 是横向的三间十字拱, 十字拱的重量集中在八个墩子上。墩子外侧用横墙抵御侧推力, 横墙之间用筒形拱覆盖, 增强了结构整体性, 同时又扩大了大厅的空间。温水浴后部的热水浴大厅采用圆形平面，上覆穹顶。复杂多样的拱顶体系构成荷载传递路径清晰的有机整体。

②浴场建筑的功能特征

浴场建筑功能丰富。浴场除有完备的洗浴室外，还有图书室、演讲室、健身房、运动场、商店等，功能丰富多样。

浴场建筑功能完善。由于采用了先进的券拱结构体系，空间便捷通畅，全部活动都可以在室内进行，各种功能的大厅之间联系紧凑。所有重要的大厅均有直接的天然采光。浴场内部可集中供暖，雾气可以及时排出。

③浴场建筑的空间组织特征

浴场建筑内部空间组织简洁而又多变，开创了内部空间序列的艺术手法。冷水浴、温水浴、热水浴三个大厅串联在一起，位居中央，形成强有力的纵轴线；两侧的更衣室等组成横轴线和次要的纵轴线；纵横空间轴线在温水浴大厅交汇，温水浴大厅成为整个空间转换的中枢；轴线上空间的大小、纵横、高矮、开阔交替变化，形成流转贯通、变化丰富的复合空间序列。

④浴场建筑装饰艺术特征

浴场建筑内部装饰富丽堂皇。浴场地面和墙面贴着大理石板，穹顶、拱顶部位镶嵌着金光闪闪的马赛克。壁龛和靠墙的柱头上陈设着造型优美的雕像。

（2）卡拉卡拉浴场（Baths of Caracalla，Rome）

卡拉卡拉浴场位于罗马城的南部，建于公元211—217年，是古罗马城中最大的浴场之一，能同时容纳1万多人洗浴、休闲、娱乐。

卡拉卡拉浴场占地长575米，宽363米，前沿周边和两侧前部的建筑物是标准的商业店面，接在两侧后部的是演讲厅和图书馆，地段后部是运动场，运动场的看台下部是蓄水库，储存由高架输水道送来的天然纯净水（图3-17）。

浴场主体建筑物位于场地中央，长216米，宽122米，体量宏大。中轴上依次排布着冷水浴、温水浴、热水浴三个大厅，两侧对称布置着一套更衣室、按摩室、蒸汽室和散步的小院子。辅助用房布置在地下室（图3-18）。

卡拉卡拉浴场功能复杂多样，配置完善，是一个多功能的超大型公共建筑；浴场的结构体系十分出色，主体建筑物采用最先进的十字拱顶体系和大型穹顶，力学逻辑条理清晰；浴场的空间序列宏大壮阔，丰富多变，秩序井然，便捷通畅，是古代建筑内部空间组织的典范。卡拉卡拉浴场达到了功能、结构、艺术的完美统一（图3-19、图3-20）。

（3）戴克利先浴场（Baths of Diocletian，Rome）

戴克利先浴场位于古罗马城人口密集的中心区，建于公元298—306年，是古罗马城最为壮观的浴场建筑。

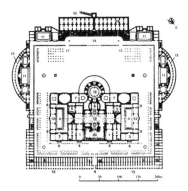

图 3-17 卡拉卡拉浴场总平面图

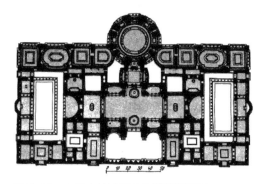

图 3-18 卡拉卡拉浴场主体建筑平面图

图 3-19 卡拉卡拉浴场剖面图

图 3-20 卡拉卡拉浴场遗址全景

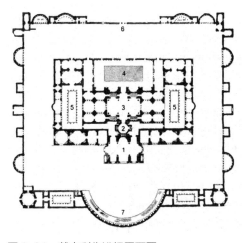

图 3-21 戴克利先浴场平面图

图 3-22 戴克利先浴场遗址

浴场占地庞大，长约380米，宽约370米，浴场前部是商店，后面有一个半圆形的剧场。浴场的主体建筑物长240米，宽148米，布局类似卡拉卡拉浴场，只是规模更为宏大，空间更为富丽堂皇（图3-21、图3-22）。

3.3.4　庙宇建筑

古罗马人继承了古希腊的宗教，也继承了古希腊的庙宇建筑形制。

古罗马庙宇建筑多位于城内，与城市公共空间结合紧密。庙宇平面常为矩形，多以正面示人，大多采用前廊式，突显纵向空间轴线，强调秩序和威严（图3-23、图3-24）。

万神庙是古罗马最伟大的庙宇建筑。初期按照传统前廊式形制建造，是一座普通的长方形庙宇，公元80年，因火灾焚毁。公元120—124年重建，采用穹顶覆盖的集中式形制（图3-25）。

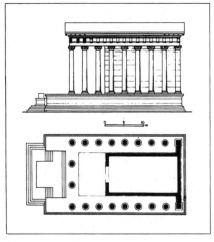
图3-23　古罗马典型庙宇平面、立面图

图3-24　古罗马典型庙宇透视

图3-25　万神庙鸟瞰

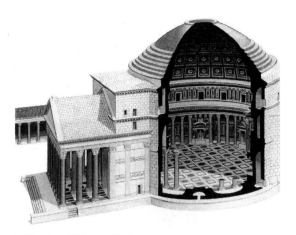

图 3-26　万神庙轴侧图

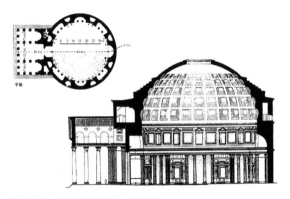

图 3-27　万神庙平面、剖面图

万神庙由两部分组成。前面一部分是矩形的门廊，宽 33 米，深 15.5 米，共用 16 根科林斯式的柱子，柱高 14.18 米，底径 1.51 米，柱身用从埃及运来的整块灰色花岗石雕刻而成；后面一部分是圆形的神殿，是主体，用穹顶覆盖，穹顶直径达 43.3 米，顶端高度也是 43.3 米，是古代跨度最大的建筑（图 3-26）。

万神庙穹顶结构是当时伟大的创举。建筑师对大型球面穹顶的力学传递有深刻的理性认识，将混凝土材料的力学性能和券拱体系结构的特点有机融合。在球面下部的拉应力区域，沿球面四周砌了八个大券，再在上面砌筑小券，形成有机联系的复合拱券体系，用以抵消巨大的拉应力。在球面上部区域只出现压应力，建筑师利用混凝土的优越耐压性能，进行混凝土浇筑。为了减轻穹顶的重量，越往上越薄，下部厚 5.9 米，上部厚 1.5 米，穹顶上做五圈深深的凹格，混凝土采用质量较轻的浮石做骨料。

万神庙是单一集中式空间的经典代表。因为采用连续的承重墙，内部空间单一、完整，几何形状明确而和谐，像宇宙那样开朗、壮阔、庄严。穹顶中央有一个直径 8.9 米圆洞，是唯一的采光口，从圆洞射进来的柔和光柱，伴随时间流逝而缓缓移动，增加了静谧气息，也突显了人和宇宙秩序的紧密联系。

万神庙开创了内部空间时代，让空间成为主角，第一次堂皇庄严地走进建筑殿堂，改变了建筑学科的发展趋向，对后世影响深远（图 3-27）。

3.3.5 凯旋门建筑

凯旋门是古罗马特殊的一类纪念性建筑物，一般为纪念皇帝征战胜利而建，常位于重要的交通要道或重要建筑物、重要城市公共空间的入口处。

凯旋门的基本形制是：方的立面，高的基座和女儿墙。三开间的券柱式，中央一间采用常规比例，券洞高大宽阔；两侧的开间比较小，券洞矮，上面设浮雕。女儿墙头有象征胜利和光荣的青铜铸马车，女儿墙上刻铭文，门洞里两侧墙上刻有主题浮雕（图 3-28）。

（1）替图斯凯旋门（Arch of Titus，Rome）

替图斯凯旋门位于由古罗马城罗曼努姆广场通向斗兽场的大道上，建于公元 81 年。凯旋门高 15.04 米，宽 13.50 米，深 4.75 米。台基和女儿墙很高，体积感很强，给人以稳定威严感，是古罗马单券洞凯旋门的经典案例（图 3-29、图 3-30）。

（2）塞维鲁斯凯旋门（Arch of Septimius Severus，Rome）

塞维鲁斯凯旋门位于罗曼努姆广场的西部入口处，横跨入城凯旋仪式必经的圣道，建于公元 204 年。凯旋门高 20.8 米，宽 23.3 米，深 11.2 米。它比例优美，装饰华丽，是典型三券洞式凯旋门的典例，其样式屡被后世模仿（图 3-31~图 3-33）。

图 3-28 凯旋门基本形制

图 3-29　替图斯凯旋门正面

图 3-30　替图斯凯旋门透视

图 3-31　赛维鲁斯凯旋门片区全景

图 3-32　赛维鲁斯凯旋门正面

图 3-33　赛维鲁斯凯旋门透视

3.3.6 广场建筑

古罗马的城市里，一般都有中心广场，供全城的人聚集、聊天或做生意、讨论政事等。它是城市的社会、政治和经济活动中心，更是市民生活的中心，在城市结构中处于重要地位。广场是古罗马最重要的一类公共建筑，分为共和时期的广场和帝制时期的广场。

共和时期（前509—前30）的广场，没有统一的规划，周围散布着庙宇、政府大厦、平准所、商场、作坊及巴西利卡。

帝制时期，广场日趋成为古罗马皇帝的个人纪念物，按完整规划建造，空间封闭，轴线对称。强调运用空间序列表现空间的秩序、纪念性；注重建筑与院落空间统一构图，烘托空间纪念氛围。

（1）罗曼努姆广场（Forum Romanum，Rome）

罗曼努姆广场是共和时期广场的典型代表。它是在共和时期陆续建造起来的，大体呈梯形，完全开放，城市干道穿过其中。

广场四周，有罗马最重要的巴西利卡和庙宇，有进行经济活动的房屋，政府大厦也离广场不远。该广场是一个公众活动的地方（图3-34、图3-35）。

（2）恺撒广场（Forum Caesar，Rome）

恺撒广场第一个创立了封闭的、轴线对称的、以一个庙宇为主体的广场新形制。广场建于公元前54—前46年，按完整的规划建造。

恺撒广场长160米，宽75米，广场后半部伫立着恺撒家族保护神维纳斯的庙宇，广场成了庙宇的前院，中间立着恺撒骑马的青铜像，广场的轴线秩序得以强调。该广场保留了钱庄和演讲者的敞廊，取消了小店和作坊，成为恺撒的个人纪念物。

（3）奥古斯都广场（Forum Augustus，Rome）

奥古斯都广场建于公元前42—前2年，比恺撒广场更个人化，纯为其歌功颂德，取消了钱庄，只保留演讲用的讲堂。

广场长120米，宽83米。广场后半部的庙宇采用围廊式，立在3.55米高的台基上，伟岸傲然，主导着整个广场。广场四周用花岗石砌筑围墙，墙高36米，与四周城市空间完全隔离。

（4）图拉真广场（Forum of Trajan，Rome）

图拉真广场是古罗马规模最宏大、形制最隆重、空间变化最丰富的广场。广场建于公元109—113年。广场的形制不仅借鉴了早期帝制时期广场的封闭和对称式布局，还参照了东方君主国建筑的特点，采用多层次纵深布局，形成虚实、明暗、开阖、纵横的室外空间序列，突显空间的纪念性内涵。

广场规模宏大，长约300米，宽约185米。广场由凯旋门、入口广场、图拉真家族巴西利卡、纪功院、图拉真庙宇五部分构成。

　　广场进门是三跨的凯旋门，威严壮丽。进门后是壮阔的入口广场，长120米，宽90米，两侧敞廊中央各有一个直径45米的半圆厅，形成广场的横轴线，增强了广场的层次感。在纵横轴线的交点处，立着图拉真的骑马青铜像，强调纵轴线空间的威严秩序。

　　入口广场的底部是巨大的图拉真家族巴西利卡。巴西利卡内有四列柱子，把空间分成五跨，中央一跨达25米。巴西利卡屋顶用木桁架，是古罗马最大的。巴西利卡的两端设计了半圆形的龛，强调了横向构图，突出与纵向主轴线的垂直关系。

　　巴西利卡之后是两个图书馆和小小的纪功院，院子长24米，宽16米。院子中央立着总高达35.27米的纪功柱。纪功柱是多立克式的，柱身高29.55米，底径3.70米。柱身全由白色的大理石砌成，分为18段。柱子内部是中空的，内设185级石阶盘旋而上，直达柱头，可以登临总览罗马全城。柱身外是全长200米的浮雕带，绕柱23匝，刻着图拉真远征达奇亚的史迹，雕刻艺术水准很高，是难得的古罗马雕刻珍品。

　　穿过纪功院，又进入一个大院子，院子中央是台基高大的围廊式庙宇。庙宇供奉图拉真本人，是整个纪念广场的高潮（图3-36、图3-37）。

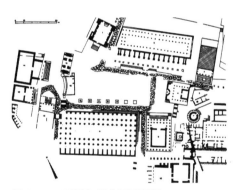
图3-34　罗曼努姆广场平面图

图3-35　罗曼努姆广场遗址

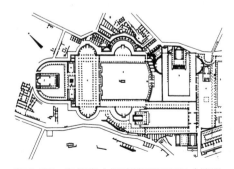
图3-36　图拉真广场建筑群平面图（恺撒广场、奥古斯都广场位于旁侧）

图3-37　古罗马城中心广场建筑群复原图

3.3.7 居住建筑

古罗马城是一个世界性的巨型都会，城市人口达百万之巨。解决众多人口的居住问题，是巨大的挑战。古罗马的居住建筑发展迅猛，是重要的建筑类型。公元 4 世纪时，罗马城里大约有天井独家式住宅 1 797 所，公寓式集合住宅 46 602 所。其他城市居住建筑发展情形类似，规模稍小。

古罗马的城市居住建筑大体分为三类：一类是皇帝和上层贵族的宫殿型居住建筑；一类是地位稍高的天井式独家住宅；一类是公寓式的集合住宅。

（1）哈德良离宫（Hadrian's Villa，Tivoli）

哈德良离宫位于古罗马城郊外秀丽清新的蒂沃利山上，距罗马城约有 24 千米。哈德良离宫建于公元 118—134 年，占地约 120 公顷，规模宏大壮丽，内容丰富多彩，是古罗马的宫廷式居住别馆的典型代表。

哈德良离宫由剧场、庙宇、水剧场、图书馆、浴场、体育馆、环柱式漫步林园、景观大水池、哲学苑、宫殿等多组建筑群构成。整个离宫依地形修建在不同高差的缓坡上，迤逦绵延约 11.3 千米。建筑师采用多个不同方向的轴线，将复杂的建筑组群巧妙地连成有机多变的整体。不同轴线之间转换灵活自如，显示了高超的设计水平（图 3-38）。

哈德良离宫内的单体建筑物形式新异，有圆形、花瓣形、曲线形等，穹顶式样很多，创造了一些十分新颖别致的形式和构图手法，极大丰富了古罗马建筑语汇（图 3-39、图 3-40）。

（2）潘萨府邸（House of Pansa，Pompeii）

古罗马的天井式独家住宅，起源于古希腊晚期的明厅式住宅，但平面较古希腊更强调空间秩序，采用整齐的对称式布局，有明显的空间轴线。入口、中庭、堂屋是中轴线上的三个空间节点。带天井的中庭是家庭生活的中心，日常起居各种活动多围绕中庭展开，是独家住宅的核心空间。大型的独家住宅往往有多进的庭院。

庞贝城的潘萨府邸是典型的天井式独家住宅。府邸占据整个街坊，南北长 97 米，东西宽 38 米，前后有两进天井式庭院，前面一进院落是较为普通的天井式中庭，后面一进是较为敞阔的围廊式中庭。墙上壁画色彩鲜艳，地面铺砌彩色大理石，室内装饰富丽堂皇。在府邸的后部还设有专用的私家种植园（图 3-41）。

（3）奥斯蒂亚街屋公寓（Insula del Serapide，Ostia）

一般的城市居民和无业游民大多住在可出租的公寓式集合住宅内。公寓多采用标准单元，批量建造。档次高的公寓，底层整层住一家，还带有院落，上面几层分户出租（图 3-42）。档次低的公寓，底层开小铺，上面是住户。最低的公寓，每户沿进深方向布置房间，通风采光很差，卫生条件极为恶劣（图3-43、图3-44）。

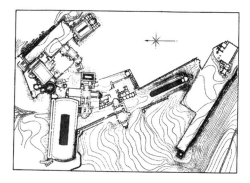

图 3-38　哈德良离宫总平面图

图 3-39　哈德良离宫水剧场遗址

图 3-40　哈德良离宫景观水池遗址

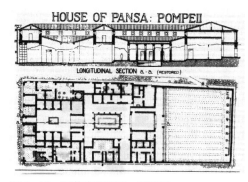

图 3-41　潘萨府邸平面、剖面图

图 3-42　奥斯蒂亚街屋公寓

图 3-43　奥斯蒂亚街屋公寓

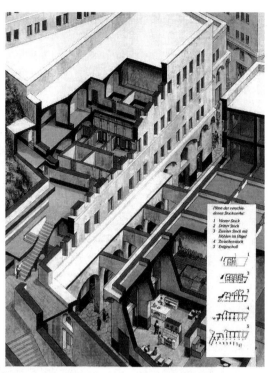

图 3-44　奥斯蒂亚街屋公寓剖透视图

本章知识点

1. 古罗马主要代表性成就。

2. 古罗马券拱结构技术创新。

3. 古罗马柱式构图的发展。

4. 古罗马大角斗场的特色成就。

5. 古罗马公共浴场的特色成就与典例。

6. 古罗马城市广场建筑类型演变与特色成就。

7. 古罗马万神庙建筑的空间、结构特色成就。

8. 古罗马凯旋门建筑特色成就。

9. 古罗马经典建筑理论成就。

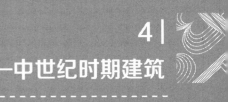

4 |
心物秩序的重构——中世纪时期建筑

4.1 中世纪时代特征与建筑成就

4.1.1 时代环境与人文特征

欧洲的中世纪封建制度是在古罗马帝国的废墟上建立起来的。395年，古罗马帝国分裂为东西两个帝国。东罗马帝国建都在黑海口上的君士坦丁堡，后来称为拜占庭帝国，它从4世纪开始封建化。476年，西罗马帝国被北方蛮族灭亡，经过漫长的战乱，西欧形成了封建制度。从西罗马灭亡到14、15世纪资本主义制度萌芽之前，欧洲的封建时期被称为中世纪。

中世纪又常被称为"黑暗的中世纪"，社会生存环境极为恶劣、悲惨。古罗马帝国衰落之后，北方蛮族洪水般入侵破坏，杀戮人民，摧毁胜迹。城镇被夷为平地，战乱动荡，文明凋零。社会价值体系与秩序崩溃，人性泯灭，人类如野蛮的原始动物，愚昧、残暴，到处是争战、杀戮。正义、科学、艺术被彻底遗忘，流氓、无知、无耻变得肆行无忌。没有基本的卫生条件，满目疮痍，肮脏不堪，瘟疫和流行病横行，仿佛地狱来到人间（图4-1）。

残酷的生存环境对人的心灵产生了极大刺激，人们普遍生不如死，悲观厌世。由于承受太多的人生悲剧苦难，中世纪的人常常抑郁苦闷，恐惧绝望，心

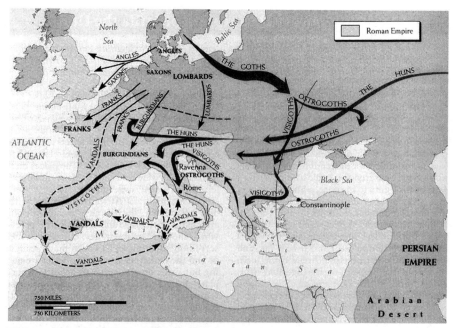

图4-1 北方蛮族对西罗马帝国入侵示意图

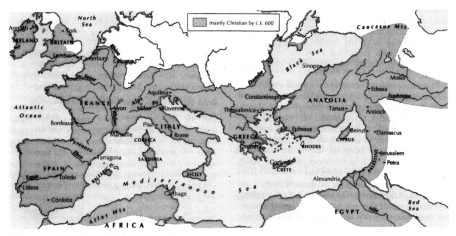

图 4-2　早期基督教的传播示意图

态失衡，情绪激动，如惊弓之鸟，敏锐偏执，喜欢幻想，渴望神秘的力量帮其超脱眼前无尽的悲苦深渊。苦难的现实世界渴盼心物秩序的重构，期盼获得强大的心灵支撑，基督教因此应时而生，基督教以世界为苦海，以人生为考验，以皈依上帝得解脱的宗旨，为西方世界各阶层所广泛接受。基督教普遍流行，其对光明天国的描述为世人提供了无尽的神秘想象空间，是良好的精神养料（图 4-2）。

　　基督教为中世纪的人们提供了心灵与肉体的庇护所，艺术在基督教的扶持和影响下，渐萌生机。否定现实、重视想象与象征，是基督教的特色。深受基督教影响的文化、艺术等自然带上了强调象征的特质。基督教建筑，更是强调象征手法的应用，建筑的平面形式、雕刻、采光等都被赋予神秘的意义和价值。

4.1.2　中世纪主要建筑成就及历史沿革

　　中世纪社会分裂动荡，经济凋敝，民生困苦艰难，宗教建筑成为中世纪唯一的纪念性建筑，其主要成就集中体现在基督教建筑上。西欧和东欧的中世纪历史很不一样，分属基督教两大教派，西欧信奉天主教，东欧信奉东正教。它们的建筑发展分别属于两个建筑体系：即西欧天主教建筑体系和东欧拜占庭建筑体系。

　　西欧天主教建筑的主要成就是继承了古罗马券拱结构技术，进一步综合创新形成骨架券结构体系和相应的拉丁十字式教堂形制，并形成系统的天主教建筑空间和造型艺术语汇。东欧拜占庭建筑的主要成就是结合当地传统创造了帆拱结构体系和相应的集中式教堂形制。

　　中世纪建筑发展跌宕曲折，其建筑发展分属两个体系，其各个时期建筑的特征如下：

①西欧中世纪建筑——早期基督教建筑（4—9 世纪）；罗马风建筑（10—12 世纪）；哥特式建筑（12—15 世纪）。

②东欧中世纪建筑——拜占庭建筑（5—15 世纪）。

4.2　西欧中世纪建筑——修道院与城市大教堂

4.2.1　西欧中世纪建筑的发展历程

（1）早期基督教建筑——巴西利卡式教堂

公元 4—9 世纪，古罗马帝国衰落，世俗价值体系崩溃，北部蛮族持续入侵，社会动荡混乱，西欧社会各界普遍信奉基督教。因经济技术落后，教堂普遍借鉴技术简易的古罗马大厅式建筑——巴西利卡的建筑形制，被称为早期基督教建筑。巴西利卡式教堂是这一时期主要的建筑类型。

（2）罗马风（教堂）建筑——修道院建筑

公元 10—12 世纪，西欧社会相对安定，经济生产复苏，朝圣热兴起。朝圣路线沿途的修道院教堂受到本地信众和朝圣香客的喜爱，发展迅猛。同时，一些活跃的商业城市纷纷出现，社会分工细化，掌握一定技术的专业工匠与普通农民有了分工。古罗马时期的拱券技术被专业工匠广泛继承和应用于修道院教堂建筑。后世将 10—12 世纪广泛采用古罗马拱券技术修建的修道院教堂建筑与部分城市教堂建筑称为罗马风建筑，意为大量模仿古罗马建筑技术与艺术的建筑。

（3）哥特式（教堂）建筑——城市教堂

公元 12—15 世纪，西欧，尤其法国等先进地区的城市经济繁荣昌盛，手工业和商会大量建立起来，城市成为西欧社会的重要主导力量。城市教堂取代修道院教堂，成为该时期的主要建筑类型，在结构体系优化、艺术完整性、空间秩序等领域均取得巨大突破性进展。其先进的结构体系和艺术观念对世俗建筑也产生了深远影响。因该时期的重大建筑活动主要发生在西欧传统哥特人生活地区，后人称之为哥特式（教堂）建筑。

4.2.2　西欧中世纪建筑的基本特征

（1）西欧中世纪建筑的平面形制特征

①早期基督教建筑——巴西利卡式教堂的平面形制特征

早期基督教建筑起初借鉴巴西利卡大厅的布局，形成巴西利卡式教堂的平面形制，其基本特征为：长方形平面，纵向的几排柱子把教堂分为几个长条式空间，中央的比较宽，叫中厅，两侧的窄一点，叫侧廊。根据基督教规定，教堂的圣坛必须在东端，故而在巴西利卡大厅东部加建半圆形的龛，以布置圣坛。大门设在西端。巴西利卡教堂平面形制既保留了古罗马大厅式建筑的宏阔，又适合宗教仪规，奠定了基督教教堂建筑的基本平面格局，被广泛接受，流行于西欧，甚至东欧早期的教堂也采用这种形制（图4-3、图4-4）。

随着信徒增多，出现了巴西利卡教堂的新变体——廊院式巴西利卡教堂，即在巴西利卡式教堂前加建了一所内柱廊式的院子，中央设洗礼池，巴西利卡教堂入口前面设宽阔的柱廊，便于望道者使用（图4-5）。

由于宗教仪式日趋复杂，圣品人增多，后来就在圣坛前增建一道横向空间，给圣品人专用，大一点的也分中厅和侧廊，高度和宽度都同正厅相等。于是就形成了一个十字形的面，竖道比横道长很多，叫拉丁十字式巴西利卡教堂。

这种拉丁十字式教堂，建筑平面布局与宗教活动相适应。同时，十字形又被认为是耶稣基督殉难十字架的象征，具有神圣含义。天主教会把拉丁十字式作为最正统的形制，在整个西欧推广（图4-6）。

②罗马风（教堂）建筑——修道院建筑的平面形制特征

罗马风教堂基本沿用拉丁十字式平面形制，只是平面规模更大，更趋复杂，尤其是圣堂的平面形制被进一步完善。罗马风教堂既要满足本地信众的宗教活动，又要接纳外地朝圣信徒们，教堂规模远比一般教堂要大，如克吕尼修道院的教堂平面长127米，土鲁斯的圣塞南教堂长115米。为了收藏圣物或圣骸，吸引朝圣的信徒瞻仰朝拜，在圣坛外侧，按放射形建造了几个凸出的小礼拜室。为了避免大量外来信徒妨碍教堂内修道士的日常宗教活动，设计者用一道半圆形的环廊把这些小礼拜室同圣坛隔开，教堂东半部分变得复杂。由此天主教堂圣堂后部设环廊外带小礼拜室的平面形制形成了，并被后世遵循。有的教派把小礼拜室造在横厅的东侧，和圣坛平行，但未被广泛接受（图4-7）。

③哥特式（教堂）建筑——城市教堂平面形制特征

哥特式教堂的平面形制基本是拉丁十字式的。在法国，教堂东端的小礼拜室增多，骨架券的灵活布置解决了结构上的困难，布局更加复杂，由多个小礼拜室簇拥在圣坛外侧，几近构成完整的半圆形，以至在东部遮掩了横厅的突出部分，从东部看，教堂十字平面布局外形特征被弱化。哥特教堂的拉丁十字形主要靠高起的中厅表现。在哥特教堂西端常建有一对大塔，象征城市文明的骄傲（图4-8）。

（2）西欧中世纪建筑的结构体系特征

①早期基督教建筑——巴西利卡式教堂的结构体系特征

早期巴西利卡教堂结构简单，采用梁柱结构体系，屋顶用木屋架，屋盖较轻，支柱比较细，一般用的是柱式风格的柱子。

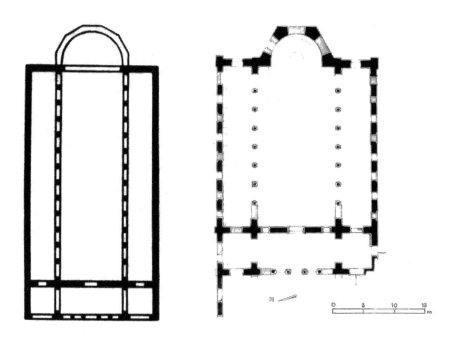

图 4-3　西欧早期巴西利卡典型平面图　　图 4-4　东欧早期巴西利卡典型平面图

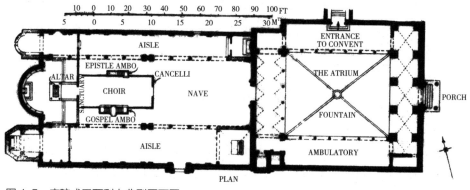

图 4-5　廊院式巴西利卡典型平面图

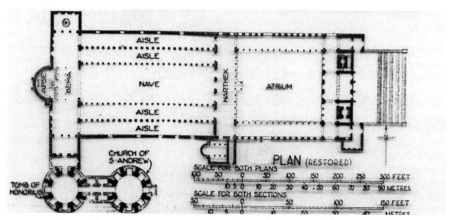

图 4-6　拉丁十字式巴西利卡典型平面图

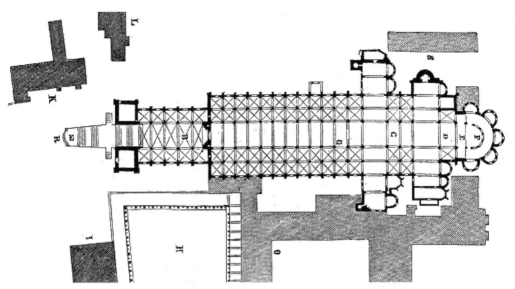

图 4-7 克吕尼修道院教堂平面图

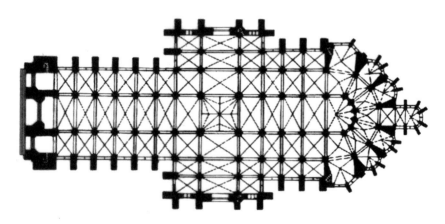

图 4-8 亚眠大教堂平面图

②罗马风（教堂）建筑——修道院建筑的结构体系特征

由于木屋架太容易失火，尤其是修道院教堂规模增大，宗教仪式日趋复杂，使木屋架教堂发展缓慢。公元10世纪起，意大利北部保留的券拱建造技术传入西欧，教堂普遍采用防火性能优异的券拱结构。筒形拱、十字拱、骨架券等先后被尝试使用，直到12世纪，教堂的结构技术虽有了巨大进步，但还不成熟，多是单项技术的使用，未成体系。因为拱顶自重较大，人们淘汰了柱式柱子，采用粗重的墙墩支撑。这种结构体系的教堂外观封闭，厚重结实，内部空间也不够简洁（图4-9）。

③哥特式（教堂）建筑——城市教堂的结构体系特征

12世纪下半叶，哥特教堂集中了各地罗马风教堂的十字拱、骨架券、二圆心尖券、尖券等做法和利用扶壁抵挡拱顶侧推力的尝试，并加以发展，形成完善的结构体系，以及艺术处理，形成独特的风格。哥特式教堂结构体系的主要特点：

● 骨架券的成熟运用

哥特教堂采用架券作为拱顶的承重构件，十字拱成了框架式，其余的填充围护部分就减薄到25~30厘米，节约了材料，减轻了自重，也减少了侧推力，连带支撑的墩子也变细了。轻灵的骨架券结构体系，克服高度带来的不便和约束，可以把中厅的拱顶举得更高、更稳定。

骨架券适应各种复杂的平面，都可以用骨架券拱顶覆盖，圣坛外圈环廊和小礼拜室等复杂平面的拱顶的建造难题也迎刃而解（图4-10）。

● 飞券的精准应用

骨架券把拱顶荷载集中到每间十字拱的四角，因而可用独立的飞券在两侧凌空越过侧廊上方，只在每间十字拱的四角抵住侧推力。飞券落脚在侧廊外侧

图4-9 罗马风时期拱顶技术的演变示意图

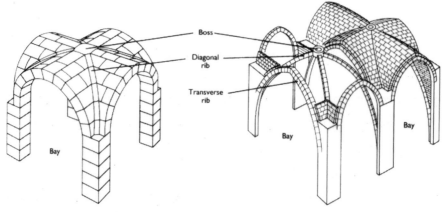

图4-10 骨架券结构示意图

一片片横向的墙垛上。侧廊的拱顶不必负担中厅拱顶的侧推力，可以极大地降低高度，使中厅可开很大的侧高窗，而且侧廊的外墙也因不用承担荷载可开大窗。飞券和骨架券一起使整个教堂的结构近似于框架式的（图4-11、图4-12）。

●全部采用两圆心的尖券

哥特式教堂的拱券体系全部采用两圆心的尖券和尖拱。一方面，尖券和尖拱的侧推力比较小，有利于结构稳定；另一方面，不同跨度的两圆心尖券和尖拱可建得一样高，使内部空间整齐、单纯、统一（图4-13）。

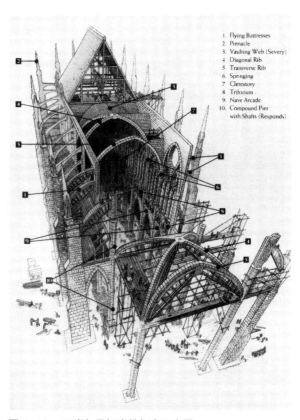

图 4-11　飞券结构技术示意图　　　　图 4-12　飞券与骨架券的组合示意图

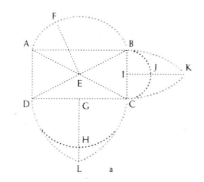

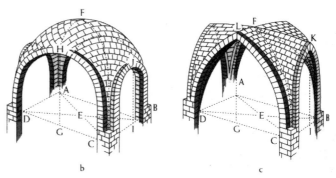

图 4-13　二圆心尖券示意图

图4-14 韩斯教堂中厅空间

图4-15 科隆教堂中厅空间

（3）西欧中世纪建筑的空间体系特征

①早期基督教建筑——巴西利卡式教堂的空间体系特征

早期基督教建筑沿用巴西利卡的平面形制，以西部狭端为入口，圣坛和祭坛放在空间的东部尽头，中厅高敞纵长，强调空间的纵向秩序，突显教堂圣坛的神圣地位。

②罗马风（教堂）建筑——修道院建筑的空间体系特征

罗马风教堂平面规模更大，平面变得更长，加强了导向圣坛和祭坛的空间动势，突出了圣坛与祭坛的神秘感和神圣地位。

③哥特式（教堂）建筑——城市教堂的空间体系特征

哥特教堂的中厅一般不宽，通常为12 ~ 16米，但很长，为120 ~ 130米，两侧支柱的间距不大，为6 ~ 7米，教堂内部导向祭坛的节奏紧凑，动势很强。

由于技术的进步，哥特教堂中厅很高，12世纪下半叶后，中厅高度一般都在30米以上，有的甚至高达近50米，拱券尖尖，骨架券从柱墩上散射出来，有很强的升腾动势。从13世纪起，柱头渐渐消退，支柱仿佛是一束骨架券的茎梗，垂直线统治着所有的部位，进一步加强了向上的动势（图4-14、图4-15）。

4.2.3 西欧中世纪建筑典例

（1）西欧中世纪早期基督教建筑典例

①罗马拉特兰宫圣约翰主教堂（St. Giovanni in Lateran，Rome.313—320）

罗马拉特兰宫圣约翰主教堂坐落于皇家宫苑内，由君士坦丁大帝于313年提议修建，是官方修建的第一座大规模基督教堂。教堂为典型的巴西利卡式。它共有五跨，即一个中厅，左右各有两跨侧廊，内侧廊比外侧廊稍高，可能是为了争取更多的自然采光；中厅的尽端建有半圆形的圣堂，外侧廊的尽端各突出一间房，一间作为祭具室，一间作为圣餐储藏室。教堂现已毁损，只剩下残留的基础部分仍清晰可辨，被作为文化遗产保存了下来（图 4-16）。

②伯利恒圣诞教堂（The Church of the Nativity，Bethlehem. 325）

伯利恒的圣诞纪念教堂，初建于 325 年，后在 6 世纪晚期被重建，是一座典型的廊院式巴西利卡教堂。其端部为八角形的圣堂，覆盖着耶稣诞生的洞窟（图 4-17）。

③罗马圣彼得老教堂（Old St.Peter's Basilica, Rome. 320—337）

罗马城的圣彼得老教堂由君士坦丁大帝创建于 320—337 年。教堂由一个巴西利卡和一个前庭院组成。巴西利卡是五廊式的，规模巨大。前庭院是公元 4 世纪末加建的。

在早期，圣彼得的坟墓就是基督教信徒的朝圣中心，为满足日益增多的信众和日趋复杂的宗教仪式，创建教堂时在圣坛前修建了一个横厅，高度和中厅一样高，形成典型拉丁十字式巴西利卡，被天主教会定为最正统的教堂平面形制。老圣彼得教堂建成后，一直作为天主教的中心教堂使用，直到 15 世纪才重建（图 4-18、图 4-19）。

④罗马圣保罗大教堂（S.Paolo fuori le mura， Rome. 386）

罗马圣保罗大教堂为纪念耶稣基督的弟子圣保罗而建造，位于罗马市正南方圣保罗殉道处。最初的教堂规模较小，由君士坦丁大帝在公元 324 年建造落成。公元 386 年，狄奥多西大帝将其拆除，重新建造了一座大教堂，其规模是当时罗马最大的。

教堂平面采用典型的拉丁十字式，主体长 132 米，宽 65 米。教堂的很多地方以圣彼得老教堂为蓝本建造。1823 年一场大火将教堂完全烧毁，后被重建（图 4-20）。

（2）西欧中世纪罗马风建筑典例

①图卢兹圣塞南教堂（Saint-Sernin de Toulouse. 1077—1119）

图卢兹城位于一条由法国通往西班牙孔波斯特拉的圣地亚哥的主要朝圣干道上，圣塞南教堂是罗马风时期朝圣教堂的代表，也是世界上现存最大的罗马风教堂（图 4-21）。

圣塞南教堂建于公元 1077—1119 年，采用典型的拉丁十字巴西利卡平面形制，由长长的纵向中厅和横厅相贯而成。教堂既要满足本地信众宗教活动的需要，又要接纳外地朝圣信徒们的参观朝拜，所以规模很大，中厅长 115 米，两侧各设两列侧廊，构成形制隆重的"五廊式"巴西利卡；横厅与正厅同高，但只有三廊，即中廊和两边的侧廊，横厅的东侧建了 4 个小礼拜室，圣堂的后

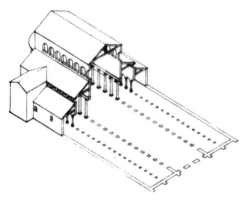

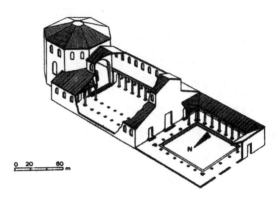

图 4-16 罗马拉特兰宫圣约翰主教堂

图 4-17 伯利恒圣诞教堂

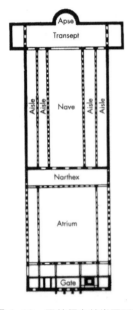

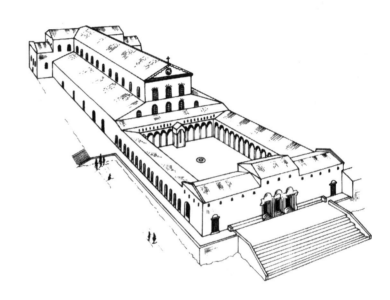

图 4-18 圣彼得老教堂平面图　　图 4-19 圣彼得老教堂轴测图

图 4-20 罗马圣保罗大教堂　　图 4-21 图卢兹圣塞南教堂鸟瞰

部建了 5 个小礼拜室，储藏圣徒的遗物，以供朝圣的信徒瞻仰。为了避免外来信徒对正常宗教仪式的干扰，建筑师在圣堂后部与小礼拜室之间设半圆形的环廊，并将环廊与横厅、中厅的侧廊连通，形成连续的环形通道，供参观的信徒使用。这种内外活动流线分离的做法受到教会和信众的普遍认可，被其他朝圣教堂广泛传承模仿。圣堂后部设环廊外带小礼拜室的平面形制由此定型为天主教圣堂空间的标准做法，被后世哥特建筑进一步继承延续（图 4-22）。

圣塞南的中厅采用半圆的筒形拱屋顶，空间高敞。在中厅每个间架上方先砌方形的半圆券肋，然后再分段砌筒形拱，券肋承载筒形拱，并把力向下传递给每个间架的壁柱。侧廊上部造半个顺向的筒形拱，以进一步抵消中厅拱顶的侧推力，而侧廊的侧推力则由外墙扶壁承担。圣塞南教堂使用的券肋开启了罗马风教堂成功应用横向骨架券、扶壁的先例，为骨架券、扶壁的广泛应用开创了美好前景。横向骨架券的使用大大减少了拱顶的自重，侧推力减弱了许多，侧廊外墙被初步解放，可以开采光窗，改善了罗马风教堂的室内自然采光，也有力推动了对教堂光线的艺术表现力的探索（图 4-23）。

圣塞南教堂平面布局、结构体系的创新做法让罗马风教堂和哥特教堂建筑艺术走向成熟奠定了坚实的科学基础。

②普瓦捷圣母大教堂（Notre Dame La Grande，Poitiers. 1130—1145）

普瓦捷城位于由巴黎至圣地亚哥朝圣的主要道路上，在中世纪曾是重要的宗教文化中心。普瓦捷圣母大教堂是罗马风时期著名的朝圣教堂。

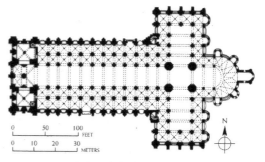
图 4-22 图卢兹圣塞南教堂平面图

图 4-23 图卢兹圣塞南教堂中厅

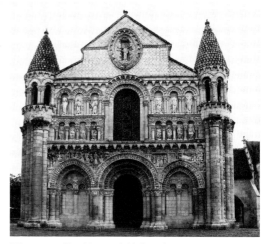
图 4-24 普瓦捷圣母大教堂西立面

图 4-25　普瓦捷圣母大教堂全景

该教堂建于公元 1130—1145 年，平面形制与图卢兹圣塞南教堂类似，只是规模较小，中厅长约 45 米。其中廊覆盖筒形拱，并用横向拱券在筒形拱下部加强结构的整体性，两边的侧廊用十字形交叉拱顶覆盖。

圣母大教堂西立面是其精彩卓绝之处。为减弱罗马风时期教堂外观的厚重感，该教堂采用浮雕式的连续小券装饰檐下和腰线，生动活泼；由于墙垣很厚，门窗洞很深，教堂入口门洞向外抹成八字门，排上一层层线脚，以减弱重拙感，并增加采光量。连续的装饰券、带有精美线脚的八字，形成罗马风建筑的典型外部特征，被广泛借鉴使用。

教堂西立面雕刻精美，内容丰富华美，是难得的艺术精品，被认为是罗马风中后期教堂西立面雕刻的楷模（图 4-24、图 4-25）。

③韦兹莱圣玛德蕾娜教堂（St.Madeleine, Vezeley. 1089—1206）

韦兹莱的圣玛德蕾娜教堂是法国勃艮第地区著名的朝圣教堂，建于公元1089—1206 年。教堂采用典型的拉丁十字式平面，横向的耳堂突出不甚明显，整个平面比例修长、匀称秀雅（图 4-26）。

教堂前入口的门廊也分中厅和侧廊，空间壮阔，形制隆重而罕见。教堂的中厅和侧廊均使用十字交拱顶，跨间用横向的券分开，是法国罗马风时期大规模采用十字拱建造中厅屋顶的首例。建筑师对复杂拱顶侧推力的分析能力大有提高，抵抗拱顶侧推力的技术手段也多有创新，大胆尝试在侧廊上部凌空架设飞扶壁，与中厅横向半圆券协力抵抗中厅十字拱顶的侧推力。十字拱顶和飞扶壁的大胆组合应用为 12 世纪哥特教堂结构体系的成熟奠定了基础。韦兹莱圣玛德蕾娜教堂被誉为"半哥特风格的先驱"（图 4-27）。

韦兹莱教堂入口门上的浮雕，构思独特精巧，技艺精湛，是中世纪最著名的杰作之一（图 4-28）。

④米兰圣安布洛乔教堂（S.Ambrogio, Milan. 1080—1128）

米兰圣安布洛乔教堂历史底蕴深厚，是许多重大宗教事件的见证者。教堂最初由圣安布洛斯（S.Ambrose）创建于4世纪，约850年改建了教堂的平面布局，12世纪部分重建，加建了拱顶和穹顶。圣安布洛乔教堂结构和形式均比较成熟，是意大利伦巴第地区罗马风教堂的范本（图4-29、图4-30）。

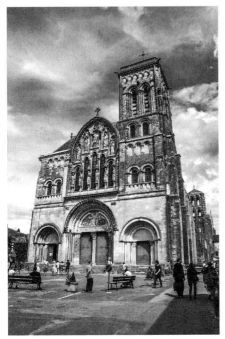

图4-26 韦兹莱圣玛德蕾娜教堂全景

图4-27 韦兹莱圣玛德蕾娜教堂中厅

图4-28 韦兹莱圣玛德蕾娜教堂入口浮雕

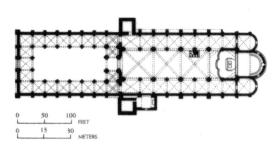

图 4-29　米兰圣安布洛乔教堂平面图

图 4-30　米兰圣安布洛乔教堂中厅

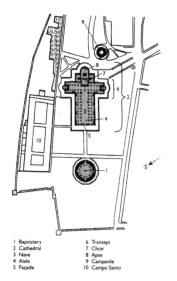

1 Baptistery　　6 Transept
2 Cathedral　　7 Choir
3 Nave　　　　8 Apse
4 Aisle　　　　9 Campanile
5 Façade　　　10 Campo Santo

图 4-31　比萨大教堂总平面图

图 4-32　比萨大教堂西立面

图 4-33　比萨大教堂建筑群全景

图 4-34　圣丹尼斯教堂西立面

圣安布洛乔教堂沿用了早期基督教"前院式巴西利卡教堂"的平面形制，教堂建筑群由巨大的前庭、两个高耸的塔楼、前廊和长方形的本堂等几部分构成。本堂中厅宽阔，两侧是侧廊，侧廊的开间约为中厅开间的1／2。中厅采用技术复杂的骨架券技术建造拱顶，是骨架券拱顶应用在罗马风教堂中的经典案例。因采用半圆券做骨架，对角线方向骨架券的半径大于纵向和横向骨架券的半径，中厅骨架券拱顶每间中央均向上隆起，使中厅各开间独立感较强，减弱了教堂中厅的连续运动感。中厅的墩柱与侧廊墩柱粗细大小相间，也减弱了空间的整体感，减缓了奔向祭坛的动势。这是复杂骨架券技术在中厅拱顶的大胆创新性应用，受到欧洲的普遍关注，此后中厅骨架券拱顶技术传播到欧洲大部分地区，影响极为深远。法国、德国等地的许多晚期罗马风教堂均以之为蓝本，如沃尔姆斯大教堂（Worms Cathedral，11—13世纪）、美因茨大教堂（Mainz Cathedral，11世纪）、施派尔大教堂（Speyer Cathedral，11世纪）等。

⑤比萨大教堂（Pisa Cathedral，1063—1272）

比萨大教堂建筑群是罗马风时期意大利最著名的建筑名作。教堂建于1063—1272年，由洗礼堂、教堂、钟塔三部分构成。三座建筑物形体各异，鲜明而统一，造型精致。

教堂规模宏大，全长95米，平面采用典型的拉丁十字形制。中厅屋顶采用常见的木屋架，侧廊部分用十字拱。中厅的空间因采用成熟的木屋架体系，空间连续完整，中厅支柱承托的连续券轻盈跳跃，进一步加强了空间奔向祭坛的动势。教堂主立面上部装饰四层连续的空券廊，雅致秀美，工艺精湛，与下部的入口券廊部分呼应统一而富有变化，是罗马风时期立面设计的精品（图4-31~图4-33）。

教堂后部的钟塔即是闻名于世的比萨斜塔。钟塔平面为圆形，直径大约16米，塔高54.5米，共分为8层。建筑外环绕连续券，轻灵雅致。

（3）西欧中世纪哥特式建筑典例

①圣丹尼斯教堂（The abbey of S.Denis. 1135—1144）

12世纪，法国出现强大的君主政体，巴黎成为一个具有很高声望的创造性艺术中心。中世纪建筑艺术史的重大转折，就发生在巴黎周围的王室领地。圣丹尼斯大教堂的重建是这次重大艺术转折的标志性事件。

圣丹尼斯教堂原为加洛林王朝（公元8世纪）的皇家大修道院教堂，采用早期基督教典型的拉丁十字巴西利卡形制。因城市经济繁荣，信众迅速增多，原有的教堂就变得拥挤不堪。1135年，时任修道院长的许杰（Sugar）对其改建。圣丹尼斯教堂的改建工程主要有三部分，即西部入口部分、教堂内殿部分和圣堂部分。其中圣堂部分的改建最具突破性价值，至今仍保存完好（图4-34）。

圣丹尼斯教堂的圣堂部分采用设环廊外带小礼拜室的平面形制，平面极为复杂。使用传统的半圆交叉拱建造非常困难，并且空间凌乱琐碎。建筑师突破性地将二圆心尖券和骨架券技术组合，发明并采用矢形骨架券拱顶技术建造圣堂部分，骨架券的高度灵活性和适应性，使之能在任何复杂平面架设，摆脱了复杂平面的限制，矢形的尖券不再像单圆心半圆券那样受到跨度的严格制约，矢形尖券可使不同跨度的骨架券达到相同高度，保证了空间的整齐，并且侧推力小，更为稳固（图4-35）。

因采用了创新的"矢形骨架券拱顶技术"，圣丹尼斯教堂的圣堂部分空间流转贯通，宏阔明亮，取得极大成功。圣丹尼斯教堂被称誉为第一座哥特式教堂，标志着哥特风格时代的开始。后世哥特教堂多模仿其圣堂部分的建造技术。

②巴黎圣母院（The Cathedral of Norte Dame in Paris. 1163—1250）

中世纪后期，巴黎经济勃兴，声望日隆，既是法国的政治中心，也是欧洲的艺术中心，乃至欧洲的文化中心。巴黎圣母院建于1163—1250年，处处洋溢着巴黎人的雄心壮志和非凡创举，被誉为哥特早期教堂的典范，堪与基督教中心教堂——罗马城的圣彼得教堂媲美。

巴黎圣母院位于巴黎塞纳河中的"西岱岛"上，地处巴黎中心区，地理区位卓越。教堂平面采用典型的拉丁十字形制，内堂为"五廊式"，形制隆重。教堂总长150.20米，规模巨大。为保证空间的统一性，横向耳堂部分没有明显突出侧廊墙壁。整体平面布局优美匀称，是罕有的杰作（图4-36）。

巴黎圣母院的结构体系也堪称精品。巴黎圣母院首次将"飞券"成功应用于支撑高耸的中央拱顶（约32.5米高），并与骨架券和尖券

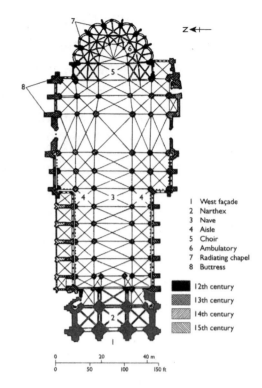

1	West façade
2	Narthex
3	Nave
4	Aisle
5	Choir
6	Ambulatory
7	Radiating chapel
8	Buttress

■ 12th century
▨ 13th century
▨ 14th century
▨ 15th century

图4-35 圣丹尼斯教堂平面图

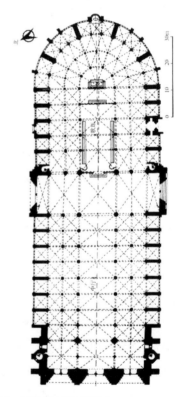

图4-36 巴黎圣母院平面图

配套，将巨型荷载精准匀称地传递到地面支撑点上，整个结构体系类似当代科学的框架式结构。由于结构体系科学先进，教堂外墙变成纯粹的空间围护部分，建得又薄又轻，营造了一种前所未有的轻灵感，进一步强化了空间向上升腾的动势。

巴黎圣母院西立面匀称端庄，宏伟大气，是哥特时期立面设计中的精品。其基本构图是：一对塔拱卫着中厅的山墙，将西立面分成三个垂直部分；山墙檐头上的栏杆、大门洞上一长列安置圣像的龛，把三部分横向联系起来。在栏杆和龛的中央部分，设置巨大的圆形玫瑰花窗，象征天国；三座门洞都有周圈的几层线脚，线脚上刻着成串的圣像。巴黎圣母院西立面是哥特式教堂立面设计的典范，其创立的"双塔式"构图模式奠定了哥特教堂西立面设计的基本格局，被后世哥特教堂参照和模仿（图 4-37、图 4-38）。

③夏特尔城主教堂（Chartres Cathedral. 1194—1220）

夏特尔曾是法国北部重要的圣母朝圣中心，也是彩色玻璃窗的生产中心，城市经济活跃。夏特尔城主教堂曾是重要的中世纪朝圣教堂，1194 年发生的一场大火，将教堂烧毁，人们在基址上重新修建了哥特式的大教堂。

教堂坐落在夏特尔城中的一座小山丘上，旁边簇拥着热闹的集市。教堂尖塔高耸，周边几英里外均可看见。教堂重建时，采用典型的拉丁十字平面形制，因西部入口部分在火灾中损毁较轻，仍被保留，歌坛前半部分的内堂沿用西部入口的规模格局，采用"三廊式"巴西利卡。横厅也采用"三廊式"，突出较为明显，横厅东部的歌坛与圣堂部分，借鉴了圣丹尼斯教堂和巴黎圣母院的平面格局，采用"五廊式"的平面形制，圣堂后部放射排列着大小相间的七个礼拜室，在礼拜室和圣堂之间布置有双回廊，以接纳更多的信众朝拜（图 4-39~图 4-41）。

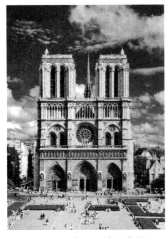
图 4-37 巴黎圣母院西立面

图 4-38 巴黎圣母院全景

图 4-39 夏特尔城主教堂全景

图 4-40 夏特尔城主教堂西立面

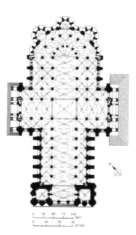

图 4-41 夏特尔城主教堂
平面图

图 4-42 夏特尔城
主教堂彩色玻璃窗

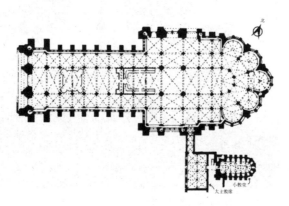

图 4-43 韩斯城主教堂平面图

图 4-44 韩斯城主教堂西立面

夏特尔城主教堂中的彩色玻璃窗，是哥特教堂彩色玻璃窗的精品。教堂内173扇玻璃窗仍保持原貌。光线透过玻璃窗，发出宝石般绚烂的各种颜色，旖旎奇幻，仿佛天堂再现（图4-42）。

④韩斯城主教堂（Reims Cathedral. 1211—1285）

韩斯城主教堂因其造型和谐完美而著称于世。自公元496年起，法国国王在韩斯城主教堂受洗,韩斯城主教堂就一直是法国国王加冕仪式的御用教堂，与王室保持密切的联系，在法国和欧洲有着独特的政治、宗教地位和重要的文化影响，素有法国教堂女皇的美誉。

传统的韩斯老教堂在1210年发生的一场大火中被烧毁。哥特式新教堂修建于1211—1285年，教堂平面采用拉丁十字形制，并参照借鉴了巴黎圣母院和夏特尔城主教堂平面的优秀之处，平面布局更为规整匀称、和谐统一。教堂总长139米，规模宏大。横厅以西的部分采用简明的"三廊式"巴西利卡，中厅宽13米，高38米，空间高敞疏朗。横厅也采用"三廊式"平面布局，突出侧廊很少，从东部完全看不出来。横厅以东的部分因需要举办加冕仪式，采用"五廊式"布局。

圣堂后部放射状均匀布置着五个礼拜室,使圣堂后部近似成完整的半圆形，极为圆转匀称（图4-43）。

韩斯城主教堂西立面借鉴了巴黎圣母院西部的基本构图模式，也采用"双塔式构图"。西部两座塔楼均高80米，较为对称。韩斯城主教堂西立面上装饰有许多尖券、尖塔和雕刻，显得更为立体、空灵、活泼、雅致，宛若秀美、华丽的王冠（图4-44）。

4.3 东欧中世纪建筑——拜占庭集中型教堂

4.3.1 东欧中世纪建筑的发展历程

（1）盛期拜占庭建筑

公元4—6世纪是拜占庭帝国的强盛时期,也是拜占庭建筑最繁荣的时期。该时期的建筑在罗马遗产和东方经验的基础上形成了独特的体系。6世纪中叶,极盛时期的帝国，建造了一些庞大的纪念性建筑物。

（2）晚期拜占庭建筑

公元7—15世纪，拜占庭帝国瓦解没落，建筑也渐渐式微，形制和风格趋向统一，影响了之后东欧建筑的发展。

4.3.2 拜占庭集中型教堂的成就与基本特征

拜占庭建筑的主要成就是创造了把穹顶支承在四个或更多的独立支柱上的结构方法和相应的集中式建筑形制。这种形制主要在教堂建筑中发展成熟。

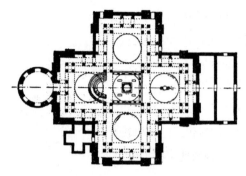

图 4-45　希腊十字式教堂平面图

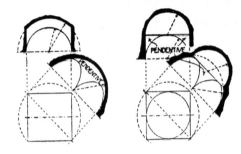

图 4-46　帆拱建造方法示意图

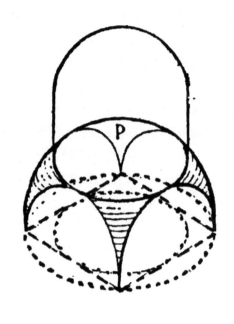

图 4-47　帆拱结构体系示意图

（1）拜占庭集中型教堂的平面形制特征——希腊十字式

罗马帝国末期，东罗马和西罗马一样，流行巴西利卡式的基督教堂。另外，按照当地传统，还为一些宗教圣徒建造集中式的纪念建筑，大多用拱顶，规模不大。

5—6 世纪，由于东正教不像天主教那样重视圣坛上的神秘仪式，而宣扬信徒之间的亲密一致，于是集中式形制的教堂增多。这一时期，拜占庭帝国的文化中古典因素还很强，人们很快发现了集中式建筑物的宏伟的纪念性。因此在流行东正教的东欧，教堂的基本形制主要是集中式的。

东正教使用的集中式教堂，大多由中央的穹顶和四面的筒形拱，形成等臂的希腊十字，得名为希腊十字式（图 4-45）。

（2）拜占庭集中型教堂的结构体系特征——帆拱结构体系

集中型教堂的决定因素是穹顶。在方形平面上盖穹顶，要解决两种几何形状之间的承接过渡问题。拜占庭建筑借鉴了巴勒斯坦的传统，也有重大的创造，发明了帆拱结构体系，彻底解决了在方形平面上使用穹顶的结构和建筑形式问题。

帆拱的基本做法是，沿方形平面的四边发券，在四个拱券之间砌筑以对角线为直径的穹顶，这个穹顶的重力完全由四个拱券承担。后来，为了进一步完善集中式形制的外部形象，又在四个拱券的顶点之上作水平切口，在这切口之上再砌半圆的穹顶。后来，人们则先在水平切口之上砌圆筒形的鼓座，把穹顶砌在鼓座上端。这样，穹顶在构图上的统率作用大大突出，明确而肯定，主要的结构因素获得了相应的艺术表现。水平切口所余下的四个角上的球面三角形部分，称为帆拱（图 4-46、图 4-47）。

4.3.3　拜占庭集中型教堂典例——圣索菲亚大教堂（Santa Sophia. 532—537）

首都君士坦丁堡的圣索菲亚大教堂是拜占庭建筑最光辉的代表。圣索菲亚大教堂建于公元 532—537 年，是东正教的中心教堂，也是举行重大皇家仪典的场所，具有重要的政治、宗教地位，被称为拜占庭帝国极盛时期的纪念碑（图 4-48）。

圣索菲亚大教堂采用集中式的平面布局，总体近似方形，东西长 77 米，南北宽 71.7 米，前面有进深两跨的前廊，供望道者使用。廊子前面原来有一个廊院，中央是洗礼池。

逻辑清晰的结构体系是圣索菲亚大教堂的突出成就。教堂正中是巨大的穹顶，直径 32.6 米，高 15 米，有 40 个肋骨，帆拱架在 4 个宽 7.6 米的墩子上。中央穹顶的侧推力在东西两面由半个穹顶扣在大券上抵挡，半穹顶的侧推力又由斜角上两个更小的半穹顶和东西两端的两个墩子抵挡。中央穹顶南北方向的侧推力则以 18.3 米深的四片墙抵挡。整套体系结构传力逻辑清晰，层次井然，是难得的工程杰作（图 4-49）。

集中统一而又丰富多变的内部空间是圣索菲亚教堂的杰出之处。圣索菲亚大教堂中央穹顶高 55 米，比古罗马万神庙更为高敞。穹顶下的空间，在南北

图 4-48　圣索菲亚大教堂远景

两侧用墩子、列柱等明确限定，东西两侧则是完全连续的纵深的空间，适合宗教仪式和皇家仪典活动。东西两侧逐渐减小的半穹顶扩大了空间层次，但又有明确的向心性，层层涌起，突出中央穹顶的统率地位，集中统一。南北两侧空间通过柱廊与中央部分保持联系，其内部又由柱廊进一步划分。圣索菲亚大教堂延展、复合的空间是人类空间设计的巨大进步（图4-50）。

灿烂夺目的色彩效果是圣索菲亚大教堂的特色。教堂内部色彩丰富，墩子和墙全用彩色大理石贴面，有白、绿、红、黑等色彩。柱子多是深绿色的，少数是深红色的，柱头一律用白色大理石，镶着金箔。柱头、柱础和柱身之间的交界线用包金的铜箍环绕。穹顶和拱顶全用玻璃马赛克装饰，多用金色底子，少量用蓝色底子。地面也用马赛克装饰。整个建筑内部如同色彩斑斓的大花园，仿若人间天国。

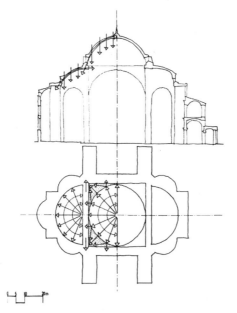

图4-49 圣索菲亚大教堂结构体系示意图

图4-50 圣索菲亚大教堂内部空间

本章知识点

1. 中世纪建筑的主要艺术特征和建筑成就。

2. 早期基督教建筑平面形制的变迁与典型代表作品。

3. 罗马风时期教堂平面形制特征与典型代表作品。

4. 哥特时期教堂平面形制特征、结构体系特征、空间特征。

5. 哥特时期教堂的典型代表作品。

6. 东欧帆拱结构体系的演变历程。

7. 拜占庭建筑的典型代表作品与特色成就。

人本精神的弘扬—— 文艺复兴时期建筑

5.1 文艺复兴时代特征与建筑成就

5.1.1 时代环境与人文特征

中世纪后期的意大利，尤其到 14—15 世纪，出现了一批独立的经济繁荣的城市共和国，例如佛罗伦萨、热那亚、路加、西耶纳、威尼斯等。在这些城市共和国里，社会安定，工商业发展繁荣，资本主义制度萌芽，产生了早期的资产阶级。

新兴资产阶级生活富足，思想活跃，对生活充满热情，富有创新精神，肯定世界的现实价值，赞美人生，追求真理，倡导科学，弘扬人的尊严和价值，人被奉为世界万物的尺度。新兴资产阶级的这一文化倾向被后人称为人文主义精神。为同落后、愚昧的封建唯心主义神学相抗衡，新兴资产阶级的文化学者从饱含唯物主义思想和人文精神的古典文化中寻求启发，认真研究古典文明，力图获得建立新型社会制度的有力理论支撑。这一时期被后世称为文艺复兴时期。该时期涌现了大批艺术巨匠，如乔托、马萨丘、达·芬奇、米开朗琪罗等，他们富有理性探索精神，勇于创新，追求理想的、普适的美，推动了艺术、建筑的大繁荣（图 5-1、图 5-2）。

图 5-1　美慧三女神

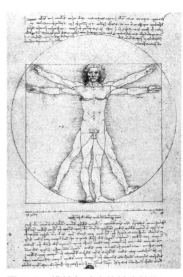

图 5-2　维特鲁威人体轮廓结构

5.1.2 文艺复兴时期主要建筑成就及历史沿革

文艺复兴时期的建筑活动领域广泛，建筑创作较之前更为理性深入，创造了众多划时代的伟大建筑，取得丰硕的成就。该时期主要代表性建筑成就有三方面：第一，建筑大创新，在建筑类型、平面布局、艺术构图等方面均有许多非凡的创造；第二，在建筑结构技术和施工技术方面有重大突破，尤其在大尺度建筑结构问题上取得重要成就；第三，建立了深入的建筑理论体系。

文艺复兴时期建筑创作繁荣，出现了一大批富有创新精神的建筑师，他们对建筑有独到的见解和理性深入的系统思考，推动了建筑理论的活跃。一些有影响的建筑理论著作问世，一些深刻的建筑理论观点对后世产生深远的影响。

1485 年出版的《论建筑》是建筑名家阿尔伯蒂的经典名作，也是文艺复兴时期最重要的理论著作，其体系完备，成就高，影响大。《论建筑》模仿维特鲁威《建筑十书》的体例，内容分十章，对建筑材料、施工、结构、构造、经济、规划、水文等均有论述，也对园林和各类建筑物的设计原理进行了深入探讨，并对实际工程经验也极为重视，进行深入的总结。更有价值的是，该书阐述了维特鲁威的人文主义思想，以几何和数学为基础，对造型美的客观规律进行理性的分析探讨，揭示了美学的内在科学规律。

此后，帕拉第奥出版的《建筑四书》、维尼奥拉出版的《五种柱式规范》也是较有影响的建筑理论著作，对建筑的理性逻辑和柱式构图进行了深入的总结。

文艺复兴建筑理论的深入探索，揭示了美的客观特性，总结了美的客观规律，阐述了美学规律的普遍性价值，促进了建筑构图原理的科学化，具有重大的理论价值和意义。

文艺复兴建筑发展波澜壮阔，大致可分为三个时期，各时期简明特征如下：

①早期文艺复兴（14—15 世纪）——以佛罗伦萨为中心，建筑风格平易亲切。

②盛期文艺复兴（15—16 世纪）——以罗马为中心，建筑风格刚强雄壮。

③晚期文艺复兴（16—17 世纪）——以维琴察为中心，建筑风格僵化。

5.2 早期文艺复兴建筑

5.2.1 早期文艺复兴建筑类型与风格

14—15 世纪初，在文艺复兴运动早期，人文主义勃兴，市民权利和尊严被广泛重视，该阶段的建筑类型主要是与市民政治、经济、文化生活密切相关的"亲民型"建筑，主要有市政厅、学校、市场育婴堂等类型。

图 5-3　佛罗伦萨大教堂

文艺复兴早期建筑洋溢着浓郁的人文主义理想，建筑形制和风格具有很强的市民文化特点，建筑明朗轻快，平易亲切。虽采用柱式，但构图活泼。

5.2.2　早期文艺复兴建筑典例

（1）佛罗伦萨圣玛利亚大教堂及穹顶（The Dome of Florence Cathedral. Florence. 1296—1434）

14—15 世纪，佛罗伦萨是东西方贸易中转地，城市经济富足，资产阶级较为活跃，文化氛围开放自由，人文主义的许多巨匠在佛罗伦萨生活、创作，留下了许多世界艺术史上的名作。文艺复兴的第一个伟大作品就诞生在该城，它就是被誉为文艺复兴新时代的"第一朵报春花"的佛罗伦萨圣玛利亚大教堂及其穹顶工程（图 5-3）。

①平面形制创新

1296 年，市民议会通过决议，决定在佛罗伦萨城原垃圾堆放场基址上建圣玛利亚教堂。新建教堂是市民共和政体的纪念碑，为赞美"佛罗伦萨人民及共和国的荣誉"而建，将其建成"人类技艺所能想象的最宏伟、最壮丽的大厦"是教堂建设的主要理想目标，这与中世纪颂扬宗教神学的传统教堂迥然有别。虽然教堂平面大体是拉丁十字式的，但建筑师一改传统强调圣坛部分主导地位、突显圣坛神秘性的做法，将歌坛作为设计重点，圣坛成为歌坛旁的附属空间。建筑师还突破教会禁令，把东部歌坛设计成尺度巨大的向心八边形，歌坛对边宽度达 42.2 米，直逼古代人类大尺度空间的鼻祖——古罗马万神庙。歌坛的屋顶则采用穹顶。

②穹顶结构创新

教堂歌坛上部的穹顶工程对当时的人来说是一个十分艰巨的挑战，当时的常规结构技术根本无法应对。挑战之一：穹顶跨度巨大，穹顶自身超大荷载带来的巨大侧推力极难应对；挑战之二：穹顶尺度超高，其承受的风力等水平荷载巨大，也极难应对。穹顶基座高 50 米，为突出穹顶的高大形象，又在基座上砌筑了 12 米高的鼓座，再加上穹顶自身的高度 42.2 米，总高超过 100 米，属典型超高层建筑，巨大的水平荷载是当时人类传统技术无法解决的，技术难度远超古罗马建筑杰作万神庙。因巨大的结构技术困难，在教堂主体与钟塔修建的近 60 年里，人们一直在寻找穹顶的结构方案。

1420 年，文艺复兴巨匠伯鲁乃列斯基（Fillipo Brunelleschi）以其独特创新的穹顶结构方案脱颖而出，在穹顶的国际竞标中获得建造穹顶的委任。伯鲁乃列斯基的方案借鉴了古罗马、哥特建筑的结构经验，甚至还吸收了阿拉伯建筑的经验，提出了全新的大尺度穹顶结构方案。

其关键创新点有四点：第一，穹顶轮廓采用矢形的，大致是双圆心的，巧妙克服了大尺度穹顶的侧推力问题。第二，穹顶采用稳定性和刚度超强的整体骨架券结构，并在八边形的 8 个角上升起 8 个主券，8 个边上又各建 2 根次券；每两根主券之间由下至上砌 9 道平券，把主次券连成整体；大小券在顶上用一个八边形的环约束。环上再放采光厅，形成一个刚度和稳定性能优异的整体骨架券结构，作为穹顶的核心承重结构。一方面，穹顶良好的整体刚度和稳定性能增强了其抵抗高空风力等巨大水平荷载的能力，科学地应对了巨大的水平荷载。另一方面，穹顶结构体系逻辑层次清晰，大大减少了穹顶结构体系自重，有利减少穹顶侧推力。第三，采用双层围护结构，穹顶围护部分由中空的内外两层构成，里层厚 2.13 米，外层厚 0.61~0.78 米，自重大为减少，降低了高空建造的技术难度，也进一步减少了穹顶的侧推力。两层之间的空隙宽 1.2~1.5 米，空隙内设阶梯供登临之用。在穹顶的高约 1/3

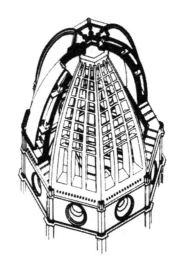

图 5-4 佛罗伦萨大教堂穹顶结构骨架

图 5-5 佛罗伦萨大教堂穹顶外观

和 2/3 处，设置了两圈水平的环形走廊，也起到加强两层穹顶联系的作用，进一步增强了穹顶的整体刚度。第四，构造精细，为增强穹顶的整体稳定性，在建筑构造处理上也有一些更为精细的创新。在穹顶的底部有一道铁链，在 1/3 的地方设一道木箍；石块之间，在适当的地方有铁扒钉、榫卯和插销等。构造处理极为精细（图 5-4、图 5-5）。

佛罗伦萨圣玛利亚教堂的穹顶是世界最大穹顶之一。穹顶高 107 米，成为城市轮廓线的中心和城市空间认知的重要参照标志。大穹顶结构的创新和精致前所未有，是佛罗伦萨市民政权的纪念碑，更是人类创新精神的不朽丰碑（图 5-6）。

（2）育婴院（Founding Hospital Florence. 1419）

育婴院是由金融家科西莫·美狄奇（Cosimo de Medici）捐赠给佛罗伦萨市的公共建筑物，用于收养弃婴。育婴院坐落在安农齐阿广场的一侧。该设计面临的主要挑战是如何协调地处理建筑内部空间与公共广场空间的关系（图 5-7）。

建筑师伯鲁乃列斯基巧妙地将建筑分成两部分，即安静的内院部分和开朗的券廊部分，其间有通道相连。内院部分供哺育婴儿使用，宁静而阳光灿烂。券廊部分面向广场疏朗展开，既是建筑的外立面，又是围合广场公共空间的一个重要立面。建筑师设计建筑时，既能考虑建筑自身需要，又能从城市公共空间统筹兼顾，是设计理念和意识的巨大进步（图 5-8、图 5-9）。

券廊部分的立面设计是育婴院设计的重点，整个券廊几乎占满了广场的一边，连续券架在秀丽的科林斯柱式上，开间宽阔明朗，活泼轻快。券廊的第二层虽然窗子小，但线脚细巧，墙面平洁，檐口薄而轻，非常轻盈雅致，与下部连续券很协调，同时又构成生动的虚实对比。育婴院立面构图明确简洁，比例匀称，尺度宜人，是难得的杰作。育婴院立面基本定下了安农齐阿广场欢快清爽的风格基调，后任的广场建筑设计者基本延续了它的券廊式活泼构图。

（3）巴齐礼拜堂（Pazzi Chapel, S.Croce .Florence. 1420）

伯鲁乃列斯基设计的巴齐家族礼拜堂是文艺复兴早期典型的代表建筑物。建筑的平面形制借鉴了拜占庭式。正中一个直径 10.9 米的帆拱式穹顶，左右各有一段筒形拱，同大穹顶一起覆盖一间长方形的大厅。后面一个直径 4.8 米的小穹顶，覆盖着圣坛。前面设柱廊，柱廊正中开间上也布置一个直径 5.3 米的穹顶。

巴齐礼拜堂内部和外部都采用柱式，但相当活泼自由。正面柱廊设 5 个开间，为突出中央的统率地位，中央开间比较宽大，宽 5.3 米，两侧的开间稍小，宽 3.25 米。巴齐礼拜堂这种突出中央开间的做法取得了较好的空间效果，被广为模仿，在文艺复兴时期很流行。

图 5-6　佛罗伦萨大教堂远景

图 5-7　育婴院与广场空间

图 5-8　育婴院立面

图 5-9　育婴院内院

图 5-10　巴齐礼拜堂外观

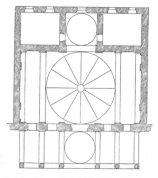

图 5-11　巴齐礼拜堂平面图

图 5-12　巴齐礼拜堂与外部环境

图 5-13　美狄奇府邸外观

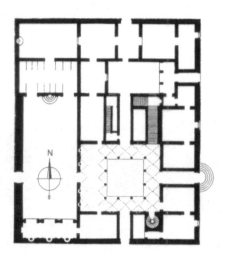

图 5-14　美狄奇府邸平面图

与育婴院相似，巴齐礼拜堂力求风格的轻快、雅洁、简练、明晰，同时注重与外部环境协调融合（图 5-10～图 5-12）。

（4）美狄奇府邸（Palazzo Medici, Florence. 1430—1444）

15 世纪中后期，佛罗伦萨因东西方贸易被土耳其切断，经济走向衰落，市民共和政权与文化式微。文艺复兴文化转向宫廷，染上贵族色彩。资产阶级将资本转向土地、房屋，府邸建筑兴盛。美狄奇家族府邸即是典型代表。

府邸平面采用典型的四合院，平面布局趋向紧凑、整齐，但不强调主次，没有明确的轴线。建筑立面是矩形的，上下左右斩截干净，屋顶檐口出挑深远，同整个立面大致成柱式的比例关系，较为严谨。立面风格追求威严高傲，一反先前清新、明快的市民风格（图 5-13、图 5-14）。

5.3 盛期文艺复兴建筑

5.3.1 盛期文艺复兴建筑类型与风格

15—16 世纪，因新大陆的发现和新航路的开辟，地中海的经济中心地位受到动摇，意大利经济出现衰落。唯独罗马城，因为教廷回迁，政治地位日隆，同时教廷从全欧洲的经济发展中受益，逐渐繁荣。文艺复兴的艺术家汇聚罗马，受到教皇的庇护，掀起文艺复兴的高潮。盛期文艺复兴建筑主要为教廷和贵族服务，主要建筑类型是纪念性的教堂、广场和贵族豪华府邸等。

意大利经济衰落，且西班牙和法国在意大利领土内争战，意大利人民渴望祖国强盛，文明进步。盛期文艺复兴的意大利文化，一方面延续了反封建神学的精神，同时又融入强烈的爱国主义因素。古罗马辉煌的文化被发现和深入研究，维特鲁威的著作被译为意大利文再版；罗马柱式被更广泛、更严谨地应用；轴线构图、集中式构图经常用来塑造庄严的建筑形象。在运用柱式、推敲平面、构思形成等方面有许多新的创造。建筑追求雄伟、刚强、纪念碑式的风格。

5.3.2 盛期文艺复兴建筑典例

（1）坦比哀多（Tempietto in the cloister of S.Pietro in Montorio，Rome. 1502—1510）

建筑师伯拉孟特（Donato Bramante）设计的罗马城坦比哀多小教堂是盛期文艺复兴的经典名作，也是盛期文艺复兴纪念性建筑风格的典型代表。

坦比哀多位于罗马城甲尼可洛山东坡一座教堂的侧院内，据说是圣彼得被钉上十字架的地方。因地形所限，坦比哀多形体较小。小教堂采用圆形平面，设有地下室，教堂外墙面直径只有 6.10 米，周围一圈多立克的柱廊，共有 16 根，

图 5-15　坦比哀多外观

图 5-16　坦比哀多平面、剖面图

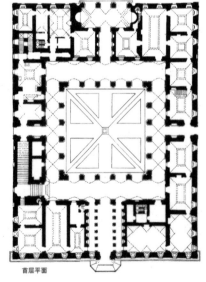

首层平面

图 5-17　法尔尼斯府邸平面图

柱高 3.6 米，建筑总高度为 14.7 米。

坦比哀多一改文艺复兴早期偏重一个立面的二维平面构图做法，强调三维空间体量式构图，建筑师巧妙组合集中式的形体、饱满的穹顶、圆柱形的神堂和鼓座、环形柱廊等要素，突出空间立体的体量表达，增强了建筑体积感。同时，建筑师注重多种要素的呼应协调，环廊柱子，经过鼓座上壁柱的接应，同穹顶的肋骨相连，从下而上，浑然一体，有很强的完整性。突出的体积感、强烈的完整性，再加上底层有力的多立克环廊，使教堂显得十分刚劲雄健（图 5-15、图 5-16）。

坦比哀多尽管体量小，但其以高举的饱满穹顶统率整体的集中式纪念形制，是前所未有的创新，是西欧第一个成熟的集中式纪念性建筑物，被欧洲建筑界奉为经典，对后世有很大的影响。

（2）法尔尼斯府邸（Palazzo Farnese, Rome. 1517—1589）

文艺复兴盛期的府邸建筑也追求雄伟的纪念性，罗马城的法尔尼斯府邸是纪念性府邸的典型代表。法尔尼斯府邸平面是封闭的四合院，但是有很强的纵轴线和次要的横轴线，并强化了纵向轴线的空间序列营造。门厅是纵轴线的起点，建筑师采用隆重壮观的巴西利卡式平面布局，在宽 12 米、深 14 米的巨大门厅内布置了两排共 12 根多立克式柱子，门厅采用拱顶覆盖，拱顶上布满华丽的雕饰，突显了入口门厅的尊崇地位（图 5-17）。

进入门厅，便来到法尔尼斯府邸布局规整的内院，内院约 24.7 米，三层通高，内院四周采用类似罗马大斗兽场的叠柱式构图，形式壮观威严。

府邸外立面设计秀雅谦逊，形式细腻，只有主入口上的家族徽章略微突出轴线，以加强与府邸前广场的联系（图 5-18）。

（3）麦西米府邸（Palazzo Pietro Massimi, Rome. 1532—1535）

文艺复兴盛期，建筑创作不断发展，人们对建筑的平面设计、空间布局、艺术形式、功能完善做了较为深入的研究，取得巨大进步。建筑师帕鲁齐设计的罗马城麦西米府邸异彩独放，该建筑把整个府邸的平面、空间和艺术形式紧密联系起来，统筹兼顾，同时在功能上有所突破，是盛期文艺复兴的经典杰作。

麦西米府邸位于罗马城中心一个狭窄且很不规则的三角形地段内，正面与街道的走向一致，有一段自然的弧线。住宅基地为兄弟俩共有，把地段大致平均分为两半后，每家的地段都很狭长，平面轮廓十分复杂，很难采用规整的传统四合院模式进行平面和空间布局。在如此复杂而局促的基地上进行建筑设计，的确是艰巨的挑战。

建筑师巧妙地给每家安排了一个内院和杂务院。内院在前，是主要生活区，布局规整，房间的主次明确，建筑师尽量保证了主要房间的形状整齐、功能好用，并有良好的自然采光和通风。把不规则的、黑暗的部分用作楼梯间和储藏室等。尽管用地紧张局促，建筑师还是在内院前后都设置了敞厅，减少空间穿套，改善了内部交通联系，使院子小而雅致，不显局促。杂务院在基地后部，占用轮廓最复杂的部分，另设后门出入，既充分有效地利用了地段，又保证了内院的安静和清洁，有力提高了内院四周的空间质量。杂务院与内院的区分是文艺复兴府邸建筑的重大创新，人们的居住质量获得跨越式的提升（图5-19、图5-20）。

图 5-18　法尔尼斯府邸外观

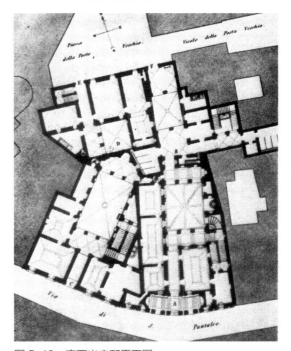

图 5-19　麦西米府邸平面图

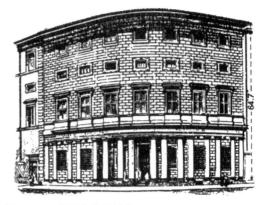

图 5-20　麦西米府邸外观

在超难度的条件下，麦西米府邸的建筑处理得很精细，各方面力求完整、丰富，是难得的杰作。

（4）道利亚府邸（Palazzo Doria, Genoa. 1564）

16世纪下半叶，热那亚因从事西班牙和中欧之间的中转贸易而日渐繁荣。建筑活动因而活跃兴盛，产生了一些建筑杰作。建筑师洛科·卢拉戈（Rocoo Lurago）设计的道利亚府邸把府邸的设计水平提高到意大利文艺复兴的最高水平，是这些杰作的典型代表。

道利亚府邸的主要成就有三点：

第一，布局秩序严谨。道利亚府邸是合院式结构，内院宽10.8米，长18.6米，周围房子有上下两层，平面布局方正规整，有明确的纵轴。为强调严谨的理性秩序，建筑师设计了严格的正方形结构柱网，开间和进深都以柱网为准。布局简洁整齐、秩序严谨，这是文艺复兴以往时期的贵族府邸所不及的。

第二，功能契合地形。道利亚府邸基址有不同台地高差，前后分几个高程，建筑师巧妙地结合地形设计功能，在高程较低的入口门厅设置大台阶，直达稍高的院子前沿的廊下，很好地完成门厅和内院之间的功能流线转换，且自然顺畅，不留斧痕。院子后面，轴线的末端设一个"双跑对分"的大楼梯，它的休息平台上有后门，向后通向花园。建筑师将高差设置在室内，契合地形设置功能，转换自然优雅，体现了高超的设计能力，是以前的罗马台地式别墅从未达到的巨大突破。

第三，空间丰富流动。建筑师设置的开敞式大台阶、大楼梯，巧妙地将不同的空间流动穿插起来，形成变化丰富、富有活力的空间序列，不同的高差也进一步增添了空间的层次，使空间层次更为丰富多彩（图5-21~图5-23）。

道利亚府邸高超的设计水平，是文艺复兴人文精神的纪念丰碑。

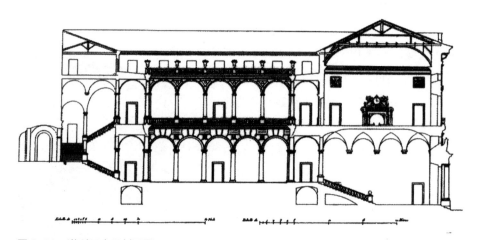

图5-21　道利亚府邸剖面图

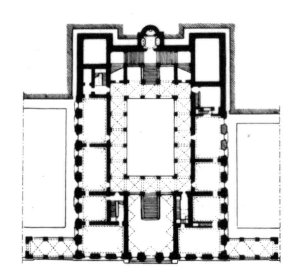

图 5-22 道利亚府邸平面图

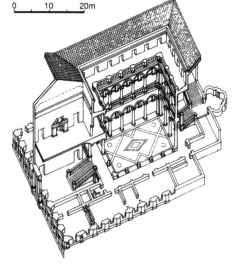

图 5-23 道利亚府邸轴测图

（5）安农齐阿广场（Piazza S.Annunziata，Florence）

文艺复兴时期，建筑物逐渐摆脱了孤立的单个设计和相互间的偶然凑合，而注意建筑群的完整性，对后世有重要的开创性意义。安农齐阿广场是文艺复兴最早、最完整的广场。

安农齐阿广场呈矩形，宽60米，长73米。长轴的一端是建于13世纪的安农齐阿教堂。广场左侧是育婴院，其轻快、雅致的券廊式风格奠定了整个广场的立面基调。后任的建筑师对之尊崇备至，延续了这种策略，重复育婴院的立面风格，用券廊式立面改造了广场的另外两个立面，于是安农齐阿广场的三个立面都是券廊，建筑面貌单纯完整。

后来，为进一步强调教堂的主导地位，于广场中央设置了一对喷泉，形成广场的横向景观层次，突显了教堂的重要地位，同时中央靠前位置安置了斐迪南大公的骑马铜像，强调了广场的纵轴线，再次烘托了教堂的主导地位（图5-24～图5-26）。

安农齐阿广场券廊开阔，尺度宜人，风格平易，亲切活泼，是文艺复兴时期广场的精彩杰作。

（6）罗马市政广场（The Capitol, Rome. 1539—1654）

罗马市政广场，又名卡比多广场，长79米，前面宽40米，后面宽60米。是文艺复兴巨匠开朗琪罗的经典名作。

市政广场位于罗马罗曼努姆广场西北侧的卡比多山上，基址毗邻文化和遗产价值极高的罗马城历史中心区。为保护珍贵的历史遗址，建筑师把广场面向西北，背对老城区，把城市的发展引向富有余地的新区，以减少对历史街区的破坏。把古城新建区与古迹文物保护区分开，被后世欧洲乃至全世界奉为历史文化街区保护的首要原则（图 5-27）。

图 5-24　安农齐阿广场全景

图 5-25　安农齐阿广场局部

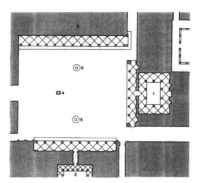

图 5-26　安农齐阿广场平面图

图 5-27　罗马市政广场与罗马城历史中心区全景

市政广场基址是古罗马和中世纪传统市政广场所在地，虽历经改建，但仍保留了罗马时代的元老院旧建筑物。如何协调处理与旧有历史建筑的关系，是艰巨的挑战。米开朗琪罗为突出元老院历史建筑的重要地位，对其进行改建，把它的背面改为正面，在前面加了大台阶，并用雕像和水池装饰元老院。市政广场的右侧原有一座档案馆，也很古老，与元老院互不垂直。1644—1655年在档案馆的对称位置，元老院的左侧建造了一座博物馆，将元老院前的广场围合成倒梯形，形成按轴线对称布置的广场空间格局。三座建筑物虽不是同时期建造，但建造博物馆时兼顾了原有的两座旧建筑，广场建筑群较为协调完整。在广场的中央布置骑马铜像，明确了广场的纵轴线，进一步突显了元老院的主导地位。市政广场是文艺复兴时期较早运用轴线进行广场空间设计的典例。

建筑师还利用建筑对比构图，巧妙烘托元老院的重要地位。元老院高27米，两侧的档案馆和博物馆皆高20米，相差不大。为了突出元老院，建筑师把它的底层做成基座层，前设一对大台阶，上两层用巨柱式，二、三层之间不做水平划分，强调竖向构图，突出高耸感；两侧的建筑物，巨柱式立在平地，一、二层之间用阳台做明显的水平分划，檐壁上做多重复合的水平线脚，强调立面的水平性构图。构图的对比，使元老院在视觉上比实际更高一些，增添了威严感。1582年，在元老院上建了垂直的钟塔，进一步烘托了元老院的高大尊崇（图5-28、图5-29）。

罗马市政广场的边界限定也极富特色。梯形广场的短边面向城市，完全敞开，只用雕塑进行限定，与山下的大片绿地气韵相连，使整个广场显得生动雅致（图5-30、图5-31）。

（7）威尼斯圣马可广场（The Piazza St. Marco, Venice）

威尼斯的圣马可广场华美壮丽，洋溢着浓郁的优雅气息，是世界最卓越的建筑群之一，被誉为"欧洲最美丽的客厅"，其风格特色主要在文艺复兴盛期

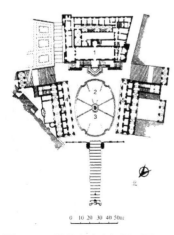

图5-28 罗马市政广场平面图

图5-29 罗马市政广场主体建筑——元老院

图 5-30 罗马市政广场鸟瞰　　图 5-31 罗马市政广场空间

图 5-32 圣马可广场鸟瞰

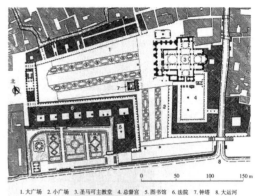

1. 大广场　2. 小广场　3. 圣马可主教堂　4. 总督宫　5. 图书馆　6. 法院　7. 钟塔　8. 大运河

图 5-33 圣马可广场平面图

成熟定型。圣马可广场是威尼斯的中心广场，是由主广场、次广场、小广场等三个广场组成的复合广场群（图 5-32）。

主广场是威尼斯的宗教、行政和商业中心，其东西向布置，位置偏北，长175 米，东边宽 90 米，西边宽 56 米，是一个不甚规整的梯形广场。其东端是11 世纪建造的拜占庭式的圣马可主教堂。圣马可教堂的立面经过多次改造，在 15 世纪的文艺复兴盛期形成了华丽多彩、欢乐丰富的风格面貌。大广场的北侧是彼得龙巴都设计的旧市政大厦。旧市政大厦高三层，是大广场最长的建筑物，决定了广场的巨大尺度。大广场的南侧是斯卡莫齐设计的新市政大厦，也是三层，与旧市政大厦协调。大广场西端，是一个装饰华丽的两层小建筑物，把南北两侧的建筑连接起来。

次广场是威尼斯的海外贸易中心，其南北向布置，位置偏南，位于总督府和圣马可图书馆之间，连接大广场和大运河口，与主广场近似垂直，也是梯形的。次广场的中线大致与圣马可教堂正立面重合，加强了主次广场建筑的空间联系。次广场东侧是哥特晚期修建的总督府，与圣马可教堂紧邻。次广场西侧是图书馆，与新市政大厦相接。次广场的南端只用两根带雕像的柱子限定边界，完全向大运河河口敞开。河口外大约400米的小岛上有帕拉地奥设计的圣乔治教堂和修道院，教堂的穹顶和钟塔高耸，造型雅致，成为次广场的秀美景观。

在大广场和次广场相交的地方，新市政大厦和图书馆的拐角处，耸立着一座高达100米的方形红色砖塔。塔是广场的垂直轴线，也是整个广场建筑群的标志。在圣马可教堂的北面有一个自发形成的小广场，是市民约会、自由集合的地方，通常被看成是主广场的自然延续部分（图5-33）。

圣马可广场空间变化丰富多彩，这是其突出的特色。由城市各处到达广场，先要经过幽深曲折的小街陋巷，一进入主广场的券门，眼前的空间豁然开朗，天空湛蓝，钟塔高耸，教堂华美，仿佛进入世外桃源。主广场是半封闭的，峻拔的红色钟塔掩映着另一处光明的佳境，吸引人们前行探寻。绕过钟塔便到达开敞的次广场，两侧连绵轻快的券廊，把人们的视线引向远方河口。远方小岛如萍，沙鸥翔集，景色美丽袭人。次广场的南端，两根立柱优雅地标出广场的边界，同时也丰富着景色层次。由次广场南端回望，圣马可教堂和钟塔，构成次广场的北端边界，两者保持着优雅的空间距离，既是主次广场的分割点，又是它们的联系点，空间紧凑而流动。在圣马可广场，每一个站点都有雅致耐看的景观，形成精彩纷呈、丰富多彩的连续空间序列（图5-34~图5-37）。

圣马可广场的建筑构图对比统一，协调活泼，是其另一重要特色。总督府、图书馆、新旧市政大厦和它们之间的连接体，以水平式构图为主，都以发券为基本母题，强调水平划分，它们连续横向展开，形成单纯的背景。红色的钟塔，伟岸峻拔，以垂直构图为主，强调竖向划分，与市政大厦等建筑的水平式构图形成鲜明对比，主导着广场的竖向宏阔尺度。教堂装饰华美，活泼热情，与钟塔威严的性格形成强烈对比，增添了广场活泼轻松的空间氛围。教堂与钟塔二者似舞台上的两个不同个性的主角，既个性互异，又协和互补，完美统一（图5-38）。

（8）**圣彼得大教堂**（S.Peter's, Rome. 1506—1626）

罗马新教廷主持重建的圣彼得大教堂是文艺复兴时期最伟大的纪念碑，它集中了16世纪意大利建筑、结构和施工的最高成就。100多年间，罗马最优秀的建筑师都曾主持过圣彼得大教堂的设计和施工（图5-39）。

罗马城的圣彼得教堂是天主教的中心教堂，教会希望能忠实体现天主教的理念和精神，而受人文主义熏陶的建筑师则力求在新的圣彼得大教堂建筑设计中表现进步的文化思想。二者展开了激烈的斗争，斗争的焦点是教堂采用什么形制（图5-40）。

图 5-34　圣马可广场空间序列一

图 5-35　圣马可广场空间序列二

图 5-36　圣马可广场空间序列三

图 5-37　圣马可广场空间序列四

图 5-38　圣马可广场全景

图 5-39　圣彼得教堂与广场全景

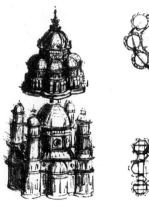

图 5-40　人文主义学者的教堂方案草图

最初，经过竞赛，选中了伯拉孟特的方案。伯拉孟特因设计集中式的坦比哀多小教堂而享有盛誉。他设计的圣彼得大教堂方案也是集中式的，平面为希腊十字式，用中央穹顶统率，极其宏大壮丽，是时代的纪念碑。伯拉孟特的方案受到时任教皇尤莉亚二世的首肯，并开工建造。遗憾的是，1513—1514 年教皇和伯拉孟特先后离世，只建造了地基部分的教堂（图 5-41）。

此后教堂建设几经曲折。先是新教皇利奥十世任命温顺的拉斐尔为教堂工程的新主持人，然后提出了新的教堂方案。新方案完全袭用被教会奉为正统的拉丁十字式平面形制，只是规模庞大而臃肿。然而，由于德国发起宗教改革运动和西班牙入侵罗马，圣彼得大教堂的工程又中断了 20 年。1534 年，教堂继续建设，继任建筑师帕鲁齐试图把它恢复成集中式，但没有成功。新的主持者小桑迦略迫于教会的压力，采用拉丁十字，尽量使东部接近伯拉孟特的方案。工程进展缓慢，1546 年小桑迦略逝世。

1547 年，凭借巨大的声望，米开朗琪罗获得教皇委托，全权主持圣彼得大教堂的工程。米开朗琪罗基本上恢复了伯拉孟特设计的平面，而且更强调体积构图，加大了支撑穹顶的 4 个墩子，简化了四角的布局，突出穹顶的统率主导作用，突显教堂的雄伟性和纪念性。米开朗琪罗以极大的热情主持教堂的设计与建造，到 1564 年米开朗琪罗逝世时，已经造到了穹顶的鼓座。此后的建筑师泡达和封丹纳按照米开朗琪罗的设计模型完成了穹顶的建造（图 5-42）。

圣彼得大教堂穹顶直径 41.9 米，接近万神庙的穹顶，内部顶点高 123.4 米，几乎是万神庙的 3 倍，穹顶外部采光塔上十字架距离地面高达 137.8 米，是罗马全城的最高点。文艺复兴盛期人文主义建筑师创造了亘古未有的伟大建筑，这是人类创造精神的伟大丰碑。

17 世纪初，在极其反动的教会压力下，教皇命令建筑师玛丹纳拆去已动工的米开朗琪罗设计的正立面，在原来集中式希腊十字平面之前增加了一段三跨的巴西利卡式大厅，平面呈拉丁十字式，穹顶的统率和主导作用被大大消减，圣彼得大教堂的集中式形体完整性、雄伟性受到破坏，体积构图被削弱。在教堂前相当长的距离内，不能完整地看到穹顶。玛丹纳新设计的立面总高 51 米，采用巨柱式，尺度巨大，构图杂乱，掩蔽了穹顶的雄伟纪念性效果。圣彼得大教堂受到了损害，也标志着意大利盛期文艺复兴的结束（图 5-43、图 5-44）。

尽管受到损害，圣彼得大教堂仍是世界建筑艺术的伟大丰碑。圣彼得大教堂雄伟壮丽，尤其是其内部空间，高大雄阔、恢宏敞亮、金碧辉煌。高高举起的穹顶空间光线明朗、气氛静谧，是人类理性创新精神的不朽颂歌（图 5-45~图 5-47）。

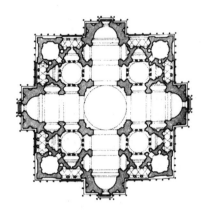

图 5-41　伯拉孟特的方案

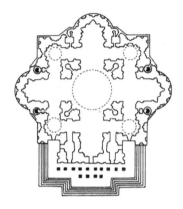

图 5-42　米开朗琪罗的方案

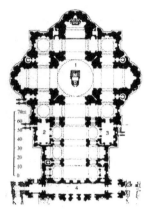

图 5-43　玛丹纳的方案

图 5-44　圣彼得大教堂外观

图 5-45　圣彼得大教堂内部空间

图 5-46　圣彼得大教堂穹顶空间

图 5-47　圣彼得大教堂远景

5.4 晚期文艺复兴建筑

5.4.1 晚期文艺复兴建筑类型与风格

16 世纪下半叶，意大利经济继续衰退，贵族封建势力纷纷复辟，宫廷着力恢复旧有的种种制度，迫害进步人士，波澜壮阔的文艺复兴运动进入晚期。该阶段建设的重点集中在贵族的庄园府邸、园林与限制较少的小教堂。

晚期文艺复兴，天主教发动了全面的反改革运动，文艺复兴先进文化受到严重打击，这时的艺术家和建筑师是教廷和封建宫廷的恭顺奴仆。教会颁布的律令对建筑的平面形制、外部造型进行了严格规定。晚期文艺复兴的建筑风格出现侧重形式研究的趋向，被后世称为"形式主义"或"手法主义"潮流。形式主义建筑风格有两种趋向：一种是泥古不化、教条化的形式主义倾向，该趋向刻板地使用古代平面形制与古典柱式，并为"柱式"制定僵化烦琐的使用规则；另一种是追求新奇尖巧的趋向，堆砌壁龛、涡卷，玩弄光影，形式任意断裂移位等。

尽管晚期文艺复兴整体艺术思想比较衰落，但建筑毕竟和造型艺术有一定区别，仍然有可能在某些方面有所突破。文艺复兴晚期，建筑的平面布局、空间组织比过去更为深入，构图手法和风格趋向多样化，园林艺术和城市规划有新的进展，甚至柱式的组合也有所创造。这些进展主要发生在意大利北部的威尼斯、维琴察等城市。

文艺复兴晚期追求新奇尖巧的手法主义，在 17 世纪被反动的教会利用发展为"巴洛克"式建筑。教条化的手法主义趋向被法国学院派的古典主义建筑吸收，并与法国绝对君权化宫廷结合发展为古典主义建筑风格。

5.4.2 晚期文艺复兴建筑典例

（1）圆厅别墅（Villa Rotonda, Vicenza. 1552—1569）

文艺复兴晚期，资产阶级日趋衰落，他们将资本转向土地，成为土地贵族，庄园府邸大为盛行。帕拉第奥在维琴察及附近设计过大量中型府邸，对欧洲的府邸建筑产生了深远影响。圆厅别墅建于 1552—1569 年，是帕拉第奥设计的众多府邸中最为著名的一座。

圆厅别墅位于维琴察郊外一个名为卡普拉的庄园内，建筑基址位于庄园内的小山坡最高处，四周绿树盎然，碧水萦绕，每个主要方向均有良好的景观视野。建筑师一改传统府邸建筑的四合院模式，采用集中式的正方形平面，依纵横两个轴线对称布置四周房间，并在方形平面中央布置了一个直径为 12.2 米的圆形大厅，

图 5-48 　圆厅别墅与自然景观 　　　　　　　　图 5-49 　圆厅别墅

上用穹顶覆盖，并突出穹顶的主导统率作用。同时在正方体的四面对称地修建了四个希腊神庙式的柱廊，高踞台基之上，与四周的景观相互渗透、有机呼应。建筑外形单纯而明确，丰富而凝练，景观与建筑交相辉映，相得益彰（图 5-48）。

圆厅别墅形体构成丰富，对比统一，威严高峻。建筑由方形主体、圆柱形的鼓座、圆锥形的穹顶、三角形的山花等多种几何形体构成，但轴线明朗，主次清晰，联系密切，过渡自然，既对比鲜明，又协调统一，并且柱式构图严谨端庄，表现了建筑师驾驭各种古典建筑元素的高超水平（图 5-49）。

圆厅别墅将美丽的景观环境与优雅的建筑形体有机融合，是建筑师景观审美意识与高超设计能力的绝妙体现，是文艺复兴晚期难得的佳作，尤其是其完美的集中式构图对后世欧美建筑产生了深远的影响，华盛顿白宫就深受圆厅别墅的启发。

（2）维琴察的巴西利卡（Basilica, Vicenza. 1549）

维琴察的巴西利卡，位于维琴察市政广场一侧，原是一座建于 1444 年的哥特式会堂建筑，最初作贵族召开议会之用。1549 年政府委托帕拉第奥将其改造成法庭和城市贵族会议厅。改建后的巴西利卡比例优雅、活泼欢快，为帕拉第奥赢得广泛盛誉，是文艺复兴晚期的另一重要杰作。

帕拉第奥增建了楼层，并在上下层都加了一圈外廊。外廊的立面处理是建筑师面临的巨大挑战。为保证增建部分与原有部分的空间协调，外廊开间与原有中世纪的大厅十字拱结构体系开间保持一致，也采用十字拱结构，每间一个券，外廊开间宽 7.77 米，层高 8.66 米，开间跨度大，接近方形，传统的古典券柱式构图比例与之不合，较难处理。

帕拉第奥大胆创新，在每个开间的中央按券柱式构图比例发一个券，把券脚落在两个独立的小柱上。小柱子距大柱子 1 米多，上面架着额枋。这样每个大的方形开间内套三个小开间，三个小开间以中央的发券构图为主，两旁的细长方形开间为辅，并在券两侧的额枋之上各开一个圆洞，减少小方形开间上部的重拙感，使整个开间更加轻灵。这种创新的复合式柱式构图虚实映衬、大小相套、方圆对比、层次丰富、活泼欢快，同时又构图严谨、秩序明朗，是高水平的创造，被后世称誉为"帕拉第奥母题"，常被模仿引用（图5-50、图5-51）。

（3）罗马圣安德烈教堂（S.Andrea，Rome. 1550）

维尼奥拉设计的罗马圣安德烈教堂，是晚期文艺复兴教条化形式主义的典型代表。教堂建筑平面是长方形的，上部采用椭圆形的穹顶。立面采用严谨的柱式，但比较僵硬，与上部的穹顶各自独立，联系较少，比较孤傲（图5-52、图5-53）。

图5-50 巴西利卡外观

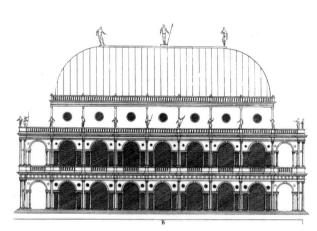

图5-51 巴西利卡立面图

图5-52 罗马圣安德烈教堂外观

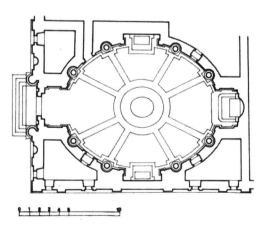

图5-53 罗马圣安德烈教堂平面图

（4）法尔尼斯别墅与园林（The Palazzo Farnese, Caprarola. 1547）

文艺复兴晚期，贵族府邸设计中出现教条化模仿古代建筑的趋向，尤其是对中世纪的寨堡，兴趣浓厚。罗马郊区卡普拉洛拉小镇的法尔尼斯别墅即是典型代表（图 5-54）。

法尔尼斯别墅是红衣主教亚历山德罗·法尔尼斯（Alexandro Farnese）的别墅庄园，别墅采用五边形平面，中央布置圆形的大厅，其他用房环绕圆形大厅布置在五边。别墅模仿中世纪寨堡的做法，设有护濠、吊桥、角楼等设施。别墅立面采用严谨的柱廊式，较为严肃。建筑初由帕鲁齐设计平面，后由维尼奥拉主持完成（图 5-55）。

法尔尼斯别墅后部的小园林，是红衣主教避开众人干扰的私密住所，又称园中园或"密园"。小园林设计精致，处处洋溢着快乐、悠闲的生活情趣，是文艺复兴时期意大利台地式园林的精品，尤其是贯穿全园的中轴线上巧妙布置多重别致景观的设计，为后世所模仿（图 5-56）。

（5）兰特庄园（Villa Lante, Bagnaia. 1566—1579）

兰特庄园是 16 世纪最优秀的园林之一，是建筑师维尼奥拉的经典杰作，是意大利台地园的杰出代表，至今保存完好（图 5-57）。

兰特庄园位于罗马以北 96 千米的巴涅伊阿，由红衣主教冈伯拉（Gambera）和蒙达多（Montalto）先后主持完成建造，后归兰特家族，故名兰特庄园。庄园坐落在朝北的缓坡上，园地为矩形，约 1.85 公顷。整个园林顺依地形，分为四个台地，建筑师以水从岩洞中流入"大海"为主题，组织园林的中轴景观设计，由上至下为"河神泉""餐泉""灯泉""星泉"，其中"河神泉"是最上一层台地的高潮部分，山溪从岩洞中流出汇聚到此，形成清澈的大水面。"餐泉"是第二层台地的核心，其具体做法是在中轴上设一个内刻水槽的长长石头餐桌，用流水漂送杯盘给客人。紧接其后的是"灯泉"，为第三层台地的核心景观，"灯泉"之后是一个陡坡，两侧对称布置了两幢方形小别墅。最后来到"星泉"，即第四层台地景观的中心，"星泉"外环布四个方形水池，象征大海。四层台地，从上而下，视野逐渐开阔。在中轴上四个核心"泉景"之间，还布置了造型优美的泉池、链式瀑布、菱形园路等景观，进一步丰富了景观趣味（图 5-58）。

兰特庄园将建筑配置在两侧，以水景为中轴，是其独特之处。建筑师将不同形式的水景组成全园的中轴线，结合多变的阶梯与坡道，取得丰富多变、统一和谐的效果。整个园林设计雅致、亲切、欢快、愉悦，堪称文艺复兴时期意大利园林的典范，对后世的西欧造园影响深远（图 5-59）。

图 5-54 法尔尼斯别墅与后部的小园林

图 5-55 法尔尼斯别墅外观

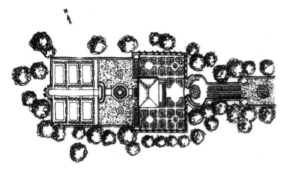

图 5-56 法尔尼斯别墅小花园平面图

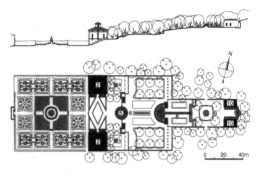

图 5-57 兰特庄园剖面、平面图

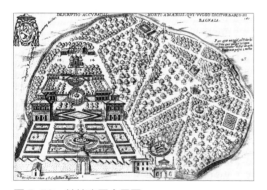

图 5-58 兰特庄园全景图

图 5-59 兰特庄园"星泉"

5.4.3 意大利巴洛克建筑典例

文艺复兴晚期，天主教教廷为了应对宗教改革运动带来的宗教信仰危机，维护其权益，在特伦特召开了旷日持久的主教大会（1545—1563，历时18年），通过特伦特会议决议，恢复中世纪式的信仰，竭力扩大对基督教世界的统治。天主教会大事兴建，巩固其重新获得的权威地位。16世纪末到17世纪，罗马掀起了新的建筑高潮，大量兴建了城市广场、中小型教堂和花园别墅。该时期的意大利建筑有新的、鲜明的特征，突破了欧洲古典的、文艺复兴的建筑常规，后世称为"巴洛克式"建筑。

巴洛克建筑的主要特征是：

第一，炫耀财富。大量使用贵重的材料，充满装饰，色彩艳丽，流光溢彩，营造庄严华贵的天堂空间氛围。

第二，追求新奇。巴洛克时期具有人文精神的建筑师们就像戴着镣铐的舞者，在宗教戒律的严格约束下，勇敢开拓，勇于探索新的建筑手法，创造新的建筑构图，营造新的建筑环境形象。

第三，趋向自然。该时期建筑师在关注柱式构图、纪念性构图的同时，重新发现了自然环境要素的潜在价值，园林艺术有了进一步发展，城市广场趋向开敞，自然要素被引入，环境空间更趋灵动，自然母题装饰为建筑空间增添了生动活泼的氛围。

第四，活力勃发。该时期的城市和建筑，常有一种庄严隆重、刚劲有力又充满欢乐的气氛。

（1）罗马城重建与复兴规划设计

经过中世纪北方蛮族的入侵和多次战乱以及洪水、地震等自然灾害与瘟疫的冲击，罗马城破败荒芜，人口萎缩，百业萧条。昔日辉煌的百万人口大都会，至中世纪末已变成人口约 3.5 万的小城镇。

15 世纪初，因基督教教廷从法国的阿维尼翁城回迁，罗马重新成为西方基督教的首都和朝圣者心中的圣地。罗马城因朝圣产业的兴盛而复苏。但当时罗马城残破的遗址，散布的教堂，拥挤不堪的道路，恶劣的卫生与食宿条件，难以满足数量激增的宗教朝圣需求。如何在中世纪破碎的废墟基址上重建与复兴罗马古城，用壮美的城市与建筑景观迎接朝圣的信众，重塑和增强教廷的威望，强化远道而来朝圣的信众对基督教的信仰，是摆在历任教皇面前亟待解决的国家文化及重大民生战略问题。从马丁五世教皇（1417—1431 年在位）开始，尼古拉斯五世（1447—1455 年在位）、西克斯图斯四世（Sixtus，Ⅳ，1471—1484 年在位）等数任教皇兢兢业业致力于罗马城的重建与复兴工作，其中最有成效和最有影响的是西克斯图斯五世（Sixtus Ⅴ，1585—1590 年在位）的罗马重建与复兴规划（图 5-60）。其规划方案有三点特色非常突出：

第一，构建罗马城壮丽的总体城市景观系统。虽然在西克斯图斯五世之前的教皇均致力于罗马的重建，但其多着力于局部片区的空间环境改善，缺乏对城市系统的优化构想。至 16 世纪末，罗马城虽略有改善，但重要的宗教建筑与纪念性古迹仍然散点化、碎片化地分布在废墟般的罗马城区，难以构建壮丽的总体城市意象。西克斯图斯五世对罗马当时面临的主要困境有清醒的认识，就任教皇后，即指示教廷总建筑师多米尼克·封丹纳（Domenico Fontana）着

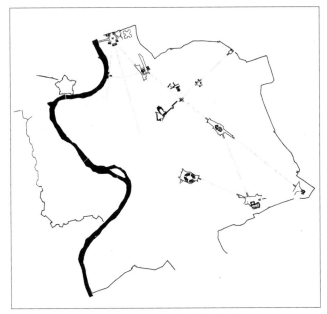

图 5-60　西克斯图斯五世罗马重建规划示意图

手进行罗马城总体空间规划，设计、拓宽主要道路，加强主要宗教建筑和纪念性建筑的交通联系，形成生动有力的视觉通廊，营建恢宏的城市空间序列。

西克斯图斯五世首先进行了城市主要入口与城市东南部的道路系统规划。长达数千米的菲利斯大道，将圣母教堂、圣十字教堂和波波洛城门等重要文化景观节点串联起来，并以菲利斯街道为骨干延伸出两条支路，分别将拉泰兰宫圣乔瓦尼教堂和圣洛伦佐教堂纳入菲利斯大道文化景观序列，奠定了近代罗马城基本交通空间结构的主要骨架。

同时，还进一步强化城市东西向主要文化景观节点的空间联系。例如，优化了东西走向的皮亚大道的空间节奏，通过局部降低菲利斯大道标高的做法，使其与皮亚大道平顺相接；在皮亚大道的中途修建了菲利斯喷泉（又名摩西喷泉），在菲利斯喷泉与奎里纳莱宫之间的中点处（也是菲利斯大道和皮亚大道的交汇处）设置了四组喷泉。从奎里纳莱宫到交叉口的四喷泉，再到菲利斯喷泉与皮亚城门，形成了韵律欢快的空间节奏（1：2：4）。

此后，西克斯图斯五世又规划了一些道路，连接拉特兰圣约翰教堂与罗马斗兽场、圣母大教堂与图拉真广场纪功柱、圣母大教堂与圣保罗大教堂，完善了罗马重要文化古迹景观之间的空间联系。城市主要文化景观节点之间建立了便捷的交通联系，并形成壮观而丰富多变的序列。

第二，精心营建重要城市节点，提升空间品质。中世纪的罗马，建筑的修建多是自发而零散的，缺乏建筑群整体的空间优化意识。文艺复兴时期，教廷回迁，开始着手主要朝圣教堂的修复或重建。西克斯图斯五世令其建筑师多米尼克·封丹纳在波波洛广场三条道路轴线的交会处、圣母大教堂西北入口广场前、拉特兰宫圣约翰教堂前、梵蒂冈圣彼得大教堂广场核心处四个重要节点空间精心摆放了方尖碑。

这一举措对城市空间序列的形成和节点空间秩序的重构起到了重要作用。一方面，通过方尖碑加强城市主要文化景观节点之间的空间联系，突显此类空间的主导地位和对城市秩序的引领作用，为城市空间序列的形成奠定基础；另一方面，方尖碑放置位置别具匠心，充分考虑了道路系统视觉轴线与节点重要纪念建筑物的空间关系，确定影响节点空间秩序的关键要素，强化节点空间相关建筑、雕塑的呼应与关联，引入主导空间秩序，为节点空间的整体品质定下整体基调。这一做法受到继任教皇和后世建筑师的广泛认可，产生深远的影响。

第三，恢复城市供水等生态功能。中世纪至文艺复兴初期，由于长期的战乱和自然灾害，奠定于古典时期的罗马城输水道系统遭到严重破坏。

16世纪末，西克斯图斯五世教皇重构了罗马城的第二套供水体系——"菲利斯输水道系统"。该供水系统从罗马东北部风景秀丽、水源丰富的帕勒斯萃纳（Palestrina）山区引水，将洁净的山泉水引入到罗马城东南部山地城区，彻底解决了整个片区的供水问题。菲利斯输水道总长度20千米，每天可向高海拔城区提供24 000立方米洁净水，极大改善了东南部山地城区的生态功能，为该片区的复兴与繁荣奠定了坚实的生态基础。

17世纪初，教皇保罗五世（1605—1621年在位）受菲利斯输水道工程的启发，修建了"保拉输水道工程"，每天可为梵蒂冈等地区提供95 000立方米的洁净水，进一步解决了泰伯河右岸城区的供水问题。此两项输水工程的修建，开启了罗马城生态功能的近现代化进程，直到19世纪末，仍为罗马城区提供着充足的洁净水。

巴洛克时期罗马城的重建与复兴，使局促而脏乱的中世纪罗马城演变为壮丽宏伟、庄严有序的近代大都市。罗马城重建与复兴规划设计是近代城市设计的先驱与开拓者，其中许多理念与手法成为之后巴黎、华盛顿、堪培拉等大都市营建的重要参照与借鉴。

（2）城市广场

①波波洛广场（Piazza del Popolo）

波波洛广场，又名人民广场，位于城市北侧主入口波波洛城门内侧。其西侧不远处，台伯河蜿蜒南流，东侧不远处，陡峭的平西奥山赫然耸立。波波洛广场坐落在雄山巨河之间，是自古典时代以来由北侧入城的首要停驻点和战略门户，历史文化丰富，区位优势突出（图5-61、图5-62）。

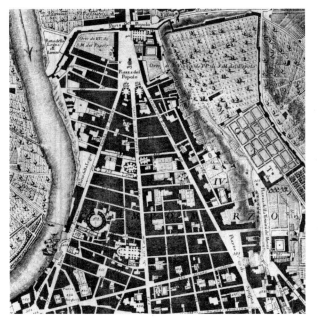

图 5-61　波波洛广场空间规划示意图

图 5-62　波波洛广场综合场景

　　为提升波波洛广场的吸引力，利奥教皇（1513—1521 年在位）开启了该广场的扩建工程，其主要贡献是建设了通向城内的道路 —— 巴布伊诺路。保罗三世教皇（1534—1549 年在位）则修建了瑞派特路。巴布伊诺路和瑞派特路对称布置，与古罗马帝国时期遗留下的弗拉米亚路（后世又改名为克洛福大街）共同形成波波洛广场南侧通向罗马城主要景观节点的三条放射形道路。三条道路的轴线在波波洛城门内侧交会于一点。由一点向城内放射道路的模式，奠定了文艺复兴时期波波洛广场作为罗马主要入城仪典广场这一壮丽空间图景的基本骨架。

　　西克斯图斯五世莅任期间，进一步强化了波波洛广场在整个城市空间序列中的重要门户地位，1589 年诏命建筑师多米尼克·封丹纳在三条道路中轴线交会处树立一座方尖碑，标定广场的中心要素，强化广场中心与城市主要道路的景观呼应和空间关联。波波洛广场的主导因素与倒梯形早期形态初步形成，广场与三条主要景观道路相互呼应的纪念性放射空间图式被业界接受和认可。

　　但直到 17 世纪中叶，波波洛广场的周边界面仍较凌乱。教皇亚历山大七世（Alexander Ⅶ，1655—1667 年在位）就任后决定延续和完善西克斯图斯五世的规划设想，提升波波洛广场空间品质。建筑师卡洛·拉伊纳尔迪（Cairo Rainaldi）提议在三条放射形道路的夹角位置修建两座对称的集中式教堂，增强广场南部界面的纪念性，突出广场南部界面与广场中心位置方尖碑的空间联系。在得到教皇认可后，建筑师于1660年受命设计广场南部三条道路夹角之间对称的两座教堂，并于1679年在建筑师伯尼尼和卡洛·封丹纳（Cairo Fontana）的协助下完成对称的孪生教堂建设。至此，波波洛广场南界面，即城市入口的壮丽景观形成。同期，为迎接瑞典女皇克里斯蒂娜对罗马城的参访，1655年，伯尼尼对波波洛城门进行改建，波波洛广场的北界面品质也大幅提升。

19世纪初，法国建筑师朱塞佩·瓦拉迪耶（Giuseppe Valadier）受委托进一步完善波波洛广场东西两界面的品质。他在波波洛广场引入横向轴线，用两个宏伟壮阔的半圆形空间限定横向轴线的两端，利用借景手法将广场东侧平乔山台地式山地景观和西侧泰伯河自然舒缓的滨水景观引入广场。瓦拉迪耶还重新设计了方尖碑下部的喷泉与雕塑，烘托了方尖碑的统率地位。

经过巴洛克时期数代建筑师的接力设计与营建，波波洛广场的空间形态与空间体验日臻完善，开启了罗马城空间序列的精彩华章。

②罗马圣彼得大教堂广场

意大利巴洛克时期最重要、最有影响力的广场是梵蒂冈圣彼得大教堂广场。

圣彼得大教堂是天主教的中心教堂，其广场空间的营建是对艺术与工程的艰巨挑战。16世纪末期的教皇西克斯图斯五世与17世纪中期的教皇亚历山大

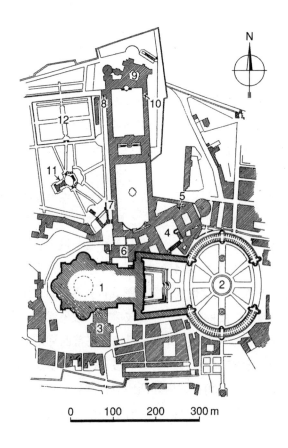

图5-63 圣彼得大教堂广场空间规划图

七世对圣彼得大教堂广场营建和设计的推动影响最为关键，也最有意义。

　　西克斯图斯五世莅任时，梵蒂冈区域尚在复兴中，中世纪遗留下的城区环境杂乱，当时圣彼得大教堂穹顶下的鼓座部分已建好，穹顶尚未动工，教堂前的广场空间散漫无序，雕塑与喷泉设置随意，道路与教堂主体建筑缺乏必要呼应。教皇采取了两个策略改善梵蒂冈区域的空间环境质量：

　　策略一，完成教堂穹顶营建，突出教堂穹顶的主导地位。教皇对艺术大师米开朗琪罗的纪念碑式穹顶构图方案极为认可，并委托建筑师封丹纳完成米开朗琪罗遗留的圣彼得大教堂穹顶的修建工作。圣彼得大教堂的穹顶成为梵蒂冈文化景观的统率与主导。

　　策略二，运用轴线构图，建构区域外部公共空间的主导秩序。在进行教堂穹顶营建的同时，教皇对如何凸显圣彼得大教堂穹顶在城市空间中的主导地位极为关注。1586 年，西克斯图斯五世诏命建筑师多米尼克·封丹纳在广场延长圣彼得教堂穹顶的主导轴线，精心选择穹顶的最佳观赏位置，便于信众瞻仰。位置选定之后，教皇命建筑师竖立方尖碑进行标记。方尖碑的竖向构图与教堂穹顶的竖向构图对位呼应，成为教堂穹顶轴向空间的延续，与穹顶共同建构梵蒂冈有力的主导轴线秩序（图 5-63、图 5-64）。

图 5-64　圣彼得大教堂广场空间场景图

　　17世纪中期，新任教皇亚历山大七世，将营建圣彼得大教堂广场的艰巨使命委托给艺术大师伯尼尼（Gian Lorenzo Bernini）。当时广场规划设计面临的主要挑战有三方面：

　　一是如何确定圣彼得大教堂广场的主题。圣彼得大教堂广场是基督教信众进入大教堂圣殿前的聚集场所，接下来他们要到达朝圣的最终目标——沐浴在光亮中的圣彼得墓及宝座。圣彼得大教堂广场是由外部世俗城市空间进入神圣宗教空间的过渡，更是进入教堂神圣空间前的必要停驻节点，信众在此聚集、交流、瞻仰，进入圣殿前的准备活动都在这个空间进行，所以广场应是一个具有多功能的空间。圣彼得大教堂是天主教教廷教堂，是基督教信众的精神圣地，所以只有奇特非凡的主题构思才能满足需要。

　　二是如何烘托圣彼得大教堂广场宗教庆典仪式。按罗马天主教文化传统，教堂广场经常会举行一些庄严的宗教庆典仪式。如每年的复活节早上，教皇都要在广场上向全世界赐福，聚集聆听教皇祝福的信徒和民众人数众多。所以，为聚集的人群提供尺度合适且秩序明晰的空间，以满足隆重庄严的宗教庆典仪式需要，成为圣彼得大教堂广场规划设计要考虑的重要功能。当然，聚集人群的数量是圣彼得大教堂广场空间尺度的重要依据。广场也是每年教皇统领游行队伍进行宗教节日巡游的出发点，为庄严的游行队伍提供必要的等候与准备空间——如带顶的柱廊，是广场规划设计不可忽略的要点。

　　三是如何协调圣彼得大教堂环境风貌。如何与教堂周边环境风貌形象相协调，是圣彼得大教堂广场规划设计面临的主要挑战。圣彼得大教堂建筑艺术成就是多层次、多方面的，但其最为突出的成就是刚强雄健、饱满高耸的纪念碑式穹顶。如何烘托和强化圣彼得大教堂穹顶的主导性地位，协调散布在教堂周边的西斯廷礼拜堂、教皇宫、梵蒂冈美术馆等重要建筑空间关系也是圣彼得大教堂广场规划设计不可忽视的重要方面。

　　17世纪初，玛丹纳（Carlo Maderno）拆毁米开朗琪罗最初设计的立面，在其前加建了三跨前厅，教堂由集中式发展成拉丁十字式巴西利卡，削弱了穹顶的统率作用。玛丹纳设计的圣彼得大教堂新立面，采用巨柱式构图，尺度有些失真，对圣彼得大教堂的纪念碑形象产生了较大损害。改善和减少玛丹纳不当设计带来的损害，是圣彼得大教堂广场规划设计需要解决的问题。

　　伯尼尼的圣彼得大教堂广场规划设计方案有三个突出特点值得关注：

　　一是立意高远，主题定位卓异非凡，顺应宗教信众的需求与期待。

　　圣彼得教堂是所有教堂之母，伯尼尼将圣彼得教堂广场比作母亲慈爱温暖而博大的怀抱，将广场定位为教廷和全世界民众交流的平台，广博而包容，坚毅而友好。"它仿佛像母亲一样伸出双臂，接受天主教徒，坚定其信仰；对于异教徒，把他们重新聚合到教堂来；对于无信仰的人，用真实的信仰去启迪他们"。伯尼尼的方案，立意高远，顺应了世界各地信众的情感需求与期待，受到了教廷与信众的认可、赞誉。圣彼得大教堂广场的文化形象得以传颂。

二是规模宏大，形态设计新颖独特，契合宗教仪典需求。

圣彼得大教堂广场规模宏大，由梯形小广场与椭圆形的主广场两部分构成。梯形广场是主广场与教堂之间的过渡性广场，起着辅助作用，椭圆形主广场是圣彼得大教堂广场的主体空间，是主角，其决定了广场的主要空间形态和空间秩序。椭圆长轴达 198 米，面积达 3.5 平方千米，接近 5 个足球场的大小，甚至超越古罗马大角斗场的规模，可容纳近 50 万人参加宗教盛典。椭圆形的主广场，形态罕见而新颖，视角与视距变化丰富，极富动感，与宗教仪典的氛围相契合。

三是多维协调，建筑群体风貌对比统一，空间秩序明晰有力。

伯尼尼以方尖碑为核心，综合运用轴线、柱式构图，强化圣彼得大教堂穹顶的空间主导地位。他将椭圆形主广场的长轴与圣彼得大教堂纵向轴线相垂直，衬托出纵向轴线秩序的主导地位。还在方尖碑的两侧对称布置了两个景观喷泉，共同形成椭圆形主广场生动的长轴。灵动活泼的喷泉景观与庄严肃穆、刚劲雄健的纪念碑式穹顶形成对比，进一步烘托穹顶的空间主导地位及神圣感。椭圆形主广场横向展开的柱廊形成宁静的水平式构图，与圣彼得大教堂挺拔高耸的穹顶竖向构图形成生动的对比，再次强化了穹顶在区域空间中的主导地位。

③纳沃纳广场

纳沃纳广场是巴洛克时期罗马城最富有人文生活气息的广场，是巴洛克封闭广场的典范。纳沃纳广场建立在古罗马图密善赛车场遗址上，中世纪时赛车场荒废败落，逐渐沦落为居民生活广场。15 世纪后期，教皇西克斯图斯四世将其改造为市场，保留了其狭长形态。巴洛克时期，教皇英格诺森十世（Innocent X，1644—1655 年在位）着手推进广场的更新与美化，将其建成罗马最美丽的巴洛克式广场。

第一，重点打造核心建筑立面，优化广场立面，提升广场围合界面品质。纳沃纳广场四周由居住建筑的正立面围合而成，形成连续的封闭界面。为改善广场的空间艺术品质，教皇委任波洛米尼主持广场核心建筑——圣阿涅斯教堂的设计。圣阿涅斯教堂位于广场西侧教皇家族宫殿的旁边，其原址上最初的教堂建于 1123 年。1652 年建筑师吉罗拉莫·拉伊纳尔迪和卡洛·拉伊纳尔迪受命在同一基址上建新教堂，但新方案因侵占了过多广场空间受到抨击而终止。1653 年波洛米尼接受教皇委托，对新方案进行修改，并实施建造。

波洛米尼的改造主要有两处，一是教堂穹顶空间的优化，二是教堂立面的

优化。首先，波洛米尼修改了教堂的平面设计，将原方案的希腊十字形态修改
为近似八边形的集中式形态，突出穹顶空间的统率和主导作用，为后续立面设
计打下基础。其次，波洛米尼精心设计圣阿涅斯教堂立面，将教堂立面整体向
内缩进，贴近建筑空间主体，既突出了穹顶的统率式构图，也强化了外部广场
空间与教堂空间的相互渗透和有机联系。同时，波洛米尼将入口台阶较为节制
地外凸，与内凹的立面共同形成教堂入口处灵动活泼的过渡空间。波洛米尼将
穹顶进一步举高，增强向上的动势，高高举起的穹顶饱满而富有弹性，有着向
广场膨胀外凸的动感。另外，两座钟塔贴近广场略向前外凸，与内凹的立面形
成"凸—凹—凸—凹—凸"的横向波动节奏，更增添了教堂立面的动感。波洛
米尼将竖向动态构图与水平向动态构图统筹兼顾，整合成生动活泼的圣阿涅斯
教堂立面，显示了高超的设计技巧与创新精神，使圣阿涅斯教堂成为继四喷泉
圣卡洛教堂之后巴洛克式动态构图的又一典范。

　　第二，精心布置景观喷泉，优化广场生态环境，活跃广场空间节奏，提升
广场空间品质。

　　文艺复兴时期，罗马人口密集区的环境日益受到重视。1570年皮奥五世
（1566—1572年在位）修复了古罗马时期少女泉输水道，为人口密集地区
的供水奠定了基础。1574年格里高利十三世资助建筑师泡达（Giacomo Della
Porta）在纳沃纳广场南北两端修建了公共喷泉，方便附近居民获取洁净的生活
用水。南端的喷泉名为摩尔喷泉，北端的喷泉名为海神喷泉。两座喷泉均以供
水为主，虽只做了简单的雕塑装饰，仍增添了广场的景观趣味，为广场带来了
活跃的氛围。广场空间品质的改善，吸引了一些富有的中产阶级在纳沃纳广场
周边置办房产。

　　17世纪，教皇英格诺森十世家族在纳沃纳广场修建了家族宅邸潘菲利宫。
纳沃纳广场成为教皇宫殿的天然前庭，区位重要性跃然攀升，因此空间品质亟
须优化。虽然纳沃纳广场南北两端布置了喷泉，增添了广场的趣味，但因广场
过于狭长，缺乏有力的中心景观，总体仍显空疏平淡。教皇委任伯尼尼在广场
的中心位置增设四河雕塑喷泉，并在其上部竖立从战神广场搬移而来的图密善
方尖碑，碑顶放置教皇家族的隐喻塑像——和平鸽。带方尖碑的四河雕塑喷泉
因其高耸的竖向构图和生动多变的雕塑场景成为纳沃纳广场的核心景观。海神
喷泉、摩尔喷泉、四河喷泉三座景观喷泉将狭长的纳沃纳广场划分为四个不同
的区域，产生了节奏欢快、丰富多变的空间序列。市民从南北两端进入纳沃纳
广场，均可获得愉悦而丰富的美好空间体验。原本狭长平淡的广场空间因三座
景观喷泉的巧妙设置而充满了活泼欢快、灵动多变的空间韵味，成为罗马最富
生活气息，最有吸引力的广场之一（图5-65、图5-66）。

图 5-65 纳沃纳广场全景鸟瞰

图 5-66 纳沃纳广场的四河喷泉雕塑

第三，巧妙运用雕塑杰作，营造广场艺术氛围，提升广场空间环境艺术质量。伯尼尼经过精心的创作，提出了极富创意的四河景观雕塑方案，用高水平的巴洛克雕塑艺术赢得了教皇英格诺森十世的青睐，于 1648 年获得了广场中心景观雕塑的正式委托。

四河喷泉是 17 世纪意大利巴洛克雕塑艺术的非凡杰作和典范。雕塑的创意源自圣经旧约的故事：在伊甸乐园中有四条奔腾不息的河流。17 世纪时西方人认为当时已知的多瑙河、尼罗河、恒河与普拉特河就是伊甸乐园喻指的四条神奇大河，同时这四条大河也分别象征着它们所在的欧洲、非洲、亚洲、美洲等四大洲。伯尼尼创作了四个神态各异的雄健的男性巨人雕像作为掌管着四条河流的四位河神，并巧妙安排四个雕像坐在喷泉中间的假山上，而假山的顶部拥托着颂扬罗马历史丰功伟绩的巨大方尖碑，方尖碑的顶部装饰象征基督教慈爱的鸽子，喻指天主教在世界范围的流行。同时鸽子也是教皇英格诺森十世的族徽，表达了对资助人教皇的赞颂。四尊雕像神态生动，轮廓复杂，稍稍变化观赏角度，就会获得不同的体验。在四尊雕像旁还分别塑造了代表地域特征的植物形象，均雕刻得生动活泼，洋溢着欢快轻松的氛围。喷泉、植物雕塑、河神雕像、假山、方尖碑等要素被艺术大师高超地融合在一起，形成了绮丽变幻的动态景观，成为纳沃纳广场最具视觉冲击力、最活跃的主导景观。纳沃纳广场有了生动的景观中心，整体的空间环境和艺术氛围得到了大幅提升和改善。

④西班牙大台阶

西班牙大台阶是意大利巴洛克建筑最富空间戏剧性的经典作品，其丰富的空间开合变化、欢乐的空间轻快节奏和浪漫多姿的优雅形态令世人印象深刻，流连忘返。后世史学家赞誉其为巴洛克"城市建设中独一无二的奇品"。

西班牙大台阶位于巴布伊诺大道与菲利斯大道之间的宽大陡坡处，曾是城市重建规划遗留下的"困难地块"。如何设计与营建该陡坡地段，使之与巴洛克时期罗马城的壮丽宗教仪典和节庆活动相匹配，是摆在历任教皇和设计师面前的艰巨挑战，尤其体现在场地的空间序列定位、功能定位和空间手法选择三个方面（图5-67、图5-68）。

18世纪初，西班牙大台阶的设计与营建迎来了转机。在1717年举行的一次设计竞赛中，巴洛克新秀建筑师桑克蒂斯（Francesco de Sanctis）和斯佩基（Alessandro Specchi）提出了极富创意的方案，令人耳目一新，脱颖而出，并在1723—1726年得以实施。该方案有三点特色极为突出：

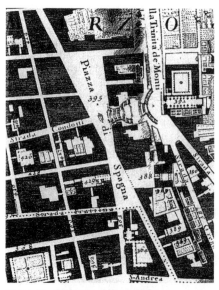

图5-67 西班牙大台阶区位图

图5-68 西班牙大台阶空间场景

第一，创新组合，精心营建"主导"空间序列。西班牙大台阶场地高差巨大，运用台阶解决竖向高差问题是必要而可行的设计策略。但按常规手法集中设计台阶，必然会导致台阶数量多，单调乏味，令人望而生畏。建筑师在设计台阶的休息平台时创新引入"广场"理念，在场地宽阔处，将休息平台扩大，形成行人休闲聚集的"观景广场"，既缓解了连续台阶带来的行走疲劳，也增添了空间节奏变化。建筑师根据场地高差29米的特点精心设置了12段（137级）台阶，14个休息平台，使休息平台有宽窄、大小、方向的丰富变化，形成富有节奏的空间序列，使行人在愉快的氛围中完成上下空间的转换，同时也完成了大台阶上下两端的有机衔接，构成了城市区域尺度上完整而生动的空间序列。

第二，丽景雅行，兼顾交通与社会交往功能。西班牙大台阶的场地是历史遗留场地，呈不规则形态，单一轴线难以建构明确的空间秩序。同时，其周边多条城市道路多方向汇聚，多幢历史建筑围合，环境要素复杂。其中，场地上端的圣三位一体教堂和场地下端的孔多蒂大道最为突出。

圣三位一体教堂，建于16世纪中期，采用了轴线对称式布局，钟塔高耸，气势威严。孔多蒂大道曾名"三位一体大街"，建于16世纪中期，是罗马主要的横向交通干道。孔多蒂大道东端是西班牙广场，西端是通向梵蒂冈城的圣天使桥桥头广场，将罗马东部的重要宗教场所与西部的教廷在城市空间上有力联系起来。

同时，西班牙大台阶紧邻西班牙广场，如何与三角形的西班牙广场形态相协调也是西班牙大台阶总体布局设计不可忽略的潜在问题。

面对如此复杂的环境制约因素，建筑师采用多条轴线与场地周边环境巧妙呼应，既尊重场地上端圣三位一体教堂主导轴线形成的空间秩序，又延续了场地下端孔多蒂大道景观通廊的轴线秩序，呼应了场地下端紧邻的西班牙广场独特的三角形形态。更可贵的是，建筑师巧妙地利用了轴线移位与转换手法，微妙协调了多条轴线秩序之间的关系，形成了活泼且平衡的空间秩序，为营建轻松欢快的空间氛围奠定了基础。

第三，顺应地势，精妙运用曲线组合。西班牙大台阶场地是城市发展历程中自发形成的，其形态自然有机，多变复杂。建筑师创新地将巴洛克时期常用的建筑立面曲线形态手法应用到西班牙大台阶场地的平面设计中，与场地高度契合，取得了灵动多变的空间艺术效果。

西班牙大台阶曲线形态多姿多彩，顺依竖向地势，契合场地复杂形态；契合大尺度外部空间人流行为模式，空间组合灵活多变；曲线形态构成灵动有序，造型雅俗共赏。

1789年，为改进三位一体教堂前部广场平淡的空间环境，建筑师在该广场竖立了一座方尖碑。方尖碑位于孔多蒂大道景观轴线延长线上，同时靠近三位一体教堂本堂轴线，并与本堂轴线微有倾角，将西班牙大台阶场地下端的孔多蒂大道景观轴线和西班牙大台阶场地上端的三位一体教堂轴线巧妙衔接，完成了上下两端重要景观要素的有机整合。至此，西班牙大台阶与方尖碑、三位一体教堂，以及伯尼尼父子主持修建的古舫喷泉等四大景观要素构成了壮丽多变的完整景观系统。

另外，方尖碑的位置恰位于菲利斯大道与格里高利大道的景观轴线延长线的交汇处，形成了菲利斯大道的优美对景和亮丽尾音。方尖碑的竖立，标志着西班牙大台阶片区成为罗马整体景观体系的有机组成部分，与波波洛广场片区、圣彼得大教堂片区、圣母大教堂片区、拉特兰宫片区等城市景观比肩而立，交相辉映。方尖碑的竖立，标志着16世纪末的西克图斯五世主持的罗马复兴规划经历两个世纪的营建实践，终于迎来圆满的华章。

（3）城市小教堂

①罗马耶稣会教堂

16世纪末到17世纪初，是巴洛克建筑初创时期，这一时期的建筑风格被称为早期巴洛克。罗马耶稣会教堂是早期巴洛克建筑的典型代表。

耶稣会教堂是罗马耶稣会教团的主教堂，距罗马市政广场一个街区之遥，位于罗马城核心区域。耶稣会教堂初由艺术大师米开朗琪罗主持设计，后因其年事已高，在教堂动工前四年仙逝，教堂工程由建筑师贾科莫·维尼奥拉（Giacomo Barozzi da Vignola）接手，建筑师贾科莫·泡达参与并最终完成了教堂的立面设计与建造。罗马耶稣会教堂的创新主要表现在平面形制和立面形态两方面（图5-69、图5-70）。

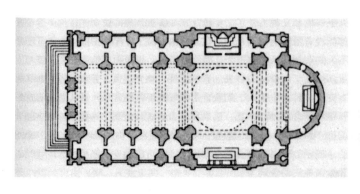

图5-69　耶稣会教堂平面图

图5-70　耶稣会教堂立面

根据特伦特会议的规定，耶稣会教堂应采用传统的拉丁十字式平面形制，但具体处理需要兼顾宗教仪式与纪念性的双重需求，将 16 世纪盛行的集中式布局与拉丁十字纵长式布局进行创新融合。交叉处的歌坛采用了集中式穹顶，突出其空间主导与统率地位，歌坛前的本堂采用纵长式布局，满足宗教仪式的需求。本堂延续了集中式穹顶的跨度，极为宽大。耶稣会教堂的本堂宽度达 20 米，采用筒形拱顶，空间高大敞亮，一改中世纪传统拉丁十字教堂本堂空间的狭窄幽暗，更易为信众所接受。本堂两侧没有采用常规的侧廊形态，代之以四个小礼拜堂，这也是大胆的探索与创新实践。

耶稣会教堂平面形制的创新，带来了空间的巨大变化，但如何协调中央高大的本堂与两侧低矮的侧廊的构图，成为教堂立面设计的巨大挑战。耶稣会教堂立面最初由维尼奥拉设计，未被认可。贾科莫·泡达接手后对耶稣会教堂立面进行了大胆改动和创新，取得刚劲雄健而富有动感的效果。耶稣会教堂的立面总体上采用上下两层的叠柱式构图。建筑师适度弱化了两侧低矮的侧廊部分，烘托突出中央高大宽阔的本堂部分，强调了本堂的立面柱式构图的主导地位。

本堂部分整体向前略为凸出，采用完整的两层叠柱式，上下两层叠柱式均采用体积感较强的方形或半圆壁柱，并且越靠近中央入口的壁柱，向前凸出就越多，体积感越强，光影变化越生动。柱式的顶线盘也伴随壁柱的凸出而向前凸出，整体形成微妙生动的韵律变化。强烈的光影变化和形体韵律变化使中央入口空间庄严而灵动，构思极为精妙。侧廊部分采用单层柱式构图，略向后退，壁柱采用体积感稍弱的薄壁柱，立面极为平淡，恰当地承担了立面配角的角色。为与中央的本堂部分柱式构图相协调，侧廊部分的柱式高度与本堂部分的柱式高度保持了一致。侧廊部分的上部采用颇具动感的大型涡卷，向本堂部分升腾靠拢，突出本堂部分叠柱式构图向上的升腾动势，增强了立面柱式构图的整体动感。

耶稣会教堂立面成为了早期巴洛克式教堂立面设计的典范，许多教堂以此为蓝本进行营建。耶稣会教堂在西欧宗教建筑中产生了持久而深远的影响。

②罗马圣卡罗教堂

圣卡罗教堂，又名"四喷泉圣卡罗教堂"，是建筑大师波洛米尼（Francesco Borromini）独立完成的首个成名作，也是巴洛克时期意大利城市小教堂的代表作。

1634 年，受红衣主教巴波利尼（Barberini）委托，波洛米尼接受了圣卡罗教堂的设计任务。圣卡罗教堂是天主教"三一"教团的宗教活动场所，包含一个小型修道院和一个小教堂，规模不大，但功能较为复杂，且用地狭窄局促，约束较多。

图 5-71 圣卡罗教堂外部场景

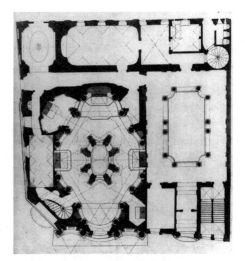

图 5-72 圣卡罗教堂平面图

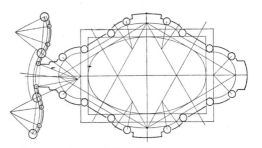

图 5-73 圣卡罗教堂轴线偏转示意图

圣卡罗教堂位于四喷泉旁的一片狭小地块内，该场地左前方是教皇的夏宫——奎里纳莱宫，右前方是红衣主教巴波利尼的官邸。如何处理场地上的新建教堂和经典景观遗产的关系，对建筑师来说是一个挑战（图 5-71 ~ 图 5-73）。

面对艰巨挑战，波洛米尼别出心裁，提出了极富创意的方案。其特色主要表现在三个方面：

一是运用轴线偏转手法，与文化遗产融合共生。

受菲利斯大道和皮亚大道走向的影响，圣卡罗教堂基址地块呈不规则的矩形，内侧的两个边界较为规则，接近垂直，外侧的两个边界则顺应道路走向，略略倾斜。教堂基址较为狭窄局促，教堂旁的修道院院落和宗教用房紧贴基址内侧的两个边界，形态为规则的 L 形，该部分先建成，初步定下了教堂建筑群的主导轴线方向。波洛米尼设计圣卡罗教堂时，延续和强化了基址地块的主导轴向，使教堂的纵轴与基址主导轴向保持一致。同时他在教堂主入口和教堂左侧廊道处两次运用了轴线偏转手法。在合理布置教堂空间的基础上，与基址的外部环境呼应。既尊重了基址所在历史街区的空间结构，也与基址上原有的喷泉雕塑等城市文化遗产融合。

二是运用廊、院紧凑布局，兼顾复杂功能需求。

建筑师根据教堂和修道院的功能特征，将基地分为前后两个主要院落。教堂和修道院办公部分以服务街区信众的功能为主，布置在靠近皮亚大道的前院部分，利于信众到达。修道院的管理和日常生活部分，以满足教职人员修道与生活的功能为主，布置在后院，并在后院布置小巧精致的小园林，提升后院的空间品质，改善教职人员的居住质量。

在前院，建筑师还用小型廊院和廊道对功能进一步细分，使教堂空间与修道院办公空间相对独立，互不干扰，且又有空间联系。在教堂部分，建筑师还充分利用廊道、院落和教堂之间的不规则边角空间，设置圣器室、小礼拜室等辅助功能用房，满足教堂宗教活动的需求。

三是运用曲线形态塑造灵动空间，提升场地动态活力。

圣卡罗教堂曲线形态的创新探索和运用是多样丰富的，主要表现在教堂平面空间形态、穹顶空间形态和立面形态三个方面。

创新性运用椭圆形曲线是圣卡罗教堂空间形态设计的显著特色。首先，建筑师大胆创新探索了双椭圆嵌套式复合曲线形态的运用。其次，建筑师还在教堂平面中探索了椭圆、圆形、三角形等基本几何形的嵌套组合。为了突出本堂空间的椭圆形态，其穹顶形态突破了传统帆拱结构体系，突破了圆球形穹顶的常规做法，而采用了椭球形。最后，在教堂正立面贴合椭圆形本堂的边界顺势做成波浪形，打破了直线形立面的僵硬感。上下两层额枋呈现柔美而灵动的水平线条，上层额枋中央嵌入的椭圆形雕刻，增添了立面的活力。

（4）园林府邸

①阿尔多布兰迪尼庄园

阿尔多布兰迪尼庄园位于罗马东南 15 千米的弗拉斯卡蒂镇，是克莱门特八世教皇（Pope Clement Ⅷ，1592—1605 主持教政）奖赏给红衣主教阿尔多布兰迪尼（Cardinal Pietro Aldoblandini）的庄园。阿尔多布兰迪尼庄园先后由建筑大师贾科莫·泡达、卡罗·玛丹纳（Carlo Maderno，1556—1629）和园林大师封丹纳（Giovanni Fontana）主持兴建，是多位艺术大师合作的精品，被誉为 17 世纪巴洛克园林的经典名作。在选址、规划布局、府邸设计与景观创意方面均体现出非凡的艺术创意与手法。

一是精心独特的选址，奠定了庄园非凡的壮丽气势。庄园所在的弗拉斯卡蒂镇风景旖旎，气候凉爽宜人，自古以来一直是罗马皇家与上层贵族的避暑胜地，传至后世较为知名的庄园别墅有近十处之多，阿尔多布兰迪尼庄园是其中尤为璀璨耀眼的一座。其原址较为狭促，1598 年教皇购得产权之后，又增购了一些土地，扩大了原址的规模，使其近乎占据了山坡朝向罗马教廷最好的位

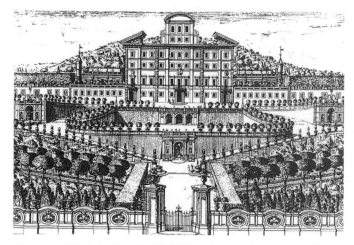

图 5-74　阿尔多布兰迪尼园林全景图

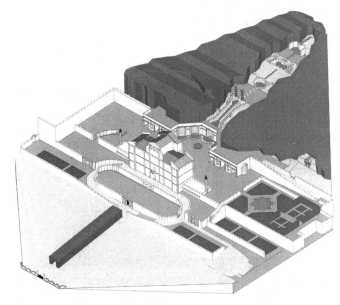

图 5-75　阿尔多布兰迪尼园林复原场景图

置。庄园位于小镇翼侧的边缘位置，巧妙避开了小镇带来的视线阻隔，视野开阔。同时，庄园位于山坡上，海拔在 300～400 米，位置较高，可以俯瞰 20千米之外的台伯河谷地的罗马城市景观，与罗马教廷圣彼得大教堂高举的穹顶遥相呼应，颇具龙蟠虎踞的雄壮气势（图 5-74）。

　　二是丰富多变的总体空间布局，建构了生动的巴洛克园林空间框架。

　　阿尔多布兰迪尼庄园位于城镇区域与坡地山林区域的交会处，采取前、中、后三段式纵向轴线式布局，即庄园前段景观区、中段别墅景观区、后段陡坡山林自然景观区。前段景观区是城市景观向坡地山林景观的过渡区，坡度平缓，采用巴洛克时期城市公共空间规划布局的经典手法 —— 三叉戟放射式布局，将观景人流迅速引至中段的别墅景观区。中段别墅景观区是庄园总体空间规划的核心部分，地形坡度稍有增大，场地划分为三层台地，满足了别墅建筑的功能需求，突出了别墅的主导地位。后段陡坡林地区最富巴洛克园林空间戏剧性，坡度大，落差大，建筑师顺势而为，充分利用地形高差形成丰富多变、意趣纷呈的多层溪、泉、瀑布、剧场等系列景观，将庄园的纵向轴线引向神秘无限的山林自然景观（图 5-75）。

阿尔多布兰迪尼庄园三部分均统率在纵长主轴线之下，衔接过渡巧妙，灵动自然，并且沿轴线上的景观节点纵横对比活泼、虚实开合有致，空间节奏活泼，形成了秩序明晰统一而情趣丰富多变的空间框架。

三是对称而灵动的府邸设计，保证了庄园威严庄重的空间秩序的主导基调。府邸设计采用对称式布局，突出了中轴空间秩序的主导统率地位。朝向园林主入口的立面，巧妙地与入口区域低矮的台地景观结合，将多层台基整体化，构成多阶式基座层，建筑的竖向构图顺势而为，形成基座层、主体层与屋顶层三段式构图。三部分均统率在同一个中心轴线秩序下，形成"大金字塔式"的纪念性构图，气势凛然威严，沉稳端庄。在横向上，府邸借助舒展的多阶式基座，形成百余米超宽横向构图，与延展的坡地山林景观形成呼应，构成气势磅礴、壮丽非凡的入口区域。建筑主体横向形成"翼侧 + 连接体 + 中心体 + 连接体 + 翼侧"的五段式构图，并利用屋顶造型与家族徽章突出了中心体部分的主导地位。主体部分横向构图紧凑统一，与基座层舒缓的空间构图形成对比。

四是多样而别致的景观创意，提升了庄园园林空间的意趣。阿尔多布兰尼庄园中轴的前、中、后有许多灵动活泼的景观节点，尤其是在府邸后部的陡坡山林景观区域分布最为密集，极大提升了庄园园林空间的意趣（图 5-76）。

府邸之后是极富创意的水剧场。水剧场是半圆形的，直径近 40 米，周长近 60 米，尺度舒展宏阔，与府邸富丽堂皇的主入口遥相呼应。建筑师将水剧场划分为五个洞窟式壁龛，并在壁龛内设置不同水景主题的雕塑。水剧场左、右两侧挡土墙内也布置了宽大的洞窟式厅堂。左侧洞窟布置了庄园小教堂，宁静肃穆。右侧洞窟布置了水风琴，在水压作用下发出悠扬的乐音，设计极为精巧。挡土墙左、右洞窟动静分设，各得其所，体现出建筑师较强的统筹兼顾能力。挡土墙采用了大理石装饰的柱式构图，风格与水剧场保持一致，建筑形象多变而统一。

水剧场之后，地形坡度陡升，建筑师顺依地形，设计了莽莽榛榛的林园，还利用地形的巨大高差，在中轴线上精心设计了多层跌落的链式瀑布和水台阶，水台阶顶端竖立的两根水景圆柱构思奇特精妙。

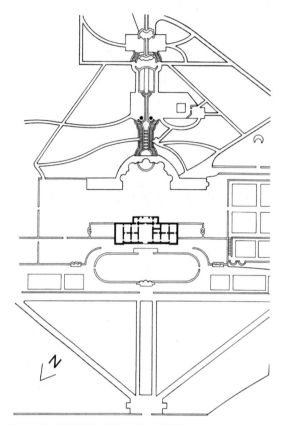

图 5-76　阿尔多布兰迪尼园林总平面图

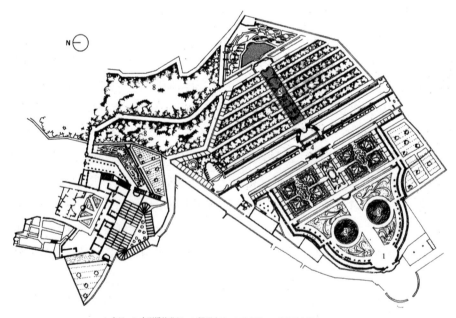

1.入口　2.大型模纹花坛　3.圆形水池　4.大台阶　5.带状跌水瀑布　6.甬道
7."法玛"神像及半圆形水池　8.树林

图 5-77　加尔佐尼庄园总平面图

顶层台地的景观设计也极富新意。顶层台地位于景观轴线的最远处，地势高陡险峻，施工较为困难。建筑师将其巧妙设计为自然情趣浓厚的"乡野瀑布"泉池。泉池中设有凝灰岩饰面的洞府，泉水从洞府中潺潺涌出，在自然的岩石上多次跌落，形成了层次丰富的瀑布，宛如自然天成。

②加尔佐尼庄园

加尔佐尼庄园位于路加以北的高洛蒂小城，是17世纪最富巴洛克艺术风格的园林代表作。园主罗马诺爱好建筑，品位非凡，希望将该庄园建成路加地区的代表作，于是邀请著名的人文主义建筑师奥塔维奥狄奥达蒂（Ottavio Diodati）主持该园的设计（图5-77）。

与17世纪意大利巴洛克园林中常见的轴线布局台地园迥然不同，加尔佐尼庄园园林偏置在主要府邸的一侧，完全以水池、台阶、跌水瀑布等景观要素为主角进行布局设计，自然山林景观的艺术氛围浓厚，景观要素由以前的从属地位转变为园林主导要素，这是前所未有的巨大突破。此园有机融汇了文艺复兴时期佛罗伦萨地区的路加式花园风格、巴洛克风格与优美的乡村景色，建筑师手法独特，在总体规划布局、景观创意、水景设计等方面多富新颖之举。

建筑师创新地提出多轴线交叉的布局新模式，形成府邸与园林互为景观的灵动布局。府邸别墅位于一处坡度陡峭的山崖上，建造年代较早，采用简洁的文艺复兴式立面和弧形大台阶设计，平面布局轴线对称，与其前山崖形成了相对完整且主从清晰的轴线式景观构图。位于府邸别墅东南角下面，面向西南山坡上的园林，有相对独立完整的轴线式景观构图，与庄园别墅景观轴线有40度左右的夹角，两者对望，均产生了舒适宜人、生动活泼的优美"对景"。园林形态大致呈盾形，南北大约200米，东西最宽100米左右，结合地形坡度，大致分为两大部分。上半部坡度较陡，为雄伟壮丽的林园；下半部坡度平缓，为亲切宜人的植坛式花园。在植坛式花园与林园之间，是起着过渡作用的三层气势非凡的"双飞式"大台阶。

加尔佐尼庄园园林多样灵动的创新景观手法尤为后世学人关注。首先，是形态新奇的植坛式花园。植坛花园分为上下两部分，下部的植坛花园设计成钟铃形状，入口位置和中央部分设计有椭圆形广场和两座圆形莲池，其间还设计有四个形状舒展流畅的曲线图案的植坛花床。其次，是雄伟壮观的双飞式景观大台阶。植坛花园后部，地形逐渐变陡，林园部分尤其陡峭。建筑师在平缓的植坛花园与陡峭的林园之间设计了壮丽的景观台阶，将两个景观区域有机衔接起来。台阶分为三层，前两层为直线双飞式，最后一层为半圆弧形双飞式，三层台阶在纵向上形成了层层叠叠而又灵动多变的壮丽景观。最后，是巍峨壮丽的林园。花园后部的林园，地形陡峭，广植高大挺拔的乔木，枝繁叶茂，层层叠叠，一派生机盎然。林园中央，清静幽深的水台阶叠水景观，烘托出林园幽远深邃、余韵无尽的意趣。林园的水台阶采用了反透视手法，上宽下窄，仿造一个仰卧着的人像，有强烈的巴洛克意味。

加尔佐尼花园的水景主要由植坛花园水景与林园水景两部分组成。植坛花园水景位于花园的最下部，地势卑湿而平阔。建筑师结合场地特征，设计了两个巨大的圆形莲池，并在莲池中心设置了近20米高的水柱式喷泉，水柱喷泉从莲池中喷涌而出，直冲苍穹，引人入胜，奠定了整个花园灵动活泼的景观基调。花园后部的林园中轴设有叠泉景观，清泉细流涓涓，宛如圣水天降。泉顶部的法玛神像，小巧玲珑，增添了神迹杳远的意境。加尔佐尼花园的水景设计是巴洛克园林设计中特色极为突出的典例。

本章知识点

1. 文艺复兴建筑的主要成就。

2. 早期文艺复兴建筑风格特色。

3. 佛罗伦萨大教堂设计的巨大挑战和创新。

4. 育婴院设计的突破性成就。

5. 巴齐礼拜堂的主要成就。

6. 盛期文艺复兴风格特色。

7. 坦比哀多小教堂的突出成就。

8. 法尔尼斯府邸的成就。

9. 麦西米府邸的突出成就。

10. 道利亚府邸的独特成就。

11. 安农齐阿广场的特色与成就。

12. 罗马市政广场的创新与特色。

13. 威尼斯圣马可广场的突出成就。

14. 圣彼得大教堂的突出成就。

15. 圆厅别墅的特色与成就。

16. "帕拉帝奥母题"的创新意义。

17. 兰特庄园景观设计的特色与成就。

18. 文艺复兴时期的主要建筑理论成就。

6 | 权力与理性的颂歌——法国古典主义时期建筑

6.1 法国古典主义时代特征与建筑成就

6.1.1 时代环境与人文特征

法国地处欧洲西部，北接英吉利海峡，西濒大西洋，南临地中海，东与德国相邻。国土除在西南和东南部有少量丘陵、盆地及高原外，大部分为平原，地形起伏较小，较为平和舒展。南部地区因受地中海影响，属亚热带地中海气候，其他地区多属海洋性温带气候，阳光明媚、温和。境内河流交错纵横、土壤肥沃，农业和园艺业发达，植被繁茂，自然风景壮阔旖旎，雅致而富于变化（图6-1）。

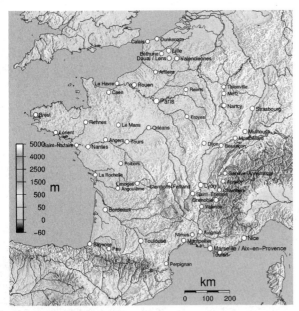

图6-1 法国疆域地图

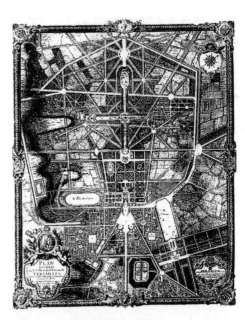

图6-2 凡尔赛宫苑总平面图

图6-3 凡尔赛宫苑入口庭院

历史上，法国曾是古罗马帝国的属地，帝国宏大的工程遗迹给人们留下了持久的自豪记忆。追求恢宏气势成为法国民族精神的重要部分。中世纪时社会动荡，各封建领主分裂割据，社会发展缓慢。一些富庶的城市为获得更大的发展空间，掀起了反对封建分裂的斗争，希望国家强盛。法国中央王权顺应这一趋势，支持削弱大封建主的运动，带领城市争取自治权，促进了一些城市的繁荣，也加强了王权的势力，中世纪晚期高耸壮丽的城市大教堂是这一历史进程的不朽纪念碑。文艺复兴时期，国王在城市资产阶级的支持下，驱逐了入侵的英国，统一了全国，建成了中央集权的民族国家，工商业发展蓬勃兴盛。17世纪时，法国王室励精图治，鼓励自然科学和文化艺术的发展，实行理性开明的经济政策，国力进一步强盛，成为了欧洲最强大的中央集权式君主国家。笛卡尔的唯理论、高乃伊和拉辛的悲剧、普桑的绘画等一些自然科学和哲学社会科学成就被王室借用，以巩固王室权威。随着绝对君权的形成，用规模宏大、结构明晰、统一纯净的语言颂扬国王的伟大成为古典主义时期文化艺术的重要使命，"伟大""永恒"成为这一时期艺术的鲜明特征（图6-2、图6-3）。

6.1.2　法国古典主义主要建筑成就及历史沿革

法国的古典主义建筑继承了古典文化传统，并结合了法国自然与社会特色，形成了独特的建筑风格，取得了许多重大成就，影响十分深远。其主要成就有三方面：第一，倡导理性逻辑的艺术价值，形成了系统的古典建筑理论；第二，深化了对建筑形式美学客观规律的探讨，完善了古典柱式构图，提升了柱式构图、轴线构图的艺术水准和美学应用价值；第三，深入研究了大尺度纪念性建筑物的创作，积累了丰富的经验，创造了许多壮丽的大型纪念性建筑名作。

法国古典主义建筑的发展大致经历了四个主要阶段，各阶段特征如下：

①初期古典主义（15世纪下半叶—16世纪初）——法国传统与意大利柱式融合。

②早期古典主义（16世纪末—17世纪中叶）——结构明晰、脉络严谨。

③盛期古典主义（17世纪下半叶）——宏伟壮丽、主次有序。

④晚期古典主义（17世纪末—18世纪初）——柔媚温软、细腻纤巧，又称洛可可风格。

6.1.3　法国古典主义建筑的发展历程与基本特征

（1）初期的变化

15世纪下半叶到16世纪初，国王弗朗索瓦一世几次侵入意大利北部地区，为那里的文艺复兴文化所倾倒，并带回一些工匠、建筑师和艺术家。法国建筑开始尝试将本土传统与意大利文艺复兴严谨的柱式风格相融合，法国古典主义建筑的初期变化即以意大利柱式风格为特征。

（2）早期古典主义

16 世纪末到 17 世纪中叶，在资产阶级的支持下，法国王权不断加强，颂扬至高无上的君主是法国艺术与文化的时代主题，法国文化中普遍形成了古典主义潮流。意大利的影响进一步加强，文艺复兴盛期严谨的柱式的庄严、宏伟的纪念性形象适合法国王室的需要。在建筑领域，法国宫廷和贵族府邸与城市府邸多追求柱式建筑带来的严谨与理性美，注重建筑结构清晰、脉络严谨。

（3）盛期古典主义

17 世纪下半叶，法国的绝对君权在路易十四统治下达到最高峰。古典主义文化的极盛时期就处于路易十四统治时期，文化的首要任务就是荣耀和赞颂君主，建筑亦是颂扬君主的重要工具。权臣高尔拜上书路易十四说："除赫赫武功外，唯建筑物最足表现君王之伟大与浩气。"建造空前宏伟壮丽的宫殿成为盛期古典主义文化的主要活动和特色。

（4）君权衰退与洛可可

17 世纪末到 18 世纪初，法国的专制政体出现了危机，内外交困，继任的国王才智庸劣，沉醉于糜烂腐化的宫廷嬉戏，忠君被认为是笑话，大臣们钩心斗角，忙于追名逐利。一些聪敏机智的贵夫人主导当时的文化潮流，悄然兴起一种妖媚柔糜、追求逸乐的文化艺术思潮，史称洛可可风格。娇媚柔软、细腻纤巧是该时期建筑艺术的主要特色。

6.2 法国古典主义建筑典例

6.2.1 变化初期建筑典例

（1）尚堡（Château de Chambord. 1515—1523）

16 世纪初，国王和贵族在风景秀美的罗亚尔河谷地区修建了大量府邸。因倾慕文艺复兴文化，他们开始在府邸建筑中尝试使用柱式要素，法国传统的建筑元素逐渐与柱式风格相融合。尚堡府邸是罗亚尔河谷府邸的典型代表，是国王统一法国后修建的第一个宫廷建筑物，也是民族国家的第一座纪念性建筑，鲜明地反映了古典初期的风格变化特征。

尚堡府邸虽是国王的猎庄，但规模庞大，能容纳下整个朝廷。尚堡府邸一改中世纪法国府邸自由的体形，为营造统一庄严的纪念性形象，采用完全对称的平面布局。建筑入口、院落、主楼均服从主轴线的统率。府邸主楼三层，平面呈正方形，加上四角突出的圆形塔楼，每边长 67.1 米，也采用严谨的轴线对称式布局，主楼的轴线即是建筑群的主导轴线。主楼每层有四个同样的大厅，用扁平的拱顶覆盖，四个大厅之间用十字形的走廊相连，在十字走廊的正中是一个大螺旋形双股剪刀楼梯，行人各从相对的一面起步，互不干扰，适宜十字形空间的便捷交通需要，颇具匠心（图6-4～图6-6）。

在主楼外侧建一圈方形院落，三面单层，唯有北面与主楼北立面重合，为三层连廊。其余三面是随从人员的宿舍，采用标准化单元式平面，每个单元有一个大间、一两个小间和一个卫生间，功能合理，极具进步意义。

尚堡府邸用意大利柱式装饰墙面，强调水平划分，构图整齐，与基址舒展平和的自然景观很契合。府邸屋顶部分保留了老虎窗、烟囱、楼梯亭等传统法国元素，轮廓复杂、形体变化丰富而自由。柱式和法国传统风格的强烈对比，暗示着古典初期法国建筑风格的新风向（图6-7）。

（2）阿赛-勒-李杜府邸（Château d'Azay le Rideau. 1518—1527）

阿赛-勒-李杜府邸位于罗亚尔河支流中的一座小岛上，风景秀丽如画，被赞誉为罗亚尔河谷最美丽的府邸。

府邸采用曲尺形平面，三面临水布置，入口一面有小桥跨过河流与外界相连，整个基址景观自然秀美、环境雅致清幽。临水的立面以柱式构图为主，强调水平分划，分层线脚和出挑深远的檐口与恬静的水面很协调。屋顶部分形体较为规整，突出屋面的老虎窗较为节制，并与下部的墙面开窗相互对位呼应，略微突显了立面中轴线，低调地提示对称感。老虎窗垂直的形体与水平的建筑主体形成了俏丽的对比，平添了府邸的活泼亲切。四周碧水清澈如镜，

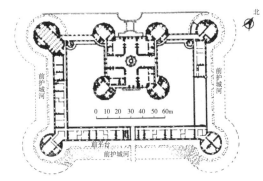

图6-4　尚堡府邸平面图

图6-5　尚堡府邸与外部环境

图6-6　尚堡府邸内的双螺旋楼梯

图 6-7　尚堡府邸北立面

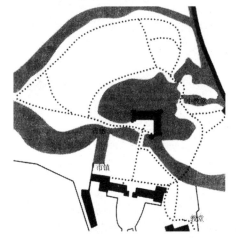

图 6-8　阿赛 – 勒 – 李杜府邸总平面图

图 6-9　阿赛 – 勒 – 李杜府邸临水立面

图 6-10　阿赛 – 勒 – 李杜府邸入口立面

波光粼粼，更是映衬了府邸的妩媚秀美。入口的一面，上下几层窗子竖向组织起来，并突破檐口，戴着小小的山花。竖向垂直式构图突出了府邸的庄重威严（图 6-8 ~ 图 6-10）。

阿赛 - 勒 - 李杜府邸柱式占据主导地位，法国中世纪建筑元素较为收敛节制，预示古典主义变化初期建筑向意大利柱式风格又迈进了一步。

（3）谢侬索府邸（Château de Chenonceaux. 1515—1576）

谢侬索府邸横跨罗亚尔河谷的谢尔河，位置极为优越。府邸主体造型为廊桥型，雅致端庄。建筑在碧波绿荫映衬下若芙蓉出水，异常妩媚清新，被誉为法国最美的府邸建筑之一。

府邸始建于弗朗索瓦一世时期，最初只是河流北岸的一个矩形城堡，带四个塔楼和陡坡屋顶，角塔和高出屋面的老虎窗山花令人联想起中世纪哥特建筑。城堡下部则用意大利柱式进行了简单的水平划分，强调了横向构图，与邻近的河流气势相合。

后来城堡被国王亨利二世征用，几经转手又赠送给王太后卡特琳娜·德·美狄奇。应太后之邀，建筑师德劳姆和让比朗先后修建了横跨河流的多孔廊桥与上部的廊厅。廊厅部屋顶简洁洗练，突出了屋面老虎窗的娇小秀丽，并与下部的柱式开窗相互呼应，弱化了垂直方向的联系，突出了檐口、分层线脚等水平要素，强调了水平式构图。长廊卧波，优雅宁静，亲切宜人；柱式的水平式构图与环境密切融合，把古典建筑语言的雅趣发挥得淋漓尽致（图 6-11 ~ 图 6-13）。

（4）枫丹白露宫（Palais de Fontainebleau）

枫丹白露宫位于巴黎东南 65 千米，是重要的大型皇家狩猎用庄园府邸，在国王未迁都巴黎之前，这里一直是皇家宫廷所在地，菲利普七世、亨利三世、路易十三世等数任国王皆在该府邸出生。巴黎市中心的卢浮宫修建后，枫丹白露宫以其宜人的环境继续受到皇室的钟爱，经亨利四世、路易十四、路易十五和拿破仑等历代国君屡次增修、续建成为重要的皇家离宫别馆，先后接待了俄国的彼得大帝、丹麦的科里斯蒂七世等重要贵宾，见证了许多重大历史事件，久负盛名（图6-14、图6-15）。

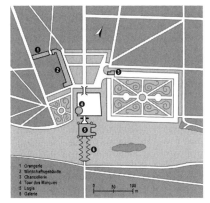

图6-11　谢侬索府邸总平面图

图6-12　谢侬索府邸鸟瞰

图6-13　谢侬索府邸近景

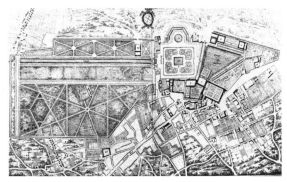

图6-14　枫丹白露宫总平面图

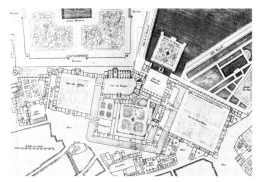

图6-15　枫丹白露宫主体建筑平面图

图 6-16 枫丹白露宫白马院的主体建筑

图 6-17 枫丹白露宫与湖景

图 6-18 枫丹白露宫大花园

　　枫丹白露宫所在地，森林广袤，绿荫翳然，气候宜人，各类野生动物群集，自古就是狩猎休闲与消夏避暑的理想胜地。早在 12 世纪，国王就在此修建了打猎用的城堡。1528 年，弗朗索瓦一世拆毁旧城堡，聘请了意大利建筑师菲奥伦蒂诺、普里马蒂乔等按文艺复兴样式修建了宫殿，宫殿由入口庭院（又名白马院）、弗朗索瓦一世廊厅、椭圆院等院落组成。后由亨利四世增建了公务院。

　　枫丹白露宫建筑群以意大利文艺复兴柱式风格为主，构图严谨；法国传统元素较少，并且极为节制，与柱式风格保持统一协调。由此，一种逻辑明晰、语言清新的法国风格开始登上历史舞台。建筑群的主入口庭院白马院，建筑对称布置，白色抹灰墙面以砖或石壁柱进行分划，极为严谨，突出屋顶的老虎窗也较内敛，并与下部的柱式开窗相互呼应。其他几个庭院风格大致与白马院类似，或偏活泼开敞，或偏严谨刻板（图 6-16）。

　　枫丹白露宫的园林也深受意大利造园的影响，弗朗索瓦一世时期著名的意大利造园家都参与过该花园的设计。该花园风格以几何形的刺绣式花坛为主，并注重与森林、湖泊等自然风景融合，别有自然雅趣，是古典式园林的早期作品。1645 年法国著名造园大师勒诺特对其进行了改造，并修建了宫殿建筑群一侧的大花园，开创出轴线对称、秩序严谨、壮阔舒展的景观空间效果，是难得的早期古典主义园林精品（图 6-17、图 6-18）。

6.2.2　早期古典主义建筑典例

（1）沃士仕广场（Place des Vosges.1604—1612）

17世纪初，王权不断加强，法国国王迫切需要自己的纪念性艺术形象，因此形成了古典主义艺术潮流。在建筑创作中，颂扬王权与至高无上的君主是突出的主题，甚至连城市建设与广场也不例外。巴黎沃士仕广场（原名君主广场）是17世纪初最早按定型设计完整建造的广场，它的建造是欧洲第一个皇家城市规划项目实施的重要组成部分。

广场是封闭的标准正方形，边长139米，广场中央曾塑路易十三的骑马塑像，点明了纪念性主题，整个广场形体明确，秩序井然。法国大革命时期塑像被拆毁。四面的房屋底层设商店，前面有通长的券廊以利招徕。上面两层和阁楼是住宅，共39幢，国王亨利四世曾在这里居住。房屋采用红砖建造，用白色石块做线脚、壁柱、窗框等，风格质朴明快。广场的荷兰式建筑风格较为平易亲切，纪念性较弱（图6-19～图6-21）。

（2）卢森堡宫（Palais du Luxembourg，Paris. 1615—1624）

17世纪前期，意大利文艺复兴严谨的柱式构图、轴线构图塑造了建筑刚强、雄伟、庄严、肃穆的形象，受到了法国王室的普遍认同和推崇，在宫廷建筑中被广泛接受。巴黎的卢森堡宫即是以意大利佛罗伦萨皮提宫为原型修建的早期古典主义名作。

卢森堡宫是路易十三的母亲玛丽·美狄奇的行宫，为了模仿故乡皮提宫的威严风格，美狄奇甚至派建筑师到佛罗伦萨皮提宫临摹建筑图案。卢森堡宫建筑群采用了严整的中轴对称式合院布局，空间秩序威严。建筑形体以柱式构图为主，立面柱式划分严谨对位，屋顶部分极为节制，采用了简洁的两坡顶。立面大致分五段，两翼略前突，烘托了中央部分的主导统率地位，空间构图结构较为明晰，是古典主义五段式构图的早期经典作品。卢森堡宫威严、庄重，现为法国议会的参议院，仍保持不衰的生命活力（图6-22～图6-24）。

（3）麦松府邸（Château de Maisons，　Maisons. 1642—1650）

17世纪中叶，法国普遍形成了古典主义的文化艺术潮流，人们注重艺术品的明晰性、精确性和逻辑性，以求"尊贵"和"雅洁"。建筑师弗·孟莎（Francois Mansart，俗称老孟莎）设计的麦松府邸是古典主义早期的建筑精品。

府邸位于巴黎西北郊区的塞纳河和圣日尔曼森林之间的平地上，建筑采用轴线对称的U字形布局，两侧翼前突，围合成入口的贵宾庭院，中间的主体部分略高出两侧翼，是府邸建筑的统率和主导。在府邸后部，延续主体建筑轴线，对称地布置了几何式花园。花园和主体建筑的主次关系明朗清晰，预示古典主义园林即将登上历史舞台。

图 6-19　沃士仕广场环境鸟瞰图

图 6-20　沃士仕广场空间意境图

图 6-21　沃士仕广场一角

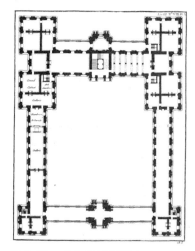

图 6-22　卢森堡宫平面图

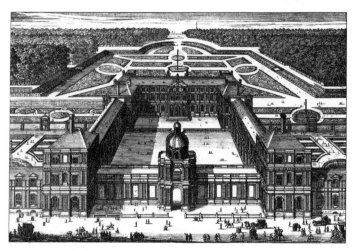

图 6-23　卢森堡宫鸟瞰

图 6-24　卢森堡宫立面

图 6-25　麦松府邸全景

　　建筑采用了严谨的意大利叠柱式，连续的线脚与屋檐将建筑立面上下分成三部分，强调了水平式划分。主体部分和侧翼部分略向前突出，并用柱式构图强调了三部分的重要性，将立面竖向分成五部分，为突出中央部分的绝对统率地位，中央部分的大山花突出屋顶，高出两侧翼部分，并在中央部分屋顶上部设置采光亭。柱式构图主导着府邸的立面造型，结构清晰，脉络严谨。古典主义五段式构图的中央部分的主导地位进一步得到强化，五段式构图更为严谨有序，更为成熟（图 6-25）。

6.2.3　盛期古典主义建筑典例

　　（1）卢浮宫的扩建与东立面设计（East façade of the Palais du Louvre，Paris. 1667—1670）

　　17 世纪下半叶，法国在路易十四的统治下国力强盛，国王的绝对君权也达到顶峰。古典主义建筑与园林艺术日臻成熟，迎来了极盛时期。卢浮宫即是古典主义盛期的经典代表作品之一。

卢浮宫是法国最著名、历史最悠久的王宫，其有记载的历史可追溯至中世纪。早在 12 世纪，为保卫塞纳河北岸的巴黎免受蛮族的侵扰，奥古斯特二世修建了包裹巴黎的城墙体系和防卫堡垒，堡垒即是卢浮宫的雏形。13—14 世纪，堡垒成为了法国王室的居住地。英法百年战争期间，堡垒曾遭受毁损。16 世纪弗朗索瓦一世按文艺复兴柱式风格开始重建卢浮宫，后续的继任者不断着手增建，到 17 世纪中叶，卢浮宫被建成了古典主义早期风格的正方形庭院，庭院边长约 120 米，规模宏大，气势庄重。17 世纪下半叶，法国古典主义文化达到极盛，卢浮宫的风格显得有些过时和落伍。为顺应时代文化与政治需求，突出皇家宫廷的无上尊崇，路易十四亲自主持了卢浮宫的改建，开始对卢浮宫进行立面更新改造，改造的重点集中在东立面（图 6-26）。

卢浮宫东立面是面向城市的主要立面，对面是一所重要的皇家教堂，地位极为重要。东立面全长约 172 米，高 28 米，尺度超大，设计极为困难。东立面的改造很受重视，宫廷曾主持进行了多轮方案论证，甚至以高规格的礼仪邀请了意大利红极一时的巴洛克大师伯尼尼到巴黎主持。伯尼尼的巴洛克式方案过于喧嚣，与法国政治和艺术需求不符，最终批准了由弗·勒伏（Francois le Vau）、勒·布仑（Charles le Brun）和克·彼洛（Claude Perrault）设计的方案（图 6-27）。

三位建筑师的新方案按完整的柱式比例将立面上下分成三部分，底层是基座，高 9.9 米，中段是两层高的巨柱，高 13.3 米，再上面是檐部和女儿墙，主体是双柱形成的空柱廊。立面上下三部分的比例为 2∶3∶1，立面比例结构洗练明晰、简洁庄重、层次丰富。中央和两端各有凸出，将立面左右分为五段。两端的突出部分用壁柱装饰，而中央部分用倚柱，并用山花强调轴线，突出了中央部分的主导地位。横向展开的立面起止明朗、主从分明，构图极为统一。

同时，卢浮宫东立面各部分之间的比例关系十分合理，建筑师运用简洁的几何结构将各部分比例严谨地组合在一起，形成了尺度宏大而结构紧凑、层次丰富的完整构图。如中央部分宽 28 米，高 28 米，是正方形；两端的突出体宽 24 米，柱廊宽 48 米，二者比例为 2∶1；双柱廊间的中线距 6.69 米，柱廊高 13.3 米，二者比例为 2∶1；柱廊的高度与总高度的比例亦接近 2∶1。这些严谨的构图比例组合成了层次丰富的空间，卢浮宫东立面极为简洁有力，结构谨严、逻辑明晰、层次丰富，如一首壮丽华美的交响曲，将古典主义构图提升到极致。古典主义的构图规律因卢浮宫等著名建筑的成功应用而被建筑界广泛认可，对后世建筑创作，尤其是大尺度公共纪念性建筑创作产生了深远的影响（图 6-28）。

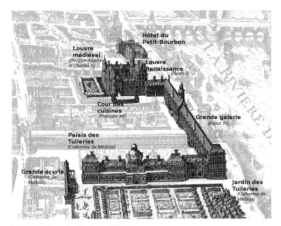

图 6-26　卢浮宫鸟瞰图

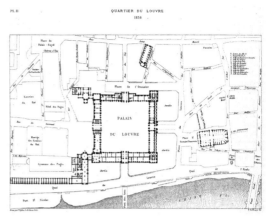

图 6-27　卢浮宫平面图

图 6-28　卢浮宫东立面全景

（2）沃-勒-维贡府邸与园林（Château de Vaux-le-Vicomte. 1657—1661）

位于巴黎南 50 千米的沃 - 勒 - 维贡府邸与园林是法国古典主义园林第一个成熟的建筑艺术名作，其建筑与园林的空间组合和划分模式深深影响了法国乃至世界造园艺术。

沃 - 勒 - 维贡府邸建筑与园林是法国财政大臣福凯的私人宅业，占地 70公顷，府邸建筑由御用建筑师勒沃（Louis Le Vaux）设计建造，室内设计和雕塑由画家勒·布仑担纲，园林由古典主义造园大师勒诺特尔（Andre le Notre）主持。府邸建筑威严壮观、富丽堂皇，花园尺度广袤、景观丰富，是前所未有的创新之作（图 6-29）。

沃 - 勒 - 维贡府邸坐落在由壕沟环绕的方形平台上，前后均通过精心设计的小桥与外部相连。府邸以椭圆形的大客厅为中心，轴线对称式布局。客厅体量巨大，有力强调了中轴线的主导统率作用。府邸建筑采用古典主义柱式构图，比例严谨，主从有次，气魄庄重威严，是整个环境的绝对主角。府邸的轴线延长成为花园的轴线，花园在府邸的统率之下优雅展开，府邸与园林关系井然有序、明朗清晰（图 6-30、图 6-31）。

府邸的花园是几何式的，分为前后两部分，均以府邸轴线为统率。前部为入口庭院式花园，位于主体建筑北侧，两侧是附属建筑围合而成的院落，居中是几何式花坛，顺应轴线简单地对称式分布，十分素朴。从前院椭圆形的小入口广场放射出几条林荫大道，通向喧嚣的城区。入口花园成为由城市景观区向自然景观区的过渡。

府邸建筑后部的花园是整个园林主体精华所在。主花园位于建筑的南侧，阳光明媚、灿烂。花园核心区平坦宽阔，轴线笔直，长达 1 千米，两侧顺向布置的矩形花坛宽 200 米。为加强主轴线的景观统率作用，沿轴线布置了喷泉、水池、运河等意趣各异的水景，并巧妙组合水景，形成不同变化的多重景观横轴，突显了中轴景观区的节奏序列。同时，沿轴线还精心配置了修剪整齐的各式花坛、雕塑等景观要素，进一步丰富了整个园林的景观空间趣味。由近及远，花坛的人工化痕迹渐少，趋向自然，进而与外围的自然林园融合（图 6-32、图 6-33）。

外围的林园与人工化的核心区景观对比统一，颇有雅趣。在空间布局上，林园延续了核心区的轴线对称布局，放射式的园路与纵横的园路交织在一起，将广袤的林园划分成不同的几何形绿化板块，与核心区花园的几何式划分协调呼应。林园高大苍翠，既衬托了核心区花园的精致，构成花园的背景，又是对人工花园的补充，提供了宜人的漫步空间。

沃 - 勒 - 维贡府邸园林是难得的古典主义园林精品，奠定了法国古典主义园林的历史地位，其空间布局模式和独创的景观空间组织艺术手法，对后世造园艺术产生了深远的影响（图 6-34）。

（3）凡尔赛宫苑（Palais de Versailles.1678—1688）

凡尔赛宫苑是法国古典主义建筑极盛时期的伟大纪念碑。它不仅是君主的宫殿，更是国家的政治生活重心，是法国绝对君权的空间象征。

凡尔赛在巴黎西南 23 千米处，中世纪时曾是荒芜的乡村，无景、无水、无树，尘土飞扬，只有遍布的沼泽地，成为野生动物的天堂，适宜打猎。1575年，一个名为阿尔伯特·贡狄的自由艺术家买下了凡尔赛作为私人庄园。路易十三曾数次应邀来此狩猎，逐渐喜爱上了这个地方。1624 年，路易十三在此修建了临时行辕。1631 年国王从贡狄家族获得凡尔赛所有权，开始将其扩建为三合院式的府邸，并请造园家布阿伊索设计了府邸后部的小园林。1661 年路易十四下令以路易十三府邸为中心，扩建凡尔赛宫，并请勒诺特尔重新规划设计园林，布局格式参照沃 - 勒 - 维贡府邸，但规模和尺度更大，超越了欧洲当时所有的宫殿园林（图 6-35）。

图 6-29 沃 - 勒 - 维贡府邸园林鸟瞰

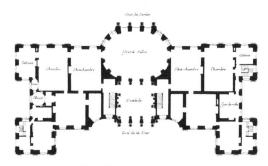

图 6-30 沃 - 勒 - 维贡府邸平面图

图 6-31 沃 - 勒 - 维贡府邸立面

图 6-32 沃 - 勒 - 维贡府邸园林近景

图 6-33 沃 - 勒 - 维贡府邸园林轴线

图 6-34 沃 - 勒 - 维贡府邸全景

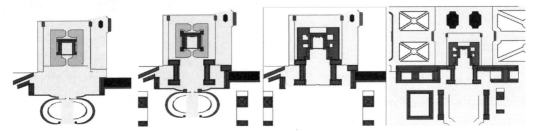

图 6-35 凡尔赛宫建筑群规模变迁示意图

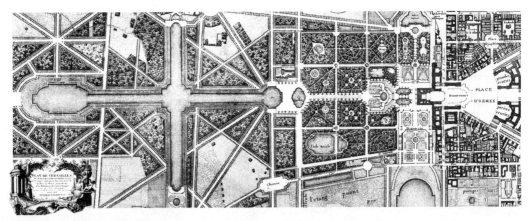

图 6-36 凡尔赛宫苑总平面图

图 6-37 凡尔赛宫入口鸟瞰

图 6-38 凡尔赛宫"镜廊"大厅

图 6-39　凡尔赛宫建筑全景

　　凡尔赛宫苑规模巨大。宫苑规划面积为 1 600 公顷，其中仅花园部分就有 100 公顷。如果计算外围大林园，则占地面积达到了 6 000 多公顷。宫苑东西向主轴长 3 千米，如果包括伸向外围及城市的轴线，则有 14 千米之长，规模之巨，世所罕见。

　　宫殿坐东朝西，将整个庞大的建筑群基址分成东西两大部分，东部为城市景观区，西部为园林景观区，宫殿建筑位处中间，是整个宫苑建筑群的构图中枢。宫殿建筑采用了轴线对称式布局，其中轴向东西两边延伸，形成了贯穿统领全局的轴线。

　　入口庭院位于宫殿建筑的东面，由三面建筑围合形成名为"皇家庭院"的前庭院，正中立有路易十四的骑马雕像。庭院的东入口处有军队广场，从中放射出三条林荫道，笔直的林荫道穿越城镇，越过远山，通向巴黎城区（图 6-36、图 6-37）。

　　宫殿建筑历经数次增建，形成了规模庞大的综合建筑，总长度达 580 米，极为宏大壮丽，与花园的巨大尺度较为匹配。宫殿由中央部分、南翼、北翼三大部分构成，宫殿的中央部分供国王使用，其二楼居中位置是国王的起居室，由此可眺望穿越城市的林荫道，起居室的西部原设计为观景阳台，后改扩为 19 开间，长 76 米、宽 9.7 米、高 13.1 米的"镜廊"大厅。"镜廊"大厅主要用来接待外国使臣与举行重大仪式，是凡尔赛最主要的大厅，由此向西眺望园林中轴景区，视线深远，视线可达 8 千米之外，直达天边，气势极为恢宏壮观，令人叹为观止。宫殿南北两翼分别供王子和贵族官吏使用，比中央部分退后了 90 米，看不到花园的全景，视野稍逊色。宫殿虽为长时期多次增修续建而成，但整体上主次有别，逻辑明晰洗练，比较完整统一，成为欧洲最辉煌、最宏伟的宫殿，为欧洲各国君主和贵族争相模仿（图 6-38、图 6-39）。

　　宫殿西部的园林景观区的修建历时 26 年，法国当时最杰出的建筑师、雕刻家、造园家、画家和水利工程师都应诏参与了该工程，路易十四本人屡次亲临现场，督导园林的设计施工，边建边改，精益求精。园林景观区范围巨大，但主题突出，结构明晰，逻辑洗练，层次丰富，如气势磅礴的交响曲，精彩演绎了法国古典主义造园艺术的成就。

园林核心中轴景观区纪念性艺术主题极为新颖。园林区规模尺度超出日常园林的数十倍，所以必须要有强有力的轴线主导、统领，常规的喷泉、水池等轴线处理手法均显得平淡无奇，难堪大任。如何营造壮观有力的中轴线景观是造园师要面对的巨大挑战。路易十四雄才大略，将法国国力推向了鼎盛，他自命不凡，自认为是太阳神阿波罗的化身，并常以"太阳王"自居。为突显颂扬君主的纪念性主题，造园大师勒诺特以太阳神驾车巡天的故事作为凡尔赛园林中轴景观区的艺术主题，在中轴的关键节点布置了阿波罗有关的主题雕塑，如在中轴景观空间的第一个大转换节点布置了阿波罗的母亲拉东娜与幼年阿波罗像，在第二个大转换节点布置了阿波罗驾车巡天的雕塑，并在雕像后布置了长1 650米、宽65米的"大运河"，象征阿波罗夜晚归宿的"大海"。阿波罗神话故事的节奏被造园师巧妙地转化为园林中轴景观区的空间节奏，把中轴景观区宏大纪念性叙事功能演绎得淋漓尽致（图6-40、图6-41）。

凡尔赛园林中轴景观区长3千米，贯穿全园，极为壮观，将巨大的园区有力地统领了起来；造园师根据观赏视线条件，顺依中轴，布置了横向景观轴线，将整个园区分为三段，即坛园、林园、大林园三个特征分明的景观区段，三部分的长度比例近似于1∶4∶16的等比数列，节奏极为紧凑欢快。园林师精心设置了三个景观区段之间的节点景观，使三个区段之间过渡极为自然。同时，造园师用多个纵横景观次轴，对三个景观区段进一步精细组织，划分了细部景观。凡尔赛100公顷的巨大园林，轴线纵横，路网交织，景观空间主次分明，纲目清晰，节奏紧凑，没有大尺度园林常见的松散感，是景观空间设计的大手笔，是大尺度纪念性景观空间设计典范（图6-42～图6-45）。

凡尔赛园林景观层次极为丰富，能同时容纳7 000人进行游园活动。游览凡尔赛宫苑的人们，无不对之大为赞叹。1668年，艺术大家拉封丹、莫里哀、拉辛等一起游览之后激动地写道："这座美丽的花园和这座美丽的宫殿是国家的光荣。"

（4）恩瓦立德新教堂（Les Invalides，Paris. 1670—1708）

恩瓦立德新教堂，又名荣军院新教堂，由建筑师于·阿·孟莎（Jules Hardouin-Mansart，俗称小孟莎）设计，是第一个完整的古典主义教堂建筑。

为纪念和颂扬为法国君主而流血和牺牲的军人，也为这些年老的和伤残的军人提供康复疗养设施和必要的帮助，1670年9月路易十四下令修建荣军院建筑群，并任命富有声望的利贝拉尔·布鲁昂（Libéral Bruant）主持。荣军院

图 6-40 凡尔赛宫苑轴线主题雕塑拉东娜与幼年阿波罗

图 6-41 凡尔赛宫苑轴线主题雕塑驾车的阿波罗

图 6-42 凡尔赛宫苑皇家林荫道

图 6-43 凡尔赛宫苑大特里亚农宫鸟瞰

图 6-44 凡尔赛宫苑瑞士湖景观

图 6-45 凡尔赛宫苑全景鸟瞰

建筑群选址在塞纳河左岸，环境自然秀美，建筑群采用院落式轴线对称布局，共由 15 个院落组成，总长 488 米，宽 244 米。为增强建筑群的壮观气势，建筑师顺依建筑群的中轴，在塞纳河与荣军院之间设计建造了古典主义风格的开放式公共园林，气势宏大。后又应退伍军人的要求，在建筑群中轴线的后部位置设计建造了巴西利卡式的礼拜教堂，即名为"圣路易"的荣军院老教堂，教堂高二层，高度与四周的院落近似。在路易十四的监督下，工程进展顺利，1678 年荣军院建筑群即告竣工。

1676 年，工程即将完工，路易十四感觉建筑群大而散漫，又委托继任的

图 6-46　恩瓦立德新教堂建筑群鸟瞰

图 6-47　恩瓦立德新教堂鸟瞰

图 6-48　恩瓦立德新教堂远景

图 6-49　恩瓦立德新教堂立面

建筑师小孟莎在荣军院建筑群后部为王室设计独立的皇家纪念礼拜堂，即恩瓦立德新教堂，以供奉帝王陵寝。

新教堂基址位于建筑群的后部，朝向塞纳河的良好自然景观视野被已完工的荣军院建筑群遮挡，基址四周是城市住宅，景观极为杂乱，用地也极为局促。在诸多不利的条件下设计具有极高政治纪念意义的皇家礼拜堂是一个巨大的挑战（图6-46）。

小孟莎将新礼拜堂建在荣军院建筑群轴线的后部，受罗马"圣彼得"大教堂的启发，采用正方形的希腊十字式平面和集中体形，有力延续了原建筑群，并果敢地将新建的纪念教堂背向荣军院建筑群，只在后部与旧有的巴西利卡式教堂圣坛相连接，巧妙地将轴线对称、规模庞大的荣军院院落式建筑群转变为新教堂的宏大背景，如众星拱月，有力地烘托了皇家教堂的威严气势。同时建筑师在新教堂前设计了壮观的前广场与笔直的林荫道，广场延续了新教堂轴线，两旁的花坛对称布置，进一步突出了新教堂的统率和主导地位（图6-47、图6-48）。

新教堂采用严谨的柱式构图，但强调垂直方向的升腾动势，整个建筑鼓座高举，穹顶饱满高耸，极为稳定庄严，脉络洗练，逻辑明晰，将古典主义建筑语言运用得雅洁纯粹，体现了古典主义建筑的理性美，成为欧洲大型纪念性建筑的典范。新教堂全高达到102米，是塞纳河左岸城区的视觉构图中心和心理认知中心（图6-49）。

（5）旺多姆广场（Place Vendôme，Paris. 1699—1701）

17世纪末，规模庞大的凡尔赛宫苑的工程结束后，巴黎城市建设逐渐恢复，建造了许多城市广场。在古典主义园林设计中成熟应用的轴线构图等优秀空间手法广泛使用在广场设计中，推动了广场设计的进步，广场的形状变化丰富，空间组织严谨，美化了巴黎城市空间，促进了城市商业的繁荣。小孟莎设计的旺多姆广场是古典主义时期城市广场的典型代表。

旺多姆广场，原名大路易广场，为纪念路易十四和其军队的荣耀战功而修建。广场平面为方形，四角微微抹去，形状略有变化，更为生动活泼。广场长141米，宽126米，形制上基本延续了17世纪初城市广场的基本做法。广场是封闭的，四面由建筑围合，建筑通常三层，上两层是住宅，底层设带券廊的商业店铺。广场建筑的立面采用古典主义的柱式构图，底层采用厚重的块石砌筑，形成柱式的基座层，上两层用通高的壁柱装饰墙面，檐口采用柱式线脚，强调水平划分。屋顶是简洁的两坡顶，屋顶上的老虎窗也较为节制。

建筑师还巧妙地利用了轴线构图技巧，表达颂扬君主的艺术主题。广场的短边正对一条短街，建筑师将短街延续贯穿广场，形成广场的纵轴线，同时在广场长边的檐口正中部位修建庄严对称的山花，标定了广场的横轴线。在纵横

图 6-50　旺多姆广场原貌图

图 6-51　旺多姆广场鸟瞰

图 6-52　苏俾士府邸外观

图 6-53　苏俾士府邸室内

轴线相交处，立有路易十四的骑马铜像，点明了广场的纪念主题。轴线空间构图和柱式建筑构图的精彩组合，使旺多姆广场威严、庄重。灵活的空间形态处理增添了广场空间轮廓的起伏变化和灵动的生活气息（图 6-50）。

旺多姆广场主从有序，秩序谨严而活泼，是法国古典主义城市广场的精品。19 世纪初，广场上的骑马铜像被拿破仑纪功柱代替，纪功柱高 43.5 米，成为广场的垂直构图中心（图 6-51）。

6.2.4　君权衰退与洛可可时期建筑典例

（1）巴黎苏俾士府邸的客厅（Hôtel de Soubise，Paris. 1705—1709）

18 世纪初法国文化与艺术领域形成的洛可可风格一改古典主义的冰冷威严，极为娇媚温雅，将艺术关注的重点转向自然化和生活化，营造了亲切宜人、富有生活气息的空间环境。洛可可风格主要表现在室内空间装饰上，由建筑师勃夫航（Germain Boffrand）设计的巴黎苏俾士府邸客厅是洛可可经典名作（图 6-52）。

巴黎苏俾士府邸是贵族的私人府邸，室内追求优雅、别致、轻松的格调，府邸的装饰集中反映了洛可可室内装饰的基本特点。特点一，排斥逻辑谨严、庄重严肃的建筑母题。特点二，热爱草叶、蚌壳、蔷薇、棕榈等自然主义的装饰题材。特点三，喜欢嫩绿、粉、红金色等娇艳的颜色。特点四，迷恋摇曳迷离的光影与闪烁的光泽。特点五，欣赏多变的曲线。

苏俾士府邸室内装饰自然活泼，轻松亲切，更宜日常起居，反映了贵族优雅的生活情趣，对后世居住建筑的室内设计产生了深远的影响（图6-53）。

（2）南锡广场建筑群（Place Louis XV, Nancy. 1750—1755）

洛可可风格自然化、轻松化的倾向不仅对室内设计产生了深远的影响，也促进了城市广场的风格转变。18世纪上半叶，法国的城市广场注重和外部自然景观要素呼应，趋向自然活泼，广场的设计手法也逐渐丰富。洛林首府南锡的广场建筑群是洛可可时期法国广场设计的经典名作。

南锡原是中世纪法国东北部的军事要塞，16—17世纪，因与王室联姻，获得了较多的发展机遇和空间。16世纪末，城市拓展，在中世纪旧城堡的南侧建设了文艺复兴风格的新城。新城的城墙防卫体系延续了中世纪城堡的做法与风格，城墙、棱堡、壕沟完备，新、旧城之间用城墙隔开。1750年，斯坦尼拉斯下令拆除了新旧城之间的城墙，并在新旧城之间规划设计了新广场建筑群作为城市中心。

南锡市中心广场建筑群是一个复合型广场，由王室广场、跑马广场和新建的路易十五广场三个部分组成。整个广场建筑群南北总长450米，建筑物按轴线对称布置。

三个广场形态各异，特色鲜明。王室广场和跑马广场在旧城，路易十五广场在新城。最北端的是椭圆形的王室广场，由两个半圆形的券廊和北面的公爵府建筑围合而成。王室广场的南端是狭长的矩形跑马广场，跑马广场两边由长排的树木和房屋限定，南端立着凯旋门作为边界。穿过凯旋门，跨河而建的狭长堤坝即是宽阔壮丽的路易十五广场，广场长124米、宽106米，广场南面是庄严端庄的市政厅，东西两面是风格近似的歌剧院、博物馆等公共建筑物，市政厅长98米，几乎占据了广场的整个南部边界，有一条东西向的大街横穿过广场，形成了广场的横轴线，纵横轴线的交点立着路易十五的雕像，点明了广场的纪念性主题（图6-54、图6-55）。

三个广场相互联系，变化丰富，空间构图完整统一。王室广场和跑马广场之间用喷泉分隔，空间隔而不断，转换自然。跑马广场与路易十五广场之间则用一座凯旋门分隔，凯旋门高大庄重，成为跑马广场南端有力的限定要素，收束了狭长跑马广场的前行空间动势，提示将进入下一个更为隆重的纪念性广场

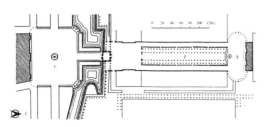

图 6-54 南锡广场群总平面图

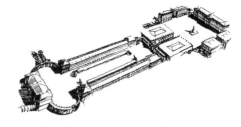

图 6-55 南锡广场群空间序列示意图

图 6-56 南锡广场群序列节点·凯旋门

图 6-57 南锡广场群序列节点·路易十五广场

图 6-58 南锡广场群序列节点·市政厅

图 6-59 南锡广场群全景

空间。过了凯旋门之后，再经过一段狭窄的堤坝空间，迎面而来的是宽广壮阔的路易十五广场，雕像巍然，建筑端庄，令人景仰。广场的空间形体多样，方圆对比、大小对比、开阖对比、收放对比等极为丰富。整个广场群统率在一个完整的轴线下，轴线两端的大厦庄重沉稳，同时广场建筑都采用了严谨的柱式构图，风格近似，完整统一（图6-56~图6-59）。

整个广场建筑群是半封闭的，与自然风景融合。王室广场的券廊是开敞的，透过券廊可看见附近的大片绿地。路易十五广场的横轴一直通向生机盎然的自然田园，并且四个角也是敞开的，北面两角紧靠护城河，只用喷泉略加限定，南面两角与城市街道相通，用工艺精美的栏杆和雕塑限定。整个广场壮丽的建筑景观和清新的自然景观交相辉映，增添了广场的生动和活泼。

南锡广场建筑群因丰富多变、和谐统一、清新自然的空间艺术而驰名世界。1983年南锡广场建筑群入选联合国世界文化遗产名录。

（3）协和广场（Place de la Concorde，Paris. 1753—1775）

18世纪中叶，法国城市陆续建造了一些洛可可风格的中心广场，以便美化城市。巴黎的协和广场既是该时期广场的典型代表，也是巴黎最大的中心广场。

协和广场原名路易十五广场，基址东邻皇家丢勒里花园，西接巴黎城市主轴线——香榭丽舍大道，南面濒临塞纳河，四周绿地宽阔，绿荫萦绕，自然风景极为优美宜人。在如此优美而重要的区段上修建广场，法国政府极为慎重，委托法兰西建筑学院组织了两次设计竞赛，大多数的设计都是俗套的正几何形封闭广场，唯有建筑师雅·昂·迦贝里爱尔（Ange-Jacques Gabriel）提交了一个新颖的广场方案，令人耳目一新。

建筑师设计协和广场时，极为尊重路易十四时期形成的壮丽城市景观格局，采用了轴线对称式的布局模式。路易十四时代，景观大师勒诺特尔将丢勒里花园轴线向西延伸，形成了宏阔壮丽的城市中轴线——爱丽舍大道。巴黎人一直以爱丽舍大道为自豪，非常喜爱。雅·昂·迦贝里爱尔将整个广场纳入城市主轴线的统率之下，以城市轴线为广场的横轴线，将广场垂直于城市主轴线，与壮观的城市轴线形成纵横构图。广场的北部有一条路易十四规划的环城林荫大道与城市主轴垂直交会，林荫道宽36米，通向500米外的一座重要教堂，景观视野良好。建筑师将林荫道的轴线延续形成新广场的南北纵轴，在纵横轴线的交会处设立路易十五的高大骑马铜像，并在骑马铜像两旁对称布置了两座喷泉，加强了协和广场纵轴的艺术表现力。轴线对称布局的协和广场与原有的轴向式壮丽城市景观极为协调，成为城市景观主轴上的一个关键节点（图6-60、图6-61）。

协和广场平面为规整的矩形，南北长245米，东西宽175米，四角微微抹去。为了延续城市主轴壮丽的视觉景观，广场采用完全开敞的新围合模式。广场边界用一圈壕沟限定，壕沟宽24米，深4.5米，成为广场与塞纳河自然景

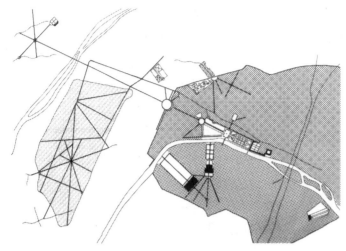

图 6-60 融入巴黎城市景观轴的协和广场示意图

图 6-61 壮丽的巴黎景观轴

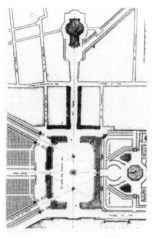

图 6-62 协和广场平面图

图 6-63 协和广场鸟瞰

图 6-64 协和广场远景

观之间的自然过渡。壕沟靠近广场的一侧建有 1.65 米高的栏杆，栏杆的八个角上各有一尊塑像，象征法国的八个主要城市（图 6-62、图 6-63）。

为了同城市街道联系，只在广场的北面，壕沟之外，顺延广场的纵轴线对称地建造了一对古典主义风格的建筑，高三层，各自长约 100 米，它们之间夹着一条笔直的王室林荫大道。广场的北面也没有被建筑物封闭，形成了半开放的城市界面。建造广场北面建筑物的时候，兼顾到路易十五铜像的观赏条件，控制了建筑物的高度，使远在广场南端的人看过去，铜像仍高于后面建筑物的女儿墙，以取得铜像在天空中自由驰骋的意象。1792 年，铜像被拆除，1836 年，在广场中心竖立了从埃及运来的方尖碑，连碑座高 22.8 米（图 6-64）。

6.3　法国古典主义建筑的理论成就

6.3.1　法国古典主义建筑理论的基本内容

16—17 世纪，欧洲自然科学取得了重大进展，推动了法国哲学的繁荣，形成以培根（Francis Bacon, 1561—1662）和霍布斯（Thomas Hobbes, 1588—1679）为代表的唯物主义经验论以及以笛卡尔（Rene Descartes, 1596—1650）为代表的唯理论。尤其是笛卡尔的唯理论，认为世界是客观的、可以认识的，强调理性结构、逻辑在认识世界中的重要作用，受到了广泛认可。当时的艺术和美学深受笛卡尔唯理论的影响，认为理性美结构明确、合乎逻辑，是艺术美的最高典范。艺术的任务就是制定一些牢靠的、系统的、能够理性确定的艺术规则和标准。

古典主义建筑也深受唯理论的影响，形成了系统的建筑理论。古典主义建筑基本的理论主张有三点：

①倡导理性，强调理性的普世意义，主张本真，反对表现感情和情绪，认为一个本真的建筑由于合于建筑物的类型义理而能取悦于所有眼睛，义理不沾民族的偏见、不沾艺术家的个人见解，是建筑艺术自身内在本质规律的体现，不容忍建筑师沉湎于个人的习惯趣味。总之，抛弃一切暧昧的东西，于条理整饬中见美，于布局中见方面，于结构中见坚固。

②致力于推求先验的、普遍的、永恒不变的、可以用语言说明白的建筑艺术规则，这种绝对的规则就是以纯粹的几何结构和数学关系为基础的比例。古典主义建筑家把比例尊为建筑造型中决定性的因素，认为建筑中的美和雅致决定于比例，而恒定不变的比例原则用数学来确定，美产生于度量和比例。

③崇奉古典的柱式构图，强调构图中的主从关系，并融合时代社会对秩序、理性的喜爱，借用轴线构图的长处，突出柱式构图的统率感、秩序性和纪念性，将柱式构图进一步提升完善，使之达到很高的艺术水准。

6.3.2　法国古典主义建筑理论的贡献与意义

法国古典主义建筑理论的主要贡献有三点：

①对美学的客观规律进行了深入理性的探讨，尤其是对比例的系统探讨，揭示了美学的内在机制，充实了建筑形式美学研究的理性内涵，提升了建筑美学研究的科学价值，促进了美学规律的普及推广。

②提出了真实性、逻辑性、易明性等系统的理性美学原则，增强了美学规律的可实践性，促进了建筑创作品质的提升。

③将理性美学规律积极应用于大型公共纪念性建筑、大型纪念性园林景观的创作实践，成功创造了一系列伟大的建筑、景观艺术名作，通过实践进一步促进了美学规律的理性深化。打破了建筑理论和实践的传统固有隔阂，开启了理论与创作实践互相融合、相互提升的建筑发展新道路。

古典主义建筑理论为建筑艺术发展构建了相对全面的理性框架，为建筑的高水平发展奠定了坚实的基础，即使在现代，仍有深远的影响。

本章知识点

1. 法国古典主义建筑的主要成就。
2. 法国古典主义建筑发展历程与特征。
3. 早期古典主义时期典型代表建筑作品。
4. 尚堡府邸的特色与创新之处。
5. 阿赛 - 勒 - 李杜府邸的特色成就。
6. 谢侬索府邸的特色成就。
7. 麦松府邸的特色成就。
8. 沃士仕广场的主要成就。
9. 盛期古典主义时期典型代表建筑作品。
10. 卢浮宫东立面设计的挑战和特色成就。
11. 沃 - 勒 - 维贡府邸的特色成就。
12. 凡尔赛宫苑建筑与园林的特色和成就。
13. 恩瓦立德新教堂设计的挑战和特色成就。
14. 旺多姆广场的特色成就。
15. 晚期古典主义与洛可可风格的典型代表作品。
16. 苏俾士府邸的特色成就。
17. 南锡广场建筑群的特色成就。
18. 巴黎协和广场设计的创新和特色成就。
19. 法国古典主义建筑理论基本内容与成就。
20. 法国古典主义建筑理论的意义和影响。

复古与创新的博弈——萌芽时期的现代建筑

7.1 现代建筑萌芽时期的时代特征与建筑成就

7.1.1 时代环境与人文特征

18世纪,产业革命掀起了一场全新的变革。伴随科学技术发明在工业生产中的广泛应用,产业革命的影响得到增强。19世纪中叶,产业革命影响扩展到重工业领域,对社会的影响更为全面、深刻,经济、社会、文化、艺术等都经历了巨大的革新和变化。整个社会正经历由传统迈向现代的转型,尤其是人们的生产、生活环境发生了颠覆性的变化。城市生产杂乱分布,城市人口急剧膨胀,传统城市受到了前所未有的冲击,城市变得拥挤、混乱,人们的生活也变得紧张而忙碌。摆脱杂乱、肮脏、效率低下的现实,寻求一种高效、有序的新生活,探索新的城市生活环境成为当时全社会的普遍期盼。"思变"成为18世纪下半叶至19世纪的共同特征(图7-1、图7-2)。

7.1.2 现代建筑萌芽时期主要建筑成就

产业革命为城市与建筑的发展带来了一系列新问题,如大城市布局混乱,效率低下且环境恶化,严重威胁到了经济社会的健康运营,城市普通阶层和底层阶层住宅匮乏,导致了贫民窟蔓延,为城市群体卫生安全埋下了巨大隐患。

产业革命也为新建筑的出现带来了巨大契机。产业革命带来的科学技术大发展,为建筑新发展提供了强大的支撑。产业革命带来社会经济运营模式和生

图7-1 工业时代伦敦混乱的城市布局

图7-2 伦敦脏乱的贫民窟

活方式的巨变，为新建筑的发展提供了巨大需求。面对各种激化的矛盾，人们重新审视建筑与城市的发展，开始寻求适应新型社会的新建筑，这促进了现代建筑的萌芽。

现代建筑萌芽时期的主要成就有三方面：

①促进了建筑发展方向的深刻思考，提出了工业化背景下建筑发展道路的问题，并多方向探求了新建筑的发展之路，延续古典传统和创新的努力并存，开启了建筑发展的新时代。

②探索了新的城市模式，推动了城市的现代化进程，对现代城市规划学科的发展进行了理性而前卫的思考和实践。

③积极利用先进的科学技术，在建筑结构、建筑形式、建筑类型、建筑材料等诸领域进行了许多突破性的尝试和实践，为现代建筑学科发展积累了极富价值的经验。

7.2 建筑创作中的复古思潮

建筑创作中的复古思潮是指 18 世纪 60 年代到 19 世纪末流行于欧美的古典复兴、浪漫主义与折中主义。

7.2.1 复古思潮动因与基本特征

（1）古典复兴的动因与基本特征

古典复兴是资本主义初期最先出现在文化上的一种思潮，在建筑史上特指 18 世纪 60 年代到 19 世纪末在欧美盛行的仿古典的建筑形式（图 7-3）。

图 7-3 复古倾向——建筑师的职业梦想

古典复兴的兴起，一方面与当时盛行的启蒙运动有关，另一方面与考古发掘进展密切相关。"启蒙运动"倡导人性论，颂扬"自由""平等""博爱"的核心价值，激起了人们对民主与共和的向往，唤起了对富有民主精神的古希腊、古罗马等古典文化的礼赞，为古典复兴思潮的兴起提供了坚实的社会基础；考古发掘，尤其是有关古希腊、古罗马遗址的考古取得了重大进展，大量的古典文明艺术珍品重现，促进了古典艺术研究的深入开展，拓宽了欧洲人的艺术视野，提升了人们的审美水准，推动了古典复兴的盛行。

古典复兴主要以模仿古典文明建筑样式为主，集中应用在为资产阶级政权和社会生活服务的国会、法院、银行、博物馆、剧院等公共建筑和纪念性建筑等类型上。

（2）浪漫主义的动因与基本特征

浪漫主义是指 18 世纪下半叶到 19 世纪上半叶活跃于欧洲文学艺术领域中的另一种主要思潮，在建筑上也有一定的反映。

浪漫主义的兴起，一方面与资产阶级革命后出现的乌托邦社会主义思潮有关，另一方面与国际竞争中突显大国文化优越感有关。大资产阶级窃取了革命的胜利果实，大力推行资本主义制度和大工业化生产，带来了许多尖锐矛盾。一些小资产阶级的学者提出了改良式的乌托邦社会主义，要求发扬个性自由，追求田园生活的情趣，崇尚中世纪的传统文化艺术，受到了大众的欢迎，为浪漫主义的兴盛提供了坚实的土壤。另外，在激烈的国际竞争中，大资产阶级认识到强化传统文化优越感、增强工业产品的文化竞争力的重要性，所以加强了对中世纪传统艺术文化的重视，为浪漫主义的兴起提供了强大的社会需求。

浪漫主义建筑以模仿中世纪的建筑样式为主，主要集中在教堂、学校、车站、小住宅等类型。

（3）折中主义的动因与基本特征

针对古典复兴与浪漫主义在建筑样式题材上的局限，19 世纪上半叶兴起了折中主义思潮，即任意选择和模仿历史上的各种风格，把它们组合成各种式样，故又被称为"集仿主义"。19 世纪至 20 世纪初，折中主义思潮在欧美广泛流行，盛极一时。

折中主义的流行，与资本主义生产的商品化密切相关。资本主义取得胜利后，商品化被推到极致，一切生产都已商品化，建筑也毫无例外地需要丰富多彩的式样来满足商品化的要求，各个历史时期的经典建筑语汇变成了可贩卖的商品符号。考古、出版事业大为发达，摄影的发明，进一步为人们任意模仿建筑风格带来了极大的便利，促进了折中主义的广泛盛行。

折中主义建筑没有固定风格，语言混杂，但注重比例，讲究形式美。

7.2.2 复古思潮的具体建筑表现

（1）古典复兴的具体建筑表现

古典复兴建筑在各国的表现不尽相同，大体上法国、美国以罗马式样为主，英国和德国则以希腊式样为主。

法国在18世纪末到19世纪初是欧洲资产阶级革命的据点，也是古典复兴的中心。早在大革命前，法国巴黎万神庙就已采用古典复兴样式。拿破仑帝国时代，法国更是崇尚古罗马帝国的辉煌，在巴黎建造了许多罗马复兴式的纪念性建筑，它们外观上追求雄伟、壮丽，内部则用巴洛克或洛可可式的装饰，被后人称为"帝国式风格"。比较知名的古典复兴建筑有星形广场上的凯旋门、马德莱娜教堂等（图7-4、图7-5）。

英国人民对希腊文化极为热爱，对希腊独立极为支持和同情，1816年英国展出了从希腊雅典收集的大批文物，掀起了希腊复兴的高潮，其古典复兴主要以希腊复兴式为主，爱丁堡中学、英国博物馆即是希腊复兴式的典型作品（图7-6、图7-7）。

德国的古典复兴也以希腊复兴式为主，柏林勃兰登堡门、宫廷剧院、老博物馆等均是希腊复兴式的杰作（图7-8～图7-10）。

美国独立以后，由于历史传统较少，只能用希腊、罗马的古典建筑去表现民主、自由、独立，古典复兴在美国盛极一时，尤其是宏伟壮丽的古罗马式样，很受欢迎，罗马复兴式成为了美国古典复兴的主要形式。美国国会大厦即是罗马复兴式的典型（图7-11）。希腊复兴式在美国也很流行，费城的宾夕法尼亚银行即是典型的希腊复兴式建筑。

（2）浪漫主义具体建筑表现

浪漫主义最早出现在18世纪下半叶的英国，经历了先浪漫主义时期和盛期浪漫主义时期。18世纪60年代到19世纪30年代为先浪漫主义时期，该阶段致力于逃避工业城市的喧嚣，追求中世纪田园生活的情趣。建筑上表现为模仿中世纪寨堡或哥特风格，典型的例子有克尔辛府邸和封蒂尔修道院（图7-12）。先浪漫主义还表现出了对异国情调的喜爱，模仿伊斯兰礼拜寺的布赖顿皇家别墅即是典型代表（图7-13）。

19世纪30年代到70年代为盛期浪漫主义时期。该时期对中世纪建筑文化研究比较深入，主张弘扬民族传统文化。建筑表现为对具有民族地域特征的哥特风格的模仿，故又称"哥特复兴"。英国国会大厦、曼彻斯特市政厅、伦敦圣吉尔斯教堂等建筑即是盛期浪漫主义的经典名作（图7-14～图7-16）。

图 7-4 巴黎星形广场凯旋门

图 7-5 法国马德莱娜教堂

图 7-6 英国爱丁堡中学

图 7-7 英国博物馆

图 7-8 柏林勃兰登堡门

图 7-9 德国宫廷剧院

图 7-10 德国老博物馆

图 7-11 美国国会大厦

图 7-12　封蒂尔修道院

图 7-13　布赖顿皇家别墅

图 7-14　英国国会大厦

图 7-15　曼彻斯特市政厅

图 7-16　伦敦圣吉尔斯教堂

（3）折中主义（集仿主义）具体建筑表现

折中主义建筑在欧美的影响极为深远，持续时间也较长，19世纪中叶以法国为代表，巴黎歌剧院、圣心教堂等是折中主义的经典作品（图7-17、图7-18），尤其是巴黎歌剧院，对欧洲各国的剧院建筑影响极大。19世纪末与20世纪初，折中主义在美国极为流行，1893年美国芝加哥博览会，是折中主义建筑的一次集中表现（图7-19）。

图7-17 巴黎歌剧院

图7-18 巴黎圣心教堂

图7-19 芝加哥博览会建筑群

7.3 建筑的新材料、新技术、新类型

资本主义极大地促进了工业化大生产，客观上促进了建筑科学的巨大进步。新材料、新结构技术、新设备、新的施工方法不断出现，为建筑发展提供了新的可能性。建筑的高度和跨度突破了传统技术的限制，建筑在平面与空间上更为自由，建筑形式也悄然发生了深刻的变化。

7.3.1 新建筑材料的尝试

（1）初期生铁结构

金属作为建筑材料，虽在古代已有尝试，但较少使用。伴随近代钢铁产业的发展，钢铁作为主要结构材料和建筑材料开始大量推广。1775 年，英国建筑师亚伯拉罕·达比（Abraham Darby）修建的塞文河铁桥是第一座全部用生铁材料建成的构筑物，桥的跨度达 100 英尺（1 英尺 = 0.304 8 米），高 40 英尺，开启了钢铁作为主要建筑材料的先河（图 7-20）。后来铁构件在民用和工业建筑上逐步得到推广，1786 年设计的巴黎法兰西剧院铁结构屋顶、1801 年设计的英国曼彻斯特索尔福德棉纺厂即是典型代表。

（2）铁和玻璃的配合

19 世纪，为了改善室内采光，铁和玻璃两种建筑材料被组合应用在建筑上，取得了良好的效果。巴黎老王宫的奥尔良廊最先采用了铁与玻璃配合建造透明屋顶。1833 年，巴黎植物园的温室第一个完全用铁架和玻璃建造（图 7-21、图 7-22）。这些突破性的技术尝试对新建筑的探索有很大的启示。

图 7-20 塞文河铁桥

图 7-21 巴黎老王宫的奥尔良廊

图 7-22 巴黎植物园的温室

图 7-23 家庭保险公司大厦

7.3.2 新建筑技术的尝试

（1）新结构技术——框架结构

伴随钢铁等新材料广泛作为结构材料应用于建筑上，人们也开始探索能充分发挥新材料力学性能的结构技术。现代框架结构技术是时代的新发明，最初在美国得到发展，其主要特点是生铁框架代替了承重墙。1854年纽约的哈珀兄弟大厦是初期生铁结构的典型案例。框架结构的优越性能使高层建筑的建造成为可能。1883年，芝加哥建造了家庭保险公司大厦，高10层，是第一个按照现代钢框架原理建造起来的高层建筑（图7-23）。遗憾的是在建筑外形上仍受古典建筑语言的约束，较为厚重，建筑形式与结构的矛盾逐渐突出。

（2）新设备技术——升降机与电梯

伴随工厂、高层建筑出现，垂直运输成为建筑内部交通的重大问题，升降机的发明成为必然。升降机最初用于工厂，后用于一般高层房屋。第一座安全的载客升降机是由美国纽约的奥蒂斯发明的蒸汽动力升降机。升降机技术逐渐传播到芝加哥等城市，不断改进发展。1887 年电梯被发明。升降机、电梯等新设备技术的出现为高层建筑的发展奠定了坚实的基础。

7.3.3　新建筑类型的尝试

随着社会的飞速发展，人们的生活方式日益多样复杂，尤其是 19 世纪后半叶，一些生产、生活的新建筑类型不断涌现，如图书馆、百货公司、市场、展览馆等，解决不断出现的新建筑类型的问题成为建筑界面临的重大问题。

（1）图书馆

第一座完整的图书馆建筑是法国建筑师拉布鲁斯特（Henri Labrouste）在 1843 年设计建造的巴黎圣吉内维夫图书馆，建筑师根据图书馆的功能需要，大胆采用新结构、新材料，将生铁结构、石结构、玻璃等有机组合在一起，既解决了采光问题，又保证了防火安全，其功能极为合理先进，被誉为是"知识的圣殿"和"思考的空间"。巴黎国立图书馆是拉布鲁斯特的第二个经典名作，手法近似，只是规模更大（图 7-24 ~ 图 7-27）。

图 7-24　巴黎圣吉内维夫图书馆外观

图 7-25　巴黎圣吉内维夫图书馆内部空间

图 7-26　巴黎国立图书馆鸟瞰

图 7-27　巴黎国立图书馆内部空间

（2）市场

生铁结构的出现和框架式结构技术的发明促使市场空间和形态发生了巨变。新的市场建筑采用跨度巨大的生铁框架结构建造，形成了集中的大厅式空间，促进了商业流通的规模和速度大幅提高，极大提升了商业效益。典型的新型市场有 1824 年的巴黎马德莱娜市场和 1835 年的伦敦亨格尔福特市场。

（3）百货商店

城市工业的集聚垄断发展，导致大量人口向城市迁移，城市人口激增，进而促使新型大规模商业建筑——百货商店的出现。百货商店最早出现在 19 世纪的美国，初期借用仓库建筑而成，外观沿用仓库建筑的简单形象。1845 年，纽约建造的华盛顿百货商店即是初期的典型。此后百货商店逐渐形成自己独特的类型风格，建筑采用了新的结构技术，体量规模巨大，外观大方。1876 年，美国费城建造的沃纳梅克商店、法国巴黎建造的廉价商场是新型百货商店的典型代表，其中巴黎廉价商场还是第一个以铁盒玻璃建造起来的自然采光的百货商店（图 7-28 ~ 图 7-30）。

（4）博览会与展览馆

近代工业发展与工业产品的竞争导致了博览会的兴起。博览会成为优秀产品展示的重要平台，也成为新建筑的试验田，博览会不仅为先锋的建筑提供了难得的实践机会，也促进了人们审美观的改变。1851 年英国伦敦博览会和 1889 年法国巴黎博览会因极其创新的展览馆建筑引起了世人的关注，成为博览会的经典案例。

1851 年伦敦博览会，展览馆名为"水晶宫"，是一个前所未有的巨型玻璃装配式建筑。建筑总长 1851 英尺，宽 408 英尺，共有五跨，结构以 8 英尺为基本单位。水晶宫外形为阶梯形的长方体，中央设一个垂直的拱顶。各面只有玻璃和铁架，没有任何多余的装饰，完全忠实于工业风格。水晶宫的出现开辟了建筑形式与装配技术的新纪元，是建筑工程的奇迹。其晶莹剔透、宽敞明亮的高大空间也震撼了世人，引起人们对空间的新思考。维多利亚女王亲临现场参观后，激动地称赞"水晶宫"是英国的光荣（图 7-31、图 7-32）。

1889 年巴黎博览会，埃菲尔铁塔和机械展览馆分别创造了人类建筑的新高度和新跨度，将博览会建筑的先锋探索作用推向历史的顶峰。埃菲尔塔高 328 米，内部设有四部水力升降机，展示了工业生产的威力。机械馆首次将三铰拱原理应用在大型展览建筑上，创造了 115 米的前所未有大跨度结构。展览馆总长 420 米，宽 115 米，主要结构由 20 个巨大的三铰拱构架组成，四壁与屋顶全为大片玻璃，结构逻辑极为清晰。机械展览馆于 1910 年被拆除，而埃菲尔铁塔被保留至今，成为巴黎的标志（图 7-33 ~ 图 7-35）。

图 7-28 沃纳梅克商店

图 7-29 巴黎廉价商场

图 7-30 巴黎廉价商场内部空间

图 7-31 1851 年伦敦博览会"水晶宫"外观

图 7-32 1851 年伦敦博览会"水晶宫"内部空间

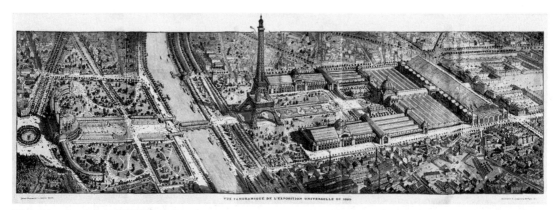

图 7-33　1889 年巴黎博览会全景

图 7-34　埃菲尔铁塔

图 7-35　机械展览馆

7.4　工业革命与城市转型探索

　　工业革命后，工业化生产使传统城市在经济结构、功能结构、空间结构、人口规模等方面发生了巨大变化。城市出现了前所未有的大片工业区、交通运输区、仓库码头区、工人居住区等新区。同时，由于土地私有，城市建设产生了很大的投机性和盲目性，城市建设忙乱无序。

　　伴随工业生产的飞速发展，城市规模急剧扩大，城市布局杂乱，绿化和公共设施不足，交通混乱拥堵，环境污染严重，恶性卫生事件频发，安全问题突出，城市日常运营矛盾变得日益尖锐，既不适合工人劳动生活，也限制了工业社会经济的正常运转，甚至威胁到资产阶级上层自身的健康安全。

　　面对问题缠身的城市，一些开明的资产阶级有识之士探索尝试了新型的城市模式，其中影响较大的有"巴黎改建""协和新村""田园城市""工业城市""带形城市"等。

7.4.1 "巴黎改建"

为了解决城市功能结构急剧变化而产生的种种尖锐矛盾，美化城市环境，提高城市效率，保障城市安全。1853 年，法国塞纳区行政长官奥斯曼开始改建巴黎，改建的重点集中在巴黎中心区（图 7-36 ~ 图 7-41）。

巴黎改建主要有三方面，即交通改造、城市风貌形象改造、城市基础设施改造。

①交通改造。为改善交通，巴黎实施了宏伟的干道规划，主干交通采用十字形加环路的模式，以香榭丽舍大道为东西主轴，同时拓宽城市主要道路。在奥斯曼执政的 17 年中，在市中心区开拓了 95 千米顺直宽阔的道路，在市区外围开拓了 70 千米道路。

②城市风貌形象改造。改造道路交通的同时，需要对城市风貌形象进行美化，一方面按古典式规则修建对称的中轴线道路和布置设有纪念性碑柱或塑像的装饰广场，丰富城市面貌。另一方面对道路宽度、两旁建筑物的高度与屋顶坡度都设置了一定的比例和规定。市中心的改建重点以卢浮宫至凯旋门为主，将道路、广场、绿地、水面、林荫带和大型纪念性建筑物组成了一个完整统一的整体，使其成为当时世界上最宏伟壮丽的市中心。

③城市基础设施改造。为了承载激增的城市人口，巴黎大力加强了基础设施改造，自来水干管、下水道、照明汽灯等纷纷增加，并开办了出租马车的城市公共交通事业。

图 7-36 巴黎改建时期地图

图 7-37 宏伟的香榭丽舍大道

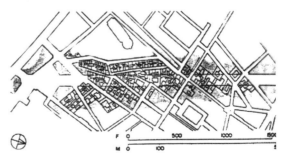

图 7-38 歌剧院片区城市道路拓宽改造示意图

图 7-40　歌剧院片区壮丽的城市风貌

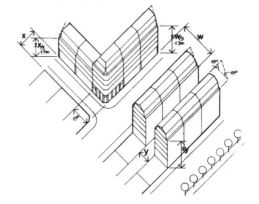

图 7-39　歌剧院片区鸟瞰

图 7-41　街道风貌改造细则示意图

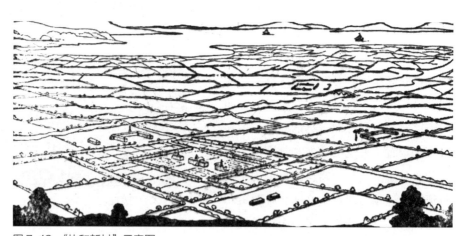

图 7-42　"协和新村"示意图

　　尽管巴黎改建未能解决工业化带来的全部城市问题，但巴黎改建美化了城市、促进了城市近代化，为巴黎日后的发展奠定了基本格局。

　　7.4.2　"协和新村"

　　19 世纪，针对资本主义城市的各种矛盾，空想社会主义者欧文（R.Owen，1771—1858）提出"协和新村"的新城市方案（图 7-42）。

"协和新村"是将城市作为一个完整的经济范畴和生产生活环境进行研究。城市由基本的公社组成，公社实行公有制，取消私有财产和特权利益。理想的公社规模居民人数为300~2 000人，耕地面积每人4 000平方米，主张采用长宽相近的长方形布局，村中央以四幢很长的居住房屋围成一个长方形大院，院内布置食堂、幼儿园、小学，大院空地种植树木供运动和散步之用。住宅每户不设食堂，而由公共食堂供应全村饮食。以篱笆环绕村的四周，村边有工场，村外有耕地和牧地，篱内栽种果树，村内生产和消费计划自给自足，村民共同劳动，共享劳动成果，财产共有。

欧文的"协和新村"最终以失败而告终，但其思想进步，对城市本质的探讨有重大的理论意义，对此后的"花园城市""卫星城市"等规划理论产生了深远的影响。

7.4.3 "花园城市"

工业城市的恶性膨胀导致城市布局杂乱、环境恶劣、效率低下，既不适合健康生活，也不适合高效率的工业化生产，甚至导致了瘟疫、暴乱等灾难的频发，严重威胁到了人类的安全生存。19世纪末，英国政府授权社会活动家霍华德（Ebenezer Howard, 1850—1928）进行城市问题调查，找寻整治城市顽疾的方案。

霍华德调查后发现资本主义城市问题的根源主要有两方面：城市的无限发展和私有化城市土地的投机。城市规模的无限扩张，导致了城市远离自然；私有的城市土地投机行为则导致了城市发展的失控与无序。霍华德认为应对城市规模进行限制，并疏散移植，提出了"城乡磁体"的城市概念，希望将城乡二者的优势结合起来，既兼具活跃、高效能的城市生活，又具有清净、美丽的乡村景色，并强调这种城乡结合体是人类新生活、新文化的希望。为进一步阐明意图，霍华德作了"明日的花园城市"图解方案（图7-43、图7-44），其基本要点如下：

①大城市工业、人口的疏散。将大城市的过度集聚人口迁移到新的"花园城市"，母城的人口以6万人为宜，子城的人口以3万人左右为宜。母城与子城之间以铁路联系。

②合理的城市规模，共生的城乡结构。理想的新花园城市人口规模以32 000人为宜，土地规模以2 400公顷较为宜，其中心部分的600公顷用于建设"花园城市"。如果城市为圆形，则自中心至周围的半径长度为1 140米。城市四周的土地为农业用地，有农田、菜园、牧场、森林以及疗养所等。

③科学的城市功能结构分区。城市由一系列同心圆组成，可分为市中心区、居住区、工业仓库地带以及铁路地带。中心区、居住区环境要求高，布置在城区内环，工业仓库区布置在城区外环，并设有铁路专线引入工业区。城区用6条各36米宽的放射大道从圆心放射出去，将城市划分为6等份。

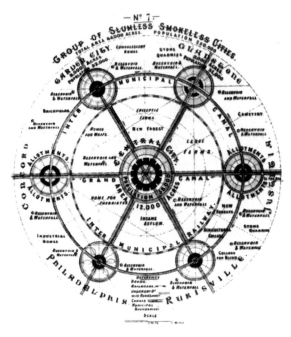

图 7-43 母城与卫星城结构示意图

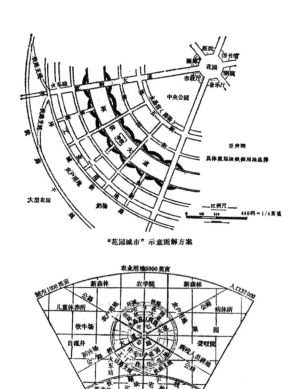

图 7-44 花园城市方案示意图

④美丽的城市风貌。市中心区为公共文教区，在中心布置一个占地 2.2 公顷的大型圆形中心花园，围绕花园四周布置大型公共建筑，如市政府、音乐厅、剧院、图书馆、博物馆、画廊以及医院等；其外绕有一圈占地 58 公顷的公园，公园四周又绕一圈宽阔的玻璃拱廊，向公园敞开，称之为"水晶宫"，作为商业、展览和冬季花园之用；居住区位于城市中部，有宽 130 米的环状大道从中通过，其中有宽阔的绿化地带，安排 6 块各为 1.6 公顷的学校用地，其余空地则作儿童游戏与教堂用。面向环状大道的低层住宅平面呈月牙形，使环状大道显得更为宽阔壮丽。

霍华德的花园城市理论，远比空想社会主义理论更深入、系统，对城乡关系、城市结构、城市环境、城市面貌都提出了独到深刻的见解，奠定了近代城市规划学科的基础，为现代英国卫星城镇提供了坚实的理论基础。

7.4.4 "工业城市"

在霍华德提出"花园城市"理论的同时，法国青年建筑师加尼埃（Tony Garnier，1869—1948）根据大工业发展的需要，提出了"工业城市"的规划方案。加尼埃分别从对工业发展至关重要的功能分区、交通运输、住宅组群等三方面进行了精辟的分析（图 7-45～图 7-48）。

①明确的功能分区。建筑师对"工业城市"的组成要素进行了明确的功能划分，将工业城市分为中央公共区、城市居住区、疗养医疗区、工业区等四大

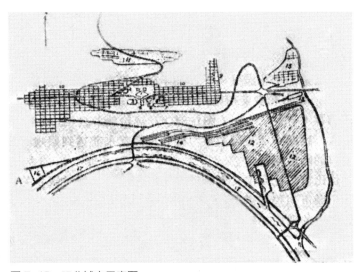

图 7-45 工业城市示意图

图 7-46 工业城市全景示意图

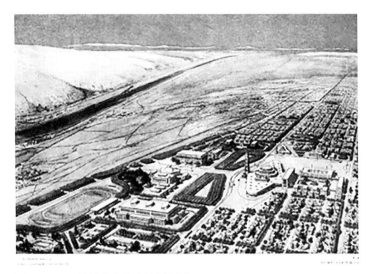

图 7-47 工业城市公共空间示意图

图 7-48　工业城市市政建筑示意图

功能区块。中央公共区位于市中心，有集会厅、博物馆、展览馆、图书馆、剧院等，以丰富提高城市的公共生活质量；城市居住区则紧邻公共区，是长条形的；疗养和医疗区位于城市北边的上坡向阳面；工业区则位于居住区的东南下风向。各功能区均用绿化带进行隔离。

②便捷的交通运输。城市交通极为先进，以火车交通为主，铁路干线通过一段地下铁道深入城市内部，火车站位于工业区附近。城市设快速干道和飞机场。

③和谐的邻里住区。住宅区采用和谐的邻里单位布局，"工业城市"住宅街坊宽 30 米、深 150 米，住宅为两层，配备相应的绿化，内设小学和服务设施，组成和谐的邻里单位。

加尼埃极有远见，除重视规划的灵活性，给城市各功能区留有发展余地外，还采用先进的钢筋混凝土结构完成市政和交通工程设计，形式新颖独特。

加尼埃对工业城市的理想规划方案极富创见，其现代城市组织运行的基本构成和技术原理，以及功能分区原则对后世影响深远，为新建筑技术、形式的创新探索指明了发展方向。

7.4.5　"带形城市"

19 世纪末，西班牙工程师索里亚（Arturo Soriay Mata，1844—1920）提出了"带形城市"理论。他认为向心式的城市发展形态将导致城市拥挤，卫生恶化，已经过时；城市应依赖交通运输线呈带状延伸式发展，这样城市既接近自然又交通便利（图 7-49）。

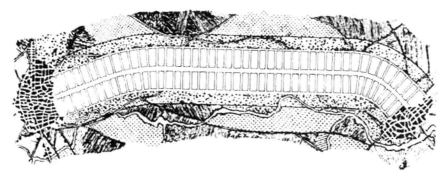

图 7-49　带形城市示意图

"带形城市"的基本理论要点：

①城市以道路为脊椎发展。城市宽度应得到限制，宽度以 500 米为宜，城市长度可以无限。

②城市工程管线沿道路脊椎布置。城市沿道路脊椎可布置一条或多条电气铁路运输线，可铺设供水、供电等各种地下管线。

"带形城市"理论对城市分散主义有较大影响，为日后带型工业城市理论的提出奠定了基础。

7.4.6　"方格形城市"

18、19 世纪，欧洲殖民者踏上北美大陆，建立了各种工业和城市。城市的开发和建设以投资盈利为目的，为方便出售和出租，获取高额的地租收益，人们不顾地形，对城市土地做了机械的方格形划分，街坊面积小，道路较长，以便增大出租面积，这就形成了美国"方格形城市"。纽约和旧金山是美式方格形城市的典型（图 7-50 ~ 图 7-51）。

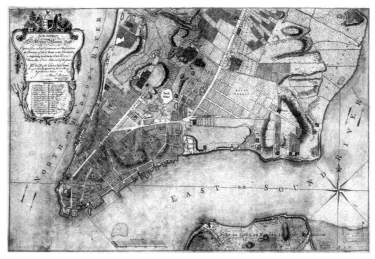

图 7-50　1776 年纽约方格形城市规划图

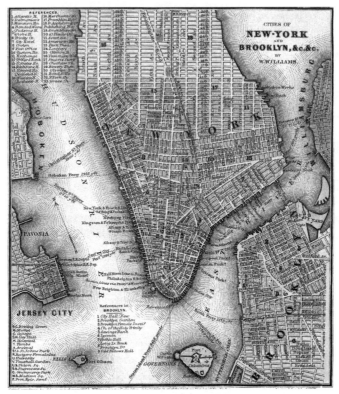

图 7-51　1847 年纽约方格形城市扩展示意图

　　这种粗鲁的方格形城市，是资本盈利的工具和空间图解，伴随资本主义的扩散被移植到世界各殖民地城市，导致了城市的畸形发展。

本章知识点

　　1. 现代建筑萌芽时期的主要成就。

　　2. 建筑创作中复古思潮的具体内容与成就。

　　3. 萌芽时期现代建筑的新材料、新技术进展。

　　4. 萌芽时期的现代建筑新类型及其典型代表。

　　5. 伦敦水晶宫的特色成就与意义。

　　6. 巴黎埃菲尔铁塔与机械展览馆的特色成就和意义。

　　7. "巴黎改建"的基本内容与成就。

　　8. "花园城市"理论的基本内容与成就。

　　9. "工业城市"理论的基本内容与成就。

　　10. "带形城市"的基本成就。

　　11. "方格形城市"理论的背景、基本内容与典型代表。

　　12. "协和新村"理想城市模型的价值与意义。

新生活的新追求——探索时期的现代建筑

8.1 现代建筑探索时期的时代特征与建筑成就

8.1.1 时代环境与人文特征

19 世纪下半叶到 21 世纪初，产业革命进一步深化，西方世界的社会经济由自由资本主义发展到垄断资本主义。在该时期，知识创新受到前所未有的重视，新技术被广泛应用于生产部门，促进了生产发展和技术进步，并催生了化学工业、电气工业等新兴部门。资本主义世界生产潜力再次被解放，工、农业产量不断增长，19 世纪末，资本主义工业产值比 30 年前增加了一倍，商品极为丰富，竞争激烈。"求新"成为西方发达社会的普遍特征，人们质疑传统秩序，探求变革。作为整个社会的一部分，建筑领域的变革亦蔚然兴起。

8.1.2 主要建筑成就

伴随社会垄断资本主义的形成，新材料、新结构发展迅猛，应用日益频繁，新功能、新技术与传统建筑形式之间的矛盾更为尖锐，新的社会生活对建筑提出了更高要求，探索新建筑的社会需求更为迫切。一些建筑师、艺术家积极投身到新建筑的活动中，推动建筑摆脱传统束缚，踏上现代化的道路。

该时期主要建筑成就集中在三方面：

①积极摆脱复古思潮传统建筑语汇的束缚，多角度创新建筑形式语汇。

②深入思考功能、空间等建筑的基本问题。探求建筑的新功能，探讨功能与形式的辩证关系，确定功能在现代建筑发展中的主导地位，积极尝试新的空间构图手法。

③大胆尝试新材料和新技术，探索新材料、技术的艺术造型潜力。

8.2 探索新建筑形式的变革与运动

8.2.1 探求新建筑的先驱者

早在 19 世纪 20 年代，欧洲一些建筑师就开始探求适应工业社会的新建筑形式。德国建筑师申克尔（Karl Fredrich Schinkel，1781—1841）、桑柏（Gottfried Semper，1803—1879）和法国建筑师拉布鲁斯特（Henri Labrouste，1801—1875）等思想前卫，在理论上和建筑创作实践上做了开拓式的探索，被后世尊称为探求新建筑的先驱者。

图 8-1　申克尔设计的柏林中心区古典复兴建筑群

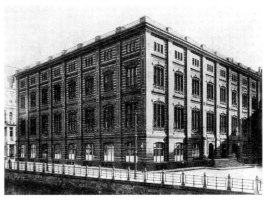

图 8-2　柏林图书馆

（1）申克尔

申克尔，德国著名建筑师、城市规划师，曾热心于古典复兴风格，但后来更积极思考新建筑的可能性，认为所有伟大时代都有自己的样式，应该寻找新时代的独特样式，提出了建筑艺术形式的时代性问题，并试图在创作中进行探索。他 1832 年设计的柏林图书馆，已远离他先前熟用的古典语汇，把柱式和檐口作了简化处理，窗子也加大了，这种大胆的尝试预示了建筑的新方向——20 世纪现代建筑的简洁式风格（图 8-1、图 8-2）。

（2）桑柏

桑柏，德国著名建筑师、艺术家。他先后到法国、希腊、意大利等地考察研究学习，对建筑有广泛深入的研究，热衷古典复兴和折中主义建筑创作。他曾在英国伦敦的国际博览会的工地上工作过，深受"水晶宫"建造过程的启发，提出了建筑艺术形式应与新的建造手段相结合。其著述《工业艺术论》《技术与构造艺术中的风格》，进一步阐明了建造手段对建筑形式的影响，认为新的建筑形式应该反映功能、材料与技术的特点。桑柏的远见卓识受到业界的关注，为建筑的发展指出了新的道路。

（3）拉布鲁斯特

拉布鲁斯特，法国杰出建筑师。他大胆采用新材料和新结构，创造性地改善了图书馆建筑的使用功能，其设计的巴黎圣吉纳维夫图书馆和巴黎国立图书馆被誉为最早具有现代意义的图书馆建筑。拉布鲁斯特还对古典建筑形式进行净化处理，为创造新的建筑形式做了探索性示范。

8.2.2　"艺术与工艺运动"（Arts and Crafts Movement）

英国是老牌资本主义强国，工业发展早。早期工业粗放式的高速发展带来了各种环境危害，城市交通、居住与卫生条件恶劣，社会矛盾尖锐。同时艺术

图 8-3 红屋外观

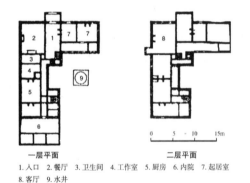

一层平面　　　　二层平面
1. 入口　2. 餐厅　3. 卫生间　4. 工作室　5. 厨房　6. 内院　7. 起居室
8. 客厅　9. 水井

图 8-4 红屋平面图

图 8-5 红屋立面

家不屑于和工厂打交道，各种工业产品粗制滥造，质量低劣，充斥市场，引起了社会广泛的不满。

19 世纪 50 年代，英国一些艺术家和社会活动家受小资产阶级浪漫主义思想的影响，在建筑和日用品设计上发起"艺术与工艺运动"。罗斯金（John Ruskin，1819—1900）和莫里斯（William Morris，1834—1896）是该运动的代表人物。"艺术与工艺运动"赞扬手工艺制品的艺术效果，热爱自然材料的美。莫里斯甚至和志同道合的朋友成立了一个作坊，制作精美的手工家具、铁花栏杆、墙纸和家庭用具。由于成本高昂，未能大量推广。

"艺术与工艺运动"在建筑上主张在城郊建造"田园式"住宅来摆脱城市环境污染和象征权势的虚假古典样式。1859 年，莫里斯委托建筑师魏布设计建造的"红屋"是艺术与工艺运动的经典代表作。红屋是莫里斯的私宅，平面布置成 L 形，功能极为实用，并且每个房间都有良好的自然采光。建筑用本地产的红砖建造，不加粉刷，大胆摒弃传统的贴面装饰，表现材料本身的自然质感之美。这种将功能、材料和形式有机结合的尝试对新建筑有很大的启发，受到小资产阶级的认同（图 8-3 ~ 图 8-5）。

"艺术与工艺运动"还提出艺术品的社会化问题与改进艺术品质量的问题，影响深远。其探索与实践为新的建筑和艺术活动提供了有益的借鉴。

8.2.3 "新艺术运动"（Art Nouveau）

比利时是欧洲大陆工业化最早的国家之一，工业制品的艺术质量问题也较为突出。19 世纪中叶以后，因其开明的社会风气和自由的艺术氛围吸引了一些前卫的先锋艺术家聚集，比利时首都布鲁塞尔成为欧洲文化和艺术的新中心。19 世纪 80 年代兴起于布鲁塞尔的"新艺术运动"开启了欧洲建筑形式和艺术的真正变革，推动了现代建筑和现代艺术的诞生。比利时知名艺术家费尔德（Henry van de Velde）是新艺术运动的创始人之一。

新艺术运动综合田园式住宅思想和世博会技术成就，认为艺术产品应有时代特征，应与时代的生产方式相一致。新艺术运动极力反对历史样式，意欲创造一种前所未见的，能适应工业时代精神的艺术风格和艺术手法。新艺术运动从自然界的形态和结构中获取灵感，以自然界生长繁盛的草木形状的线条为绘画和装饰艺术的主题，在日用艺术品和建筑墙面、家具、栏杆及窗棂等设计中广泛使用，以求与自然环境相和谐。由于铁材便于制作各种曲线，因此在建筑装饰中大量使用铁构件。

新艺术运动的建筑特征主要表现在室内，形式较为简洁，有时使用一些曲线或弧线使墙面更为活泼。建筑师奥太（Victor Horta，1861—1947）设计的布鲁塞尔塔塞尔住宅（图 8-6、图 8-7）和费尔德设计的德国魏玛学校是新艺术运动的经典名作。

新艺术运动的艺术和建筑作品形式极为新颖，别开生面，迅速被社会认同，在欧洲广泛传播。新艺术运动在德国被称作青年风格派，建筑师奥尔布里希（Joseph Maria Olbrich，1867—1908）是其核心代表，慕尼黑埃维拉照相馆（图 8-8）、慕尼黑剧院、达姆施塔特的路德维希展览馆是其代表作品；英国建筑师麦金托什（Charles Rennie Mackintosh，1868—1928）设计的格拉斯哥艺术学校图书馆（图 8-9）、西班牙建筑师高迪（Antonio Gaudi，1852—1926）设计的米拉公寓（图 8-10）被认为是新艺术运动典型作品。

新艺术运动在传播的过程中，注重与当地文化、风俗的融合。尤其奥地利、荷兰、芬兰的建筑师，结合本国特点进行了较为前卫的探索，有力地推动了新艺术运动的延续和发展。

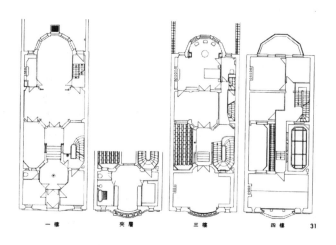

图 8-6　塔塞尔住宅平面

图 8-7　塔塞尔住宅室内

图 8-8　慕尼黑埃维拉照相馆

图 8-9　格拉斯哥艺术学校图书馆

图 8-10　米拉公寓

图 8-11　维也纳邮政储蓄银行内部空间

图 8-12 分离派展览馆

　　受新艺术运动的影响，奥地利形成了以瓦格纳（Otto Wagner，1841—1918）为首的维也纳学派，对新建筑形式进行了系统的探索。瓦格纳曾是桑柏的学生，初期倾向于古典建筑，后在工业时代的影响下，逐渐形成了新的建筑观点，认为新材料、新结构必然导致新形式的出现，主张对建筑形式进行净化，使之回到最基本的起点，从而创造新形式。维也纳邮政储蓄银行是瓦格纳的代表作品（图 8-11），银行大厅用玻璃和钢材建造，线条干净简洁，所有装饰都去除了，把玻璃和钢材的质感表现得淋漓尽致。维也纳学派的一部分人更为激进，宣称要和过去的传统决裂，成立了分离派。他们主张造型简洁，常用大片的光墙面和简单的立方体，只有局部集中装饰，分离派展览馆是其典型代表作（图 8-12）。

　　维也纳的另一位建筑师洛斯（Adolf Loos，1870—1933），见解独到，他反对装饰，认为"装饰是罪恶"，主张建筑以实用和舒适为主，应以形体自身之美为美，不应依靠装饰。斯坦纳住宅是洛斯的经典代表作（图 8-13），住宅外部完全没有装饰，建筑物是立方体的组合，强调窗子和墙面的比例关系，该住宅预示了功能主义建筑形式的出现。

　　荷兰对新建筑的探索也极为出色。例如，著名建筑师、城市规划师伯尔拉赫（H.P.Berlage，1856—1934）对新建筑有深刻的见解，他对流行的折中主义极为痛恨，提倡净化建筑，主张建筑造型应简洁明快，表现材料的质感，表示要寻找一种真实的、能够表达时代的建筑。阿姆斯特丹的证券交易所是荷兰新建筑的典型代表，建筑形体简洁，内外墙面均为清水砖墙，表现了荷兰精美的砖工传统；建筑内部大厅采用钢拱架和玻璃顶棚，有较强的工业时代感（图 8-14）。

芬兰有独特的民族文化传统和优美的自然环境，19 世纪末，受到新艺术运动的影响，芬兰的建筑师主动开始新建筑的探求。例如，著名建筑师伊利尔·沙里宁（Eliel Saarinen，1873—1950）设计的赫尔辛基火车站是杰出的典例，其建筑形体简洁，空间组合灵活，为芬兰新建筑开辟了道路（图 8-15、图 8-16）。

新艺术运动积极面对工业时代的挑战和机遇，热爱自然，从艺术和建筑形式的原始起点探究艺术造型的创新源头，为现代建筑艺术形式开拓了新的道路，摆脱了折中主义的形式束缚，引起了欧美地区广泛的艺术形式变革，完成了建筑由古代向现代转换的重要过渡，为现代建筑的到来奠定了必要的基础。新艺术运动的变革主要集中在建筑形式本身，对建筑发展的基本问题缺乏进一步全面深入的探讨，后被更深入全面的现代建筑运动所代替。

图 8-13 斯坦纳住宅

图 8-14 阿姆斯特丹证券交易所

图 8-15 赫尔辛基火车站

图 8-16 赫尔辛基火车站主入口

8.3 探索新建筑功能的倾向

8.3.1 芝加哥学派与高层建筑

伴随工业化进程,人口大规模向城市迁移,城市人口压力激增,高层建筑的兴建成为城市应对人口问题的首要选项。如何建高层建筑成为建筑界面临的重大问题。19世纪70年代,美国芝加哥成为美国重要的工业和交通枢纽,高层建筑的设计建造问题极为突出,芝加哥学派应运而生,对高层建筑发展进行了深入系统的探索。

芝加哥学派的创始人是工程师詹尼(William le Baron Jenny,1832—1907),他首先将金属框架结构用于高层建筑的建造,但建筑外形仍采用古典形式,10层高的芝加哥家庭保险公司建筑是早期高层建筑的代表。建筑师沙利文(Louis Henry Sullivan,1856—1924)是芝加哥学派重要的理论家和得力干将,对高层建筑有深刻的见解。他强调功能在高层建筑中的主导地位,提出了"形式服从功能"的经典建筑理念,颠覆了当时流行的只重视传统历史风格形式的折中主义做法,具有重要的建筑理论价值和历史意义。

沙利文还系统总结了高层建筑的典型功能特征和形式特征。高层建筑的功能特征有如下五点:第一,地下室要包括有锅炉间和动力、采暖、照明等各项设备;第二,底层主要用于商店、银行或其他服务性设施,内部空间要宽敞,光线要充足,并有方便的出入口;第三,二层楼要有直通的楼梯与底层联系,功能可以是底层的延续,楼上空间分割自由,在外部有大片的玻璃窗;第四,二层以上都是相同的办公室,柱网排列相同;第五,最顶上一层空间作为设备层,用于安置水箱、水管、机械设备等。

与建筑功能特征相应,高层建筑形式特征有如下三点:第一,高层建筑外形应分三段式处理;第二,底层与二层功能相似,应作为基座段落处理,中间各层是办公室,外部处理成标准化的窗格;第三,顶部设备层可以有不同的外貌,窗户较小,并且按传统习惯,还加有一条压檐。沙利文设计的芝加哥百货公司大楼和布法罗信托银行大厦是体现高层建筑功能特征和形式特征的典型作品(图8-17、图8-18)。

伯纳姆与鲁特、霍拉德与罗希等人也是芝加哥学派重要的建筑师。由伯纳姆与鲁特设计的里莱斯大厦采用了先进的框架结构与大面积玻璃窗,建筑形体透明、比例端庄,被公认为是芝加哥学派的建筑杰作(图8-19)。霍拉德与罗希设计的马凯特大厦立面简洁,是芝加哥学派的另一个重要作品(图8-20)。

芝加哥学派的理论和实践探索对新建筑发展做出了重大的贡献。

①广泛应用先进技术。芝加哥学派在工程技术上创造了高层金属框架结构

图 8-17　芝加哥百货公司大楼

图 8-18　布法罗信托银行大厦

图 8-19　里莱斯大厦

图 8-20　马凯特大厦

和箱形基础，将新技术大胆广泛应用在高层建筑中，取得了巨大成就，促进了高层建筑的成熟与普及。

②肯定了功能与形式的密切关系。尤其是系统总结了高层建筑类型的功能特征，突出了功能的主导地位，明确了功能与形式的主从关系，解决了现代建筑发展过程中的重大理论问题，为现代建筑发展开拓了方向，探索了道路。

③建筑形式具有强烈的时代技术特征。芝加哥学派高层建筑形式简洁大方，与烦琐的折中主义形成了强烈对比，受到了时代的认同，对现代建筑运动有重要的启发意义。芝加哥学派被誉为美国现代建筑的奠基者。

8.3.2 赖特与草原式住宅

莱特（Frank Lloyd Wright，1869—1959）是美国著名的建筑大师，早年曾师从沙利文，后独自创业，独立探索美国本土的现代建筑发展之路。20世纪初期，莱特在美国中部地区传统住宅的基础上，结合当地优美的自然环境，发挥浪漫的想象力，创造了富于田园诗意的"草原式住宅"，为美国现代建筑的发展拓展了新的方向。

"草原式住宅"多位于芝加哥城郊的森林地区或湖滨，自然环境优美。建筑师注重建筑与环境的协调融合，采用了灵活自由的空间形体布局，与自然环境巧妙结合，使建筑与环境水乳交融，构成了有机完整的整体空间环境；建筑师在建筑造型上则力图摆脱折中主义的历史样式，打破传统的静态构图，追求新颖多变、动态协和的体量式构图。

草原式住宅在建筑平面布置、空间组织、形体组合、材料运用等具体手法上有很多新颖独到的探索。

①草原式住宅的平面常呈十字形，以壁炉为中心，起居室、书房、餐室都环绕着壁炉布置，卧室一般放在楼上。

②强调建筑与大地的依偎关系，空间层高一般较低，突出水平方向的便捷联系。室内空间隔而不断，自由流动。根据不同需要采用不同的层高，起居室开窗宽阔，强化了室内空间与室外自然环境的密切联系。

③建筑外部形体组合反映内部空间关系，以水平式构图为主，由高低不同的墙垣，坡度平缓的屋面，深远的挑檐，层层叠叠的水平阳台、花台等要素组成层次丰富的水平构图，与烟囱的垂直式构图形成了对比，整个形体构图活泼轻快、完整统一。

④建筑外部材料多表现砖石自然的色彩、质感，与优美的自然环境极为协调，建筑内部材料也以表现材料的自然特色为主。威立茨别墅、罗比住宅是草原式住宅的经典代表作（图8-21～图8-29）。

草原式住宅针对新居住功能的需要，进行了积极的探索，摆脱了折中主义历史形式的桎梏，创造了与环境有机融合的全新形体和空间构图手法，开拓了全新的建筑发展道路，有力推动了建筑的现代化进程。

图 8-21　威立茨别墅

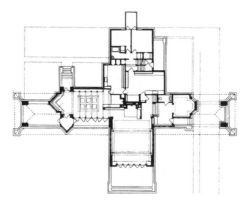

图 8-22　威立茨别墅平面图

图 8-23　威立茨别墅内部空间

图 8-24　威立茨别墅外观

图 8-25　罗比住宅

图 8-26　罗比住宅内部空间

图 8-27　罗比住宅外观

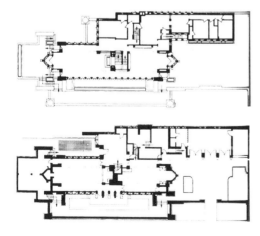

图 8-28　罗比住宅平面图

图 8-29　罗比住宅雅致的细部

8.4 探索新建造模式的努力

8.4.1 法国对钢筋混凝土的应用

钢筋混凝土的出现和广泛应用是 20 世纪建筑发展的重要事件，对建筑发展起了重要的推动作用，被认为是新建筑的标志。虽然远在古罗马时代已有运用天然混凝土的工程经验，但真正的人工制造混凝土和钢筋混凝土则是近代工业的产物。1824 年英国发明了胶性波特兰水泥，为混凝土结构的大发展提供了可能。兰博（J.L.Lambot）设计的钢筋混凝土船在 1855 年的巴黎博览会展出，开启了钢筋与混凝土组合应用的时代。1890 年后钢筋混凝土开始广泛应用。法国、瑞士等对钢筋混凝土的应用进行了深入的探索。

1894 年，博多（Anatole de Baudot）在巴黎建造了第一座钢筋混凝土结构的教堂——蒙玛特尔教堂（图 8-30、图 8-31），标志着欧美社会对钢筋混凝土应用的广泛认同。20 世纪初，法国建筑师佩雷（Auguste Perret，1874—1955）注重挖掘钢筋混凝土材料和结构的表现力，进行了卓有成效的探索。巴黎富兰克林路 25 号公寓是佩雷早期钢筋混凝土经典作品，该建筑外表去掉一切装饰，表现钢筋混凝土自身丰富的质感肌理美，朴素大方，简洁明晰。佩雷运用钢筋混凝土建造的庞泰路车库是近现代第一座多层车库，其造型简洁洗练，充分发挥了钢筋混凝土结构的艺术表现力（图 8-32、图 8-33）。

法国建筑师加尼埃、工程师弗雷西内（Eugene Freyssinet，1879—1962）和瑞士工程大师马亚尔（Robert Maillart，1872—1940）对钢筋混凝土的应用也进行了积极的探索，将钢筋混凝土拓展应用在了大型建筑与市政工程中。1901—1904 年，加尼埃在其工业城市的规划方案中大胆应用了钢筋混凝土结构。他设计的市政厅、火车站，造型新颖、开敞明快，引起了轰动。1910 年，加尼埃还在里昂建造了钢筋混凝土的奥林匹克大型运动场，开创了钢筋混凝土在大型建筑工程中的实践应用。1916 年，弗雷西内在巴黎奥利机场建造了巨大的飞船库，飞船库由一系列抛物线形的巨型钢筋混凝土拱券组成，券高 62.5 米，跨度 96 米，在拱券之间有规律地布置着玻璃采光窗，功能实用，造型简洁大方，拓展了钢筋混凝土结构的空间跨度（图 8-34、图 8-35）。工程大师马亚尔发明了钢筋混凝土结构体系的图解式科学分析方法，深化了对钢筋混凝土结构应力分布的科学认识。马亚尔设计建造的大跨度的钢筋混凝土桥梁，形式与结构应力分布一致，极为轻快新颖，拓展了钢筋混凝土结构的技术和美学表现力。马亚尔设计的萨金纳托贝尔桥单券跨度 90 米，轻盈地横跨在美丽的高山峡谷中，是经典名作，对此后的桥梁工程设计产生了深远的影响（图 8-36、图 8-37）。马亚尔还设计了第一座无梁楼盖仓库。

图 8-30　蒙玛特尔教堂

图 8-31　蒙玛特尔教堂内部空间

图 8-32　巴黎富兰克林路 25 号公寓

图 8-33　庞泰路车库

图 8-34　巴黎奥利机场飞船库

图 8-35　飞船库券肋

图 8-36　萨金纳托贝尔桥

图 8-37　萨金纳托贝尔桥远景

　　钢筋混凝土结构的发展和广泛应用是巨大的技术变革，极大地拓展了新型结构体系的结构空间跨度和空间艺术美学表现力，促进了市政工程的进步，以及大型公共建筑平面功能、空间的合理组织，奠定了现代建筑发展的坚实科学基础。

8.4.2　"德意志制造联盟"

　　德国是新兴的工业化国家。提升德国工业化水平，提高工业产品的国际竞争力，引领工业时代发展趋势，成为德国社会的普遍梦想和追求。1907 年，一些企业家、艺术家、技术人员等组成了全国性的"德意志制造联盟（Deutscher Werkbund）"，期望强化工业界和艺术设计界的联系，提高工业制品的整体质量，以达到国际领先水平。

德意志制造联盟支持艺术与建筑领域的创新探索，尤其是结合工业生产特点的探索更是受到了鼓励。建筑师彼得·贝伦斯（Peter Behrens，1868—1940）是德意志制造联盟的核心人物，他认为建筑应当是真实的，现代结构应该在建筑中表现出来，这样就会产生前所未有的新形式。1909年，他在柏林为德国通用电气公司设计的透平机车间，根据工厂生产的功能需要，采用了多边形大跨度钢屋架和大面积玻璃窗，创造了功能便捷、光线充足的生产空间，建筑外形如实反映了内部结构体系和内部空间特征，是早期现代建筑的经典名作，为探求新建筑起了良好的示范作用，被誉为"第一座真正的现代建筑"（图8-38、图8-39）。

彼得·贝伦斯还注重年轻人才的培养，促进了现代建筑师的成长。瓦尔特·格罗皮乌斯（Walter Gropius，1883—1969）、密斯·凡·德罗（Ludwig Mies van der Rohe，1886—1969）、勒·柯布西耶（Le Corbusier，1887—1965）等现代建筑大师，都先后在贝伦斯的建筑事务所工作过，得到许多良好教益，为后来

图 8-38　通用电气公司透平机车间

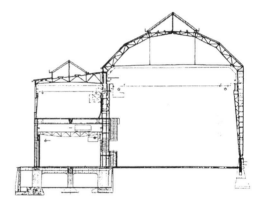

图 8-39　通用电气公司透平机车间剖面图

图 8-40　法古斯工厂全景

图 8-41　法古斯工厂

的发展打下了坚实基础。受贝伦斯的影响，1910年格罗皮乌斯提出用预制构件解决住宅经济问题的设想，这是对建筑工业化的最早探索。1911年，格罗皮乌斯和阿道夫·迈耶（Adolf Meyer，1881—1929）合作设计的法古斯工厂是在贝伦斯透平机车间启发下的新发展，该建筑造型简洁、轻快、透明，初步具备了现代建筑的语汇特征，被誉为第一次世界大战以前最新颖的工业建筑（图8-40、图8-41）。

德意志制造联盟明确了与时代工业生产紧密结合的新建筑发展方向，并进行了示范性的探索，完成了建筑生产、设计观念的巨大转变，为现代建筑的成长扫清了道路。

本章知识点

1. 探索时期的现代建筑的主要成就。

2. 探求现代建筑的三位先驱者。

3. "艺术与工艺运动"的基本主张与代表作品。

4. "新艺术运动"的主张与代表作品。

5. 芝加哥学派的基本主张与贡献。

6. 芝加哥学派的典型代表作品。

7. 赖特草原式住宅的创新成就。

8. 草原式住宅的典型代表作品。

9. 钢筋混凝土应用的进展与成就。

10. "德意志制造联盟"的基本主张与成就。

9 |
现代建筑的华彩——成熟时期的现代建筑

现代建筑成熟时期的时代特征与建筑成就
建筑技术的新进展与建筑形式的先锋探索
现代建筑派的诞生
现代建筑派的代表建筑大师与经典作品

9.1 现代建筑成熟时期的时代特征与建筑成就

9.1.1 时代环境与人文特征

伴随垄断资本主义的深化，技术创新蓬勃兴起，出现了许多巨大突破，社会生产力再次释放，带来了经济的迅猛发展。为争取资本利益的最大化，各国之间竞争加剧，以举国之力参与资本利益角逐成为常态，国家也变为资本谋利的工具，资本主义社会进入到了帝国资本主义阶段。盲目追求资本利益使资本主义社会的结构性矛盾激化，社会政治和经济危机频发，矛盾尖锐激烈，难以调和。20世纪初，第一次世界大战爆发，战争带来空前的灾难和巨大的冲击，进行彻底的革新、重构经济秩序和资本市场利益格局，重建新的世界秩序和社会模式变得十分迫切，建构新的美好世界成为这个时代的渴望。

9.1.2 主要建筑成就

寻求与新社会经济、新生活模式相适应的全新建筑成为社会的渴盼。战后经济的恢复、技术的发展为建筑的彻底变革奠定了坚实基础。建筑的革新探索如火如荼，一些年轻有为的建筑师在实践磨炼中日趋成熟，综合前人建筑革新成果，系统推进了建筑革新深化，有力促进了现代建筑的成熟。

该时期主要建筑成就有如下三方面：

①提出了系统而彻底的建筑改革主张，在空间观念、形式构图、新技术应用等方面均有所发展，将现代建筑运动推向了高潮。

②创作了反映现代建筑革新主张的代表作品，极大提升了现代建筑的艺术声誉和影响。

③成立了现代建筑的国际组织——国际现代建筑协会（CIAM），系统探讨了现代建筑发展中的一些重大问题，推动了现代建筑的传播和普及深化。

9.2 建筑技术的新进展与建筑形式的先锋探索

9.2.1 建筑技术的新进展

第一次世界大战之后，建筑科学技术有了很大的发展，特点是把19世纪以来出现的新材料、新技术加以完善并大量应用。

高层钢结构技术得到了改进和进一步推广。钢结构的自重日趋减轻，长期研究的焊接技术也开始应用在钢结构上，钢结构技术被大量推广。1927年，出现了全部焊接的钢结构房屋。1931年，纽约30层以上的高层建筑已有89座。

钢筋混凝土结构技术也有了较多创新和应用。伴随刚性节点金属框架，尤其是钢筋混凝土整体框架的大量应用，工程师对钢架和复杂的超静定结构研究逐渐深入。1929年，克罗斯（Hardy Gross）提出了超静定结构的渐进式解法，这是重大创新；另外，对结构动力学、结构稳定等问题的研究也取得重要突破。这些创新进一步推动了钢筋混凝土结构的广泛应用。

大跨度壳体结构的出现是重要的结构技术创新。第一次世界大战以后，电影院、摄影场、室内体育馆、汽车和飞机库等大跨建筑日益增多，对大跨度结构体系的需求增大。大跨度壳体结构的出现正是满足时代需求的巨大创新。1922年，德国建成了一个半球形屋顶，屋顶先用钢杆拼接成半球形的网格，再在网格上铺3厘米厚的混凝土，形成形体很薄、强度很高的屋顶，开创了壳体结构的新时代。1925年，德国耶那天文台和巴塞尔等地的市场建筑采用了钢筋混凝土的圆壳屋顶，巴塞尔市场的薄壳屋顶跨度达到60米，厚度只有9厘米。

新的建筑材料陆续用于建筑。铝材广泛用于建筑装饰，不锈钢和搪瓷钢板也开始用作建筑饰面材料。玻璃的质量得到改进，品种增多，1927年，人们制造出安全玻璃，1937年出现了安全玻璃门扇，20世纪30年代，美国建立了专门的玻璃纤维研究机构，30年代末，玻璃已被广泛用作隔音、隔热材料。玻璃砖也流行起来，塑料开始少量用于楼梯扶手和桌面等，用橡胶和沥青材料制成的各种颜色的铺地砖逐渐推广，木材制品也有很大改进，蛭石、珍珠岩、矿渣棉等多种吸音抹灰和隔声吸音材料开始出现，提高了建筑的隔声和隔音质量。

建筑设备的发展也加快了。电梯的速度提高，霓虹灯、磨砂灯泡、日光灯等先后问世，丰富和改善了建筑的照明质量。空调设备最初只用于特殊工业建筑中，后被推广到公共建筑中广泛使用。设备发展对建筑空间质量的提高极为重要，建筑师需与设备工程师密切配合，才能设计出现代化的房屋。

建筑施工技术相应提高。如纽约帝国大厦，高380米，共有102层，从设计到施工，只用了18个月，平均5天造一层，施工技术水平极高，在20世纪70年代以前还未被超越过，帝国大厦代表了20世纪30年代建筑科学技术的最高水平。

9.2.2　建筑形式的先锋探索

第一次世界大战后，复古思潮在欧、美仍很流行，古典复兴、浪漫主义、折中主义等均有一定的市场，如1923年落成的斯德哥尔摩市政厅（图9-1）、

1924 年建造的伦敦人寿保险公司均是复古思潮的典型代表作。复古思潮的建筑潮流在美国持续得更久，到 20 世纪 40 年代，华盛顿还建造了一些历史样式的公共建筑，如华盛顿国家美术馆（图 9-2）和最高法院大厦。

伴随社会生活的飞速变化，建筑物的功能要求日益复杂，建筑层数和体量不断增长，建筑材料与结构体系日新月异，套用历史建筑样式的复古做法面临的矛盾和困难逐渐增多，保守派建筑师也逐渐分化，社会对建筑革新的呼唤变得愈加强烈。

战后欧洲政治、经济和社会发生了巨大变化，有力促进了革新派的兴盛。战后经济拮据促进了建筑中讲实用的倾向，严重打击了讲形式尚虚华的复古主义；20 世纪 20 年代后期工业和科学技术的发展，社会生活方式的变化，客观上要求建筑师突破陈规，革新设计方法，创造新型建筑；第一次世界大战的惨祸与俄国十月革命胜利的启发，推动了人们思考新的社会运行模式。战后的欧洲，社会意识形态领域涌现了各种新观点、新思潮，促使建筑革新成为时代的大潮。

建筑界也在积极探求各种新的建筑道路，主张革新的建筑师增多。战后，革新派建筑师对新建筑进行了多方面的探索，比较突出和有重要影响的派别主要有表现主义派、未来主义派、风格派与构成主义派。

这些先锋流派积极革新，结合时代社会生产特征与社会心理特征探索了新的建筑样式，拓展了现代建筑形式的发展方向，总结了普遍的空间与形式规律，对现代建筑和工业品造型设计有重要的启发价值。

（1）表现主义派

20 世纪初在德国、奥地利首先产生了表现主义的绘画、音乐和戏剧。表现主义艺术认为艺术的任务就是表现个人的主观感受和体验，多用夸张的形式和语言，目的是引起观者情绪上的震动。受这种艺术观点的影响，第一次世界大战后出现了表现主义建筑。这一派的建筑师常常采用奇特、夸张的建筑体形来表现或象征某些思想情绪、某种时代精神。德国建筑师门德尔松（Erich Mendelsohn，1887—1953）是表现主义派的重要建筑师，在 20 世纪 20 年代设计过一些表现主义建筑，德国波茨坦市的爱因斯坦天文台是其经典的代表作（图 9-3、图 9-4）。

1917 年，爱因斯坦提出了广义相对论，是科学上的伟大突破。为纪念这位伟大的科学家，波茨坦市决定建造一座天文观测塔。对一般人而言，相对论极其深奥难懂，既新奇又神秘，门得尔松抓住人们这一印象，把它作为表现的主题，设计了一座混混沌沌的接近流线型的建筑，建筑上面开出一些形状不规则的窗洞，墙面上还有一些不可言状的突起。整个建筑造型奇特，表现出了神秘莫测的气氛。

图9-1 斯德哥尔摩市政厅

图9-2 华盛顿国家美术馆

图9-3 爱因斯坦天文台

图9-4 爱因斯坦天文台全景

（2）未来主义派

未来主义派是第一次世界大战前首先在意大利出现的一个文学艺术流派，目的是将意大利从厚重的历史中解放出来，他们赞美现代。与很多中产阶级对资本主义工业化不满相反，未来主义对资本主义的物质文明大加赞赏，对未来充满希望。1909年，意大利作家马里内蒂（F.T.Marieneti，1876—1944）在第一次"未来主义宣言"中宣扬工厂、机器、火车、飞机等的威力，赞美现代大城市，对现代生活的运动、变化、速度、节奏等表示了欣喜，并认为火车与工厂喷出的浓烟和机车、飞机发出的震耳欲聋的响声都是值得歌颂的。

1914年，意大利未来主义者安东尼奥·圣伊利亚（Antonio Sant'Elia，1888—1916）在未来主义派的展览会上展出了许多未来城市和建筑的设想图，并发表了"未来主义建筑宣言"。安东尼奥·圣伊利亚的图样都是高大的阶梯形楼房，电梯放在建筑外部，林立的楼房下面是川流不息的汽车、火车（图9-5~

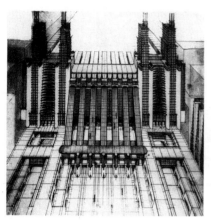

图 9-5　未来主义建筑图示之一

图 9-6　未来主义建筑图示之二

图 9-7　未来主义建筑图示之三

图 9-7）。安东尼奥·圣伊利亚在宣言中说："应该把现代城市建设和改造得像大型船厂一样，既忙碌又灵敏，到处都是运动，现代房屋应造得和大型机器一样。"

（3）风格派与构成主义派

风格派又称"新造型主义派"或"要素主义派"，是 1917 年在荷兰阿姆斯特丹兴起的艺术运动组织。风格派的主要成员有画家蒙德里安（Piet Mondrian）、范德斯堡（Theo Van Doesberg），建筑师奥德（J. J. P. Oud）、里特弗尔德（G. T. Rietveld）等。

风格派认为最好的艺术就是基本几何形的组合和构图，追求简洁性、必然性、具有普适规律性的艺术，风格派艺术家通过"抽象"和"简化"等手法，排除常见的自然形象和艺术主题，将视觉作品简化成垂直和水平的线条与基本色。画家蒙德里安的绘画作品只有垂直和水平线条，间或涂上红、黄、蓝的色块（图 9-8）。风格派雕刻家的作品则常是一些立方体的自由组合。

在建筑领域，风格派用建筑的基本要素——梁、柱、板、门、窗或各种构件进行组合，创造生动活泼的形体与空间组合，并注重各部分与整体的比例协调和平衡构图。1924 年，里特弗尔德在荷兰乌得勒支设计的施罗德住宅，体现了风格派的艺术主张，是风格派的经典代表作品。施罗德住宅是一个两层的小住宅，业主希望获得既独立自由又内外密切联系的起居生活空间。建筑师根据业主要求，用光洁的板片、横竖交织的栏杆、大片玻璃错落穿插，构成了一个外观简洁活泼的立方体，并用不同的颜色强化构件围合所形成的不同立体体量。内部空间用滑动式的隔板墙可自由划分成不同大小和不同形状的生活空间，空间内外交融、流动多变，与传统住宅迥然不同。施罗德住宅运用经典的风格派造型语言，营造了动态变化的全新空间感受。因其对现代空间艺术先锋探索的重要价值，2000 年联合国教科文组织将施罗德住宅列入世界文化遗产名录，加以重点保护（图 9-9 ~ 图 9-12）。

　　第一次世界大战前后，在俄国，也有一些艺术家把抽象的几何形体当作绘画和雕刻的内容，被称为构成派，第三国际纪念碑是构成派的典型代表作品（图 9-13）。构成派的观念和形式与风格派近似，只是手法略有差异，后来两派的有些成员也在一起活动。

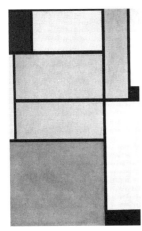

图 9-8　风格派绘画　　　图 9-9　施罗德住宅

图 9-10　施罗德住宅平面　　　图 9-11　施罗德住宅室内空间

图 9-12　施罗德住宅体量构成

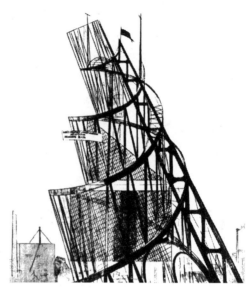

图 9-13　第三国际纪念碑

9.3　现代建筑派的诞生

9.3.1　现代建筑派的诞生

20 世纪 20 年代，战后的创伤充分暴露了社会中存在的各种矛盾，同时，也深刻地暴露了建筑中久已存在的问题，尤其是建筑与社会、经济、哲学层面的矛盾比较尖锐。一批思想敏锐、有社会责任感且有一定经验的年轻建筑师，决心担起建筑变革的重任，提出了比较系统和彻底的建筑改革主张，把新建筑运动推向了高潮。由此，现代建筑派在欧美诞生。

现代建筑派主要有两个基本组成，一是以格罗皮乌斯、密斯·凡·德罗和勒·柯布西耶为代表的欧洲先锋建筑派，一是以赖特为代表的美国有机建筑派。此外，也有一些派别人数不多，但仍十分重要，如芬兰的阿尔托，也对现代建筑派的发展有重大的贡献。

9.3.2　欧洲先锋建筑派的基本活动

欧洲先锋建筑派，又称功能主义派、理性主义派、现代主义派，是现代派的主力。1910 年前后，先锋派的三位领军建筑师格罗皮乌斯、密斯·凡·德罗、勒·柯布西耶先后在德国贝伦斯事务所工作过，较为了解现代工业对建筑的要求，选择了建筑革新道路。第一次世界大战后，格罗皮乌斯、密斯·凡·德罗、勒·柯布西耶立即站在建筑革新的前列，他们重视建筑的功能、经济、新技术，力图改革建筑并解决社会面临的物质短缺、住房紧张的困境。1919年，格罗皮乌斯出任魏玛艺术与工艺学校的校长，对学校进行了改组，将其筹建为国立魏玛建筑学校，简称"包豪斯"，由他领导的包豪斯推行新的教学制度和教学方法，与保守的学院派抗衡，成为西欧最激进的设计和建筑中心。1920年，勒·柯布西耶创办了《新精神》杂志，撰文为新建筑呐喊，1923年出版了《走向新建筑》，强烈批判了保守派的建筑观点，为现代建筑运动提供了一系列理论支撑，如春雷霹雳，引起很大的社会反响。1919—1924年，密斯·凡·德罗热心于绘制新建筑蓝图，特别是玻璃和钢的高层建筑示意图、钢筋混凝土结构示意图等，试图用动人、精致的建筑形象证明建筑师用新的技术手段完全能创造出清新活泼的优美建筑形象。

伴随西欧经济形势的好转，格罗皮乌斯等人有了较多的实际建造任务，陆续设计出了一些反映他们主张的典型作品，如1926年格罗皮乌斯设计的包豪斯校舍、1928年勒·柯布西耶设计的萨伏伊别墅、1929年密斯·凡·德罗设计的巴塞罗那博览会德国馆。这些建筑是现代派建筑的经典代表作，也是建筑史上的经典名作。

革新派日益壮大。1927年，"德意志制造联盟"在斯图加特举办了住宅展览会，邀请了5个国家16位革新派建筑师展示他们设计的新住宅建筑。这些住宅突破传统建筑的羁绊，运用钢和钢筋混凝土结构，采用各种新材料，在小空间内认真解决建筑的功能问题，并抛弃装饰，创造了清新朴素的几何形建筑形式（图9-14～图9-19）。

这些建筑师的设计思想虽不完全一致，但设计方法和理念上表现出共同的特点：①重视建筑的功能科学性；②注重新型建筑材料和建筑结构性能特点的发挥；③强调建筑经济价值；④主张自由灵活地处理建筑形式，创造现代的建筑风格；⑤突出建筑空间的主导地位，提出"空间 - 时间"构图理论；⑥废弃建筑表面装饰，突出建筑的理性逻辑美。

图9-14 斯图加特住宅展览会全景

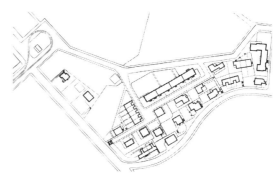
图9-15 斯图加特住宅展览会平面图

图 9-16　斯图加特住宅展览会·小别墅

图 9-17　斯图加特住宅展览会·独户住宅

图 9-18　斯图加特住宅展览会·公寓

图 9-19　斯图加特住宅展览会·集合住宅

　　1928 年，格罗皮乌斯、勒·柯布西耶和建筑理论家吉典等人在瑞士拉萨拉兹成立了国际现代建筑协会——CIAM，现代建筑有了共同的国际组织。国际现代建筑协会多次组织了建筑发展中的重大问题研讨，为现代建筑的发展做出了突出的贡献。

　　欧洲现代建筑派有完整的理论、系统的设计方法和经典的现代建筑作品，又有共同的社会组织，这表明现代建筑在欧洲日益成熟，成为欧洲占主导地位的建筑潮流。

9.3.3　以赖特为代表的美国有机建筑派基本活动

　　第一次世界大战后，美国的情况与欧洲有很大不同。美国受战争的冲击较小，反而因战争中的军火贸易而变得繁荣。建筑也延续了战前的传统做法，以复古风格为主导，只有少数人致力于探求具有时代特征的风格，其中以赖特为代表的有机建筑是探求美国现代建筑的主要力量。

　　早在 19 世纪末，赖特便倡导了接近自然和富于生活气息的草原式住宅。

战后，他注重利用新的工业材料与新技术为诗意的现代生活服务，创造了有机建筑。有机建筑反对复古，重视建筑功能，采用新技术，认为空间是建筑主角等。与欧洲现代派相比，美国的有机建筑以提高中上阶层业主的生活情趣和诗意空间体验为创作方向，与社会大众联系较少。1936 年赖特设计的考夫曼流水别墅是有机建筑的经典代表作品。

赖特的有机建筑主张，在欧洲也受到了一些建筑师的认同。他们积极参加有机建筑的研究与创作活动，德国的沙龙和哈林是欧洲探索有机建筑活动中有重要影响的建筑师。

9.4　现代建筑派的代表建筑大师与经典作品

9.4.1　格罗皮乌斯及其代表作品

（1）格罗皮乌斯的基本建筑理论主张

格罗皮乌斯有关建筑的见解独特，尤其对建筑理论、建筑教育、建筑新风格的系统思考较为深刻。20 世纪 20—50 年代，格罗皮乌斯的建筑理论主张对世界各国建筑师产生了广泛的影响（图 9-20、图 9-21）。

格罗皮乌斯基本建筑理论主张有如下几点：①建筑随时代向前发展，必须创造这个时代的新建筑；②坚决反对复古；③把功能因素和经济因素放在首位，革新设计程序，提出了由内而外的科学设计程序。

格罗皮乌斯对建筑教育也有深邃的思考，由他创办并主导的包豪斯教学体系采用了新教学方针和方法，集中体现了有关建筑教育的基本主张（图 9-22~图 9-25）。格罗皮乌斯建筑教育理论主张的基本内容有如下几点：①在设计中强调自由创造，反对模仿因袭，墨守成规；②将手工艺同机器生产结合起来；③强调各门艺术之间的交流融合，提倡建筑向时兴的抽象派绘画和雕刻艺术学习；④培养学生的动手能力和理论素养；⑤学校教育与社会生产紧密挂钩。

在包豪斯新教学体系的影响下，产生了新的工艺美术风格和建筑风格。新风格的基本特点：①注重满足实用要求；②发挥新材料和新结构的技术性能和美学性能；③造型整齐简洁，构图灵活多样；④便于机器生产和降低成本。

（2）格罗皮乌斯经典代表作品——包豪斯新校舍

格罗皮乌斯不仅有高深的理论造诣，也是一位修养深厚的先锋建筑设计家，主持设计了一些有重大影响的建筑作品。其中包豪斯新校舍全面体现了格罗皮乌斯的主要建筑主张，是经典的建筑代表作品。

1925 年，包豪斯从魏玛迁到德绍，格罗皮乌斯为其设计了一座新校舍。新校舍包括教室、车间、办公室、礼堂、饭厅及高年级学生的宿舍，校

图 9-20　包豪斯教学团队

图 9-21　教师作品

图 9-22　包豪斯教学车间陶艺作坊

图 9-23　包豪斯教学车间制柜作坊

图 9-24　包豪斯教学车间雕塑作坊

图 9-25　包豪斯学生家具设计作品

舍的建筑面积接近 1 万平方米。包豪斯新校舍的建筑设计理念先进，特色
鲜明：

①把建筑物的实用功能作为建筑设计的出发点和主要基础。

与传统学院派重形式轻功能、由外而内的设计方法迥然不同，格罗皮乌斯
依据功能的不同进行分区，按功能需要和功能联系决定各分区的位置、体型和
结构体系。建筑大体上被分为三个部分：第一部分是包豪斯的教学用房，主要
是各科的工艺车间，需要宽大的空间和充足的光线，建筑师把它放在临街的位
置上，采用了框架结构和大片玻璃墙面。第二部分是包豪斯的生活用房，包括
学生宿舍、饭厅、礼堂及厨房、锅炉房等。为便于学生休息和运动，宿舍靠近
运动场，采用了多层居住建筑的混合结构和建筑形式。饭厅和礼堂既接近教学
部分，又接近宿舍，被布置在两者之间，而且饭厅和礼堂部分可互相联通，必
要时可合并为一个大的集会空间。第三部分是职业学校，是一个四层的小楼，
同包豪斯教学楼相距 20 米，中间有一条道路穿过，两楼之间用过街楼相连，
过街楼供办公和教员休息使用。职业学校另有自己的出入口，同包豪斯的入口
相对，恰好位于进入校区道路的两侧，内外交通极为便捷。

②创造性地采用灵活而不规则的构图手法，建筑形象丰富多变、活泼生动
而又对比统一。

不规则的构图手法较少用于大型公共建筑，包豪斯新校舍大胆采用了灵活
的构图手法，拓展了该类构图手法的应用领域。包豪斯新校舍布局灵活自由，
各个部分大小、高低、形式和方向各不相同。校舍有多条轴线，但没有一条特
别突出的中轴线。有多个入口，最重要的入口不是一个而是两个。各个立面都
很重要，各有特色。建筑体量也丰富变化。包豪斯新校舍是一个多方向、多体
量、多轴线、多入口的建筑物，建筑形体纵横错落、变化丰富的总体效果令人
印象深刻。同时格罗皮乌斯还充分运用了对比手法，增强了建筑构图的生动性。
在建筑体量上有高低的对比、长短的对比、纵横的对比，尤其是突出了玻璃墙
面与实墙面的不同视觉效果，造成虚与实、透明与不透明、轻薄与厚重的对比。
不规则的构图与强烈的对比效果共同营造了生动活泼的公共建筑形象，这在大
型公共建筑中是罕见的艺术创新和突破。

③抛弃传统建筑装饰符号，发挥现代建筑材料和结构体系特点，运用建筑
本身的要素取得良好艺术效果。

包豪斯校舍部分采用了钢筋混凝土框架结构，部分采用了砖墙承重结构，
屋顶是钢筋混凝土平屋顶，用内落水管排水。建筑外墙面用水泥抹灰，窗户为
双层钢窗。包豪斯的建筑形式和细部处理紧密结合了所用的材料、结构体系和
构造做法，建筑完全没有挑檐，只在外墙顶部做一道深色的窄边。包豪斯新校

舍建筑形体简洁抽象、干净利落，空间几何体量组合生动丰富。建筑师还巧妙利用结构体系特点，采取多样的开窗形式，精心组织建筑要素，形成了自由丰富的立面效果。在框架结构上，墙体不承重，开窗限制少，即使在混合结构中，因为采用钢筋混凝土楼板和过梁，墙面开窗也相对自由，可以按照内部房间的不同需要，布置不同形状的窗子。包豪斯车间部分有高达三层的大片玻璃外墙，宿舍部分是整齐的门连窗，办公楼部分是连续的横向长窗，建筑师精心地将不同的窗格、雨罩、挑台栏杆、大片玻璃墙面和石墙面巧妙组织起来，取得既简洁清新又变化丰富的构图效果。甚至在室内，也尽量利用楼梯、灯具、五金等实用部件的本身体形和材料质感取得良好的装饰效果。

包豪斯新校舍建造经费比较困难，在不利的经济条件下，不仅解决了建筑的实用功能问题，同时创造了清新活泼的建筑形象，是一个成功的建筑作品。包豪斯新校舍有力地证明，建筑师不仅可以摆脱传统建筑的形式桎梏、灵活自由地解决现代社会生活提出的功能要求、充分发挥新建筑材料和新建筑结构体系的潜在优越性能，还可以创造全新的艺术形象。包豪斯新校舍还进一步证明将功能、材料、结构和建筑艺术紧密结合起来可以降低造价，节省投资，能为业主和社会创造较好的功能效益和经济社会效益。包豪斯新校舍是格罗皮乌斯的经典建筑名作，更是现代建筑运动的一座重要里程碑。因其独特、突出的建筑科学和艺术价值，联合国教科文组织在 1996 年将其纳入世界文化遗产名录，进行精心保护（图 9-26 ~ 图 9-33）。

（3）格罗皮乌斯的主要建筑成就与贡献

格罗皮乌斯积极投入适应工业社会发展的现代建筑活动，在现代建筑设计、建筑理论、建筑教育、建筑社会活动等方面均有突出的成就。在建筑设计方面，格罗皮乌斯总结和创造了建筑新手法，形成了系统的现代建筑语汇，并革新了传统设计方法，基于建筑实用功能分析提出了由内而外的现代科学设计方法，创作了法古斯工厂、包豪斯新校舍等具有重大影响的现代建筑经典名作；在建筑理论方面，他反对复古，主张建筑应该适应工业社会时代发展的需要，应创造时代的新建筑，强调功能和经济因素的价值，革新建筑设计的基本原则；在建筑教育方面，他打破了传统学院式建筑教育的束缚，创办了包豪斯现代建筑教育体系，使其成为欧洲建筑革新的中心，有力推动了简洁、实用、造型新颖的新工艺美术风格和新建筑风格的传播、扩展；在建筑社会活动方面，他积极参加探求现代建筑的重要活动，是当时欧洲先进的"德意志制造联盟"的重要骨干，并联合其他现代建筑师成立了国际现代建筑协会，促进了现代建筑活动的深化。

图 9-26　包豪斯新校舍外观

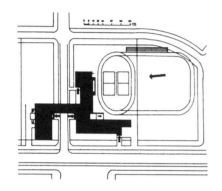

图 9-27　包豪斯新校舍总平面图

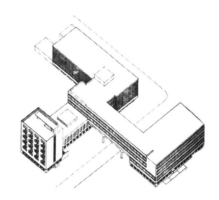

图 9-28　包豪斯新校舍体量轴测图

图 9-29　包豪斯新校舍礼堂内部空间

图 9-30　包豪斯新校舍连廊空间

图 9-31　教学楼细部

图 9-32　宿舍细部

图 9-33　楼梯空间

格罗皮乌斯成就卓著，是现代建筑运动重要的革新家和开拓者，被业界誉为现代建筑运动的思想领袖和现代建筑教育之父，为现代建筑发展做出了突出贡献。

9.4.2 勒·柯布西耶及其代表作品

（1）勒·柯布西耶的基本建筑理论主张

勒·柯布西耶是现代建筑运动的激进分子，激烈否定 19 世纪以来因循守旧的学院派复古式的风格，强烈主张创造表现新时代的新建筑。他对现代建筑和城市均有独特而深刻的见解，对现代建筑的发展产生了深远的影响。

勒·柯布西耶有关建筑的激进主张集中体现在其著作《走向新建筑》中，基本理论主张有如下几点：①歌颂现代工业成就，尤其是对工业产品生产过程中的科学理性分析推崇备至，建筑应从工业产品设计生产过程吸取经验；②鼓吹用工业化的方法大规模建造房屋，提出"房屋机器——大规模生产的房屋"的概念；③在建筑设计方法上，提出平面是由内到外开始的，外部是内部的结果；④在建筑形式方面，赞美简单的几何形体；⑤强调建筑的艺术性。

此外，勒·柯布西耶提出了"多米诺结构体系"，阐释了现代住宅的基本结构，即住宅是用钢筋混凝土的柱子和楼板组成的开放骨架，在骨架中可以灵活地布置墙壁和门窗（图 9-34、图 9-35）。勒·柯布西耶还根据框架式结构体系特点，提出了著名的"新建筑五点"，即：①底层独立支柱。房屋的主要使用部分放在二层以上，下面全部或部分地腾空，留出独立的支柱；②屋顶花园；③自由的平面；④横向长窗；⑤自由的立面（图 9-36 ~ 图 9-40）。

对城市和居住问题，勒·柯布西耶也有远见卓识，主张用全新的规划和建筑方式改造城市，并试图重新定义城市和挖掘城市内涵。他认为，在现代技术条件下，可以既保持人口的高密度，又可形成阳光明媚、安静卫生的城市环境。城市按构成要素可以进行区域划分，可以依照新的目标进行理性安排，释放中心空间，用高层建筑提高城市的容纳能力，强化交通手段，改善绿化。1922年秋，勒·柯布西耶做了一个 300 万人口的城市规划和建筑方案，集中体现了他的主张。他有关城市的主张对现代大城市发展产生了深远的影响，他提出的许多措施如高层建筑和立体交叉交通等在第二次世界大战后的一些大城市中纷纷实现。

（2）勒·柯布西耶经典代表作品

①萨伏伊别墅（Villa Savoy. 1928—1930）

1928 年，勒·柯布西耶在巴黎西北近郊小镇普瓦西为萨伏伊夫妇设计了一套白色方盒子别墅——萨伏伊别墅。别墅集中体现了"房屋是居住的机器"的基本建筑主张，淋漓尽致地展现了"新建筑五点"，营造了变化丰富的动态空间序列，被誉为现代主义建筑的里程碑（图 9-41 ~ 图 9-52）。

图 9-34 "多米诺结构体系"住宅设计

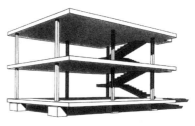

图 9-35 "多米诺结构体系"基本结构单元

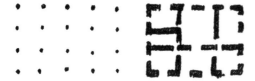

图 9-36 新建筑五点论·底层独立支柱

图 9-37 新建筑五点论·屋顶花园

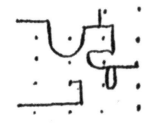

图 9-38 新建筑五点论·自由平面

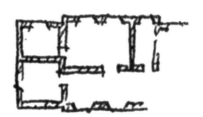

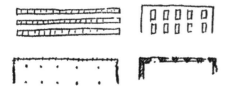

图 9-39 新建筑五点论·横向长窗

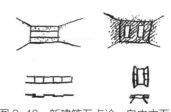

图 9-40 新建筑五点论·自由立面

图 9-41 萨伏伊别墅外观体量

图 9-42 萨伏伊别墅入口体量

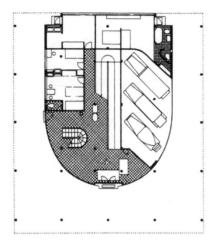

图 9-43 萨伏伊别墅首层平面图

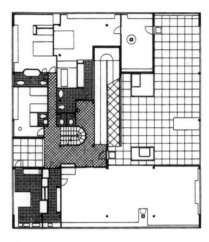

图 9-44 萨伏伊别墅二层平面图

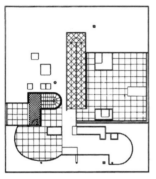

图 9-45 萨伏伊别墅屋顶平面图

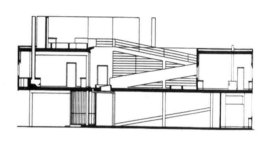

图 9-46 萨伏伊别墅剖面图

图 9-47 萨伏伊别墅坡道空间

图 9-48 萨伏伊别墅起居空间

图 9-49 萨伏伊别墅庭院空间

图 9-50 萨伏伊别墅景观视窗

图 9-51　萨伏伊别墅屋顶观景台

图 9-52　萨伏伊别墅全景

　　萨伏伊别墅坐落在一个青草茵茵、绿树环绕的自然式花园内，花园风景极为秀美，占地约 4.86 公顷。建筑位于花园的正中，是一个外形简洁、均衡对称的悬浮式立方体。建筑共有两层，底层三面架空，留作小汽车的通行道路，余下的部分布置了门厅、车库、楼梯、坡道和佣人用房，门厅的外形依据小汽车的转弯半径设计成 U 形；二层是建筑的主体部分，设有起居室、卧室、厨房、餐室和一个半围合的露天庭院；屋顶部分布置了曲线形的屋顶花园，花园既可眺望四周优美的自然景观，又可兼作日光浴晒台，可从二层经坡道或楼梯到达，极为便捷。

　　建筑中最有特点之处是贯穿三层的坡道设计，建筑师别出心裁地将坡道作为别墅的主要竖向交通，空间围绕坡道布置和展开。人们经由底层坡道，进入建筑，空间明暗、大小、开阔变化极为丰富，形成生动诗意的连续动态空间序列，好像欣赏镜头变幻的蒙太奇式电影，令人流连忘返。

　　建筑外形干净利索，内部空间联系紧凑，沿边开有连续的水平长方形景窗，强化了方形几何空间与外部景观的联系，整个建筑宛如一架外形简洁、功能复杂、设计精密的机器，体现了工业时代新的"机器美学"。萨伏伊别墅被认为是勒·柯布西耶最有代表性的作品，其简练的形式语言和诗意浪漫的动态空间序列极大拓展了现代建筑的空间表现力，是现代建筑的经典，奠定了现代建筑的历史地位，对现代建筑产生了深远的影响。

　　②巴黎瑞士留学生宿舍（Pavillion Suisse A La Cite Universitaire，Paris. 1930—1932）

　　巴黎瑞士留学生宿舍位于巴黎大学校内一个东西向的狭长梯形地段，基地南侧是学生运动场，视野开阔，景观良好，基地北侧有一条主要道路和圆形尽端式回车场，环境较为杂乱（图 9-53 ~ 图 9-55）。

411

图 9-53 巴黎瑞士留学生宿舍外观

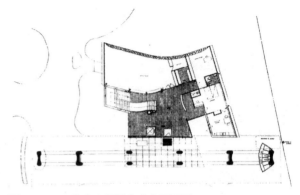

图 9-54 巴黎瑞士留学生宿舍平面图

图 9-55 巴黎瑞士留学生宿舍后部外观

宿舍建筑由长条形主体建筑和 L 形的附属建筑两部分组成。建筑师将长条形主体建筑布置在基地南部。建筑主体高五层，底层用 6 对巨型柱墩架空，以保持基地视野的通畅，第 1 层采用钢筋混凝土结构，2 层以上用钢结构和轻质墙体。建筑的 2~4 层为学生宿舍，采用了标准的单元式平面组合，第 5 层为管理人员的寓所和晒台。主体建筑南立面景观视野优美，2~4 层全部采用了透明的玻璃墙，加强了内外空间的联系，第 5 层部分为实墙，开少量窗洞，以收束立面构图；主体建筑的北立面开了一些排列整齐的小窗，以减少来自基地北部噪声的干扰；主体建筑两端的山墙部分完全封闭，没有开窗。附属建筑位于主体建筑的北部，布置了楼梯间和电梯，采用封闭的凹曲墙面；在楼梯间底层，突出设有一块不规则的单层建筑，以用作门厅、食堂和管理员室，单层建筑北部采用曲线形的封闭石墙，与基地北部的车行流线相呼应。

宿舍总面积 2 400 平方米，虽然建筑体量不大，外形也比较简单，但是，既有体量大小的对比，也有体量曲直的对比；既有空间开敞通透与空间封闭稳重的对比，也有空间虚实的对比；既有材料质地的苍朴粗犷与精致细腻的对比，也有材料的色彩明暗对比；既有不同形体光影形状对比，也有光影明暗变化对比。勒·柯布西耶将这些丰富的对比手法精心组织，创造了生动活泼的公共建筑新形象，对现代公共建筑设计产生了深远的影响，如纽约的联合国总部、巴西里约热内卢的教育卫生部大楼等都可见到类似的处理手法。

（3）勒·柯布西耶的主要建筑成就与贡献

勒·柯布西耶是20世纪一位具有世界影响力的建筑家，他以富有个性的建筑理论和建筑作品在20世纪初期的新建筑运动中取得决定性的地位。在长达半个多世纪的建筑活动中，他不断探索，大胆创新，推动和引领现代建筑发展，在现代抽象绘画、城市规划、研究现代建筑的实用问题、运用新材料新结构，特别是在运用钢筋混凝土、建筑体形和空间处理等领域，都有许多独特的创造。他的这些成就丰富了现代建筑学和城市规划学的内涵，对世界各国建筑师具有很大的影响，被誉为建筑界的爱因斯坦。

9.4.3　密斯·凡·德罗及其代表作

（1）密斯·凡·德罗的基本建筑主张

密斯·凡·德罗没有受过正规的建筑教育，他主要是在建筑实践中探索现代建筑的新方向。第一次世界大战后，密斯也投入了建筑思想的争论和新建筑方案的探讨。

他同传统建筑决裂，积极探求新建筑形象。1919—1924年，他先后提出5个新建筑示意方案，积极探讨工业社会新技术条件下建筑新形象问题。其中最引人注意的是两个玻璃摩天楼的示意图（图9-56、图9-57），摩天楼通体用

图9-56　玻璃摩天楼示意图一

图9-57　玻璃摩天楼示意图二

玻璃做外墙，内部的楼层结构脉络清晰、井然有序，高大的建筑像是晶莹透明的晶体，既壮观雄伟，又简洁新颖。两个摩天楼方案表明，摆脱历史符号的依赖，充分发挥现代新结构体系和新材料的表现力能成功创造全新的建筑形象。第二次世界大战后，经济好转，密斯的摩天楼方案得到实施，证明了他的英明远见。

密斯强调建筑要符合时代特点，要创造新时代的建筑。他认为，"所有的建筑都和时代紧密联系，只能用活的东西和当代的手段来表现，任何时代都不例外""在我们的建筑中试用以往时代的形式是无出路的""必须满足我们时代的现实主义和功能主义的需要"。

密斯极为重视建筑结构体系和建造方法，提倡工业化建造方法。密斯对结构体系的认识极为深刻，甚至将其提升到哲学认识论层面。他认为，"结构是一种从上到下乃至最微小的细节全部都服从于同一概念的整体""结构体系是建筑的基本要素，它的工艺比个人天才、比房屋的功能更能决定建筑的形式"，突出强调了结构体系对建筑的主导作用。同时，密斯提倡采用工业化的建造方法，"我们今天的建造方法必须工业化——工业化建造方法是当前建筑师和营造商的关键问题。一旦在这方面取得成功，我们的社会、经济、技术，甚至艺术的问题都会容易解决"。密斯极为重视现代工业化结构体系的艺术表现力的精致呈现，他提出："对结构加以处理，使之能表达我们时代的特点，这时，仅仅这时，结构成为建筑。"

在建筑形式方面，密斯也有深刻独到的见解。针对折中主义建筑拼凑历史建筑形式的烦琐表现，密斯提出"少就是多"的处理原则。"少"就是建筑形体处理简约化，去除任何与结构和功能无关的多余装饰，极力凸显结构明晰的高雅逻辑美。"多"就是精心发挥现代结构体系简洁精确的艺术表现力，达到精练高贵的完美艺术形式和丰富流动的空间艺术效果。"少就是多"一经密斯提出，立即成为当时建筑界广泛认同的建筑名言，也被奉为现代建筑的经典建筑形式原则，对后世的建筑创作产生了深远的影响。

（2）密斯·凡·德罗经典代表作品——巴塞罗那博览会德国馆（Barcelona Pavilion，Barcelona. 1929）

巴塞罗那博览会德国馆是密斯的经典名作，淋漓尽致地体现了"少就是多"的建筑处理原则，取得了极大的成功和广泛的影响（图9-58～图9-62）。

第一次世界大战后，德国专制的旧政府彻底崩溃，成立了共和制的新政府。新政府想扭转过去世界对德国的偏见，希望重建一个民主自由、文化先进、经济繁荣、睦邻友好的现代化国家形象。设计建造新颖的博览会展览馆是展示新国家形象的绝佳机会。政府的设计委托强调展览馆要能显示"我们是怎样的人，我们的感觉以及我们怎样看今天,不要别的,只求清晰、简洁、坦诚",一句话,即充分展示德国新面貌、新高度,尤其是德国人科学与技术、艺术的独特性、先进性。看似要求很少,极为自由,但需要极高的建筑艺术修养和创新精神才能胜任。密斯不负众望,将技术与形式、空间与环境、人工与自然材料完美结合,设计建造了一个高贵典雅、清新脱俗的展览馆。德国驻西班牙大使自豪地在德国馆接待了西班牙国王和王后。

图 9-58 巴塞罗那博览会德国馆远景

图 9-59 巴塞罗那博览会德国馆鸟瞰

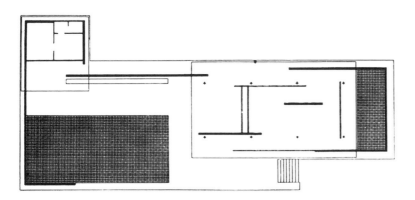

图 9-60 巴塞罗那博览会德国馆平面图

图 9-61 巴塞罗那博览会德国馆入口景观水池

图 9-62 巴塞罗那博览会德国馆内部空间

　　巴塞罗那展览会德国馆具有以下几个特点：

　　①体形简洁洗练，构图活泼。德国馆基址环境清幽宁静，有良好的视野。建筑平面长约50米，宽25米，为单层，由主厅、附属用房、两个水池等几部分组成。建筑师将建筑布置在一个平直的基座上，基座大致一分为二，东半部分为主厅，西半部分为附属部分，水池、踏步等则巧妙间杂其中。主厅和附属用房均为悬挑式平屋顶，形体极为简洁、舒展，与平直的基座呼应。以大理石基座为背景，主厅和附属用房之间、附属用房和入口大水池之间用简洁的墙片联系，其他各部分也巧妙穿插布置，形成自由活泼的平面构成，取得了简洁、抽象、活泼、均衡、比例协调的艺术效果。

　　②结构逻辑明晰，秩序谨严而开放。德国馆建筑极为重视结构体系艺术表现力的呈现，突显结构明晰的逻辑美。第一，严格明确区分空间的支撑结构和围护结构。建筑采用8根十字形断面的钢柱作为主厅的支撑结构，将主厅的顶界面轻盈地举起，薄薄的屋顶如在空中悬浮，轻灵飘逸。建筑的墙体光滑轻薄，如片、如镜，主要用于围护空间，与日常厚重的承重墙迥然不同。支撑用的钢柱和空间围护用的墙体在位置上截然独立，区分明确。第二，强化结构体系的严谨空间秩序。8根支撑用的十字形钢柱布置极为讲究，两两配对，在主厅平面上均匀分布，如平面矩阵，建构起严谨庄重的空间秩序；又如古希腊帕特农神庙柱式结构支撑的内部空间，让人倍感神圣，肃然起敬。围护用的墙体依据空间划分需要自由灵活分布，平添了几分活泼感。

　　③空间自由流动、内外交融、丰富多变。德国馆建筑空间灵活自由，流动多变，创造了经典的"流动空间"，堪称现代建筑空间典范。第一，建筑师精心组织了不同的空间要素，巧妙引导参观流线。除主厅空间外，密斯还精心设计了入口、前水院、后水院、"墙廊"等不同特性的空间要素，精妙地将其组合运用，巧妙进行空间转换，吸引观者不断"探索"发现。第二，利用不同长短、方向、材质的墙面去划分、限定、引导空间，强化空间的流动感。空间隔而不断，围而不死，前后相连，内外相通，开阖变化，虚实变换，流动婉转。第三，将绿化、光线等自然元素引入空间，利用明暗变化等进一步增加空间动感。建筑师巧妙布置墙体和屋顶的位置，形成不同部位的开口，将生机勃勃的绿化和明媚绚丽的光线引入内部空间，既加强了空间的内外交融，又加强了空间动感，使空间异常灵动活泼。

　　④自然要素的几何式物化处理。德国馆建筑重视绿化、光线等自然要素的空间引导作用，将其作为空间的重要构成要素进行精心处理。建筑师一改对自然要素自由放任的传统手法，用几何式的水院、几何式的空间开口将光线、绿化进行了抽象的几何物化处理，使自然要素有机地参与整个流动空间序列的建

构，将自然要素的抽象美强有力地呈现给参观者，同时进一步提升人工几何空间的灵动感，使简洁的几何空间更为高贵典雅、意蕴隽永。

⑤材料选用考究，材料特性突出。德国馆建筑空间简洁而流动多变，与建筑师精心选用材料也是密切相关的。建筑师既选用了不锈钢和玻璃等现代工业化的材料，也选用了玛瑙石、大理石、钙华石等名贵的传统石材。密斯充分发挥了各种材料的特性，既突出了不锈钢的雅洁干净和玻璃的通透灵动，也突出了高贵石材的典雅庄重，各部分恰如其分，相得益彰。

德国馆在博览会结束后，曾被拆除。密斯逝世后，建筑学人为了缅怀他，通过多方努力，在原址重建了德国馆，以供人们观摩、欣赏，这是对大师与名作的最好怀念。

（3）密斯·凡·德罗的主要建筑成就与贡献

密斯·凡·德罗不是一个全面的建筑师，也不是一个卓越的理论家，然而他是一个对现代建筑产生了广泛影响的具有独特风格的建筑家。密斯对现代建筑学的巨大贡献主要有三点：第一，他长年专注于探索钢框架结构和玻璃这两种现代建筑手段在建筑设计中应用的可能性，尤其注重发挥这两种材料在建筑艺术造型中的特性和表现力，在运用和发挥钢结构和玻璃的造型特点这一方面，达到了很高的水平。他把工厂生产的型钢和玻璃提高到了和古代建筑中的柱式、大理石同样重要的地位。第二，他精妙运用钢和玻璃，提出"少就是多"的现代建筑简洁化处理原则，提升了现代建筑语言的历史地位以及建筑空间的处理手法，拓展了现代空间理念。第三，用精练的建筑语言建构了现代流动空间理念，推动了人类由古典传统的静态空间观迈向现代的动态空间观。

9.4.4　赖特及其代表作品

（1）赖特的基本建筑主张

在美国，复古主义流行时间较长，影响也较为广泛，很少有人另辟新径探索现代新建筑。赖特是罕有的独立探索美国现代建筑的杰出建筑大师。

赖特反对袭用传统建筑样式，主张创造新建筑，试图建构美国现代社会生活需要的理想建筑空间。他在早期浪漫的"草原式住宅"的基础上逐渐发展，进一步提出了"有机建筑"的理论主张。

赖特"有机建筑"主要包含三个层面的内容：

①尊重自然，建筑形体与自然环境有机融合。赖特强调建筑要与自然环境紧密结合，认为建筑是地面上一个基本要素，从属于自然环境，像植物一样，迎着太阳，从土里生长。建筑是专为特定的自然环境量身定做的，体现自然场所的特性。

②重视功能，建筑空间与自然空间有机融通。赖特认为建筑体现着人的自我意识，有什么样的人就有什么样的建筑。受著名诗人惠特曼和马克·吐温的影响，赖特试图通过建筑空间营造自由浪漫的生活方式，注重建筑内部空间的灵活布局，空间分而不断，限而不死，既分又连，自由转换。同时强调内部与外部自然空间的便捷联系和有机融通。

③体解物性，建筑结构、材料有机融汇。赖特对建筑结构体系和建筑材料特性也极为重视，注重充分发挥现代结构体系和不同材料的性能。他提出了"建筑是用结构表达观点的科学之艺术""建筑是人的想象力驾驭材料和技术的凯歌""真实对材料的性质"等独特而深刻的论述。赖特将现代建筑结构和不同特性的建筑材料有机融汇，创造了清新雅致的有机建筑。

（2）赖特经典代表作品——流水别墅

1935年，应匹兹堡市百货公司老板考夫曼的委托，赖特在宾夕法尼亚州匹兹堡市郊一个风景秀美的山林里设计了一座形体舒展纵横、飞临流泉之上的别墅建筑，这就是现代建筑史上赫赫有名的流水别墅（图9-63~图9-68）。

图9-63 流水别墅全景

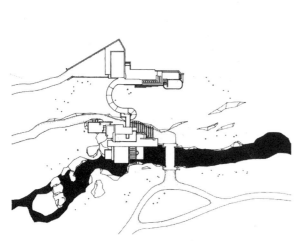

图 9-64 流水别墅总平面图

图 9-65 流水别墅体量构成

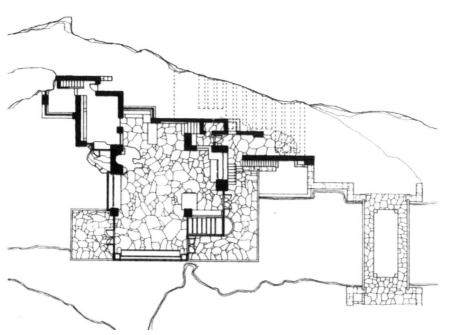

图 9-66 流水别墅首层平面图

图 9-67　流水别墅起居空间　　　　　　　　　　　　图 9-68　流水别墅临溪空间

流水别墅的设计有如下几个特点：

①选址别出心裁，环境林泉高致。1934 年，业主慕名邀请赖特在其秀丽的私家自然山林里设计别墅。接到邀请后，赖特即动身前往现场踏勘基地，被美丽的自然山林景色深深吸引。经过一天的辛苦寻觅，赖特最终挑选了一处巉岩纵横交错、溪水潺潺飘落的地方作为别墅的基址。基址周边地形起伏，林木繁盛，山石嶙峋互抱，清溪涓涓穿流，静动兼具，形美神逸，林泉高致，极为殊胜。

②大胆妙用结构，形体纵横交错。流水别墅基址所在的地方，北面为峭壁，南邻溪水和小瀑布，南北约 12 米，预留 5 米宽的通路后，用地极为狭促。受到基地上凌空纵横交错的巨岩启发，赖特大胆采用了当时居住建筑罕用的钢筋混凝土结构，充分发挥钢筋混凝土悬臂梁的优势，建筑向南、东、西几个方向凌空挑出，别墅的露天平台和部分空间形体纵横交错，悬浮在半空中，溪水与瀑布从悬挑的建筑下畅快流过。整个别墅高三层，室内空间向上逐层收缩，每一层的楼板连同边上的栏墙好似一个个托盘，向各个方向悬伸出来。溪水、巉岩、出挑的建筑形体、通透的建筑空间，渗透辉映，相得益彰，浑然一体。

③注重联系，空间灵动。流水别墅延续了赖特早期草原式住宅典型的自由空间模式，注重室内活动的便捷和空间的自由流动。首层是家庭活动主要空间，包含门厅、厨房、餐厅、起居室、阅览室等，建筑师沿用十字形空间与方形空间套叠穿插的空间组织模式，将各部分围绕起居室组织起来，空间流动自由。悬臂梁的使用，增强了内外空间的相互渗透，甚至有部分空间悬伸进山林之中，空间与自然水乳交融。更令人惊讶的是在起居室的一角布置了小楼梯，可直达下部潺潺的溪水，增加了竖向空间的流动，使空间动感体验更加丰富多彩，且

有雅致意趣，极为空灵。由此可见，赖特营造流动空间的能力老辣醇熟，达到了更高境界。

④强调对比统一，构图新颖活泼。流水别墅的形体构图也极富特色。多层悬挑的水平向形体，形成前后左右、纵横交错的水平式构图。竖向墙体用当地的灰褐色片石砌筑毛石片墙，极为粗犷、深沉、敦实，形成挺拔伟岸的竖向构图，与轻盈飘逸的水平构图形成了鲜明的对比。竖向墙体虽少，但极为重要，两道垂直的墙体将建筑与山体锚固成整体。既对比强烈，又完整统一，既灵动活跃，又庄重高贵，是难以超越的杰作。

⑤材质并置碰撞，艺术效果良好。流水别墅的材质应用极为考究，注重各种材质特性的充分表现，并将这些材质并置碰撞，巧妙组合，取得了雅致动人的艺术效果。流水别墅既采用了生铁、玻璃、钢筋混凝土等现代建筑材料，也采用了毛石片、木材、纺织品、皮毛等传统材料。建筑师充分表现材料的艺术特性，如在悬挑部分使用钢筋混凝土材料，并将其表面用水泥抹平，刷杏黄色的油漆，凸显了钢筋混凝土的轻盈感；悬挑部分的空间用纤细的生铁和透明的玻璃组成玻璃幕墙限定围合，极为轻灵剔透，与生机勃勃的山林景色浑然一体。别墅的主要支撑性结构部分，如柱墩和靠近北面崖壁的墙体，采用了当地产的毛石片砌筑。地面部分也用当地的毛石片铺砌，突出了自然野趣，与光滑的木质家具和轻柔的纺织用具形成了鲜明的对比。卧室部分，粗壮的毛石墙和轻灵的生铁玻璃幕墙直接相接，各异其趣，对比映衬。赖特还巧妙运用光线，将斑驳流离的光线照射在不同的材质表面，取得了动人的光影效果。

（3）赖特的主要建筑成就与贡献

赖特用独特而诗意的现代建筑形式语言演绎了美国人自由、浪漫的栖居梦想，被誉为美国最伟大的建筑师、艺术家和思想家，是"20世纪的米开朗琪罗"。

在漫长而艰辛的创作过程中，赖特逐步丰富着他的建筑哲学——有机建筑观，为美国建筑摆脱折中主义迈向现代主义奠定了坚实的基础，被认为是美国现代建筑之父。在美国现代主义发展的进程中，他用出色的高水平建筑创作引领了美国现代建筑的发展，为美国和世界现代建筑做出了重大贡献。

在建筑艺术方面，赖特比别人更早地关注到了现代社会需要的空间，打破了传统盒子式建筑的束缚。创造了灵活多样、内外交融流通、隐蔽幽静的建筑空间。赖特既运用新材料和新结构，又始终重视传统建筑材料，并善于把两者结合起来。同自然环境的紧密配合是他的建筑作品的最大特色，他的建筑使人感到亲切而有深度。

赖特的成就与贡献，在其逝世半个多世纪后的今天，仍具有不可替代的非凡价值。

本章知识点

1. 成熟时期的现代建筑的主要成就。

2. 第一次世界大战后的先锋建筑流派。

3. 表现主义派的基本主张与代表作品。

4. 未来派的基本主张与代表作品。

5. 风格派的基本主张与代表作品。

6. 欧洲先锋建筑派的基本活动与共同主张。

7. 现代建筑的国际组织。

8. 美国有机建筑的基本主张与影响。

9. 格罗皮乌斯建筑教育理论基本内容。

10. 包豪斯新校舍的特色成就。

11. 格罗皮乌斯的主要成就与贡献。

12. 勒·柯布西耶的基本建筑理论主张。

13. 萨伏伊别墅的特色成就。

14. 勒·柯布西耶的主要成就与贡献。

15. 密斯的基本建筑主张。

16. 巴塞罗那博览会德国馆的特色成就。

17. 密斯的主要成就与贡献。

18. 赖特有机建筑理论的基本内容。

19. 流水别墅的特色成就。

20. 赖特的主要成就与贡献。

10 |
多元文化交响的乐章——现代建筑的拓展

10.1　现代建筑拓展时期的时代特征与建筑成就

10.1.1　时代环境与人文特征

第二次世界大战后，在美国的主导下，西方资本主义社会经济恢复迅速，步入了发展的正常轨道。尖端科学技术连续取得突破，带动了整体工业水平大幅提升，人们的生活渐趋富足安定，生活需求日益丰富，对城市环境、景观的要求逐渐提高，尤其是城市环境的艺术质量和景观质量受到了更为广泛的关注。人们对环境的心理属性也渐渐重视，环境的归属感、场所感、文化认同等问题成为大家关注的新焦点和热点。总之，因为经济复苏，更多元、更深化的文化需求成为战后的主要特征，因此人们对现代建筑提出了更高的要求。

10.1.2　主要建筑成就

第二次世界大战之后，现代建筑因为适应战后经济恢复时期的需要，所以受到欢迎，并因其经济、灵活和富有现代感，逐渐成为建筑发展的主流。伴随社会经济的恢复与增长、工业技术的日新月异、物质生产的丰富，社会对建筑的要求越来越高，现代建筑的普及和推广所面临的矛盾也日渐增多，如建筑功能综合化与复杂化问题、与历史环境的协和统一问题、与城市或地区文化认同的问题、与生态景观融合的问题等。一些建筑师，尤其是战后成长起来的年轻建筑师对现代建筑面临的新环境、新问题，进行了多角度的思考和尝试，深化了现代建筑的发展。

第二次世界大战后，现代建筑的发展进入到深化拓展阶段，这一阶段的主要成就有如下三方面：

①面对建筑日趋复杂的要求，提出了理性综合的应对策略，全面提升了建筑环境质量。

②注重发挥新型工业技术和新材料的建造潜力，将其创新性地融入现代建筑创作，拓展了建筑空间观念，丰富了建筑语汇，提升了建筑的内在质量。

③关注社会的文化心理需求，强调建筑与环境肌理文脉的协调呼应，突出地域自然景观特色和文化特色的表达，增强了建筑的文化认同。

10.2　对理性主义进行充实与提高的倾向及典例

10.2.1　基本建筑主张

第二次世界大战期间，移居美国的格罗皮乌斯曾对现代建筑的理性发展提出设想，即"新建筑正在从消极阶段过渡到积极阶段，正寻求不仅通过抛弃什么、排除什么，而是更要通过孕育什么和发明什么来展开活动——要日益完善地运用新技术手段、运用协调的空间效果和合理的功能，以此为基础，创造一种新的美。"格氏的设想可谓是对现代建筑理性提高的早期理论论述。第二次世界大战后，对理性主义进行充实和提高的倾向进一步被广泛接受和深化，是战后现代派建筑发展中最为普遍的一种，其强调用理性的方法使建筑满足人们的物质与情感需要。该倾向通常注重创造性地综合解决建筑功能、技术、环境、经济、用地效率等问题；在形式上趋向创造活泼、多样的几何形体组合。对理性主义进行充实与提高的倾向在美国较为盛行，格罗皮乌斯与其门生组成的协和建筑事务所（The Architecture Collaborative，简称TAC）、约瑟·鲁斯·塞特（Josep Lluis Sert）是较为突出的代表。

10.2.2　经典代表作品

（1）哈佛大学研究生中心（Harvard Graduate Center，Cambridge.1949—1950）

协和建筑事务所设计的哈佛大学研究生中心是对现代建筑理性主义进行充实与提高倾向的早期经典作品，其在建筑群体景观空间环境的塑造、空间处理和建筑形体的丰富变化等方面进行了深入探索。

研究生中心坐落在一个近似直角梯形的基地之中，地形略有起伏。整个建筑群由一座公共活动中心和七幢宿舍楼组成。建筑师根据地形自然高差和功能流线进行理性分析，科学地规划分区和组合形体，用建筑形体围合成半开敞、半封闭的院落式景观空间，既与校园环境的结构肌理契合，又营造了流动多变的景观空间环境。建筑师将建筑群内所有宿舍楼底层架空，进一步增加了景观空间的动感，使空间隔而不断、萦绕连绵。现代建筑的流动空间理念被丰富和拓展应用到景观层面，取得了变化丰富的景观空间效果。同时，建筑师还巧妙利用长廊、天桥、台阶、平台等景观设计要素进行高差调节和空间的联系过渡，使景观空间变化巧妙而自然。更为难得的是建筑师根据地势高低调整了宿舍楼的层数和高度，增加了景观空间的立体变化。研究生中心建筑群的景观空间前后参差，虚实相映，高低谐和，联系便捷，极为宜人，是难得的现代景观空间设计的佳作。

研究生中心的公共活动中心建筑的形体与空间处理也极具匠心。公共活动中心位于基地的最后面，平面为弧形，面向梯形的院落空间内凹，与地形有机呼应，并与长方形的宿舍建筑形成了生动的曲直对比。公共活动中心共两层，底层三面架空，每边用白色支柱架起，内设休息室、会议室、楼梯和坡道，休息室和会议室的空间在需要时可以打通成为会堂，兼具多种功用；二层是一个大空间，可容纳1 200人同时用餐。建筑师巧妙利用室内坡道将空间分成四部分，以满足不同的用餐需求，同时削弱了大空间所带来的空旷和单调，更为宜人（图10-1~图10-3）。

（2）西柏林国际住宅展览会——格罗皮乌斯公寓

1957年，西德结合柏林汉莎区的改建举办了一个住宅展览会，会议模仿1927年魏森霍夫住宅展览会的做法，邀请了20余位国际知名的建筑师参加设计。展览会住宅类型丰富多样，由格罗皮乌斯与协和建筑事务所设计的公寓楼建筑集中体现了现代建筑在战后的新发展，引起了大家的广泛关注（图10-4、图10-5）。

公寓楼底层空间一部分架空，一部分留作公共活动与服务设施使用，上面8层为公寓。建筑师延续以往对功能、技术与经济的严谨务实态度，在建筑形体上作了更为精细的处理。公寓楼形状呈长弧形，显得极为优雅。错动布置的阳台，使立面变得极为清新生动。公寓楼的尽端部分处理也极富特色，跃层出挑的阳台与建筑形体相咬合，极富抽象感，并且大面积的玻璃窗与封闭的出挑阳台交互跳跃，虚实辉映。

（3）哈佛大学本科生科学中心（Under-graduate Science Center, Cambridge. 1970—1973）

哈佛大学本科生科学中心位于哈佛大学新、老校区连接处，建筑面积27 000平方米，是一个多功能的综合体建筑，是美籍西班牙建筑师约瑟·鲁斯·塞特的经典力作（图10-6）。

营建新老校区之间的安全、和谐环境是建筑师面临的巨大挑战。科学中心在哈佛大学老校区北门外，是新校区与历史悠久的老校区交会的地带。基地原有一条东西向的车行城市道路从新、老校区之间穿过，与南北向的人行通道交叉，交通繁忙、杂乱。建筑师从建筑与城市环境优化角度出发，对基地与周边环境进行了规划，与市政当局联系，并征得有关部门同意，将东西向的车行城市道路局部下沉，在下沉道路上面架设步行的绿化小广场，以便新、老校区师生安全通行，成为新、老校区之间的缓冲。同时建筑师将巨大的建筑体量进行了阶梯状跌落处理，越靠近老校区，体量越低，极为低调，与南部哈佛老校区低矮的建筑体量（一般为三层）呼应协调，并在建筑外墙上采用了与老校区砖墙建筑色彩一样的预制墙板，尊重、延续了老校区的环境文脉，营建了新老校区共生和谐的校园环境。

图 10-1　哈佛大学研究生中心公共活动中心

图 10-2　哈佛大学研究生中心宿舍楼

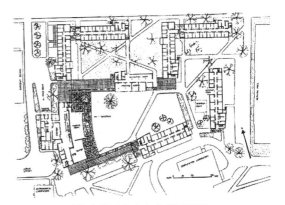

图 10-3　哈佛大学研究生中心总平面图

图 10-4　格罗皮乌斯公寓

图 10-5　格罗皮乌斯公寓侧面

图 10-6　哈佛大学本科生科学中心全景

　　条理清晰地统筹组织科学中心的复杂功能是建筑师面临的另一重要挑战。科学中心内有多达几十个数理化、天文地质、生物、统计学等学科的实验室，还有教室、讨论室、图书馆、教师办公及研究室、大型阶梯讲堂、咖啡厅等，还有一个 5 400 平方米的制冷站，功能极为复杂，远超出一般的公共建筑。建筑师引入"室内街区"的概念，根据空间性质要求，用带有天窗采光的 T 形廊道——"内街"把复杂内容统一起来。"内街"的南端为科学中心主入口，直接面对新老校区之间的城市步行广场，东西两端与新校园衔接，联系极为便捷，兼顾了新老校区学生人流。所有需要特殊设备与大空间的实验室、教室沿东西向的纵长"内街"在北侧布置，大量的排气管与竖向管道也集中在此；南北向的"内街"主要布置小型实验室、教师办公室、研究室，并与东面的图书馆、讨论室等围合成方形内院，西面是大型的阶梯讲堂。大阶梯教室讲堂呈扇形，承重的屋架上翻到屋顶上面，内部无柱，可按不同的活动需要把它分为几个小空间或打通为一个大空间。

　　营造亲切生动的师生交流空间是科学中心设计的独特之处。塞特一直特别关注建筑与人在情感、心理上的交流。在南北向内街东部结合了图书馆、讨论室等围合成内院，内院布置绿化，供学生课间休息使用。在内院西南布置了咖啡厅，咖啡厅全用玻璃建造，晶莹透明，是师生交流的理想天堂。跌落式的屋顶，既削弱了巨大体量对老区的压迫感，也为师生提供了诗意的观景平台。

10.2.3　价值与意义

　　第二次世界大战之后，现代建筑被广泛接受，但也面临许多新的期待和挑战，如更高的精神要求、更为复杂的功能和环境等，建筑师们对理性主义进行了充实与提高，力图在新条件下，把建筑相关的形式、技术、社会、经济、环境文脉、情感心理等问题统筹兼顾，使现代建筑再次向前迈进，推动了现代建筑学更为坚实的发展。

10.3 粗野主义倾向及典例

10.3.1 基本建筑主张

粗野主义（Brutalism）是 20 世纪五六十年代有重要影响的一类设计倾向。勒·柯布西耶、保罗·鲁道夫等是其代表建筑师。由勒·柯布西耶设计的法国马赛公寓和印度昌迪加尔行政中心等是粗野主义的早期经典作品。

第二次世界大战后，百废待兴，尤其是社会需要大量的新型公共建筑，如何建造既经济快捷又雄浑有力、气度恢弘的大型公共建筑，从而创造一种全新的社会文化和时代美学是建筑师面临的巨大挑战。同时，伴随城市的发展，大型公共建筑与城市环境的关联更为密切，如何用新的大型公共建筑促进城市环境优化也是建筑师必须应对的重大问题。针对上述问题，粗野主义主张用大量廉价的工业化施工手段建造社会广泛需求的大型公共建筑，并试图改变人们的传统审美习惯，创造一种更有张力和视觉冲击力的现代美学观。粗野主义建筑师主张直截了当地表达新建筑的结构逻辑和功能逻辑，并注重功能的理性深化，兼顾城市环境优化，充分表达建筑工业化生产的力度美、质朴美等特征。

10.3.2 经典代表作品

（1）马赛公寓（Unité d'Habitation at Marseille. 1947—1952）

1952 年，勒·柯布西耶在马赛城建成了一座备受争议的城市大型公寓住宅——马赛公寓，其粗犷有力的造型，复杂如小城市般的功能，引起了业界的普遍关注，被誉为粗野主义的早期经典名作，是粗野主义的开山力作（图 10-7 ~ 图 10-13）。

工业化导致城市人口压力骤增，城市居住问题，尤其是大量低收入人口的居住问题对现代城市的环境质量冲击较大，困扰和制约了现代城市的健康发展。勒·柯布西耶极为关注建筑与大尺度城市环境的有机关联，试图通过新的建筑重新定义城市内涵，优化城市环境，营造高效、健康的现代城市。他认为带有服务设施的大型公寓是组成现代城市的基本单位，并把这样的大型公寓叫作"居住单位"。马赛公寓即是勒·柯布西耶关于城市居住单位设想的一次创新实践。

马赛公寓位于一个面积达 3.5 公顷的大型公园中，其四周群山绵延，自然景观质朴苍莽。公寓建筑形体巨大，长 165 米、宽 24 米、高 56 米，是一个超大尺度的高层居住建筑，可供 337 户家庭、约 1 600 人居住，功能极为完备、复杂，对建筑师来说是前所未有的巨大挑战。

图 10-7 马赛公寓全景

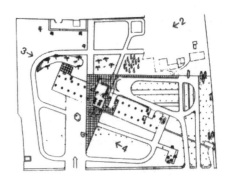

图 10-8 马赛公寓总平面图

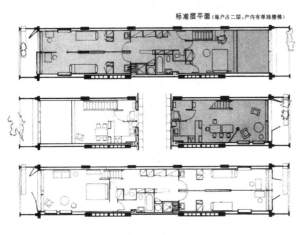

图 10-9 马赛公寓标准居住单元平面图

图 10-10 马赛公寓标准居住单元室内

图 10-11 马赛公寓屋顶运动场

图 10-12 马赛公寓底层空间

图 10-13 马赛公寓细部

建筑师带领设计团队，对功能进行了梳理，形成了条理清晰的功能逻辑。建筑底层除入口门厅、电梯厅及一些附属用房外，其余部分均用粗壮的混凝土柱墩架空，下部的自由空间用于交通和停车。一排排巨大柱墩支撑上部18层沉重的建筑体量，柱墩内部容纳服务管道，其上安置技术设备；在上部的18层中，1~6层和9~17层是居住层，户型变化很多，有23种户型，可满足从单身到有8个孩子家庭的不同居住要求。大楼按住户大小采用跃层复式布局，每户有独立的小楼梯和两层高的起居室，每个单元包含上下两户跃层，共跨越三层，走道设在中间层，每三层共用一条走道，节约了交通面积，15层居住层，只有5条走道，极大提升了空间利用率，并能保障每户均有良好的通风和采光，功能布局设计非常深入细致、经济合理；大楼的第7、8两层为商店和公用设施层，设有面包房、副食品店、餐馆、酒店、药房、洗衣房、理发室、邮电所和旅馆，公共服务功能极为完备，同时兼顾了上下两部分住户层便捷到达，避免传统单独配套布局方式带来的漫长竖向交通等待和拥堵；第18层为顶层，内设一个幼儿园和托儿所，并有一个坡道直达屋顶花园；屋顶花园有一个小型游泳池和一个儿童活动场地、一个健身房、一块健身的空地、一条300米的跑道和一个带快餐店的屋顶花房，同时屋顶还有一些设施和装置，包括一些混凝土台，一个小小的假山，花池，通风管，一个室外剧场和影院，形成了丰富的生活景观图景。马赛公寓如一个配套完备、设施齐全的竖向小城镇，功能前所未有的丰富、复杂，是对战后大量人口居住性问题的高水平探索。

马赛公寓主体采用现浇钢筋混凝土结构，尺度规模超大，常规的建筑艺术造型处理语汇难以适用和胜任。一方面，建筑师极为尊重基地四周的自然景观，用粗壮笨重的柱墩将建筑主体抬升架空，最大限度地释放地面空间，使大地景观绵延不断，自由延伸，粗糙有力的柱墩扎根大地，与起伏奔腾的原野有机呼应。另一方面，建筑师对高大竖向立面的处理也独运匠心。在浇筑混凝土时，勒·柯布西耶特意选用了粗糙的木板为模板，强化了混凝土自身粗糙肌理的艺术表达。裸露的素混凝土，保存了材料自身的波状纹理和丰富形态，甚至保留了缺陷和裂缝（这些是木质模板裸露木材的真实面貌留下的印记），建筑师称之为"皱纹"和"胎记"，将建造过程中的技艺深深烙在建筑形体上，显得极其凝重、质朴。同时，粗犷的素混凝土与因不同户型而产生的立面竖向分割和丰富韵律形成了强烈的对比，凸显了现代技术的精确、细致和完美。

马赛公寓有力推动了大尺度现代建筑与自然景观之间的融合与互动，探索了塑造现代建筑的方法。

（2）印度昌迪加尔行政中心建筑群（Government Center，Chandigarh，India. 1951—1957）

昌迪加尔是印度旁遮普新省的首府。1951年，勒·柯布西耶应印度总理尼赫鲁的邀请，担任新省会的设计顾问，为昌迪加尔做了规划，并设计了行政中心的建筑群。昌迪加尔行政中心建筑群与当地炎热的气候和自然景观有机融合，是建筑师晚年的又一力作，也是粗野主义重要代表作。

昌迪加尔位于喜马拉雅山下的干旱平原上，自然景观素朴苍莽。勒·柯布西耶根据功能特征，将整个城市分成几个规整的街区，包括政治中心、商业中心、工业区、文化区和居住区等5个部分，形成一个分区明确的棋盘式城市布局。行政中心位于城市一侧，自成一区，主要建筑有高等法院、行政大楼和议会大厦等（图10-14～图10-20）。

高等法院位于行政中心左侧，是最先建成的建筑。建筑以古罗马高架输水道为原型，采用了一组巨大而连续的伞状结构将大型屋顶高高举起，为建筑内部遮阴挡雨。办公室与法庭则被设在巨大的结构框架内。三根通高的枕形结构打断办公区域的连续，形成巨型尺度的入口门廊，强调了建筑的庄严。法院建筑整体粗犷，与舒展而原始的自然景观遥相呼应。

行政大厦位于行政中心右侧，长254米，高42米，是行政中心建筑群中最长的建筑。建筑以马赛公寓为原型，采用标准结构柱网支撑整个结构。建筑内主要是各部委会议室和各部委办事处，内部空间划分较为粗略。建筑两侧设置遮阳板防止阳光直射，一万多根混凝直棂间隔节奏丰富，既为内部空间遮阳，又增加了外部立面的趣味，避免了超长建筑的沉闷感。行政大厦的交通体系也很独特，除普通的电梯和楼梯外，还包括两个巨大的混凝土坡道突出在建筑之外，增添了竖向交通的空间体验感。同时，坡道的竖向敦厚体量打破了办公室部分超长体量的简单连续，二者之间形成虚实和方向的对比，增添了建筑外形的空间张力。

议会大厦位于行政中心的中心位置，是行政中心最为重要也是最为复杂的主体建筑。议会大厦包含办公房间、委员会办公室、出版社、一个参议会办公室和一个主要集会大厅。建筑以萨伏伊别墅神庙般的模式为原型，采用方形围合，形成一个带中庭的方形院落。最为神奇的是议会大厅部分，采用双曲线式圆桶状体量，从中厅中奔腾升起，高高耸立在方形的屋顶之上，与规整的方形体量形成强烈对比。大厅采用顶部采光，采光口方向与太阳运行到顶时的轨迹一致，以获取更强烈的光照效果。每年春分或秋分阳光从屋顶直倾而下照射到双曲线的墙壁上，带来阳光普照、寰宇共享的神圣感。建筑师通过光影与太阳轨迹的密切联系，增强了建筑空间的神圣与庄严感，丰富了大尺度公共建筑的

 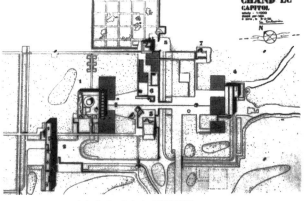

图 10-14　昌迪加尔新城规划平面图　图 10-15　昌迪加尔行政中心总平面图

图 10-16　昌迪加尔行政中心高等法院

图 10-17　昌迪加尔行政中心行政大厦全景　图 10-18　昌迪加尔行政中心行政大厦近景

图 10-19　昌迪加尔行政中心议会大厦全景　图 10-20　昌迪加尔行政中心议会大厦门廊

内涵。建筑师还采用粗犷的墙壁支撑巨大尺度的斜翻曲梁形成庄严的门廊，进一步强化了建筑的神秘感和形体张力。另外，上翻的巨大曲梁也起到了遮阳和引导气流的作用，加强了中庭部分的空气流动，有利于改善室内空气，使之更适宜人群的集会。

昌迪加尔行政中心建筑群探索了大尺度现代公共建筑的视觉张力问题，并与当地的气候、文化传统和自然景观密切呼应，拓展了现代建筑语汇的应用范围，取得了巨大成功。

10.3.3 价值与意义

大尺度公共建筑功能复杂，尺度巨大，是环境的主角，对环境整体质量提升起着重要的作用。常规尺度的现代建筑语汇难以满足大尺度公共建筑的独特要求。粗野主义倾向的建筑师用工业化的手段创造了一种既体现和呼应区域环境景观特性，又富有视觉张力的现代建筑语汇，拓展了现代建筑语汇的内容，深化了现代建筑的精神内涵，开启了大型纪念性现代建筑的研究，增强了现代主义建筑运动的活力。

10.4 讲求技术精美的倾向及典例

10.4.1 基本建筑主张

讲求技术精美的倾向，是 20 世纪 40 年代末至 60 年代占主导地位的设计倾向，主要流行于美国。密斯·凡·德罗是其主要代表建筑师，由密斯设计的法恩斯沃斯住宅、西格拉姆大厦等是该倾向的经典代表作品。

讲求技术精美的倾向源自密斯早年对建筑结构逻辑性表达的不懈追求。该倾向的特点是建筑主要采用钢和玻璃建造，构造与施工非常精确，内部空间结构柱网布局洗练，追求建筑结构的清晰表达，建筑外形纯净透明，清澈地反映建筑的材料、结构与内部空间。

10.4.2 经典代表作品

（1）法恩斯沃斯住宅（Farnsworth House, Illinois. 1945—1951）

1945 年，单身的女医生法恩斯沃斯对密斯的建筑设计风格非常仰慕，特意委托密斯为其设计私宅（图 10-21 ~ 图 10-24）。

住宅基址位于美国伊利诺伊州南部的福克斯河右岸的一个林地里，四周树木苍翠，环境极为优美。建筑师用极其洗练的造型语言设计了一个盒式建筑。建筑体量不大，面积约 200 平方米，由一个矩形平台和一个长方形玻璃立方体组成。入口的矩形平台斩截干净，用 6 根矮柱架起，略高出地面，以暗示和强调主空间的地位。建筑主体是一个长 23.47 米、宽 8.53 米的盒子，用 8 根 "H"形截面的钢柱凌空架起。主体建筑共 3 个开间，左边开间完全开敞，用作门厅，是入口平台与室内空间的转换与过渡；右边两间用晶莹透明的玻璃围合，是建筑的主空间，空间的中央是住宅的服务中心，长 7.3 米、宽 3.7 米，内有管道井、壁炉和左右两个卫生间，是住宅内唯一一封闭的空间。其余主要的功能空间环绕服务中心布置，起居室位于南面，餐厅厨房在北面，卧室在东面，除卧室与起居室之间布置了一个 1.83 米高的衣柜进行空间划分外，各部分空间流转自如，通过透明玻璃与自然景观融为一体。

住宅的结构体系虽然简单，但建筑师的细致处理颇具匠心。主体结构由 8 根钢柱和一个地面板、一个屋面板组成。考虑到防洪需要，建筑地面板离地 1.52 米。钢柱故意贴在地面板和屋面板的外沿焊接，最大限度地减少了对室内空间的影响，以保证室内空间的流动。地面板和屋面板沿纵向左右向外挑 1.83 米，增加了建筑的轻盈感，整个建筑如悬浮在空中的水晶体，剔透晶莹，雅致动人。

图 10-21　法恩斯沃斯住宅入口空间

图 10-22　法恩斯沃斯住宅与环境

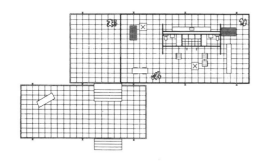

图 10-23　法恩斯沃斯住宅平面图

图 10-24　法恩斯沃斯住宅全景

起止有度的空间序列、简明的结构逻辑、均匀流动的空间和精致的立面造型，共同营造出一种高雅别致的空间氛围。精美雅致的建筑与生机勃勃的自然形成强烈对比，相互渗透，交相辉映。但空间过于通透，甚至卧室也完全透明，给业主私密生活带来了不便。尽管如此，该作品仍不失为讲求技术精美倾向的经典代表作品，对后世产生了重要的影响。

（2）西格拉姆大厦（Seagram Building, New York. 1954—1958）

坐落在纽约曼哈顿区繁华的公园大道上的西格拉姆大厦是一座豪华的高层办公大楼，建筑高157米，共38层。大厦形体简洁，高贵典雅，被誉为纽约最考究的大楼，是讲求技术精美理念的经典案例（图10-25~图10-29）。

图 10-25　西格拉姆大厦与街道空间

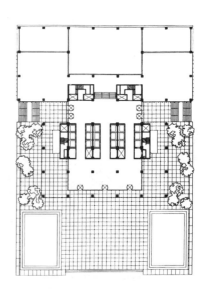

图 10-26　西格拉姆大厦平面图

图 10-27　西格拉姆大厦外观

图 10-28　西格拉姆大厦外观

图 10-29　西格拉姆大厦细部

西格拉姆大厦基址所在的公园大道,是纽约最为知名的商业大街,街上高楼林立,场地极为昂贵。业主是著名的西格拉姆酿酒公司,他们希望通过新的办公楼展示高雅与名贵的公司形象。密斯·凡·德罗一改商业高层建筑沿基址红线建造的传统,将大厦退后红线,在街道与建筑之间设计了一个宽敞的城市广场,减少了建筑主体高大体量对街道的威压,极为端庄低调。广场左右各布置了一个矩形水池,水池和广场地面均用灰色大理石铺砌,简洁精致,凸显了主楼的地位。

大厦平面由前后两个大小近似、相互平行的矩形空间和中心交通核连接而成。主楼位于交通核前方,面向广场,左右面宽为 5 个开间,前后进深为 3 个开间,柱网间距为 8.4 米。底层除交通设备空间和入口门厅外,其余完全开敞,形成 8.5 米高的三面柱廊,以加强与主楼和小广场的空间联系。

与当时流行的大型高层建筑一样,西格拉姆大厦主体采用钢结构建造,外部用非结构性的玻璃幕墙围合。密斯·凡·德罗曾试图表现钢结构的严谨逻辑,但根据美国建筑法令,钢结构外部必须用防火材料覆盖(通常用混凝土),不能裸露在外,以防钢结构在被火灾围困时软化和垮塌。无奈之下,建筑师只好在玻璃幕墙外部悬挂非结构性的工字形断面金属竖棂,模拟建筑的结构逻辑,强化建筑结构逻辑的外在表达。

西格拉姆大厦外形十分简洁,极为典雅。大厦主体为竖直的长方体,除顶层与底层外,其余外墙面均采用了金属裙板和染色隔热玻璃组成的轻质幕墙,外挂镶包紫铜的竖棂作为分隔,幕墙竖棂直上直下,逻辑简明清晰。幕墙和竖棂之间的连接构造非常精致,使建筑外形更为精致洗练、精美无比。

西格拉姆大厦淋漓尽致地展现了密斯对结构逻辑表达与精致细部处理的不懈追求,凸显了他非凡独特的审美品位。

10.4.3 价值与意义

结构逻辑对建筑形式美有重要影响,讲求技术精美的倾向尤其重视结构逻辑的层次清晰、简洁洗练的表达,该倾向的建筑师注重玻璃与钢等现代工业化建筑材料的精确应用,突出表现了现代材料的潜在美学特性,创造出剔透晶莹、高贵雅致的现代建筑形象,提升了现代建筑材料语言的丰富表现力,使之与古典建筑高贵的石质材料相比肩,增强了现代建筑形式语言的艺术感染力。

10.5 典雅主义倾向及典例

10.5.1 基本建筑主张

典雅主义（Formalism）又称形式主义，典雅主义致力于运用传统的或古典的美学法则驾驭现代材料和结构，营造正统、端庄、温暖与庄严的典雅美。典雅主义受到上流社会与官方的欢迎，主要流行于 20 世纪五六十年代经济富庶的美国。斯通（Edward Durell Stone, 1902—1978）和雅玛萨奇（Minoru Yamasaki, 1912—1986）是该倾向的主要代表人物。美国驻印度大使馆、纽约世界贸易中心是典雅主义倾向的经典代表作。

10.5.2 经典代表作品

（1）美国驻印度大使馆（U.S. Embassy, New Delhi. 1955—1959）

建筑师斯通是美国现代建筑史上一位传奇式人物，他早年致力于实践勒·柯布西耶、格罗皮乌斯的现代建筑语汇建筑创作，后不满足于现代建筑的简洁样式，试图将古典传统、田园式的乡土语汇、现代技术和材料有机调和起来，创造一种温暖的、根植于美国本土、富有文化意味的优雅建筑。美国驻印度大使馆是斯通典雅主义建筑创作的成名之作（图 10-30）。

大使馆位于两条道路交叉处的一块长方形基地。使馆建筑包含办公楼、大使官邸、随员公寓等，办公楼是大使馆的主体建筑，是整个使馆的核心。既适应印度气候、满足使馆的复杂功能，又突出西方文化传统是建筑师面临的主要挑战。在建筑环境的总体设计上，建筑师吸收了印度泰姬马哈尔陵的设计经验，将主体建筑建在一个长方形的平台上，在长方形的主体建筑前设置了圆形水池和林荫道，用宜人的景观序列变化烘托出大使馆的重要地位。

图 10-30 美国驻印度大使馆

在主体建筑设计上，斯通巧妙借鉴古希腊建筑围廊式庙宇的古典式传统布局。第一，建筑师将办公楼布置在长方形的平台上，形成古典庙宇纵长式的体形布局。主要办公用房围绕一个长方形内院布局，内院中间设置水池和喷泉，水池中心设计了一个种满植物的绿岛，水池边也种满了葱郁的树木。为减少阳光的暴晒，建筑师还在水池上方设计了铝制的遮阳板。在内庭院设计了景观水池，既活跃了庭院空间，又调节了微气候，很好地适应了当地炎热的气候。第二，精心设计了环绕使馆办公楼的柱廊。使馆办公楼外观是美国西方文化的重要载体，建筑师极为重视。遵循围廊式庙宇的传统布局与构图习惯，建筑师先将主入口设置在长方形的短边，短边七个开间，中央一跨较大，设置了门厅；随后建筑师在建筑外部布置了一圈兼有结构作用的金属柱廊。金属柱廊的钢柱较为细长，外镀金，极为雅致富丽，轻盈地支撑着宽大轻薄的挑檐，颇具希腊神庙的古风。柱廊内的墙体是双层的，外层是由预制陶块砌筑带有印度传统风格的白色花格漏墙，比较厚实，以遮阳隔热；内层是玻璃墙，用以加强采光。大使馆白色的花格墙与精致的柱廊在材料、色彩、质感方面形成强烈对比，交相辉映，极为生动，既有古希腊庙宇的神韵，又有现代技术的精美，既古典又现代，是高水平的佳作。

斯通设计的美国驻印度大使馆既充分考虑到了当地的独特气候与文化传统，又巧妙融合了西方建筑传统和现代建筑艺术；既端庄典雅、富丽堂皇，又舒适宜人、平易亲切。大使馆建筑在印度和世界受到广泛好评，1961年获美国 AIA 奖。

（2）世界贸易中心（World Trade Center，New York. 1966—1973）

为发展纽约下曼哈顿地区，20世纪40年代纽约州联合附近的新泽西州策划在该地区兴建一个豪华的高层建筑综合体——世界贸易中心。经过长时间的项目策划和慎重遴选，1962年，建设方决定聘请雅玛萨奇担任世贸中心的总建筑师，委托他主持世贸中心的设计与建造。

基址位于纽约曼哈顿岛南端西边，毗邻哈德逊河畔，占地面积7.6公顷。世贸中心共由一对超高层的双子塔、三座办公楼和一座旅馆等6幢建筑组成，总面积达126万平方米，可容纳5万~10万人在其中工作、活动，是一个庞大而复杂的综合性建筑群（图10-31~图10-35）。

双子塔是建筑群的主体核心建筑，也是最具挑战的部分。

①确定双子塔楼的高度和形式轮廓。下曼哈顿位于纽约曼哈顿岛南端，三面环水，高楼林立，是美国奇特城市景观的典型代表。世界贸易中心的基本问题是确定一个美丽动人的形式和轮廓线，既适合下曼哈顿地区的城市景观，丰富城市景观的天际线，又符合世界贸易中心的重要地位，引领该地商业的繁荣

图 10-31　世界贸易中心与纽约曼哈顿半岛景观天际线

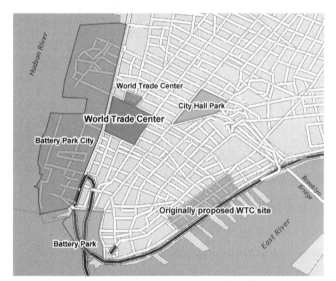

图 10-32　世界贸易中心基址区位图

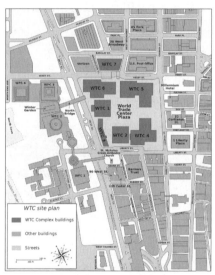

图 10-33　世界贸易中心总平面图

图 10-34　世界贸易中心塔楼鸟瞰　图 10-35　世界贸易中心远景

和发展，促进城市的复兴。纽约市近半个世纪的发展历程表明，正是渥尔沃斯大楼（1911—1913）、克莱斯勒大厦（1928—1930）、洛克菲勒中心（1931—1940）、帝国大厦（1931—1932）等高层建筑的不断涌现，数次突破和刷新了城市的天际轮廓线，展现了城市蓬勃的生机。雅玛萨奇认为新建的世贸中心应超越已有的高层建筑，新的轮廓线应展示、延续城市的活力。综合调查比较之后，建筑师决定修建两座110层、高435米、边长均为63.5米的超高层建筑。两座塔楼体形完全一致，比肩而立，挺拔简洁，以优雅的轮廓再次展示纽约的繁荣。

②探究适宜的超高层结构体系。20世纪50—60年代高层建筑通常用"核心筒结构"承重，外墙不承重，仅起到空间围护和限定的作用，故"核心筒"常设计得极为厚重，建筑的自重很大，因此高层建筑的发展似乎达到了极限。世贸中心110层，是前所未有的超高层建筑，承受的水平荷载极大，用传统的结构体系难以应对。世贸中心双塔一改高层建筑的传统结构体系，提出了"双套筒"结构体系，即用密集（钢柱间距小，只有1.016米）的柱子环绕建筑四周，形成可承重的外墙，密如栅栏的钢柱四面围合，构成一个巨大密格式的钢质管筒——外筒。大楼的中心部分用钢结构做内管筒，其中安设电梯、楼梯、设备管道和服务房间等。内外两个管筒之间用钢楼板固结，形成整体性能较好的双套筒结构，有很强的抗水平荷载能力。世贸中心层数高，而用钢量远比传统的超高层建筑少，充分说明了新的双套筒结构体系的巨大优越性。

③寻求高效率的交通体系。世贸中心塔楼总办公面积为84万平方米，规模大，层数多，如果采用一般的电梯布置方式，需用电梯井的数目就多，交通体系占用面积就大。寻求经济、高效便捷的竖向交通体系是一个巨大的挑战。建筑师与设备工程师协作，采用了带换乘门厅的新电梯系统，即在第44层、78层设置换乘大厅，将高层建筑分成1~44层、44~78层、78~110层三个区段，可乘大容量（每部可载55人）的快速电梯（每分钟速度达486.5米）直达换乘大厅，然后换乘区间小电梯到达目的楼层。快速电梯与区间电梯的混合使用极大提高了竖向交通的效率，客人可在58秒内直达顶层，两分钟内可到达任一楼层。同时，快速电梯和区间电梯可共用一个电梯井，大大节约了交通体系的面积，增大了可使用的办公面积（有效使用面积提升到总面积的75%），这在同类高层建筑中是较为罕见的。

④克服超高层用户的心理恐高问题。通常高层建筑流行大尺度的整块玻璃窗，以获得超常的景观视野，但同时，因楼层过高，也常让人产生如临悬崖的高空恐惧感，医学称为"心理恐高症"。如何通过科学的设计解决高层使用者的心理恐高问题？建筑师延续了其处理高层建筑时设计细窄玻璃窗的一贯做

法，结合世贸中心独特的密集钢柱外筒的结构特点，将窗户的宽度定为0.566米，高度为2.34米。世贸中心的窗子又窄又长又密，外墙上的玻璃面积只占到表面总面积的30%，远低于当时的大玻璃或全玻璃建筑。因为窗户很窄，柱子很密，人们感到很安全。在100多层的办公空间中，很多人把身体贴在窗边观望和拍照，神色自若，没有丝毫的恐惧感，感觉不出自己已身处400米的高空中。这是超高层建筑中极为罕见的成就。

⑤减少高层建筑的环境压迫感。纽约下曼哈顿地区高层建筑林立，建筑物与人流极为密集，人在街道上或地面上活动，会感到环境非常拥塞和压迫。通过科学的设计，减少环境压迫感，进而提升城市空间环境质量是建筑师面临的又一艰巨挑战。在用地极为紧张的情况下，建筑师尽量节省建筑的占地面积，在整个7.6公顷的总用地中划出1.33公顷作为中心广场，在广场上布置了水池、花坛、雕塑、座椅等，任市民、游人、工作人员观览休憩。在车水马龙的下曼哈顿地区，世贸中心广场犹如沙漠中的一片绿洲，让人舒缓。同时，建筑师还巧妙处理高层塔楼的9层以下与公共空间密切接触的近地部分，将上部的密集钢柱收束，每三个钢柱合为一个束柱，从而将下部的柱间距扩大到3米，使建筑变得极为轻盈。束柱上部类似哥特尖券的造型，增添了建筑的飞升动势，极为优雅。世贸中心塔楼下部的结构变换和艺术造型进一步减少了超高层建筑巨大体量对环境的压迫感。

世贸中心双子塔楼虽然在2001年的"9·11"恐怖袭击中坍塌，但其独特的技术成就和美丽的艺术轮廓仍深深留在世人心中。

10.5.3　价值与意义

典雅主义倾向试图将古典建筑传统与现代建筑技术相融合，创造一种既现代又富含传统的建筑，增加了现代建筑的文化内涵，使之更为亲切宜人、温暖娴雅，极大提升了现代建筑的文化影响力，为社会所普遍接受。

10.6　注重高度工业技术的倾向及典例

10.6.1　基本建筑主张

注重"高度工业技术"的倾向，是指在建筑中坚持采用新型工业技术，营造便捷、高效、开放、透明的新空间，将极富创新的新型技术进行高水平组合，进而艺术化表达的倾向。该倾向歌颂时代的技术进步，试图创造与高度发达的工业技术时代相适应的全新建筑美学观和空间观，受到工业技术发达的西方国家和新兴经济体的欢迎，从20世纪60年代至今较为盛行。伦佐·皮亚诺

（Renzo Piano，1937—　）、诺曼·福斯特（Norman Foster，1935—　）、理查德·罗杰斯（Richard Rogers）等是该倾向的代表建筑师，美国科罗拉多州空军士官学院教堂、法国巴黎蓬皮杜国家艺术与文化中心、香港汇丰银行总部大楼等是注重高度工业技术倾向的经典代表作。

10.6.2　经典代表作品

（1）科罗拉多州空军士官学院教堂（Chapel，U.S. Air-force Academy，Colorado.1956—1962）

科罗拉多州空军士官学院教堂是 SOM 事务所设计建造的经典作品，该教堂大胆采用了钢管空间桁架和铝皮等新技术、新材料，创造了新颖的现代教堂形象，是第二次世界大战之后，注重高度工业技术倾向的经典之作（图 10-36、图 10-37）。

教堂位于科罗拉多州空军士官学院内，平面为长方形，宽 25.6 米、长85.34 米。建筑共 3 层（地上两层，地下一层），高 45.72 米，总建筑面积为5 100.21 平方米。首层分别布置了犹太教堂和天主教堂，两个教堂相对布置，有各自独立的对外出入口。犹太教堂面积较小，可容纳 100 人。天主教堂面积较大，可容纳 500 人。二层布置了一个可容纳 1 300 人的基督教新教教堂。地下室为一些服务性的空间。

教堂的结构体系极为独特，先用高强轻质的钢管组合成四面体空间桁架作为基本结构单元体，然后将三个单元体桁架组合成一个大的构架，两个大构架相对而立形成一榀等腰锐角三角屋架，整个建筑共由 17 榀屋架组合而成，三

图 10-36　空军士官学院教堂全景

图 10-37　空军士官学院教堂正面

角形屋架锐角向上，直冲云霄，高近 50 米，有强烈的升腾动势，颇有中世纪哥特教堂的神韵。屋架外贴铝皮或玻璃，极为轻盈，进一步强化了飞升的动势。

空军士官学院教堂运用了高强轻质的钢管组合成全新的结构体系，并巧妙组合形成独特的宗教建筑空间和新颖的建筑艺术形象。单元体之间用彩色玻璃连接，为室内带来斑斓的光线，增添了浓烈的宗教气氛。因其成功的设计和对新技术的高水平应用，该建筑于 1996 年获美国建筑师学会 25 周年奖，于 2004 年入选美国历史地标名录。

（2）蓬皮杜国家艺术与文化中心（Le Centre Nationale d'art et de Culture George Pompidou，Paris. 1971—1977）

巴黎拥有悠久历史和丰厚文化传统，一直是欧洲重要的文化艺术中心，以卢浮宫为代表的古典、高雅建筑名作广布巴黎主城区，但人们认为巴黎缺乏一个现代化的文化艺术活动中心。1969 年，法国总统蓬皮杜提议在巴黎中心地区修建一座综合性的现代艺术与文化中心，1971 年法国当局举办国际竞赛，从全球征集了 681 份参赛方案。由世界知名建筑师奥斯卡·尼迈耶（Oscar Niemeyer）、菲利普·约翰逊（Philip Johnson）等组成的专家评审团最终选择了意大利建筑师伦佐·皮亚诺和英国建筑师理查德·罗杰斯合作的方案。1977 年，蓬皮杜国家艺术与文化中心落成，立即引起了轰动，其独特的建筑理念、激进的建筑形象受到了建筑界广泛的争论，是注重高度工业技术倾向的先锋作品（图 10-38）。

蓬皮杜国家艺术与文化中心基址地处巴黎中心区拉丁区北侧，塞纳河右岸，距卢浮宫和圣母院大教堂约 1 000 米，周围是大片老旧房屋组成的历史片区。在极具历史文化传统的巴黎中心区建造一个现代的艺术中心本身就是一个巨大

图 10-38　蓬皮杜国家艺术与文化中心

的挑战。为应对这一挑战，建筑师突破传统建筑的僵化理念和模式，用先进的工业化结构技术建造了一个自由开放的、充满活力的艺术文化中心，彻底扭转了日渐趋同的、教条化的现代建筑趋势，开启了一个全新的发展方向。

敢为人先、突破传统是蓬皮杜国家艺术与文化中心的最大特色。艺术中心包含公共图书馆、现代艺术博物馆、工艺美术设计中心、音乐与声学研究中心。蓬皮杜总统在国会中宣称："这个中心应表现我们时代的一个城市建筑艺术群，要搞一个看起来真正美观的纪念性建筑。"建筑师试图突破传统建筑理念，一改人们的思维定式，也一改文化建筑高高在上、故作优雅而脱离普通民众的高傲姿态，提出了全新的、真正属于民众、接纳民众的建筑理念。建筑师重视先进工业技术条件带给人的自由，突出强调新建筑应增强人们的活动自由："我们把建筑看作像城市一样灵活的、永远变动的框子，人在其中应该有按自己的方式干自己事情的自由。我们又把建筑看作像架子工搭建的架子。我们还把建筑看作一个容器和装置。我们反对那种有局限性的传统的玩偶房子。我们认为建筑应该设计得能让人在其中自由自在地活动。自由和变动性就是房屋的艺术表现。"同时建筑师也强调新的文化建筑应贴近民众，促进艺术活动融入百姓日常生活。两位建筑师强调："这个中心要成为一个生动活泼的接待和传播文化的中心。它的建筑应成为一个灵活的容器，又是一个动态的机器，装有齐全的先进设备，采用预制构件来建造。它的目标是打破文化和体制上的传统限制，尽可能地吸引最广泛的公众来这里活动。"建筑师认为在设计该艺术中心时要"超越业主提出的特定任务的界限"。

先进的结构体系是蓬皮杜文化艺术中心的另一特色。为满足公众自由变动的文化艺术需求，建筑的主体采用了先进而独特的预制装配结构体系。主体建筑平面长166米，宽60米，地上六层，地下四层。地下四层用作车库和附属设施，采用钢筋混凝土建造。地上六层，采用预制装配式钢管桁架结构体系。28根巨大的铸钢管柱是预制结构体系的竖向支撑部分，管柱直径为850毫米，两根为一榀，共组成14榀，将建筑物纵向分为13个开间，横向分为3个开间，横向开间中间部分宽48米，两旁部分宽6米。中央较宽开间的屋顶用钢管桁架承托，两旁稍窄部分的屋顶用长8.15米的铸钢短悬臂梁。桁架梁与柱子的连接不是采用通常的焊接或铆接等方法，而是采用特殊的"套接"方法，即先连在短臂悬臂梁的内端，然后经短臂梁上的预制套筒套到柱子上，再用销钉卡住。悬臂梁外端伸出6.3米，可以稍稍摆动，用水平、垂直和斜向的拉杆相互拉节。这种预制桁架梁"套接"钢管柱的结构体系极为先进发。第一，可减少中央开间特大跨度桁架梁的长度，减小桁架梁中的弯矩。横向柱间距48米，跨度太大，两旁开间的悬臂梁内端各向中央伸出约1.85米，可使中央开间的桁架梁长度减少 3.7 米。同时，悬臂梁承受向下的拉力，可以减小桁架梁的梁中弯矩，极大改善了桁架梁的受力状态，结构体系受力更为合理。第二，便于各层楼板根据空间高度自由调节，整个楼板可自由升降。第三，利用悬挑的部分作为外部走道和附属设施用空间，中央空间得到纯化，获得了长 166 米、宽 44.8 米的超大匀质空间，摆脱结构柱和固定承重墙的约束，可自由划分空间布局。

10.6.3 价值与意义

技术是推动建筑发展的重要因素，现代建筑运动就是以对新型工业技术的探索应用为开端的。注重高度工业技术的倾向充分发挥了工业技术的优势，试图突破传统技术的约束和限制，营造更为灵活自由、丰富多变和充满活力的现代空间，创造了前卫自由的建筑形象，为现代建筑可持续发展注入新的活力，为现代建筑探索了发展的方向。

10.7 讲求人情化与地域性的倾向及典例

10.7.1 基本建筑主张

两次世界大战之间形成的理性主义现代建筑活动，将功能和技术理性放在首位，在当时特定的历史条件下促进了建筑摆脱历史形式语言的束缚，推动了现代建筑的发展。第二次世界大战之后，经济渐趋复苏，社会日趋繁荣，社会的需求日益多样丰富，简单的技术理性难以满足需求。讲求人情化与地域性的倾向主张现代建筑应克服早期技术理性的片面性和局限性，应结合不同地域的习俗和社会心理，进一步深化。应将理性由功能技术层面扩展到人性和心理层面，好的建筑应涵盖人性问题的各个方面，应尊重人，尊重哺育人类心灵的自然环境。讲求人情化和地域性的倾向最先活跃于北欧，是现代理性主义设计原则同北欧重视地域性和民族习惯的有机结合。芬兰建筑师阿尔托是其倾向的突出代表，他设计的芬兰珊娜特赛罗镇市政厅和芬兰音乐厅与议会中心是该倾向的经典名作。

10.7.2 经典代表作品

（1）珊娜特赛罗镇市政厅（Town Hall of Säynatsalo. 1950—1955）

珊娜特赛罗位于芬兰中部的于韦斯屈莱市，是一个约有 3 000 居民的岛屿小镇。阿尔托曾在 1942—1946 年主持了它的总体规划。1949 年，阿尔托又在该镇中心区规划设计竞赛中拔得头筹，主持了镇中心的设计与建造。市政厅是镇中心区的核心建筑，集中反映了建筑师尊重自然环境，营造富有地域特性的建筑环境的基本主张。

珊娜特赛罗镇市政厅包含办公区、议会厅、图书馆、商店与职工宿舍等几部分，各部分环绕方形内院布置，内院绿意盎然，优美宜人。珊娜特赛罗镇市政厅建筑群形体高低错落，生动活泼，与四周林木扶疏的自然环境极为和谐，颇有芬兰传统庭院式农庄的神韵（图10-39、图10-40）。

巧妙利用自然地形，将建筑融入自然环境，形成变化丰富的景观空间序列是珊娜特赛罗镇市政厅的突出特色。建筑师将市政厅建筑群布置在镇中心区坡地高处，突出其重要性，但建筑极为低调，建筑群共两层，局部四层，体量低矮，尺度亲切宜人。镇中心区的其他宿舍楼和商店建筑沿缓坡平行交错布置，与高处的市政厅形成层涌叠起的群体组合。沿着坡道直上，市政厅建筑稳处高处，白桦掩映，人们只能看到市政厅的南翼，一座两层高的单坡顶红砖建筑，上为图书馆，下为商店。走近市政厅，一段如绿色叠瀑的自由式台阶从市政厅的内院涌出，暗示上部有更诗意浪漫的空间。顺南翼前行，就来到了位于建筑东南角的主入口，四层高的议会厅拔地而起，控制着建筑群的整体构图。规整的大理石台阶紧贴议会厅，引导人们进入庭院，庭院鲜花烂漫，充满野趣。紧邻议会厅的一段花架，标示出主入口，提示人们进入办公区等重要空间。

注重地方传统材料的运用和肌理特性表达，营造富有地域场所精神和亲切宜人的环境是珊娜特赛罗镇市政厅的另一重要特色。市政厅主要使用红砖和木材两种地方材料，突出强调了地方传统的延续发展。芬兰地处北欧，太阳光线入射角较小，照射在红色砖墙表面，产生异常温暖的视觉心理感受。建筑师充分考虑到光线特点，在建造时，强化了红砖的精致质感与砌缝粗犷质感的对比表达，形成质朴而温暖的诗意效果，唤起对传统建筑文化的记忆。此外建筑师还大量使用了当地特产的木材，拓展木材的使用方式，营造了丰富地域特色。建筑师用木材作为建筑局部外表皮，与红砖并置使用，极富芬兰卡累利亚地区乡土木屋的神韵。建筑师将木材和玻璃结合用作庭院走廊围护构件，木棂间距节奏模仿自然树林错落变化，营造了强烈的芬兰原始森林景观意象。此外，建筑师还在门把手等人们经常触碰的细节部位缠上藤条，强调对人的关怀和重视，且极为精致耐看。

（2）芬兰音乐厅与议会中心（Finlandia Hall and Congress Centre，Helsinki. 1962—1975）

芬兰音乐厅是阿尔托设计的"大赫尔辛基规划"（Grand Helsinki Plan）的一个重要组成部分，是他在市中心设计并完成建造的第一座大型公共建筑，也是芬兰最大的音乐与会议中心。芬兰音乐厅建筑注重与基址优美自然环境的相互映衬，建筑形体轮廓变化丰富，奇妙动人，是注重人情化和地域性倾向的经典代表作品。

芬兰音乐厅地处市中心美丽宁静的图鲁湖畔，紧邻海斯培利亚公园和国会大厦，基址环境优美、地位显要。阿尔托一直敬重祖国的自然，表达自然主题，营造与自然和谐相处的建筑空间环境是阿尔托毕生的追求，他主要从总体平面布局、建筑形体轮廓设计和空间细部设计三个层面进行了精心设计（图10-41～图10-44）。

图10-39 珊娜特赛罗镇市政厅全景

图10-40 珊娜特赛罗镇市政厅庭院角落

图10-41 芬兰音乐厅远景

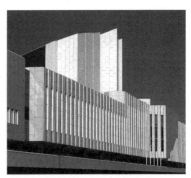

图10-42 芬兰音乐厅细部

图10-43 芬兰音乐厅步行入口

图10-44 芬兰音乐厅会议中心自由变化的体量

在总体平面布局上，建筑师极为尊重所处自然环境的特点。基址东侧是悠长而宽阔的图鲁湖，波平如镜。在 20 世纪 60 年代的城市规划新方案中，图鲁湖所在区域是首都新兴的城市中心，一些大型公共建筑鳞次栉比地排列在湖西岸。湖的东岸是进入赫尔辛基市的铁路干线，当列车带着各地的游客驶入赫尔辛基时，西岸壮观的滨水公共建筑景观带即呈现游客眼帘，威尼斯般美丽。建筑师充分考虑到图鲁湖西岸的自然和人文景观特征，利用笔直纵长的线性形体延续和强化西岸的景观序列，与悠长的湖岸形成有机呼应，同时将扇形的音乐厅高高升起，统领全局。多变的曲面形体与下部笔直的基座形成强烈对比，非常雄伟庄严、生动壮观，与壮阔的湖面交相辉映，成为整个西岸建筑景观序列的高潮。基址西侧是巉岩嶙峋、林木茂盛、曲径蜿蜒的海斯培利亚公园，是市中心罕有的森林景观，阿尔托将朝向公园的建筑体量化整为零，逐渐内缩，尽量保留基址原有的树木和岩石，以尊重公园原生态自然景观；建筑师还将音乐厅的高大体量向公园方向倾斜，与公园宜人的景观尺度相呼应。同时建筑师将体量巨大的音乐厅布置在基址南侧，与北侧的国会大厦保持适度的距离，尊重了国会大厦的空间气势，延续了城市既存的空间结构。

在建筑形体轮廓上，建筑师用抽象的形式语言模拟自然景观，与自然环境密切对话，营造了强烈的域场所特色。建筑的东部临湖立面采用了线性几何语言，但建筑师进行立面划分时运用连续的竖向线条，形成类似芬兰森林景观的意象，与湖畔自然生长的林木相互辉映。扇形的音乐厅体量高大，与线性基座形成强烈对比，白色高大体量倒映湖中，如湖边巨石。另外，会议厅下部基座部分用黑色花岗岩贴面，与上部白色的大理石形成鲜明对比，极为静穆高雅。

在建筑空间细部上，建筑师用特有的曲线形态和材质，营造了富有芬兰特色的生动建筑空间。音乐厅的前厅内，建筑师结合平面功能布置了一个自由波浪形的存衣柜台，使宽敞水平的入口空间变得极为流动飘逸，令人联想起形态自由多变的芬兰湖泊景观。音乐是芬兰音乐厅的主要空间，建筑师用深色的墙壁和座椅营造了如芬兰北部森林般的幽深空间意象。

10.7.3 价值与意义

将功能技术理性与地域传统文化相融合，创造能深入人心的建筑是第二次世界大战之后现代建筑发展的重要方向。讲求人情化和地域性的倾向尊重地域自然景观特性，重视地方传统材料的运用和肌理特性的表达，关注地域建筑优秀传统的继承，用抽象凝练的现代建筑语言营造了富有地域文化精神的空间环境，推动了现代建筑的深化，更有力推动了地域文化传统的发展。

10.8 讲求个性与象征的倾向及典例

10.8.1 基本建筑主张

讲求个性和象征的倾向，追求建筑独特而卓越的价值，强调建筑和其所在的场所具有的识别性和艺术品质。该倾向始于20世纪50年代末，到60年代盛行，是第二次世界大战之后对现代建筑发展的进一步推动，受到广泛的关注。根据其具体表现手段的不同，讲求个性和象征倾向大致可分为三类：即运用几何形构图塑造建筑独特个性、运用抽象的象征表达建筑个性、运用具象的象征表达建筑个性。华裔美国建筑师贝聿铭（I.M.PEI）、芬兰裔美国建筑师埃罗·沙里宁（Eero Saarinen）、丹麦建筑师伍重（Joern Utzon）等人是讲求个性与象征倾向的杰出代表。华盛顿国家美术馆东馆、圣路易斯市美国国土扩展纪念碑、悉尼歌剧院等是该倾向的经典建筑作品。

10.8.2 经典代表作品

（1）华盛顿国家美术馆东馆（The East Building of the National Gallery of Art，Washton. 1967—1978）

经过两年多的方案比较和评选，又经过两年多的官方审查，再经过七年的精心建造，1978年，华盛顿国家美术馆扩建工程——东馆落成。时任美国总统吉米·卡特亲临剪彩并高度评价，称它是"公众生活和艺术联系日益密切的象征"。美国《时代》评论"它匠心独具，是伟大的建筑杰作"。评论家汤姆·普利多（Tom Prideaux）称赞"新馆优雅地站在老馆一旁，就像给未来上的一课。（新馆与老馆）它们每一个都在提高另一个，两者相得益彰，是一对好邻居"。美国著名建筑评论家埃达·路易斯·赫克丝苔布尔（Ada Louis Huxtable）女士更是称赞："美国建筑史中这奇妙的一对将成为这个国家的超级展示窗。"

华盛顿国家美术馆东馆的成功建造为建筑师贝聿铭带来了世界级大师的声誉，更让人对美国现代建筑的高超水准有了全新的认识，美国一下子摆脱了西方欧洲古典艺术和文化模仿者的身份，成为当代建筑艺术和文化的重要一极。东馆的脱颖而出，有力地展示了现代建筑几何式语言旺盛的生命活力，进一步表明了现代建筑运动仍然道路宽广（图10-45～图10-51）。

因东馆的卓越建筑成就，贝聿铭于1979年获得美国建筑师协会金奖，1983年获得普利兹克建筑奖。

东馆占地3.6公顷，位于华盛顿国会大厦旁，在宪法大街和宾夕法尼亚大街交会形成的梯形不规则场地上。东馆的设计受制于一系列环境因素，建筑师挥洒自如地解决了诸多问题，完成了挑战，其中有如下三点极为关键，值得建筑学人关注。

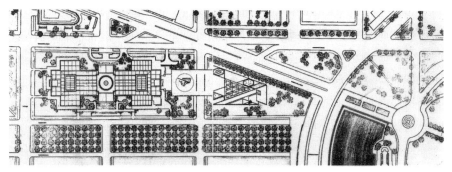

图 10-45　华盛顿国家美术馆东馆总平面图

图 10-46　华盛顿国家美术馆东馆区位环境鸟瞰

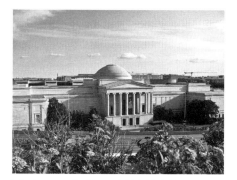

图 10-47　华盛顿国家美术馆老馆

图 10-48　华盛顿国家美术馆东馆

图 10-49　美术馆东馆内部空间

图 10-50　华盛顿国家美术馆东馆内部空间

图 10-51　华盛顿国家美术馆东馆与华盛顿城市中心鸟瞰

①与城市空间结构肌理的高度契合是华盛顿美术馆东馆的超凡之处。国家美术馆扩建工程用地，即东馆的基址用地极为敏感特殊，能否与所处城市空间结构肌理契合是扩建工程的关键问题。1941 年国家美术馆建成之后，曾陆续有人提出扩建计划，这些计划没有充分考虑到扩建基址所处空间特点，均差强人意，未能实现美术馆的扩建。东馆基址尊崇的地位首先表现在东馆基址是极富政治和文化纪念性的华盛顿中心绿地的一部分。华盛顿中心绿地东西延伸，由一条长 3.5 千米的鲜明轴线主导全局，轴线东端即是气势雄伟的国会山，西端以庄严的林肯纪念堂为对景，高耸入云的华盛顿纪念碑坐落在二者之间，主轴线两侧是一系列国家级的文化机构和重要政治机构。该中心绿地总体规划由法裔美国建筑师皮埃尔·朗方（Pierre L'Efant）在 1791 年提出，一直被严格遵从，具有深厚的历史意义和强烈的纪念气氛，是世界上杰出而罕有的。国家美术馆及其扩建部分用地均地处华盛顿中心绿地的北侧，东部斜对国会大厦，基址位置非同一般。东馆基址的地位还表现在基址附近浓烈的古典建筑传统氛围上。中心绿地两侧有许多老建筑，尤其是近旁的国家美术馆老馆，由最负盛名的古典派建筑师鲍普（John Rusell Pope）设计，采用轴线对称式布局，气势威严，用料考究，极富古典魅力，与这样高水平的古典风格建筑相邻，可不是件容易的事。贝聿铭认为"华盛顿中心绿地充满古典传统气氛，对美国人来说那里是神圣不可侵犯的地方——那里可能是美国最受关注的区域和最敏感的地皮"。另外，基址本身特异的地形也为设计增加了难度，基址是不规则梯形，极难采用常规的对称式设计。

　　贝聿铭认为，未来的新东馆建筑应充分与环境文脉特征和空间结构特征契合，同时老馆本身建筑构图极为完整，不能轻率改变，新馆应低调地延续和发展老馆的轴线式对称布局。经过细致周密的研究和艰苦的探索，贝聿铭巧妙地用一条对角线将不规则梯形分为一个等腰三角形和一个直角三角形。等腰三角形左右对称，其中线正好与老馆的东西主轴重合，出色地延续了老馆轴线式对称布局。新馆轴线是老馆轴线的延长线，新老馆之间建立了紧密的轴线关系。直角三角形部分用作艺术研究中心。东馆采用三角形系列组合的总体布局模式，既与所在的地形契合，又出色建构了新老馆之间的关系，同时尊重了华盛顿中心绿地清晰的轴线式空间格局，在更大的空间尺度上与朗方杰出的华盛顿放射式的总体城市空间布局契合。这也正是东馆建筑设计的超凡独特之处。

　　②现代立体构成式的雕塑艺术形体是东馆的特色。总体布局上与环境的契合为设计的成功奠定了基础，但建筑师并未就此止步，对东馆的形体组合进行了深入、细致的推敲和深化。结合不同的功能组织，建筑师塑造了丰富多变的几何体量。东馆既有三角形的体量变化，也有平行四边形、L形等的体量组合，既有敦厚的实体，也有空灵的虚体，它们相互组合，在阳光照耀下呈现出形状不同、宽窄不同、层次不同的明暗变化，富有生机和趣味，极为新鲜活泼，犹如现代立体主义画派的形态构成。同时建筑师强调了体量的雕塑感，形体极为干净整洁，形成简洁雄伟的现代建筑构图。东馆富有生趣的现代立体构成式的形体组合展现了建筑师深厚的造型艺术功力，体现了可以和古典艺术比肩的高超艺术水准。同时，与老馆形成了和谐对话，达到了"和而不同"的意境。东馆这一特色堪称历史绝唱，将东馆提升到世界级建筑艺术的高度，实现了业主试图建设一个"可媲美古代的佩加蒙和亚历山大"的伟大艺术品的夙愿。

　　③多维变幻、丰富流动的内部空间是东馆的魅力所在。东馆的内部空间富于变化，也是建筑师的匠心力作。东馆内部空间的奇特之处主要有三点：空间多维变幻、多层次套叠穿插和明朗而柔和的光线。东馆内部空间的丰富，尤其在主要展览用的中庭表现得淋漓尽致。中庭空间的多维变幻是内部空间的首要特点。为了顺应地形，中庭采用了三角形平面，正是这独特的三角形在同一空间内形成了三个灭点，多维灭点的出现增添了空间的丰富变化，产生了立体主义式的多画面共时并存的梦幻效果；中庭空间的多层次套叠穿插是内部空间的另一特色。为进一步强化人们对空间的丰富体验，建筑师结合展览功能和交通流线布置了不同高程的露台和廊桥，这些露台和廊桥在中庭内将各个展览空间巧妙串联起来，露台空间和廊桥空间上下套叠，相互穿插，为参观者提供了动态的空间体验；中庭空间的明朗光线是内部空间的重要特征。为增强空间的明暗层次，建筑师毅然更改了原来设计的混凝土骨架屋顶，精心设计了巨大的玻

璃天窗，巨大的玻璃天窗由一系列三角锥体的小天窗组成，这些众多的四面体小天窗减少了不必要的光和热，使中庭空间光线既明朗又柔和，光影的丰富、明暗层次变化进一步增加了空间的艺术效果。

（2）美国国土扩展纪念碑（Jefferson National Expansion Memorial，St.Louis. 1947—1965）

美国国土扩展纪念碑又名杰斐逊国家纪念碑，俗称圣路易大拱门、西部之门，位于密苏里州圣路易斯市的杰斐逊国家公园内，是为纪念美国先辈向西部拓展国土的艰苦伟业而修建的大型纪念碑。

圣路易斯市是美国中西部的交通枢纽，曾是壮阔的西部大开发的门户要地。为让公众了解和熟悉美国西部开发的历史，缅怀和纪念那些为美国开疆拓土的先辈们，同时也拉动当地的经济就业和复兴密西西比河沿岸地区，一些有识之士在1933年便提出了建设杰斐逊西部开发纪念碑的策划。几经努力，该策划获得了时任美国总统富兰克林（Franklin D. Roosevelt）的支持和批准，并经国会通过变成联邦执行法令，由政府成立专门机构，拨专款推动纪念碑的建设实施计划。1947—1948年举行了全国性的设计竞赛，芬兰裔美国建筑师埃罗·沙里宁设计的大拱门方案力挫群英，被选中作为纪念碑的实施方案。纪念碑于1963年开始建造，1965年建成，对公众开放。纪念碑造型洗练流畅、雄伟磅礴，受到参观者和市民的普遍欢迎，成为美国最重要的文化地标之一（图10-52～图10-54）。

图 10-52 国土拓展纪念碑远景

图 10-53 国土拓展纪念碑

图 10-54　国土拓展纪念碑与河流景观

　　纪念碑基址坐落在密西西比河畔，占地面积约为 34.8 公顷。基址用地是由政府划拨，背依市中心古典风格的法院大厦，前瞰浩荡奔流的密西西比大河，景观极为壮阔优美。竞赛委员会要求"新建的纪念碑应超越一切精神的和美学的价值，应能体现和象征美国文化和文明"。这对每一位参加纪念碑设计竞赛的建筑师来说都是前所未有的巨大挑战。建筑师埃罗·沙里宁带领其设计团队主要从以下三点寻求突破：

　　①采用形体巨大、简洁新奇的造型。美国先辈们的西部大开发是美国前所未有的疆土拓展壮举，同时也是废除农奴制度促进美国各民族民主发展与融合的壮举，常规的古典式纪念碑难以表达这一重大历史事件的历史价值，建筑师一改常规思路，采用跨度达 192 米、高 192 米的抛物线拱门作为纪念碑的主体，以象征先辈们由此开启通向富饶壮阔的西部的大门。拱门采用三角形断面，外用不锈钢包裹，形体尺度巨大。高大的拱门凌空飞越，造型简洁，充满豪情。巨大的拱门与面积巨大的基址在尺度上也较为契合，同时高耸入云的巨大竖直构图，与密西西比河舒展的天然水平构图形成强烈的对比，大自然的造化与人造工程对比统一，相互辉映。另外，纪念拱门内部设电梯，可沿弧形路线上下，将游人送至拱顶观赏壮丽的自然风景，提供了全新的空间体验，深化了缅怀活动内容。

　　②与城市自然和文化景观环境有机融合，形成视野开阔、气势恢宏的新景观。埃罗·沙里宁主要从城市文脉延续和城市生态环境优化两个角度营造和谐的新环境。第一，尊重城市历史记忆，延续城市文脉。纪念碑基址背靠城市中心区，中心区有许多在美国西部开发初期甚至美国内战以前的历史建筑，尤其法院大厦，是圣路易斯市建市时修建的古典风格建筑，形体对称端庄，其穹顶

和美国国会大厦类似。法院大厦见证了圣路易斯市发展和美国西部开发等许多重大历史事件，是城市记忆的重要载体，极富历史价值。建筑师设计纪念碑时充分尊重基址区域的历史记忆，在布置场地总图时，将纪念碑的中线与法院大厦的轴线取齐，延续了城市的既有文脉。第二，优化城市空间生态环境。纪念碑基址紧邻城市中心，周边是建筑密布的方格式街区，城市空间极为拥挤。因此，急需一个开敞的城市公共空间，来提升城市整体的空间质量。建筑师将纪念碑基址所在的场地设计成绿化密布的公园，将其变成高密度城中心区难得的滨水公共景观，以缓解城市空间压力，改善了城市中心区的生态环境质量。为减少建设用地对绿地空间的占用，建筑师把纪念馆（纪念碑包含地面标志性的拱门和西部开发纪念馆两部分，纪念馆面积约 4 180.5 平方米）设计在地下 18.3 米处，并在拱门底脚处设置了出入口。从繁华的城市中心远眺拱门，视野开阔，气势恢宏的拱门成为城市的新景观。

③巧妙运用先进的结构体系。纪念碑拱门高 192 米，比纽约的自由女神像（高 46 米）和华盛顿纪念碑（高 169 米）都要高，是美国最高的人造纪念建筑。纪念碑尺度巨大而体形优雅，其结构设计远比单纯的超高层办公建筑结构设计要困难很多，是一个艰巨的挑战。埃罗·沙里宁与结构工程师一起提出了先进的钢筒式混凝土结构体系，即拱门结构是断面为等边三角形的空心钢筒（底部宽约 16.5 米，往上逐渐变窄，顶端为 5.2 米）。从底部直到 91 米处，其材料用不锈钢做外皮，碳素钢为内皮，内外两层钢皮之间夹着高强混凝土；从 91 米处开始一直到顶端采用强度更高的螺纹钢和碳素钢。纪念碑拱门的结构设计极为先进，其拱门顶端的正常摆动幅度在 46 厘米左右，据科学家实测，即使在遭遇到时速 80 千米的大风时，其摆幅也仅有 5 厘米左右，堪称超高层建筑工程的奇迹。拱门采用了先进的避雷系统，虽经历数百次的雷电袭击，至今没有任何损坏，这是极其罕有的。

国土拓展纪念碑闪亮、挺拔地屹立在密西西比河畔，成为圣路易斯市的文化地标，吸引了众多游客慕名前来参观。

（3）悉尼歌剧院（Sydney Opera House. 1957—1973）

悉尼歌剧院坐落在澳大利亚南威尔士州首府悉尼市港口区一个名为贝尼朗的岬角上，左邻悉尼港口大桥，右邻悉尼植物园。建筑三面环水，位置显赫，环境如画，新颖浪漫的造型如帆如花，被誉为 20 世纪伟大的建筑艺术杰作，是澳大利亚人的骄傲。

歌剧院的建设前后历时 17 年，面临众多艰巨挑战，可谓好事多磨，其中新颖独特的方案、简明的功能布局和创新的结构体系极为关键（图 10-55 ~ 图 10-62）。

图 10-55 悉尼歌剧院全景

图 10-56 悉尼歌剧院区位景观

图 10-57 悉尼港区总平面图

图 10-58 悉尼歌剧院远景

图 10-59 悉尼歌剧院球面拱肋结构原理示意图

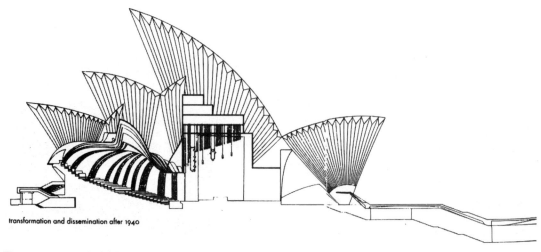

transformation and dissemination after 1940

图 10-60　悉尼歌剧院剖面图

图 10-61　悉尼歌剧院内部空间

图 10-62　悉尼歌剧院内部空间

　　①立意高远、新颖独特的设计是歌剧院方案的重大突破。拥有一座国际一流的歌剧院一直是悉尼人的梦想。早在 1954 年，南威尔士州的音乐学校校长尤根古森（Eugene Goossens）曾提出新歌剧院的建设策划，并在悉尼港口门户地区为未来的歌剧院选择了一处风景优美、视野开阔的基址——贝尼朗岛。该策划得到了州政府的支持，并在 1955 年举办了国际性的设计竞赛，在全球征求一流的建筑方案。竞赛共征集到 32 个国家提交的 233 个方案。建筑师伍重提交的壳体式方案虽然图纸简略，但其群贝骈集、千帆竞发的造型，与基址所处自然环境的契合，在众多方案中显得卓尔不群。当竞赛评委埃罗·沙里宁发现它时，如获至宝，将其推荐给了评审团，评审专家仔细审查了伍重的方案之后，给予了很高评价，"认为该方案深入发展，将会成为一个世界级的伟大建

筑"。1957 年，澳大利亚总理宣布伍重的歌剧院设计方案获得该次国际竞赛的第一名，新歌剧院将按该方案建造。

②简明清晰的功能布局是悉尼歌剧院的卓越特色。悉尼歌剧院占地 1.8 公顷，总建筑面积 88 258 平方米，是一个综合的文化活动中心，内含 1 个 2 700 座的音乐厅，1 个 1 500 座的歌剧厅，1 个 550 座的小剧场，1 个 400 座的电影厅，5 个排演厅，65 个化妆室，以及接待室、展览厅、图书馆、餐馆、印刷所等，共有大小厅室 900 多个，功能极为繁杂。建筑师获取设计权后，带领设计团队，将中标方案进行深化，对歌剧院复杂的功能进行了精心的研究，提出了"大台座式"的功能布局方案，即把贝尼朗岬角加宽，在上面建造宽阔的大台座，将许多较小的厅堂房间布置在台座里面，将两个最大的厅堂——音乐厅和歌剧厅放在大台座的顶面，两厅分开，中留巷道，每个大厅的屋顶各用四对耸立的拱壳覆盖，三对朝向海面，第四对面向市区。在台座上还布置了一个餐厅，屋顶也用两对小拱壳覆盖。大台座面向市区的一端布置了宽阔的大台基和主入口广场，迎接市区方向的客流。歌剧院功能复杂，但经过建筑师的设计，布局极为简明清晰，功能组织有条不紊。

③创新结构体系、挑战工程技术极限是悉尼歌剧院的非凡之处。歌剧院的方案极为独特，难以采用常规的结构体系建造，尤其是其新颖的屋顶部分，其跨度大且高度高（最大的一组拱壳屋顶跨度达 53.6 米，高度达 64.5 米），再加上屋顶三维曲面造型非常新异，在大型厅堂建筑中极为罕见，完全颠覆了已有的结构概念，实施起来极为困难，是结构工程界前所未有的巨大挑战。然而，建设方、建筑师没有丝毫退缩，毅然迎难而上，挑战人类工程技术的极限。建筑师和世界顶尖的阿鲁普结构工程公司合作，研究屋顶的结构方案。经过四年的艰苦研究，在 1961 年提出了"现浇钢筋混凝土椭圆形双层薄壳"的屋顶结构实施方案。这个方案需要庞大的模板和复杂的支架体系，结构工程师没有充分的信心，并且该壳体结构的视觉效果较为笨重，建筑师亦不甚满意，最终业主方否定了现浇壳体结构方案。建筑师孜孜求索，终于从日常水果的球状外形获得启发，进一步优化了拱壳设计，提出了"预制球面拱肋"的结构施工方案，一举突破了常规工程结构的限制，解决了拱壳形屋顶结构的施工难题。所谓"预制球面拱肋结构"，即用同一曲率的球面把大小不同、多彩多姿的拱壳简化统一起来，经研究和细致计算，确定满足大剧院拱壳尺度要求的球面直径为 76.3 米，各个壳片如同从巨大球面上切取下来的三角球面一样，再把三角球面划分成一端宽一端尖如扇骨的细肋，然后用钢筋把它们固结成一片，拱肋可以在地面上用钢筋混凝土预制，再吊装组合成歌剧院屋顶。1962 年，这一富有创新精神的结构方案立即获得了工程界的认可和政府批准，歌剧院美丽的倩影渐为明朗。

1973 年，悉尼歌剧院落成，英联邦女王伊丽莎白二世亲临歌剧院庆典，纪念这一伟大建筑的诞生。悉尼歌剧院以其新异优美的造型、良好的声学效果受到了广泛的好评。悉尼歌剧院是全球最繁忙、最知名的艺术演出中心，成为悉尼的文化标志，极大提升了悉尼的国际地位和国际竞争力。因其伟大杰出的成就，悉尼歌剧院 2007 年入选了联合国世界文化遗产名录，建筑师伍重亦在2003 年荣获世界建筑最高奖——普利兹克建筑奖。

10.8.3 价值与意义

讲求个性和象征的倾向，尊重建筑基址的历史人文环境和自然景观环境，将建筑方案构思建立在对基址环境特性的深刻理解之上，探索用独特而隽永的建筑形式语言和丰富多变的空间组合营造美丽和谐的新环境，极大提升了所在区域环境的美学质量。该倾向拓展了现代建筑语言的表现力，在现代空间理念、结构体系、城市景观设计等领域也有卓越的创新，为现代建筑注入了新的活力，推动了现代建筑的深化发展。

本章知识点

1. 现代建筑多元拓展时期的主要建筑成就。

2. 对理性主义进行充实和提高倾向的基本主张、经典代表作品及主要贡献。

3. 粗野主义倾向的基本主张、经典代表作品及主要贡献。

4. 讲求技术精美倾向的基本主张、经典代表作品及主要贡献。

5. 典雅主义倾向的基本主张、经典代表作品及主要贡献。

6. 注重高度工业技术倾向的基本主张、经典代表作品及主要贡献。

7. 讲求人情化和地域性倾向的基本主张、经典代表作品及主要贡献。

8. 讲求个性与象征倾向的基本主张、经典代表作品及主要贡献。

参考文献
REFERENCES

中国建筑简史

［1］潘谷西.中国建筑史［M］.北京：中国建筑工业出版社，2009.

［2］董鉴泓.中国城市建设史［M］.北京：中国建筑工业出版社，2004.

［3］傅熹年.傅熹年建筑史论文集［M］.北京：文物出版社，1998.

［4］贺业钜.中国古代城市规划史［M］.北京：中国建筑工业出版社，1996.

［5］曲英杰.古代城市［M］.北京：文物出版社，2003.

［6］刘庆柱，李毓芳.汉长安城［M］.北京：文物出版社，2003.

［7］段鹏琦.汉魏洛阳城［M］.北京：文物出版社，2009.

［8］曲英杰.史记都城考［M］.北京：商务印书馆，2007.

［9］王军.西北民居［M］.北京：中国建筑工业出版社，2009.

［10］李秋香，罗德胤，贾珺.北方民居［M］.北京：清华大学出版社，
2010.

［11］李先逵.四川民居［M］.北京：中国建筑工业出版社，2009.

［12］陈震东.新疆民居［M］.北京：中国建筑工业出版社，2009.

［13］苏州市房产管理局.苏州古民居［M］.上海：同济大学出版社，2004.

［14］雷从云，陈绍棣，林秀贞.中国宫殿史［M］.天津：百花文艺出版社，
2008.

［15］朱正伦，李小燕.城脉：图解北京坛庙［M］.北京：北京大学出版社，
2013.

［16］周苏琴.建筑紫禁城［M］.北京：故宫出版社，2014.

［17］赵立瀛，刘临安.中国建筑艺术全集6：元代前陵墓建筑［M］.北京：
中国建筑工业出版社，1999.

［18］刘毅.明代帝王陵墓制度研究［M］.北京：人民出版社，2006.

［19］张驭寰.中国佛教寺院建筑讲座［M］.北京：当代中国出版社，2008.

［20］薛林平.中国道教建筑之旅［M］.北京：中国建筑工业出版社，2007.

［21］路秉杰，张广林.中国伊斯兰教建筑［M］.上海：上海三联书店，
2005.

［22］计成.园冶注释［M］.陈植，注.北京：中国建筑工业出版社，1988.

［23］李泽厚.美学三书［M］.天津：天津社会科学院出版社，2003.

［24］刘敦桢.苏州古典园林［M］.北京：中国建筑工业出版社，2005.

［25］彭一刚.中国古典园林分析［M］.北京：中国建筑工业出版社，1986.

［26］李诫.营造法式［M］.邹其昌，注.北京：人民出版社，2011.

［27］梁思成.清式营造则例［M］.北京：清华大学出版社，2006.

［28］马炳坚.中国古建筑木作营造技术［M］.北京：科学出版社，2003.

［29］刘大可.中国古建筑瓦石营法［M］.北京：中国建筑工业出版社，1993.

［30］邹德侬.中国建筑 60 年（1949—2009）：历史纵览［M］.北京：中国建筑工业出版社，2009.

外国建筑简史

［1］Norberg–Schulz，Christian. Meaning in Western Architecture［M］. New York：Praeger Publishers，1975.

［2］Jürgen Joedicke. Space and Form in Architecture［M］.Stuttgart: Karl Kramer Verlag，1985.

［3］Spiro Kostof. A History of Architecture :Settings and Rituals［M］.New York：Oxford University Press，1995.

［4］Geoffery，Susan Jellicoe. The Landscape of Man［M］. London: Thames & Hudson Ltd，1995.

［5］Sigfried Giedion. Space，Time and Architecture［M］.Massachusetts: Harvard University Press，1977.

［6］Clemens Steenbergen，Wouter Reh. Architecture and Landscape［M］. Basel Birhäuser Publishers，2003.

［7］Elizabeth Barlow Rogers. Landscape Design［M］.New York: Harry N, Abrams，Incorporated，2001.

［8］Robert Mc Carter. Frank Lloyd Wright［M］.London: Phaidon Press Limited，1999.

［9］Richard Weston. Alvar Aalto［M］.London: Phaidon Press Limited，1997.

［10］José Baltanás. Walking Through Le Corbusier［M］. New York: Thames & Hudson，2006.

［11］Hasan–Uddin Khan. International Style［M］.Colonge: Taschen Press，2001.

［12］Gabriele Fathr Becker. Art Nouveau［M］.Cöln:Könemann Verlagsgesellschaft，1997.

［13］James Steele. Architecture Today［M］.London: Phaidon Press Limited，2001.

［14］Lewis Mumford. The City in History［M］.New York: Harcourt Publishing Company，1989.

［15］Robert Cameron. Above Washington［M］.California: Cameron and Company，1999.

［16］Robert Cameron. Above Paris［M］.California: Cameron and Company，2006.

［17］Robert Cameron. Above Chicago［M］.California: Cameron and Company，2005.

［18］William J.R.Curtis. Modern Architecture since 1900［M］.London: Phaidon Press Limited，2000.

［19］H.W.Janson，Anthony.Janson. History of Art［M］.New Jersey: Pearson Education，2005.

［20］Laurie Schneider Adams. Art across Time［M］.New York: McGraw–Hill Companies，2002.

［21］兹拉特科夫斯卡雅.欧洲文化的起源［M］.陈筠，沈澂，译.北京：生活·读书·新知三联书店，1984.

［22］贡布里希.艺术发展史［M］.范景中，译.天津：天津人民美术出版社，1998.

［23］布鲁诺·赛维.现代建筑空间论——如何品评建筑［M］.张似赞，译.北京：中国建筑工业出版社，2010.

［24］布鲁诺·赛维.现代建筑语言［M］.席云平，王虹，译.北京：中国建筑工业出版社，2012.

［25］伊利尔·沙里宁.形式的探索［M］.顾启源，译.北京：中国建筑工业出版社，1989.

［26］埃德蒙·N.培根.城市设计［M］.黄富厢，朱琪，译.北京：中国建筑工业出版社，2013.

［27］王瑞珠.世界建筑史·古埃及卷（上、下）［M］.北京：中国建筑工业出版社，2002.

［28］王瑞珠.世界建筑史·拜占庭卷（上、下）［M］.北京：中国建筑工业出版社，2006.

［29］王瑞珠.世界建筑史·罗曼卷（上、中、下）［M］.北京：中国建筑工业出版社，2007.

［30］王瑞珠.世界建筑史·哥特卷（上、中、下）［M］.北京：中国建筑工业出版社，2008.

［31］王瑞珠.世界建筑史·文艺复兴卷（上、中、下）［M］.北京：中国建筑工业出版社，2009.

［32］王瑞珠.世界建筑史·新古典主义卷（上、中、下）［M］.北京：中国建筑工业出版社，2013.

［33］吴焕加.20世纪西方建筑史［M］.郑州：河南科学技术出版社，1998.

［34］菲利普·朱迪狄欧，珍尼特·亚当斯·斯特朗.贝聿铭全集［M］.李佳洁，郑小东，译.北京：电子工业出版社，2012.

［35］陈志华.外国建筑史（19世纪末叶以前）［M］.北京：中国建筑工业出版社，2005.

［36］陈志华.外国造园史［M］.郑州：河南科学出版社，2001.

［37］陈志华.意大利古建散记［M］.合肥：安徽教育出版社，2003.

［38］罗小未.外国近现代建筑史［M］.北京：中国建筑工业出版社，2006.

［39］派屈克·纳特金斯.建筑的故事［M］.杨慧君，译.上海：上海科学技术出版社，2001.

［40］亚历山大·佐尼斯.勒·柯布西耶：机器与隐喻的诗学［M］.金秋野，王又佳，译.北京：中国建筑工业出版社，2004.